T0281622

Springer-Lehrbuch

Weitere Bände in dieser Reihe
http://www.springer.com/series/1183

Manfred Munzert

Landwirtschaftliche und gartenbauliche Versuche mit SAS

Mit 50 Programmen, 169 Tabellen und 18 Abbildungen

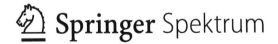 Springer Spektrum

Manfred Munzert
Bayerische Landesanstalt für Landwirtschaft
Freising
Hochschule Weihenstephan-Triesdorf
Freising
Deutschland

Zusätzliche Information ist in der Online-Version dieses Kapitels (doi:10.1007/978-3-642-54506-1) enthalten.

ISBN 978-3-642-54505-4   ISBN 978-3-642-54506-1 (eBook)
DOI 10.1007/978-3-642-54506-1

Die Deutsche Nationalbibliothek verzeichnet diese Publikation in der Deutschen Nationalbibliografie; detaillierte bibliografische Daten sind im Internet über http://dnb.d-nb.de abrufbar.

Springer Spektrum

Springer Spektrum ist eine Marke von Springer DE. Springer DE ist Teil der Fachverlagsgruppe Springer Science+Business Media
www.springer-spektrum.de

Meiner Frau Elli
und unseren Töchtern
Susanne und Heidrun

Vorwort

Neue Erkenntnisse der Agrarforschung beruhten von jeher im Wesentlichen auf Experimenten. Dies wird auch künftig so sein, zumal sich immer wieder neue Fragestellungen ergeben, diese eher komplexer werden und am effizientesten durch Versuche beantwortet werden können. Für die pflanzliche und tierische Produktion sind Feld- und Gewächshausversuche bzw. Tierexperimente von ganz besonderer Bedeutung.

Eine hohe Aussagekraft von Versuchen hängt insbesondere von geeigneten Versuchsplänen, einer sorgfältigen Durchführung und einer sachgerechten biometrischen (statistischen) Auswertung ab. Was die statistische Bearbeitung von Versuchsdaten betrifft, war dies bis zum Aufkommen der elektronischen Datenverarbeitung oft ein mühsames Unterfangen, auch wenn die verfügbaren Lehrbücher dazu Anleitungen lieferten. Seitdem, insbesondere seit leistungsfähige Personalcomputer (PC) mit Statistik-Software zur Verfügung stehen, ist die Datenverrechnung das geringere Problem. Geblieben ist jedoch die Unsicherheit beim „statistischen Durchblick". Welche Anlagemethode bietet sich für die Versuchsfrage an? Welches darauf abgestimmte Auswertungsmodell ist mit welcher Statistikprozedur zu bearbeiten? Was bedeuten die im Computer-Output ausgewiesenen statistischen Ergebnisse und welche Schlussfolgerungen sind aus dem Experiment zu ziehen? Vor solchen und weiteren Fragen stehen oft Studenten, versuchstechnisches Personal, Doktoranden und wissenschaftliche Mitarbeiter.

Eine Hilfestellung dazu möchte das vorliegende Angebot von fünfzig ausgearbeiteten SAS-Programmen geben. SAS (Statistical Analysis System) ist eine weltweit verbreitete Software, die gerade für das landwirtschaftliche und gartenbauliche Versuchswesen einiges zu bieten hat. Auch der in SAS und Biometrie/Statistik noch nicht „sattelfeste" Anwender sollte mit den ausgearbeiteten Fallbeispielen zurechtkommen, da die Programme so geschrieben wurden, dass vielfach nur anstelle der Beispielsdaten die eigenen Daten mit den gewünschten Merkmalsbezeichnungen einzufügen (aufzurufen) und ggf. nur noch wenige Steuerungsparameter zu setzen bzw. aktivieren sind. Im Übrigen werden Erläuterungen zum Programm und zum Output gegeben, so dass man an den Beispielen nicht nur SAS-Programmierung, sondern auch angewandte Statistik lernen kann.

Dieses Begleitbuch zu den Programmen will kein weiteres Statistik-Lehrbuch sein und ist dementsprechend auch anders aufgebaut. Auf grundlegende Ausführungen zur Statistik, wie theoretische Verteilungen und Prüfverteilungen, Berechnung von Summenquadraten,

Streuungsmaßen usw., wird weitgehend verzichtet. Stattdessen wird bei jedem Programm auf die Problemstellung eingegangen, der SAS-Code erläutert, und die im Output ausgewiesenen Ergebnisse werden unter „Ausgabe" ausführlich, oft auch mit Begründung der gewählten statistischen Verfahren, behandelt. Zum Schluss werden mit „Weitere Hinweise" noch zusätzliche Anregungen zum Thema oder Verweise auf andere Programme bzw. Auswertungsalternativen gegeben. Alle Programme und Beispielsdateien sind unter dem Link www.springer.com/... dokumentiert und können von dort heruntergeladen und dann mit SAS geöffnet werden. Man kann somit sehr schnell seinen eigenen Datensatz in ein Auswertungsprogramm implementieren.

Trotz dieses sehr anwendungsorientierten Ansatzes wurde Wert auf das Verstehen des gewählten SAS-Codes und einer damit verbundenen korrekten statistischen Datenauswertung gelegt. Bei etwas Erfahrung in SAS und im Umgang mit den in Frage stehenden Prozeduren können auch leicht Änderungen und/oder optionale Ergänzungen vorgenommen werden. Die ausgearbeiteten Programme sind also eher als Grundlage für eine „maßgeschneiderte" eigene Programmlösung zu verstehen. Den i. d. R. aus Lehrbüchern stammenden Fallbeispielen, dort aber ohne Umsetzung in SAS, wurden zwölf Kapitel vorangestellt, die dem nach einer Lösung suchenden Anwender einerseits einige wesentliche statistische Voraussetzungen und andererseits den Start in die „Welt von SAS" aufzeigen wollen: „Teil I Vorbemerkungen zur Statistik" und „Teil II Erste Bekanntschaft mit SAS".

Mit diesem Buch wurden langjährige Erfahrungen im Bereich des Feldversuchswesens und der Laboranalytik verarbeitet. Auch die Lehrtätigkeit auf diesem Gebiet war bei der Stoffauswahl und der Abwägung zwischen notwendiger Theorie und praxisbetonter Darstellung der Problemlösungen hilfreich. Mir war aber auch wichtig, dass eine kritische Begleitung dieses Buchprojektes von außen stattfindet. So möchte ich mich ganz herzlich bei Herrn Prof. Dr. Hans-Peter Piepho, Universität Hohenheim, für die äußerst wertvollen Hinweise und Ratschläge bedanken; ohne seine Unterstützung wäre manches Detail übersehen oder unscharf geblieben. Herrn Clemens Heine, Frau Agnes Herrmann, Frau Gabi Fischer, Frau Barbara Hammoud und Frau Priyanka Kadam vom Springer-Verlag danke ich für die angenehme und konstruktive Zusammenarbeit, nicht zuletzt aber auch meiner Frau Elli für das gründliche Korrekturlesen.

Freising, im Herbst 2014   Manfred Munzert

Inhaltsverzeichnis

Teil III Programmbeschreibungen

Teil I
Vorbemerkungen zur Statistik

Zunächst werden einige grundlegende statistische Begriffe und Prozedureigenschaften behandelt, die bei der Wahl der ausgearbeiteten Programme bedacht werden sollten. Nur wenn die statistischen Voraussetzungen für ein Auswertungsverfahren erfüllt sind, kann man gültige Aussagen erwarten. Es wird zwar bei jedem Fallbeispiel die Versuchsfrage auch im statistischen Sinne hinterfragt (Welche Hypothesen sind zu überprüfen? Welche Auswertungsverfahren und –prozeduren sind dafür geeignet? Welche Schlussfolgerungen dürfen gezogen werden?), doch sollte sich der Versuchsansteller darüber hinaus über die Struktur und die Bedeutung der einzelnen Versuchselemente im Klaren sein, um Fehlentscheidungen zu vermeiden.

Bei den folgenden Ausführungen wird öfters in Klammern auf die Kapitelnummern mit den Fallbeispielen verwiesen, die für den Sachverhalt einschlägig sind.

Prüffaktoren und Anlagemethoden

Prüffaktoren sind ausgewählte und im Versuch konstant gehaltene Einflussfaktoren, deren Effekte zu überprüfen sind. Unerwünschte (exogene) Einflüsse, wie Bodenunterschiede oder Ungenauigkeiten bei der Versuchsanlage und -pflege, gilt es möglichst zu vermeiden bzw. durch eine geschickte *Anlagemethode* und *Wiederholungen* sowie *Randomisation* zu minimieren. Prüffaktoren bestehen mindestens aus zwei, oft auch aus mehreren Faktorstufen, die *qualitativ* (z. B. Sorten, Pflanzenschutzmittel, Bearbeitungsverfahren) oder *quantitativ (z. B.* Düngermengen, Pflanzendichte) definiert sein können. Qualitative Faktoren werden mit der Varianzanalyse und mit Mittelwerttests untersucht, quantitative Faktoren sind darüber hinaus auch für die Regressionsanalyse zugänglich (24, 33, 34).

Weiterhin muss man zwischen *festen* (fixed) und *zufälligen* (random) Faktoren unterscheiden. Werden die einzelnen Stufen eines Faktors gezielt ausgewählt, z. B. Sorten, Düngermengen, Pflanzenschutzmittel, Bodenbearbeitungsmaßnahmen, Aussaatzeiten, sind diese als *fix* zu betrachten. Ziel ist eine Varianzanalyse mit anschließender Mittelwertbeurteilung. Sind dagegen die Stufen eines Faktors mehr oder weniger als zufällige Stichprobe aufzufassen, muss der Faktor als *zufällig* behandelt werden. Auch das können Sorten (oder Zuchtstämme), aber auch zufällig ausgewählte Orte, besonders auch die Jahre, kaum aber Düngermengen, Pflanzenschutzmittel oder Bodenbearbeitungsmaßnahmen sein. Bei zufälligen Faktoren interessiert die auftretende Variation in der Stichprobe, die Rückschlüsse auf die Grundgesamtheit zulässt (Varianzkomponentenschätzung). Die Stichprobe für einen zufälligen Faktor sollte genügend groß sein (mindestens 5, besser 10 und mehr Stufen). Das ist oft ein Problem auch bei der Auswertung von Versuchsserien (39–45), wenn die Anzahl der Orte und/oder Jahre nur knapp bemessen ist. Noch am ehesten können in einer dreijährigen Versuchsserie die Jahre als zufällig akzeptiert wer-

---

Zusätzliche Information ist in der Online-Version dieses Kapitels (doi:10.1007/978-3-642-54506-1_1) enthalten.

© Springer-Verlag Berlin Heidelberg 2015
M. Munzert, *Landwirtschaftliche und gartenbauliche Versuche mit SAS*,
Springer-Lehrbuch, DOI 10.1007/978-3-642-54506-1_1

den, weil diese einem absolut zufälligen Witterungseinfluss unterliegen; es sei denn, man wählt gezielt „trockene" und „nasse" Jahre usw. aus. Die Definition der Versuchsfaktoren hat große Bedeutung für die Varianzanalyse, und „gemischte Modelle" (mixed models) mit fixen und zufälligen Faktoren ergeben sich insbesondere im Pflanzenbau und in der Pflanzenzüchtung. Die Thematik wird ausführlich an einem Beispiel in Kapitel 30 erörtert (Modelle I, II und III) und außerdem bei der Auswertung von Versuchsserien sehr konkret.

Wird im Versuch nur der Einfluss eines Prüffaktors untersucht, spricht man von *ein-faktoriellen* Versuchsanlagen (24–29). Eine einfaktorielle Blockanlage (25) ist eigent-lich ein zweifaktorieller Versuch, weil „Block" als Faktor ins Modell mit aufgenommen wird. Da aber der Blockfaktor die eigentliche Versuchsfrage nicht tangiert, subsummiert man diesen Anlagetyp unter „einfaktoriell". *Zwei-* und *mehrfaktorielle* Versuchsanlagen (30–38) sind im pflanzenbaulichen Versuchswesen besonders beliebt, weil man mit ihnen die gegenseitige Beeinflussung von zwei bzw. mehreren Prüffaktoren (*Wechselwirkun-gen*) überprüfen kann.

Kennzeichnend für (vollständige) Blockanlagen ist die Einteilung der Versuchsfläche in Blöcke, in denen die Faktorstufen bzw. die kombinierten Faktorstufen *einmal* in rando-misierter Reihenfolge vertreten sind. Wird auf eine solche Blockbildung verzichtet, liegt eine *vollständig randomisierte* Versuchsanlage vor (Randomisation über die gesamte Ver-suchsfläche), die aber bei Feldversuchen i. d. R. zu einem größeren Versuchsfehler führt (24).

Bei einfaktoriellen Fragestellungen gibt es neben der Blockanlage noch das *Lateinische Quadrat* (26), das *Lateinische Rechteck* (27) und diverse *Gitteranlagen* (28); letztere spie-len in der Pflanzenzüchtung eine größere Rolle. Unter bestimmten Voraussetzungen sind diese Anlagemethoden effizienter als die Blockanlage. Einzelheiten entnehme man den Programmbeispielen. Auch Zuchtgartenanlagen mit wiederholten Standards und nicht-wiederholten Prüfgliedern sind in Blöcke gegliedert und gehören in diese Kategorie (29).

Bei den *zwei- und dreifaktoriellen* Versuchsanlagen muss man sich bei der Versuchs-planung zwischen einer *Block-, Spalt-* oder *Streifenanlage* entscheiden. Die Entscheidung muss in erster Linie unter versuchstechnischen Gesichtspunkten gefällt werden; der höhe-re Rechenaufwand bei Spalt- und Streifenanlagen fällt seit der Übernahme der Versuchs-auswertung durch den Computer nicht mehr ins Gewicht. Auch die Erstellung entspre-chender Versuchspläne kann man getrost der Software überlassen (31, 35). Es sind auch unvollständige mehrfaktorielle Blockanlagen – ähnlich wie bei einfaktoriellen Gitteranla-gen – möglich (37).

Zu den mehrfaktoriellen Versuchsanlagen kann man aus Sicht der Versuchsauswertung auch die *Versuchsserien* zählen, denn hier kommen zu dem/n Prüffaktor/en des Einzel-versuchs noch die Faktoren für Raum (Orte) und Zeit (Jahre) hinzu, die unterschiedliche Bedeutung (*fix* bzw. *zufällig*) im Auswertungsmodell haben können und deshalb zu be-stimmten biometrischen Ansätzen führen (38–45). Ein weiteres Problem ist die oft nicht gegebene Homogenität der Versuchsfehlervarianzen der Einzelversuche, das man mit ent-sprechenden Gewichtungsfaktoren entschärfen kann (42, 44). Sehr praxisnah, statistisch aber anspruchsvoll, sind „dynamische" Sortenversuchsserien, deren Sortimente sich von

Jahr zu Jahr (u. U. auch von Ort zu Ort) ändern und doch, unabhängig vom Prüfzeitraum, vergleichbare Ergebnisse liefern sollen (45).

Im mehrfaktoriellen Versuchswesen liegen i. d. R. *kreuzklassifizierte* Daten vor, d. h. die Prüffaktoren stehen gleichrangig nebeneinander und werden mit ihren Stufen kombinatorisch geprüft, weshalb auch auf Wechselwirkungen untersucht werden kann (30–45). Es gibt aber auch den Fall der hierarchischen Datenstruktur, der insbesondere in der Pflanzen- und Tierzüchtung vorkommt, wenn z. B. die Nachkommenschaft von Kreuzungen untersucht wird (46). Wechselwirkungen können hier nicht auftreten, denn der eine Faktor (z. B. Nachkommen) *untersteht* einem übergeordneten Faktor (z. B. Kreuzungen) und ein Nachkomme ist immer nur einer Kreuzung zuzuordnen. Auch Mehrfachmessungen an einem Versuchsobjekt ergeben hierarchische Daten (47).

Soweit das Auswertungsziel eine Varianzanalyse mit anschließendem Mittelwerttest ist, interessieren in der Regel Vergleiche zwischen den Stufen bzw. Stufenkombinationen. Die *sinnvollen* Vergleiche ergeben sich aus dem Ergebnis der Varianzanalyse, die für den zwei- und dreifaktoriellen Fall programmiert wurden (32 bzw. 36, 40–44). Es gibt aber auch „Kontraste" komplizierterer Art, deren Berechnung an ein- und mehrfaktoriellen Versuchen aufgezeigt wird (51 bzw. 52).

Das Skalenniveau der Merkmale

2

Die Daten eines Versuchs können auf verschiedene Weise gewonnen werden:

- durch Messen oder Wiegen (stetige, kontinuierliche Werte),
- durch Zählen (diskrete, diskontinuierliche Werte),
- durch Schätzen (Bonitieren) auf Basis diskreter oder auch stetiger Werte.

Für statistische Verfahren muss der Merkmalstyp noch etwas präziser definiert werden, um sich für gültige Auswertungsverfahren entscheiden zu können. Man spricht auch vom Skalenniveau der Merkmale:

Absolutskala Es handelt sich um eine *quantitative* Skala mit einem absoluten Nullpunkt. Dadurch können auch relative Vergleiche vorgenommen werden, wie 60 kg ist das Doppelte von 30 kg. Deshalb wird auch von einer *Verhältnisskala* gesprochen. Negative Werte können bei dieser Skala nicht auftreten.

Beispiele: Ertrag, Inhaltsstoffe mit Mengenangabe, Länge, Zeiten und Zeitspannen (z. B. Tage nach der Aussaat), Temperatur in Grad Kelvin, Anzahl (z. B. Nekrosen pro Blatt, Halme pro Pflanze, Fehlstellen im Bestand).

Daten dieses Typs eignen sich uneingeschränkt für alle parametrischen Tests (s. Punkt 4), soweit deren sonstige Voraussetzungen erfüllt sind. Sie sind also sowohl für die beschreibende (deskriptive) wie auch schließende Statistik (z. B. Varianz-, Korrelations- und Regressionsanalyse) relevant.

Zusätzliche Information ist in der Online-Version dieses Kapitels (doi:10.1007/978-3-642-54506-1_2) enthalten.

© Springer-Verlag Berlin Heidelberg 2015
M. Munzert, *Landwirtschaftliche und gartenbauliche Versuche mit SAS*,
Springer-Lehrbuch, DOI 10.1007/978-3-642-54506-1_2

Intervallskala Es handelt sich ebenfalls um eine *quantitative* Skala, allerdings ist der Nullpunkt des Merkmals beliebig festgelegt. Deshalb sind auch relative Vergleiche nicht möglich (z. B. 15 °C ist nicht dreimal so warm wie 5 °C). Da aber die Skala auf gleiche Differenzen (Intervalle) ausgerichtet ist, können auch die Merkmalsausprägungen auf dieser Basis verglichen werden.

Beispiele: Die landläufigen Temperaturangaben in Celsius oder Réaumur oder Fahrenheit, der pH-Wert (Neutralpunkt liegt bei 7,0!), Kalendertag nach einer Behandlung, an dem das zu beobachtende Ereignis eingetreten ist.

Auch intervallskalierte Merkmale eignen sich für fast alle parametrischen Tests. Unzulässig sind Variationskoeffizienten oder auch Relativzahlen zu einer Bezugsgröße.

Ordinalskala Hier liegt eine *qualitative* oder *kategoriale* Skala vor. Die Ordinalskala ist in festgelegte (diskrete) Stufen eingeteilt, die einer bestimmten Rangfolge entsprechen (z. B. von sehr gut bis sehr schlecht, von klein bis groß, von stark bis schwach). Jedes Objekt wird einer dieser Kategorien zugeordnet, die Information über das „wie viel besser, größer, stärker usw." geht aber verloren.

Beispiele: Schulnoten, Qualitätsklassen, Reifegruppen, Resistenznoten, Bonituren an Pflanzen, Tieren usw.

Parametrische Verfahren dürfen auf diese Skala i. A. nicht angewendet werden. Anstelle des (arithmetischen) Mittelwertes ist der Median (Zentralwert) zu verwenden. Es gibt jedoch im Rahmen der „kategorialen Datenanalyse" sog. generalisierte lineare Modelle, die neben nominal- auch ordinalskalierte Daten akzeptieren. Ein breites Anwendungsfeld bieten auch Häufigkeitsanalysen (χ^2-Test) und spezielle Assoziationsmaße (z. B. Spearman-Korrelation). Wichtig ist, dass genügend Beobachtungen für die einzelnen Klassen vorliegen.

Nominalskala Die anspruchsloseste Skala ist die Nominalskala, mit ebenfalls *qualitativem* bzw. *kategorialem* Charakter. Hier sind die einzelnen Kategorien nur mit Namen besetzt, ohne dass zwischen diesen eine Rangfolge besteht. Die Skala kann auch nur aus zwei Stufen (binäre Variable) bestehen, z. B. männlich/weiblich, ja/nein, gesund/krank.

Beispiele: Farben, Geschlecht, Erfolg, Beurteiler, Geräte.

Auch hier verbieten sich parametrische Verfahren. Statt Mittelwert oder Median sollte der Modalwert (häufigster Wert der Stichprobe) verwendet werden. Die bereits erwähnten generalisierten linearen Modelle und Chi-Quadrattests sowie davon abgeleitete weitere Kennwerte sind jedoch möglich (59–62). Die Qualität der Ergebnisse hängt auch hier von einer möglichst großen Anzahl von Beobachtungen ab.

Anmerkungen zu den Skalen Grundsätzlich kann man eine höherwertige Skala in eine niederwertige transformieren. Dies böte sich an, wenn die sonstigen Voraussetzungen der Skala, wie z. B. Normalverteilung, nicht erfüllt oder durch andere Maßnahmen nicht sicherzustellen sind. So könnte man (bei genügend Daten!) Erträge in Ertragsklassen einordnen und somit eine Ordinalskala bilden, die nicht auf Normalverteilung angewiesen ist. Allerdings sollte man diesen Schritt nicht ohne Not vornehmen, denn man verschenkt Information, weil die statistischen Verfahren der Ordinalskala nicht so sensitiv wie die parametrischen Verfahren sind.

Die ausgearbeiteten Fallbeispiele (Programme) befassen sich in der Regel mit Merkmalen der Absolut- oder Intervallskala und Normalverteilungsannahme. Dies gilt – mit wenigen Ausnahmen – für alle Varianz- und Regressionsanalysen (14–47). Auch Kovarianzanalysen (53) und multivariate Varianzanalysen (54) unterliegen parametrischen Voraussetzungen. Das Problem der Ausreißererkennung bei Varianzanalysen mit einem an sich normalverteilten Datensatz wird im Kapitel 55 aufgezeigt.

Die *nichtparametrische* Varianzanalyse für ein- und zweifaktorielle Versuche (57 und 58) ist für Merkmale der Absolut- und Intervallskala geeignet, die aber keine Normalverteilung aufweisen und diese auch nicht durch eine geeignete Datentransformation hergestellt werden kann. Ein solches Merkmal wird dann in eine Ordinalskala gebracht und mittels spezieller Varianzanalyse und Mittelwerttest ausgewertet.

Eine Sonderstellung nehmen *diskrete* und *stetige* Prozentbonituren ein (48, 49). Prozentzahlen haben nämlich ihre eigene Problematik, können aber inzwischen auch über generalisierte lineare Modelle (mit spezieller Transformation und Verteilungsfunktion) verrechnet werden. Bei Prozentwerten sollte man sich also immer mit diesen Programmen befassen. Dies gilt auch für Boniturdaten, die nach dem Prinzip eines Schwellenwertmodells erfasst und ausgewertet wurden (50).

Die Kapitel 59–62 befassen sich schließlich mit *qualitativen* (nominalen und/oder ordinalen) Merkmalen, die als Häufigkeitsanalysen parameterfrei analysiert werden können. Besonders interessant dürften die noch weniger bekannten kategorialen linearen Modelle sein, die auf Response-Funktionen und prognostizierte Wahrscheinlichkeiten abzielen. Auch die sog. logistische Regression mit einer nominalen binären Zielvariablen und intervallskalierten bzw. kategorialen erklärenden Variablen liegt als Programm vor (62).

Voraussetzungen für die parametrische Varianz- und Regressionsanalyse

Bei einer *Varianzanalyse* mit Merkmalen der Absolut- oder Intervallskala müssen noch folgende Voraussetzungen erfüllt sein (Steel und Torrie 1980):

- Sämtliche Effekte im Modell (systematische und zufällige) verhalten sich additiv.
- Die Versuchsfehler (der Behandlungen) sind zufällig, unabhängig und normalverteilt um den Mittelwert 0 und mit einer gemeinsamen Varianz (gemeinsamer Versuchsfehler).

Beide Basisbedingungen können bekanntlich in eine Modellgleichung gefasst werden. Im Falle einer einfaktoriellen Blockanlage lautet das Modell:

$$y_{ij} = \mu + \alpha_i + \beta_j + \varepsilon_{ij}$$

Dieses Modell erwartet Daten, die auf additiven Effekten beruhen (Additionszeichen „+"). Sie könnten auch multiplikativ sein, wofür es eigene Modelle (auch in Kombination mit additiven Effekten) gibt (z. B. Yan und Kang 2003), die in dieser Programmsammlung aber nicht vertreten sind. Der Unterschied zwischen additiv und multiplikativ und die Transformation von multiplikativen in additive Daten, kann an einem kleinen Beispiel von Steel and Torrie (1980) aufgezeigt werden, wobei hier Versuchsfehler ignoriert werden (Tab. 3.1).

Im additiven Fall beträgt die *Differenz* zwischen den Varianten 20, unabhängig vom Niveau der Blöcke. Beim multiplikativen Fall befinden sich im zweiten Block die doppelten Werte des ersten Blocks. Im additiven Fall würde man statt 60 im zweiten Block von Variante 2 den Wert 40 erwarten, weil bei Variante 1 eine Differenz von 10 vorliegt. Trans-

---

Zusätzliche Information ist in der Online-Version dieses Kapitels (doi:10.1007/978-3-642-54506-1_3) enthalten.

© Springer-Verlag Berlin Heidelberg 2015

M. Munzert, *Landwirtschaftliche und gartenbauliche Versuche mit SAS,*
Springer-Lehrbuch, DOI 10.1007/978-3-642-54506-1_3

Tab. 3.1 Additives und multiplikatives Datenverhalten sowie Herstellung der Additivität

Variante	additiv		multiplikativ		log-Transformation multiplikativ wird additiv	
	Block 1	Block 2	Block1	Block 2	Block 1	Block 2
1	10	20	10	20	1,00	1,30
2	30	40	30	60	1,48	1,78

formiert man die multiplikativen Werte in den Zehner-Logarithmus, erhält man in beiden Wiederholungen eine Differenz von 0,48; die Daten verhalten sich also wieder additiv.

Das Transformieren mit SAS erfolgt innerhalb eines *DATA*-Sets mit dem Code

log_wert = log10(wert); /* anstelle von *wert* den Variablennamen einsetzen */

Fehlende Additivität ergibt auch heterogene Fehlervarianzen (s. 2. Voraussetzung oben), die eine gemeinsame Fehlervarianz obsolet machen und insbesondere zu falschen Signifikanzen der Mittelwerttests führen. Der F-Test ist weniger davon betroffen. Einen Test auf Additivität, geeignet für einfaktorielle (Block-)Versuche und zweifaktorielle Versuche ohne Wiederholungen, gibt es von Tukey, der bei Steel and Torrie (1980) demonstriert wird; er ist aber bei SAS nicht implementiert. Nichtadditivität muss man allerdings nur in seltenen Fällen befürchten, z. B. bei biologischen Vermehrungsraten (Keimzahlen, Wachstumsraten usw.).

Die zweite Grundbedingung für Varianzanalysen (s. o.) ist wie folgt zu verstehen:

Zufällige Versuchsfehler Durch Randomisation der Versuchsglieder darf man erwarten, dass auch ihre Einzelfehler zufällig verteilt sind.

Unabhängige Versuchsfehler Die Versuchsfehler sind nicht abhängig von der Ausprägung der Versuchsglieder (keine Korrelation!). Dies kann bei bestimmten Versuchen ein Problem sein, z. B. bei Herbizidversuchen mit Kontrollvariante, die u. U. stärker oder auch weniger „streut" als die behandelten Parzellen. Auch hier kann die Randomisation entgegen wirken.

Normalverteilte (Einzel-)Versuchsfehler um den Mittelwert 0 Wegen der meistens geringen Zahl der Wiederholungen ist Normalverteilung nicht so leicht zu erkennen und zu überprüfen. Man kann aber „Ausreißer" in einem Datensatz, die die Normalverteilung stören, mit einer statistischen Methode erkennen (55). Im Übrigen ist Additivität der Effekte (s. erste Bedingung oben) und Unabhängigkeit der Fehler auch die beste Voraussetzung für Normalverteilung. Fehlende Normalverteilung kann oft durch Datentransformation hergestellt werden, z. B. durch Logarithmieren (auf Basis 10 oder e) oder Wurzeltransformation. Einzelheiten entnehme man den Statistikbüchern (z. B. Sachs und Hedderich 2009; Steel und Torrie 1980). Normalverteilung bei einer einzelnen (genügend großen) Stichprobe ist leicht mit *PROC UNIVARIATE* überprüfbar (13).

Gemeinsame Fehlervarianz Bei zufälligen, unabhängigen und normalverteilten Versuchsfehlern kann man dann von (in etwa) gleich großen (homogenen) Fehlervarianzen ausgehen, die deshalb zu einer gemeinsamen Fehlervarianz zusammengefasst werden können;
man spricht auch von *Homoskedastizität*. Homogene Fehlervarianz kann bei einfaktoriellen Versuchen mit der Option *HOVTEST* (in verschiedenen Varianten) von *GLM* überprüft
werden. Auch beim Zweistichprobentest mit unabhängigen Gruppen ist sie überprüfbar;
im Falle ungleicher Varianzen werden hier Alternativtests angeboten (15).

Es sei noch bemerkt, dass aufgrund möglicher fixer oder zufälliger Prüffaktoren (s.
Kapitel 1) Varianzanalysen nach Modell I, II oder III folgen. Die Thematik wird ausführlich an einem Fallbeispiel erörtert (30) und außerdem bei der Auswertung von Versuchsserien sehr konkret (39–45).

Für *Regressionsanalysen* gelten weitgehend die gleichen Voraussetzungen. Das einfachste Modell lautet hier:

$$y_i = \alpha + \beta x_j + \varepsilon_{ij}$$

Hier ist x_j die (vorgegebene) unabhängige Variable (Regressor) und y_i die abhängige (Regressand). Der Regressionskoeffizient β ist die Maßzahl, die angibt, um wie viel sich y
ändert, wenn x um eine Einheit zu- bzw. abnimmt. Von den Fehlern e_{ij} wird erwartet, dass
sie normalverteilt sind mit homogenen Varianzen (Homoskedastizität), weshalb auch hier
mit einer gemeinsame Fehlervarianz (e) geschätzt wird. Nichtlineare Beziehungen werden
durch einen quasi-linearen Ansatz aufgedeckt. Außerdem ist zwischen den Regressionsmodellen I (fix) und II (zufällig) zu unterscheiden. Hier wird auf die Beispiele in den
Kapiteln 19, 25, 33 und 34 verwiesen.

Die vier Typen der Varianzanalyse

Soweit in den Beispielen die Prozedur *GLM* verwendet wird, dürfte dem Anwender auffallen, dass das Ergebnis der Varianzanalyse als „Typ I SS" und „Typ III SS" ausgegeben wird (SS steht für „sum squares"). Es gibt darüber hinaus auch „Typ II SS" und „Typ IV SS"; diese muss man allerdings in der *MODEL*-Zeile als Option mit *SS2* bzw. *SS4* anfordern. Die in dieser Programmsammlung häufig verwendete *PROC MIXED* kann Typ I–III SS zur Verfügung stellen, wobei Typ III Voreinstellung ist. Die Eigenschaften dieser vier Typen der Summenquadratberechnung sind bei Searle (1987) beschrieben und sollen hier kurz genannt werden, wobei vorweg folgende Klarstellung hilfreich sein mag:

- Balancierte Daten (einheitliche Wiederholungszahl): $I = II = III = IV$
- Varianzmodelle ohne Wechselwirkungseffekte: $II = III = IV$; unbalancierte Daten!
- Unbalancierte Daten, aber keine leeren Zellen: $III = IV$
- Daten mit leeren Zellen: IV; Lage der leeren Zellen im Datensatz für SS von Bedeutung.

Wie ersichtlich, treten die Unterschiede nur bei *unbalancierten* Daten auf.

Typ I SS Es handelt sich hier um die sequentielle Zerlegung von Gesamt-SS in die einzelnen SS, also z. B. bei einem zweifaktoriellen Versuch mit Wechselwirkungen in $SS_A + SS_B + SS_{AB} + SS_{Rest} = SS_{Gesamt}$. Die Hauptwirkungen (hier A und B) müssen vor den Wechselwirkungen (AB) und die Wechselwirkungen höheren Grades immer nach jenen geringeren Grades im Modell aufgeführt sein. Auch geschachtelte Effekte (z. B. B(A)) müssen dem übergeordneten Haupteffekt folgen (z. B. A B(A)). Bei einem unbalancierten Versuch ist das SS eines Effekts stets um die in der *MODEL*-Anweisung voranstehenden

---

Zusätzliche Information ist in der Online-Version dieses Kapitels (doi:10.1007/978-3-642-54506-1_4) enthalten.

M. Munzert, *Landwirtschaftliche und gartenbauliche Versuche mit SAS*, Springer-Lehrbuch, DOI 10.1007/978-3-642-54506-1_4

Effekte bereinigt, aber nicht bereinigt um die nachfolgenden Effekte. In diesem Falle führen deshalb die Reihenfolgen A B A*B bzw. B A A*B zu unterschiedlichen Ergebnissen.

Typ II SS Anders als bei Typ I SS addieren sich die einzelnen SS nicht zu Total-SS und die einzelnen SS hängen auch nicht von der Reihenfolge in der Modellbildung ab. Es werden aber alle Effekte (Haupteffekte, geschachtelte Effekte, Wechselwirkungen) um die übrigen Effekte bereinigt, bis auf jene, die den zu testenden Effekt enthalten. Beispielsweise wird bei einem zweifaktoriellen Versuch die Hauptwirkung A um die Wirkung von B bereinigt, nicht jedoch um die Wechselwirkung A*B.

Varianzmodelle nach Typ II werden hauptsächlich verwendet bei unbalancierten Haupteffektmodellen. Wird festgestellt, dass keine signifikanten Wechselwirkungen vorliegen, dann sind die bereinigten Haupteffekte eine gute Basis für das „curve fitting" mittels einer mehrfachen Regressionsgleichung. Auch für reine hierarchische (geschachtelte) Modelle ist TYP II SS geeignet (SAS® User's Guide 1985b).

Typ III SS Auch hier ergeben die einzelnen SS nicht SS-insgesamt und die Ergebnisse sind nicht von der Reihenfolge der Effekte im Modell abhängig. Diese Variante wird manchmal auch als „vollständige kleinst-quadratische Varianzanalyse" (complete least-squares analysis) bezeichnet und entspricht praktisch der *weighted squares of means analysis* nach Yates (1934). Jeder Effekt ist korrigiert um die übrigen Effekte. Enthält das Modell für einen unbalancierten Datensatz nur Haupteffekte, ergeben sich identische SS zu Typ II. Entscheidend ist, dass alle SS unverzerrt in Bezug auf die unterschiedlichen Zellfrequenzen (Wiederholungen) sind.

Typ IV SS Dieser Typ wird für den extremsten Fall von Unbalanciertheit benötigt, nämlich wenn eine oder mehrere Faktorkombinationen ganz ausfallen (leere Zellen). *GLM* schätzt dann die SS aufgrund bestimmter Hypothesen, wobei bei der Auswahl der Hypothesen auf eine gewisse Balance in den Gewichten der Zellmittel Rücksicht genommen wird. Die Berechnung der SS ist damit nicht eindeutig, sie hängt sogar von der Reihenfolge der Faktorenstufen im Modell ab. SAS macht dies durch die Fußnote *NOTE: Other Type IV Testable Hypothesis exists which may yield different SS.* Bei unbalancierten Daten, aber ohne leere Zellen, stimmt Typ IV mit Typ III überein.

Typ I SS oder Typ III SS verwenden? Die Frage, ob man bei *unbalancierten* Versuchen Typ I oder Typ III vorziehen sollte, ist bei den Statistikern durchaus umstritten. Verwendet man für Varianzanalysen *PROC GLM*, werden standardmäßig sowohl Typ I als auch Typ III im Output ausgewiesen; dies kann als Hinweis verstanden werden, dass SAS dem Anwender die Entscheidung überlässt. Die besonders für gemischte Modelle geeignete *PROC MIXED* stellt (bei voreingestellter *REML*-Methode) nur das Ergebnis (für feste Effekte) von Typ III zur Verfügung; Typ I müsste in der *PROC*-Zeile mit der Option *METHOD = TYPE1* angefordert werden. Daraus kann man wiederum schließen, dass man mit Typ III im Allgemeinen richtig liegt.

In der Tat folgt SAS mehr der Linie von Searle (1987), der ein Befürworter von Typ III ist und auch die SAS-Programmierung entsprechend beeinflusste. Ein wesentliches Argument ist, dass Unbalanciertheit der Daten i. d. R. keine Planungsabsicht ist. Stehen am Ende der Versuchsdurchführung aus unerwarteten Gründen einige Beobachtungen nicht zur Verfügung, so dass ein unbalancierter Datensatz vorliegt, dann trägt Typ-III diesem Umstand im Unterschied zu Typ I Rechnung. Gerade bei mehrfaktoriellen Versuchen liegt hierin ein Vorteil. Andererseits kann man in der Zusammenschau von Typ I und Typ III die Bedeutung der Unbalanciertheit erkennen. Oft führen nämlich die F-Tests bei Typ I und Typ III zu gleichen Aussagen hinsichtlich der Beantwortung der Nullhypothese. Typ I SS ist nützlich für hierarchische Modelle, Polynomialregressionen und Homogenitätstests zu Regressionskoeffizienten (Freund und Littell 1981).

Ein energischer Vertreter von Typ I SS ist dagegen Nelder (1994). Er spricht sogar vom „unnötigen Konstrukt" Typ III SS. Sein Argument ist, dass die Hypothesen nur dann vom Stichprobenumfang (unbalancierte Daten!) abhängen, wenn man Hauptwirkungen („Randmittelwerte") trotz vorliegender signifikanter Wechselwirkungen prüfen will; andernfalls testet Typ I SS immer die richtigen Hypothesen, vorausgesetzt es wurde im Modell die Reihenfolge der Effekte (s. o.) richtig gewählt. In der zitierten Arbeit werden noch weitere Aspekte der Modellbildung mit entsprechenden Strategien für korrespondierende Hypothesen aufgezeigt.

In dieser Programmsammlung werden grundsätzlich die Voreinstellungen von SAS belassen, d. h. soweit *PROC GLM* verwendet wird, stehen Typ I und Typ III SS zur Verfügung, während die Lösungen auf Basis *PROC MIXED* die F-Tests für fixe Effekte zu Typ III SS ausweisen. Allerdings wird immer auf „sinnvolle Mittelwertvergleiche" geachtet, im Sinne von „nur bedingte Mittelwertvergleiche zu Effekten, wenn signifikante Interaktionen dieser Effekte bzw. Interaktionen höheren Grades vorliegen". Dafür wurden zwei Makros entwickelt, die in verschiedenen Programmbeispielen verwendet werden und im konkreten Fall diese sinnvollen Fälle auflisten. Damit dürfte auch den oben herausgestellten Argumenten beider „Schulen" einigermaßen Rechnung getragen werden, zumal in der Versuchspraxis faktorielle unbalancierte Versuchspläne nicht das große Thema sind und der Regelfall „Balanciertheit" das Problem ohnehin nicht kennt.

Hypothesentest, Fehlerarten und Teststärke

5

In Versuchen will man mittels Stichproben klären, ob bestimmte Stichprobenwerte, z. B. Mittelwerte, gleichen oder verschiedenen Grundgesamtheiten zuzuordnen sind. Letztlich geht es um die Frage, ob „echte" oder nur zufällige Unterschiede vorliegen. Für eine solche Entscheidung bedient man sich bestimmter statistischer Hypothesen. Aufgabe der Statistik ist, mittels der vorliegenden Stichprobenwerte eine Hypothese zu bestätigen (anzunehmen) oder abzulehnen (statistischer Test). Es liegt auf der Hand, dass eine solche Entscheidung nicht mit absoluter Sicherheit getroffen werden kann, weil Stichproben eben Grundgesamtheiten nicht perfekt abbilden können.

Ein statistischer Test (z. B. F-Test oder Mittelwerttest) folgt immer folgendem Prinzip:

- Prüfung der *Nullhypothese* (H_0): Es besteht kein Unterschied, z. B. kein Unterschied zwischen den Mittelwerten (μ) von zwei Sorten ($\mu_1 = \mu_2$). Mit der Alternativhypothese (H_1) wird dagegen behauptet, es liegt ein Unterschied vor: ($\mu_1 \neq \mu_2$).
- Berechnung der Test-Prüfzahl (z. B. F-Wert oder t-Wert) aufgrund der entsprechenden Prüfverteilung (z. B. F-Verteilung, t-Verteilung), um zu klären, ob die Nullhypothese beibehalten werden kann.
- Vergleich der berechneten Prüfzahl mit dem tabellierten Quantil der Prüfverteilung (Signifikanzschwelle). Ist die Prüfzahl gleich oder kleiner als der Tabellenwert, wird die Nullhypothese angenommen, im Falle von „Prüfzahl größer Tabellenwert", lehnt man die Nullhypothese ab und es wird stattdessen H_1 angenommen.

Bei der Entscheidung über die Annahme von H_0 oder H_1 sind Fehler nicht auszuschließen, so dass ein Versuchsergebnis u. U. falsch interpretiert wird. Dabei stehen zwei *Fehlerarten* im Raum:

Zusätzliche Information ist in der Online-Version dieses Kapitels (doi:10.1007/978-3-642-54506-1_5) enthalten.

© Springer-Verlag Berlin Heidelberg 2015
M. Munzert, *Landwirtschaftliche und gartenbauliche Versuche mit SAS,*
Springer-Lehrbuch, DOI 10.1007/978-3-642-54506-1_5

- Die Nullhypothese wird unberechtigterweise abgelehnt (H_0 ist in Wirklichkeit wahr). Hier spricht man vom Fehler 1. Art oder vom α-Fehler.
- Die Nullhypothese wird unberechtigterweise angenommen, obwohl sie in Wirklichkeit falsch ist. Damit liegt ein Fehler 2. Art oder ein β-Fehler vor.

Wichtig ist noch hervorzuheben, dass bei einem Vergleich der berechneten Prüfzahl mit der Signifikanzschwelle das Ergebnis nur unter Berücksichtigung des Fehlers 1. Art (α-Fehler) festgestellt wird; der β-Fehler bleibt außen vor. Welchen α-Fehler man bei der Beantwortung der Nullhypothese in Kauf nimmt, muss vorgegeben werden; deshalb spricht man auch von der *Irrtumswahrscheinlichkeit α*, die man meistens auf $\alpha = 5\%$ (= „signifikant") oder $\alpha = 1\%$ (= „hoch signifikant") setzt. Computerprogramme, so auch SAS, berechnen die sog. *Überschreitungswahrscheinlichkeit P*, d. i. jene Grenze, die als α hätte vorgegeben werden müssen, um die Nullhypothese abzulehnen. Ein $Pr > F \leq 0,0001$ zur Varianzanalyse (SAS verwendet statt P die Abkürzung Pr) bedeutet also, dass mit einem $\alpha = 0,01\%$ die Nullhypothese zum F-Wert (Varianz des Effektes und Fehlervarianz unterscheiden sich nicht) abgelehnt wird. Beim Studium des Outputs wird man also immer darauf achten, ob Pr-Werte größer bzw. kleiner als der für die Beantwortung der Nullhypothese festgelegte α-Schwellenwert festzustellen sind. Entsprechendes gilt auch für Mittelwerttests.

Wie hoch im konkreten Fall der β-Fehler ausfällt, hängt von den Eigenschaften der zu vergleichenden Stichroben ab (akzeptiertes α, Mittelwertdifferenz, Standardabweichung, Größe der Stichprobe = Anzahl Wiederholungen, Testverfahren). Je kleiner dabei der β-Fehler ausfällt, umso aussagekräftiger ist das Testergebnis. Noch griffiger wird die Aussage, wenn man die sog. *Teststärke* (Trennschärfe, Power) als die Wahrscheinlichkeit $1 - \beta$ definiert, mit der ein Fehler 2. Art verhindert wird.

Der Versuchsansteller ist immer an einer geringen Irrtumswahrscheinlichkeit und an einer hohen Power bei möglichst geringer Wiederholungszahl (Versuchsaufwand!) interessiert. Diesem Ziel sind aber, wie oben schon angedeutet, Grenzen gesetzt. Man kann sich aber berechnen, welche Wiederholungszahl bei bestimmter Effektgröße (z. B. Mittelwertdifferenz), Streuung der Einzelwerte, Irrtumswahrscheinlichkeit und Power erforderlich ist oder umgekehrt, mit welcher Power zu rechnen ist, wenn die Wiederholungszahl festgelegt ist. Mit Kapitel 56 werden entsprechende SAS-Anwendungen demonstriert. Sachs und Hedderich (2009) heben hervor, dass i. A. bei einem $\alpha = 0,05$ eine Power von $> 0,5$ vorliegen sollte. Noch besser liegt man natürlich, wenn eine Power $> 0,7$ oder $> 0,8$ mit $\alpha < 0,05$ korrespondiert. Die Inkaufnahme einer geringeren Power im Vergleich zum Fehler 1. Art (α), bedeutet letztlich, dass man das Versuchsergebnis vorsichtig interpretiert und darauf verzichtet, mögliche weitere „wahre Differenzen" nicht herauszustellen. Einem Forscher steht es immer gut an, nur so viel zu behaupten, was er guten Gewissens vertreten kann.

Die Power eines Tests ist auch eine Frage der Verwendung des „am besten geeigneten Tests", wenn es um die Beurteilung von Mittelwertdifferenzen geht („most powerful test",

Sachs und Hedderich 2009). Auf diesen Aspekt wird im nächsten Abschnitt noch eingegangen.

Die Testtheorie ist noch wesentlich facettenreicher, als hier beschrieben. Umfassende
Darstellungen finden sich bei Sachs und Hedderich (2009) und Castelloe (2000). Aber
auch auf die weiteren bei SAS in den Beschreibungen zu *PROC POWER* und *PROC
GLMPOWER* aufgeführten Referenzen, speziell auf Lenth (2001), sei verwiesen.

Multiple Mittelwertvergleiche 6

Ziel einer Varianzanalyse ist, zu klären, ob sich die Varianzen der geprüften Faktoren (Haupt- und Wechselwirkungen) signifikant von der Fehlervarianz unterscheiden (Beantwortung der Nullhypothese mittels F-Test). Dieser F-Test ist ein globaler Test, d. h. er beantwortet nur die Frage, ob Unterschiede zwischen den Mittelwerten der Faktorstufen (Prüfglieder) vorliegen. Welche (mehr als zwei) Mittelwerte sich im Falle von Signifikanz des F-Tests tatsächlich signifikant unterscheiden, muss mit einem anschließenden Mittelwerttest geklärt werden. Bei solchen *multiplen* Mittelwertvergleichen treten statistische Probleme auf, weshalb es eine Vielzahl von Testverfahren gibt, die diese je nach Fragestellung (mehr oder weniger gut) berücksichtigen. In den statistischen Lehrbüchern wird auf dieses Thema i.d.R. umfassend eingegangen, außerdem auch in der Prozedurbeschreibung zu *GLM* (Kapitel *Details, Comparing Groups*). Kurze übersichtliche und anwendungsorientierte Darstellungen finden sich z. B. bei Bätz et al. (1982) und Munzert (1992). Für die Zwecke dieses Buches seien folgende Aspekte herausgestellt:

- Ist man nur an bestimmten („individuellen") Mittelwertvergleichen interessiert, kann der bekannte *multiple t-Test* (bei SAS in *GLM* als *LSD* (least significant difference) beschrieben) verwendet werden. Er wird jedoch „missbraucht", wenn er – wie in der Literatur manchmal zu beobachten – beliebig angewendet wird, und dies umso mehr, je mehr Varianten im Versuch überprüft wurden.
- Werden alle möglichen paarweisen Mittelwertvergleiche angestrebt und soll die Entscheidung auf Basis *einer* Grenzdifferenz getroffen werden, ist der *Tukey-Test* bzw. *Tukey-Kramer-Test* (bei unbalancierten Versuchen) zu empfehlen. Finden diese Vergleiche immer mit einer bestimmten Variante („Kontrolle") statt, sollte der *Dunnett-Test* bevorzugt werden (s. Kapitel 24).

Zusätzliche Information ist in der Online-Version dieses Kapitels (doi:10.1007/978-3-642-54506-1_6) enthalten.

© Springer-Verlag Berlin Heidelberg 2015
M. Munzert, *Landwirtschaftliche und gartenbauliche Versuche mit SAS,*
Springer-Lehrbuch, DOI 10.1007/978-3-642-54506-1_6

23

- Der Tukey-Test stellt zwar sicher, dass jeder Vergleich mindestens mit der geforderten Irrtumswahrscheinlichkeit (z. B. $\alpha = 5\%$) getestet wird, für einen Teil der Vergleiche findet die Prüfung jedoch mit einem geringeren als dem vorgegebenen α statt, d. h. hier werden u. U. an sich vorhandene Differenzen nicht erkannt. Will man diesen Nachteil vermeiden, muss man zu einem Variationsbreiten-Test („Range-Test") greifen. Solche Tests arbeiten mit $k-1$ Grenzdifferenzen (k=Anzahl der Mittelwerte), was natürlich die Handhabung von Mittelwertvergleichen u. U. erschwert. SAS empfiehlt für diesen Fall den Ryan-Einot-Gabriel-Welsch-Test (*REGWQ*). Er hat sich in der Literatur aber kaum durchgesetzt. Bekannter ist dagegen der Student-Newman-Keuls-Test (*SNK*), der von der *GLM*-Prozedur ebenfalls angeboten und deshalb am geeigneten Beispiel auch demonstriert wird (vgl. Kapitel 24).

Das Thema „Mittelwertvergleiche" ist noch wesentlich vielschichtiger als hier beschrieben. Insbesondere muss zwischen Testmethoden unterschieden werden, die den „vergleichsbezogenen Fehler" (*comparisonwise error rate, CER*) bzw. den „versuchsbezogenen Fehler" (*experimentwise error rate*) kontrollieren. Bei Testmethoden der letzteren Art unterscheidet man weiter in „unter vollständiger Nullhypothese" (*experimentwise error rate under the complete null hypothesis, EERC*), „unter partieller Nullhypothese" (*experimentwise error rate under partial null hypothesis, EERP*) und „unter vollständiger oder partieller Nullhypothese" (*maximum experimentwise error rate under any complete or partial null hypothesis, MEER*); vgl. SAS® User's Guide (1985b). So ist der multiple t-Test (LSD) ein CER-Test, der Tukey-Test ein MEER-Test und der SNK-Test ein EERC-Test, weil er im Gegensatz zum REGWQ-Test (ein EERP-Test!) für partielle Nullhypothesen das gegebene α-Niveau nicht hält. Auch der Dunnett-Test gehört als Spezialfall zur Gruppe von EERP.

Darüber hinaus ist auf spezielle „lineare Kontraste" hinzuweisen, auf die in den Kapiteln 51 und 52 eingegangen wird.

In vielen Fallbeispielen werden die Varianzanalysen und Mittelwertvergleiche entweder mit den Prozeduren *GLM* oder *MIXED* ausgeführt. Während *GLM* nach der Methode der *kleinsten Quadrate* (least squares, LS-Methode) vorgeht und zwei der vier beschriebenen Varianztypen – Typ I und Typ III – standardmäßig liefert, verwendet *MIXED* voreingestellt die universellste Schätzmethodik, nämlich die *Maximum-Likelihood-Methode* (ML-Methode). In vielen Fällen führen *GLM* und *MIXED* zum gleichen Ergebnis, es gibt aber auch Situationen – insbesondere im Feldversuchswesen – in denen nur *MIXED* zum richtigen Ergebnis führt, vor allem, wenn es um Mittelwertvergleiche geht. Deshalb werden Im Folgenden die Unterschiede zwischen beiden Schätzmethoden noch etwas näher aufgezeigt, wobei die in allen Lehrbüchern beschriebene LS-Methode, also die „klassische Varianzanalyse" mit der Berechnung von Summenquadraten, als bekannt vorausgesetzt wird.

Die ML-Methode wurde bereits von R. A. Fisher in den 1920er Jahre vorgeschlagen (Dufner et al. 2002) und bei *PROC MIXED* realisiert. „Maximum-Likelihood" bedeutet „maximale Wahrscheinlichkeit" (Mutmaßlichkeit). Eine Kurzbeschreibung der Methode aus Sachs (1978, S. 56) sei hier zitiert:

> Sie ist die universellste Methode zur optimalen Schätzung anerkannter Parameter. Sie ist nur anwendbar, wenn der Typ der Verteilungsfunktion der Variablen bekannt ist; dann bestimmt sie diejenigen Werte als Schätzwerte für die unbekannten Parameter, die dem erhaltenen Stichprobenresultat die größte Wahrscheinlichkeit des Auftretens verleihen; d. h. als Schätzwerte werden die Werte mit maximaler Likelihood-Funktion für die Parameter ermittelt, vorausgesetzt, die Parameter existieren.

Zusätzliche Information ist in der Online-Version dieses Kapitels (doi:10.1007/978-3-642-54506-1_7) enthalten.

© Springer-Verlag Berlin Heidelberg 2015
M. Munzert, *Landwirtschaftliche und gartenbauliche Versuche mit SAS*,
Springer-Lehrbuch, DOI 10.1007/978-3-642-54506-1_7

PROC MIXED darf als eine Generalisierung der *GLM*-Prozedur in dem Sinne aufgefasst werden, dass mit *GLM* standardmäßig lineare Modelle und mit *MIXED* die weitere Klasse der *gemischten* linearen Modelle „gefittet" werden können. (Anmerkung: Die in den Kapiteln 48–50 verwendete Prozedur *GLIMMIX* ist wiederum eine Erweiterung, indem – im Gegensatz zu *MIXED* – auch gemischte lineare Modelle mit nichtnormalverteilten Daten verrechnet werden können). Auch mit *GLM* können gemischte lineare Modelle gerechnet werden, wenn auch nicht unter allen Voraussetzungen und Zielvorgaben, wie einleitend schon angedeutet wurde.

Die wesentlichen Unterschiede zwischen *GLM* und *MIXED* bei *balancierten gemischten* Modellen sind:

- *GLM* liefert mit der Option *TEST* der *RANDOM*-Anweisung alle (sowohl für die fixen wie auch zufälligen Varianzursachen) richtigen F-Tests. *PROC MIXED* berechnet nur für die fixen Ursachen die adäquaten F-Tests, vorausgesetzt, es wurde *MIXED* mit der Option *NOBOUND* aufgerufen. Diese Option darf nicht vergessen werden, weil u. U. auftretende negative Varianzkomponenten sonst auf 0 gesetzt werden und diese dann falsche F-Werte ergeben. *MIXED* arbeitet nämlich voreingestellt mit der „Restricted Maximum-Likelihood" (*REML*), die diese Eigenschaft hat. Außerdem sollte die *MODEL*-Anweisung bei *MIXED* stets mit der Option *DDFM* = *KR* versehen werden, um immer die richtigen Freiheitsgrade zu erhalten; die Option *DDFM* = *SATTERTH* kann dies nicht in jedem Fall sicherstellen (Piepho und Spilke 1999). Wenn man also bei *gemischten* Modellen sowohl für die fixen wie auch zufälligen Varianzursachen F-Tests haben will, muss man zu *GLM* greifen.
- Mittelwertvergleiche mit Fehlerangabe sind mit *GLM* nur dann uneingeschränkt möglich, wenn ein einziger Fehlerterm für den betreffenden (fixen) Faktor oder die Faktorkombination benötigt wird. Dies ist z. B. bei Spalt- oder Streifenanlagen nicht der Fall; hier setzt sich in bestimmten Fällen der richtige Fehlerterm aus einer Linearkombination mehrerer mittlerer Abweichungsquadrate (MQ) zusammen. Nur *PROC MIXED* (oder *GLIMMIX*) wird diesem Umstand gerecht. *MIXED* liefert also stets die richtigen Standardfehler für alle möglichen Mittelwertvergleiche.
- *LSMEANS*-Werte werden bei *GLM* nach der Methode der kleinsten Quadrate geschätzt (ordinary least squares estimation = OLSE). Bei *MIXED* gehen die Varianzkomponenten in die Schätzung von *LSMEANS* mit ein (generalized least squares estimation = GLSE). Sofern *balancierte* Daten vorliegen, ein Mittelwert nur mit *einem* Fehlerterm korrespondiert und negative Varianzkomponenten bei *MIXED* zugelassen werden, liefern OLSE und GLSE die gleichen Standardfehler (gleiche Mittelwerte ohnehin). Man beachte aber, dass *GLM* die Standardfehler nicht schätzen kann, wenn sich der Fehlerterm aus mehreren Komponenten zusammensetzt, wie dies zum Beispiel bei Spaltanlagen für manche Mittelwertvergleiche der Fall ist.
- Ein großer Vorteil von *MIXED* ist, dass damit auch Gitteranlagen jeder Art (= unvollständige Blockanlagen) verrechnet werden können und korrekte F- sowie Mittelwerttests anfallen (28). Auch das Lateinische Rechteck (Semi-Lateinisches Quadrat bzw. Zeilen-Spalten-Anlage) kann nur mit dieser Prozedur korrekt ausgewertet werden (27).

Für *unbalancierte gemischte* Modelle ist *MIXED* immer die Methode der Wahl, weil hier *GLM* keine angemessene Auswertung liefert, insbesondere wenn es um Mittelwertvergleiche geht (Piepho und Spilke 1999). In diesem Falle unterbleibt stets auch die Option *NO-BOUND* und die adjustierten Mittelwerte werden nach der GLSE-Methode als der bessere Ansatz berechnet. Für *balancierte fixe Block*-Modelle ist *PROC GLM* gut geeignet, weil hier die Mittelwert-Statistik ausnahmslos korrekt ist und die Buchstabensymbolik bei der *MEANS*-Anweisung für die Haupteffekte und bei Verwendung von *LSMEANS* auch für die Kombinationsmittelwerte genutzt werden kann.

Die Buchstabensymbolik steht bei *MIXED* (zumindest bis einschließlich Version 9.3) nicht zur Verfügung. Piepho (2000) hat deshalb ein Makro entwickelt, das diese Lücke schließt. Ein Ausweg ist auch die Prozedur *GLIMMIX*, mit der man adäquate Ergebnisse zu *MIXED* und die Buchstabensymbolik erhält, wenn diese auf Normalverteilung (bei stetigen Zielvariablen Voreinstellung!) eingestellt und *LSMEANS* mit der Option *LINES* angefordert wird. Allerdings werden in ungünstigen Fällen nicht alle Signifikanzen in der Buchstabensymbolik dargestellt, was dann in einer Fußnote in der Ausgabe angezeigt wird. Piepho (2012) hat daher ein Makro ohne diese Schwäche erstellt, das unter

https://www.uni-hohenheim.de/bioinformatik/beratung/toolsmacros/sasmacros/mult.sas

heruntergeladen werden kann.

Eine Alternative dazu ist, mit gemittelten Standardfehlern approximative Grenzdifferenzen zu berechnen; dieses Verfahren – kombiniert mit dem Aspekt der „sinnvollen Mittelwertvergleiche" – wurde in dieser Programmsammlung gewählt, weil es Vorteile bei der (kompakten) Darstellung der Mittelwerte hat.

Im Übrigen wird auf die Option *SLICE* verwiesen, deren Anwendung im Kapitel 30 gezeigt wird.

Eine ausführliche Darstellung der Eigenschaften von *PROC MIXED*, speziell in Bezug auf landwirtschaftliche Experimente, liegt von Piepho et al. (2003) vor.

Das Statistical Analysis System (SAS) ist mehr als nur eine reine Statistiksoftware. Es wurde inzwischen zu einem umfassenden Datenverwaltungs- und Analysensystem ausgebaut, mit breiter Verwendung in Wirtschaft und Verwaltung. Trotzdem wurde die ursprüngliche Idee, statistische Verfahren in übersichtliche und leicht steuerbare Prozeduren umzusetzen, nie aufgegeben, sondern im Gegenteil, mit jedem Release wurden und werden weitere Möglichkeiten der statistischen Auswertung und grafischen Darstellung angeboten. Mit älteren Versionen entwickelte Programme bleiben i. d. R. weiterhin verwendbar. Man braucht also keine Sorge zu haben, dass die hier mit SAS 9.2 erstellten Programme in künftigen SAS-Versionen nicht mehr lauffähig sein könnten (dies gilt explizit auch für SAS 9.3!). Das mag auch ein Grund sein, weshalb die (lizenzpflichtige) Software i. d. R. an allen Universitäten, Hochschulen und sonstigen wissenschaftlichen Einrichtungen zur Verfügung steht.

Grundlage für die in diesem Buch zusammengestellten Programme sind die SAS-Produkte von *SAS/STAT*. Auf *SAS/INSIGHT* als interaktive Form der Programmierung wird nur beispielhaft eingegangen. Das *OUTPUT DELIVERY SYSTEM* (*ODS*) zu den Programmprozeduren wird ebenfalls in bestimmten Fällen genutzt. Die Programme entstanden auf einem PC mit Betriebssystem WINDOWS 7. Sie können aber auch auf Rechnern mit anderen oder älteren und neueren Betriebssystemen (bis hin zum Großrechner) ausgeführt werden. Vorteilhaft ist die Installation der Schrifttype *SAS Monospace*, um beim Kopieren von Outputteilen in ein *WORD*-Dokument alle Alpha-Zeichen unverfälscht übertragen zu bekommen.

Es empfiehlt sich, die unter www.springer.com/… zugänglichen 50 Programme zu den Kapiteln 13-62 einschließlich zweier Makros und einer EXCEL-Datei herunterzuladen und dann die einzelnen Programme mit dem SAS-Editor zu starten. Oft wird man bei einem Programm den Beispielsdatensatz nur durch den eigenen Datensatz ersetzen müssen, um zum erwünschten Ergebnis zu kommen. Wer in SAS und in der Statistik etwas geübt ist, kann aber auch durch Programmerweiterungen oder -kürzungen seine eigene Version „stricken".

Die folgenden Erläuterungen zum Gebrauch der erstellten Programme mögen für den SAS-Anfänger hilfreich sein; SAS-Profis können sie getrost übergehen. Im Übrigen wird auf die SAS-Handbücher (z. B. SAS® User' Guide. 1985a) sowie auf deutschsprachige Einführungen, wie Göttsche (1990) und auf die Prozedurbeschreibungen sowie SAS-On-line-Dokumentationen verwiesen.

Man startet SAS wie jedes andere WINDOWS-Programm durch Anklicken im Programm-ordner oder des SAS-Icons auf der Bildschirmoberfläche. Daraufhin erhält man ein drei-fach geteiltes Fenster: Links in senkrechter Anordnung ein Fenster „Explorer", das nach der Abarbeitung eines Programms einen Navigator für die Einzelergebnisse anzeigt (Out-puts). Rechts davon befinden sich, waagrecht aufgeteilt, ein Log- und ein Editor-Fenster.

Ins Editor-Fenster lädt man ein an anderer Stelle verfügbares Programm oder man schreibt dieses direkt hinein. Es empfiehlt sich, das Editor-Fenster auf die ganze Bild-schirmseite zu erweitern, wie es in der Abb. 8.1 gezeigt wird. Will man ein Programm in den Editor laden, wähle man in der oberen Menüleiste *Datei* und dann *Programm öffnen...* Man navigiere dann weiter bis zur Programmdatei, die daraufhin durch Anklicken in den Editor geladen wird.

Im Log-Fenster erscheinen bei der Abarbeitung eines Programms Kommentare und Systemmeldungen, wie Rechenzeiten, Auffälligkeiten oder Fehlermeldungen; letztere in roter Farbe, so dass man einen schnellen Überblick über den Programmlauf bekommt.

Nach einem (erfolgreichen) Programmlauf öffnet sich das Ausgabefenster mit den auf-gelisteten Ergebnissen. Mit dem Navigator im Explorer-Fenster kann man sich einzelne Teile davon gezielt anzeigen lassen. Bei SAS 9.3 wurde die Ausgabe (einschließlich der *ODS*-Grafiken) auf HTML-Stil geändert. Man kann jedoch auf die von den Vorgänger-versionen her gewohnte Auflistungsform umstellen, wenn man im Editor-Fenster *Extras*, dann unter *Optionen* den Menüpunkt *Einstellungen...* und im erscheinenden Fenster die Registerkarte *Ergebnisse* aktiviert. Nun deaktiviert man das Kästchen *HTML erzeugen* und aktiviert *Listenbericht erzeugen*; mit Drücken von *OK* ist umgestellt.

Zusätzliche Information ist in der Online-Version dieses Kapitels (doi:10.1007/978-3-642-54506-1_8) enthalten.

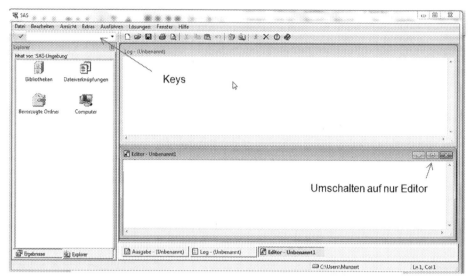

Abb. 8.1 Das SAS-Fenstersystem

Die untere Menüleiste ist in *Ausgabe ..., Log...* und *Editor...* aufgeteilt. Diese Optionen nutzt man, wenn man nach einem Programmlauf von einem ins andere Fenster wechseln will.

Ein weiteres, sehr hilfreiches kleines Fenster befindet sich in der oberen linken Ecke der Bildfläche, in das man Schlüsselwörter (keys) eingeben kann (Abb. 8.1). *KEYS* selbst ist ein Schlüsselwort, denn damit öffnet man eine Übersicht zur Tastenbelegung. Die meisten Tasten sind bereits vorbelegt. Die Taste F12 ist aber noch frei. Schreibt man hier unter der Spalte *Definition*

clear output;clear log;submit

und sichert diese Eingabe mit *save* im key-Fenster und kehrt dort mit *end* ins Hauptfenster zurück, dann bewirkt diese Tastenbelegung künftig das Löschen des vorher erzeugten Outputs und des Logs sowie gleichzeitig den Programmstart. Die Tastenbelegung kann man auch mit der Funktionstaste F9 feststellen.

Das key-Fenster kann man auch für Hilfefunktionen des Systems benutzen. Gibt man z. B.

help glm

ein, erscheint die Prozedurbeschreibung für *PROC GLM*. Hier bekommt man dann Erläuterungen zu den einzelnen Anweisungen und Optionen der Prozedur, und auch die *Examples* können oftmals weiterhelfen. Bei SAS 9.3 gibt man zunächst nur *help* ein, wählt dann im Navigator das Register *Inhalt* und ruft unter *SAS Products* und *SAS/STAT 12.1* die gewünschte Prozedur auf.

Mit einem Programm wird auf Versuchsdaten zurückgegriffen, die es zu analysieren gilt. Eine Möglichkeit ist, die Daten direkt ins Programm zu integrieren, wie das im folgenden Beispiel gezeigt wird.

Die Datenerfassung erfolgt innerhalb eines *DATA*-Befehls. *DATA* wird mit einem Namen versehen, der mit einem Alpha-Zeichen beginnen muss (z. B. *a* oder *meyer* oder *a_1*, nicht jedoch *1_a*). Der Strichpunkt nach dem Namen ist – wie bei allen anderen Anweisungen – zwingend.

```
DATA a;
INPUT merkmal_1$ merkmal_2 @@;
DATALINES;
a 42 b 51 a 37 b 49 a 46
b . a 39 b 54
; /* oder: RUN; */
PROC PRINT DATA=a;
RUN;
```

Es folgt dann die *INPUT*-Anweisung mit dem Namen der Variablen. SAS unterscheidet zwischen Charakter- (alphanumerische Zeichen) und numerischen Variablen (Merkmalen). Erstere sind durch ein angehängtes oder nach einer Leerstelle folgendes Dollarzeichen ($) gekennzeichnet. Der Wert einer Charaktervariablen muss mit einem Alphazeichen (Buchstabe) beginnen (im Beispiel *a* bzw. *b*). Numerische Variable kündigen Zahlen an. Wenn es sich um Kommawerte handelt, muss für das Komma ein Punkt (.) gesetzt wer-

Zusätzliche Information ist in der Online-Version dieses Kapitels (doi:10.1007/978-3-642-54506-1_9) enthalten.

Tab. 9.1 Zweifaktorieller Blockversuch

Block	Sorte A		Sorte B		Sorte C	
	N1	N2	N1	N2	N1	N2
1	8,4	9,6	9,1	9,2	8,7	9,5
2	8,7	9,5	9,7	10,0	9,0	9,8
3	9,1	9,8	10,1	10,4	10,1	10,2
4	8,0	8,3	8,1	8,1	8,5	8,8

den. Die beiden „Klammeraffen" (@@) in der *INPUT*-Zeile fungieren als Zeilenhalter, d. h. die nach *DATALINES* folgenden Werte werden wiederholt in der gleichen Merkmalsreihenfolge eingelesen. Fehlt der Zeilenhalter, werden pro Zeile nur einmal die Merkmale erfasst. Mit einem Zeilenhalter kann man also die Daten platzsparend anordnen. Fehlende Werte müssen in diesem Falle mit einem Punkt markiert werden, damit eine Fehlermeldung wegen Unvollständigkeit des Datensatzes vermieden wird. Nach dem letzten Wert folgt in einer neuen (!) Zeile ein Strichpunkt oder der Befehl *RUN;*.

Mit *PROC PRINT* wird der eingelesene Datensatz ausgedruckt – eine empfehlenswerte Maßnahme zur Überprüfung des korrekten Einlesens. Wie jede andere Prozedur wird auch *PRINT* mit einem *RUN*-Befehl abgeschlossen.

Das Programm startet man nun mit der vorbelegten Taste F12 oder mit dem „Männchen" in der oberen Menüleiste.

Eine sehr effiziente Dateneingabe bei größeren (multifaktoriellen) Datensätzen ist mit *DO... – END*-Schleifen möglich. Als Beispiel seien die Daten in Tab. 9.1 unterstellt. Das Programm für die Datenerfassung sieht dann wie folgt aus:

```
DATA versuch;
DO block = 1 TO 4;
DO sorte = 'Sorte A', 'Sorte B', 'Sorte C';
DO duengung = 'N1', 'N2';
INPUT ertrag @@; OUTPUT;
END; END; END;
DATALINES;
8.4 9.6 9.1 9.2 8.7 9.5 8.7 9.5 9.7 10.0 9.0 9.8
9.1 9.8 10.1 10.4 10.1 10.2 8.0 8.3 8.1 8.1 8.5 8.8
;
PROC PRINT DATA=versuch; RUN;
```

Jede *DO*-Schleife wird mit einem *END* beendet. Auch hier versichert man sich mit *PROC PRINT* der richtigen Reihenfolge der *DO... – END*-Schleifen.

Die in diesem Buch behandelten Datensätze werden i. d. R. direkt ins Programm eingegeben, weshalb je nach Datenumfang einer der beiden Modi gewählt wurde. In der Versuchspraxis können aber noch weitere Erfassungssysteme in Frage kommen, auf die nachfolgend noch eingegangen wird.

Die in Kapitel 9 eingelesenen Datensätze haben einen „Ein-Wort-Namen", erkenntlich an *DATA a* bzw. *versuch*. Man spricht hier auch von *temporären* Dateien, weil sie automatisch in einem Unterverzeichnis (*work*) abgelegt und nach Beendigung einer SAS-Sitzung gelöscht und bei einem weiteren Programmstart erneut eingelesen werden. Bei sehr großen Datensätzen arbeitet man zweckmäßigerweise mit *permanenten* SAS-Dateien, die nur einmal eingelesen und in einem Unterverzeichnis abgelegt werden. Der Pfad dieses Unterverzeichnisses muss nach *DATA* angegeben werden. Beispielsweise könnte der Datensatz *versuch* in Kapitel 9 mit folgender Pfadbezeichnung im SAS-Editor erfasst und mit Programmstart abgespeichert werden:

```
DATA 'D:\Munzert\Documents\Eigene Dateien\Anwendungen SAS\SAS_Dateien
\versuch';
DO block = 1 TO 4;
DO sorte = 'Sorte A', 'Sorte B', 'Sorte C';
DO duengung = 'N1', 'N2';
INPUT ertrag @@; OUTPUT;
END; END; END;
DATALINES;
8.4 9.6 9.1 9.2 8.7 9.5 8.7 9.5 9.7 10.0 9.0 9.8
9.1 9.8 10.1 10.4 10.1 10.2 8.0 8.3 8.1 8.1 8.5 8.8
;
RUN;
QUIT;
```

Zuvor müssen die (Unter-)Ordner von „Munzert" bis „SAS_Dateien" eingerichtet worden sein. Im Unterordner *SAS_Dateien* befindet sich dann die Datei *versuch* (mit der Erweiterung (Extension) „.sas"; SAS 9.3 fügt stattdessen die Erweiterung „.sas7batdat" hinzu).

Zusätzliche Information ist in der Online-Version dieses Kapitels (doi:10.1007/978-3-642-54506-1_10) enthalten.

© Springer-Verlag Berlin Heidelberg 2015

M. Munzert, *Landwirtschaftliche und gartenbauliche Versuche mit SAS,*
Springer-Lehrbuch, DOI 10.1007/978-3-642-54506-1_10

Will man in einem Programm auf die (bereits eingelesene) Datei *versuch* zurückgreifen, muss man in diesem innerhalb eines *DATA*-Sets z. B. schreiben:

```
DATA x;
SET ´D:\Munzert\Documents\Eigene Dateien\Anwendungen SAS\SAS_Dateien
\versuch´;
RUN;
```

Fügt man nach *RUN;* noch hinzu:

```
PROC PRINT DATA=x; RUN;
```

dann erhält man im Output-Fenster die Datei *versuch* ausgedruckt. Ein Ausdruck erfolgt aber auch außerhalb einer *DATA*-Anweisung, indem man schreibt:

```
PROC PRINT DATA='D:\Munzert\Documents\Eigene Dateien\Anwendungen SAS
\SAS_Dateien\versuch´;
RUN;
```

Der hier gewählte Pfad für eine permanente SAS-Datei ist nur als Beispiel zu verstehen. Jeder andere – auch kürzerer – Pfad ist möglich, sofern die entsprechenden Ordner zur Verfügung stehen.

Datenerfassung muss nicht mit dem SAS-Editor erfolgen, es können auch andere Systeme eingesetzt werden. Dies ist insbesondere dann angezeigt, wenn Mitarbeiter im Versuchswesen keinen unmittelbaren Zugang zu SAS haben. In Frage kommen insbesondere *Excel*- und als Text abgespeicherte Dateien (*ASCII*-Dateien; *.txt). Für Excel-Dateien und einige andere Formate stellt SAS dafür eine interaktive Anwendung zur Verfügung. Die Handhabung soll zunächst an einer Excel-Datei, die nach Fertigstellung wieder geschlossen sein muss (!), erläutert werden. Es werden hierfür die Daten von *DATA versuch* in Kapitel 9 verwendet und mit der Extension. *xlsx* unter *D:\Munzert\Dokumente\Eigene Dateien\Anwendungen SAS\Excel_Dateien\versuch* abgespeichert (Tab. 11.1). (Auch *xls*-Dateien werden akzeptiert).

Man achte auf gültige SAS-Variablenamen in der ersten Zeile (statt „Düngung" z. B. Duengung oder dueng schreiben). Die Bezeichnungen in den Zellen können aus mehreren Wörtern bestehen (z. B. Sorte A). Die in Excel erfassten Werte mit Komma, werden von SAS automatisch in Werte mit Punkt übersetzt.

Man startet nun SAS (s. Kapitel 8) und führt folgende Schritte aus:

- *Datei* anklicken
- *Daten importieren ...* anklicken. Voreinstellung auf Excel-Dateityp belassen.
- Rechts unten auf *Weiter* klicken
- Auf *Browse* klicken und Excel-Datei ansteuern und diese *Öffnen*
- *OK* drücken
- ggf. zutreffendes Arbeitsblatt (*table*) anklicken. Wenn nur eines vorhanden, Voreinstellung *Table 1 $* belassen und *Weiter* drücken.

Zusätzliche Information ist in der Online-Version dieses Kapitels (doi:10.1007/978-3-642-54506-1_11) enthalten.

© Springer-Verlag Berlin Heidelberg 2015
M. Munzert, *Landwirtschaftliche und gartenbauliche Versuche mit SAS*,
Springer-Lehrbuch, DOI 10.1007/978-3-642-54506-1_11

Tab. 11.1 Excel-Datei

Block	Sorte	Dueng	Ertrag
1	Sorte A	N1	8,4
1	Sorte A	N2	9,6
1	Sorte B	N1	9,1
1	Sorte B	N2	9,2
1	Sorte C	N1	8,7
1	Sorte C	N2	9,5
.	....	....	.....
4	Sorte C	N2	8,8

- SAS-Verzeichnis unter *Library* wählen. Es empfiehlt sich, eine permanente SAS-Datei zu erstellen und insofern auf *SASUSER* einzustellen. In Zeile *Member* Name vergeben, z. B. *versuch_sas.*
- *Weiter* drücken, um noch einen Programmabspeicherungsort mit Namen zu vergeben; den Pfad über *Browse* entsprechend ansteuern (oder auf *Fertigstellen* drücken und Ergebnis später am gewünschten Ort mit Namen abspeichern). Als Programmname könnte man z. B. *prog_versuch_xlsx* vergeben, abgespeichert in D:\Munzert\Documents\Eigene Dateien\Anwendungen SAS\Programme.
- *Fertigstellen* drücken. Es erscheint leerer SAS-Editor.
- Die erzeugte *PROC IMPORT* am vorher benannten Programmabspeicherungsort (s. o.) aufrufen. Es erscheint:

```
PROC IMPORT OUT= SASUSER.versuch_sas
DATAFILE= "D:\Munzert\Documents\Eigene Dateien\Anwendungen SAS
\Excel_Dateien\versuch.xlsx"
DBMS=EXCEL REPLACE;
RANGE="Tabelle1$";
GETNAMES=YES;
MIXED=NO;
SCANTEXT=YES;
USEDATE=YES;
SCANTIME=YES;
RUN;
```

Von hier aus schreibt man das Programm fort. Zum Beispiel mit:

```
PROC PRINT DATA=SASUSER.versuch_sas; [oder nur: PROC PRINT;]
RUN;
```

Oder man bildet einen neuen *DATA*-Set mit weiteren Befehlen:

```
DATA a;
SET SASUSER.versuch_sas;
.....
RUN;
```

Auch Text-Dateien (ASCII-Dateien; *.txt) können (unmittelbar) importiert werden. Man muss hier allerdings auf die SAS-Konventionen für Text-Tabellen achten; z. B. dürfen Merkmale und ihre Stufen nur aus einem Wort bestehen (statt „Sorte A" z. B. „Sorte_A") und Kommawerte müssen mit einem Punkt geschrieben werden (statt z. B. 9,2 der Wert 9.2). Erzeugt man auf diese Weise z. B. mit WORD die obige Datei *versuch* und speichert diese als Dateityp „Nur Text" im vorher erstellten Unterordner „ASCII-Dateien" eines bestimmten Pfades ab, dann importiert man diese Datei pfadkonform mit der *INFILE*-Anweisung wie folgt:

```
DATA a;
INFILE 'D:\Munzert\Documents\Eigene Dateien\Anwendungen
SAS\ASCII_Dateien\versuch.txt' FIRSTOBS=2 OBS=25;
INPUT block sorte$ dueng$ ertrag;
RUN;
PROC PRINT;
RUN;
QUIT;
```

Hier wurde der Pfad mit der Erweiterung *FIRSTOBS* = 2 und *OBS* = 25 beschrieben. Die erste Zeile der Textdatei soll nämlich beim Einlesen übergangen werden; in dieser stehen die Variablenbezeichnungen. Insgesamt sollen 25 Zeilen eingelesen werden, daher *OBS* = 25; soll der gesamte Datensatz eingelesen werden, kann *OBS* entfallen.

Wichtig ist, dass bei der *SET*- bzw. *INFILE*-Anweisung der folgende Pfadname der Ordnergliederung für die abgelegte Datei entspricht.

Interaktives Programmieren mit INSIGHT

Die in diesem Buch dokumentierten Programme wurden fast ausschließlich im SAS-Editor mit Prozeduren und weiteren Programmierkomponenten erstellt. Für komplexe Fragestellungen, wie sie im landwirtschaftlichen und gärtnerischen Versuchswesen die Regel sind, ist dies auch die vorgesehene Methode, vor allem, wenn es um die Erzeugung individueller Tabellen und Grafiken geht. SAS stellt aber auch interaktive Werkzeuge zur Verfügung, die vor allem dem in der SAS-Programmierung und in statistischen Fragen wenig Geübten entgegenkommen. Unter „interaktiv" versteht man eine menügeführte statistische Analyse eines Datensatzes. Ein solches interaktives System ist **INSIGHT**. Man fordert es mit dem Schlüsselwort *insight* im keys-Fenster an. Beim ersten Programmbeispiel (Kapitel 13) (Datenüberprüfung an einer Stichprobe) wurde es zusätzlich zur Prozedur *UNIVARIATE* eingesetzt. Dort ist die Menüsteuerung für die Bereiche Ausreißerüberprüfung und Prüfung auf Normalverteilung näher beschrieben. Einen Gesamtüberblick über die Möglichkeiten von *INSIGHT* erhält man, wenn man *help insight* ins keys-Fenster eingibt. Es muss allerdings darauf hingewiesen werden, dass bei SAS 9.2 nach einer *INSIGHT*-Anwendung im Log-Fenster folgende Meldung erscheint:

NOTE: SAS/Insight will no longer be available after SAS Release 9.2.

Wie vom SAS Technical Support/Heidelberg zu erfahren war, kann „die Meldung momentan getrost ignoriert" werden und „zumindest für SAS 9.3 ist sicher, dass SAS/Insight weiter angeboten wird". Im Übrigen könne man sich unter http://www.sas.com/Insight-Migration/ über den aktuellen Stand der interaktiven Datenanalyse informieren.

Allerdings steht *INSIGHT* ab SAS 9.3 nicht mehr zusammen mit der Lizenz für *SAS/STAT* zur Verfügung; dieses eigenständige Modul muss also zusätzlich installiert werden. Dies ist auch der Grund, weshalb im Kapitel 13 alternativ zu *INSIGHT* die Grafik-Funktionalität von *ODS* verwendet wird.

Zusätzliche Information ist in der Online-Version dieses Kapitels (doi:10.1007/978-3-642-54506-1_12) enthalten.

© Springer-Verlag Berlin Heidelberg 2015
M. Munzert, *Landwirtschaftliche und gartenbauliche Versuche mit SAS*,
Springer-Lehrbuch, DOI 10.1007/978-3-642-54506-1_12

Teil III
Programmbeschreibungen

Allgemeine Hinweise In den folgenden Kapiteln 13–62 ist der SAS-Code für die 50 Programme jeweils nach der Zwischenüberschrift *Programm* dokumentiert. Diese Programme und zwei Makros sowie eine EXCEL-Datei können auch unter www.springer. com/ 978-3-642-54505-4 heruntergeladen werden.

Das Öffnen der SAS-Programme ist nur möglich, wenn am PC die SAS-Software mit dem Statistikpaket *SAS/STAT* installiert ist. Unter *Erste Bekanntschaft mit SAS* (Teil II) ist beschrieben, wie man ein Programm in den SAS-Editor lädt und dort startet. Das interaktive Modul *SAS/INSIGHT* ist nicht Bestandteil von *SAS/STAT* und erfordert eine gesonderte Installation.

Eine fehlerfreie Datenerfassung ist Voraussetzung für eine korrekte statistische Auswertung. Weiterhin sollte vor einer statistischen Analyse geklärt sein, ob die Voraussetzungen für die oftmals angestrebte parametrische Statistik vorliegen oder im Zweifelsfall nicht-parametrische Auswertungsverfahren vorzuziehen sind. Im Falle einer einfachen Stichprobe aus einer Grundgesamtheit sind diese Überprüfungen leicht mit der SAS-Prozedur **UNIVARIATE** und dem interaktiven Kommando **INSIGHT** möglich. Wenn *INSIGHT* nicht zur Verfügung steht (s. Kapitel 12), bietet in diesem speziellen Fall **PROC REG** eine Alternative.

An einem einfachen Beispiel mit 53 zufällig ausgewählten Bodenproben, an denen der N_{min}-Gehalt im Labor mit dem Standardverfahren und einer neu entwickelten Schnellmethode vor Ort („RQflex") untersucht wurde, sollen die wichtigsten Maßnahmen gezeigt werden. Es interessiert hier zunächst nur die Überprüfung der beiden Untersuchungsmerkmale; eine Aussage zur Wertigkeit der Schnellmethode erfolgt im Kapitel 14.

Zusätzliche Information ist in der Online-Version dieses Kapitels (doi:10.1007/978-3-642-54506-1_13) enthalten.

M. Munzert, *Landwirtschaftliche und gartenbauliche Versuche mit SAS*,
Springer-Lehrbuch, DOI 10.1007/978-3-642-54506-1_13

Programm und INSIGHT-Funktionalität

```
DATA stichpr;
TITLE 'Nmin-Methodenvergleich, kg N/ha';
INPUT pnr$ labor rqflex @@;
DATALINES;
p1 13 16 p2 34 29 p3 91 87 p4 25 21 p5 56 57 p6 102 107 p7 38 34 p8 44
47 p9 80 88 p10 80 8 p11 28 27 p12 113 118 p13 21 17 p14 66 62 p15 87 90
p16 10 11 p17 49 49 p18 75 77 p19 5 9 p20 61 64 p21 105 230 p22 32 34
p23 45 48 p24 115 121 p25 27 25 p26 54 51 p27 17 13 p28 59 58 p29 12 7
p30 66 68 p31 15 18 p32 47 44 p33 4 7 p34 70 66 p35 35 30 p36 52 53 p37
21 19 p38 47 50 p39 40 44 p40 55 59 p41 68 61 p42 47 42 p43 60 56 p44 48
51 p45 43 39 p46 67 67 p47 44 47 p48 54 53 p49 40 42 p50 51 56 p51 63 67
p52 48 50 p53 68 65
;
PROC PRINT; RUN;
PROC UNIVARIATE PLOT NORMAL;
VAR labor rqflex;
ID pnr;
RUN;
PROC REG DATA = stichpr; /* Als Alternative zu INSIGHT */
MODEL labor=rqflex;
PLOT labor*rqflex;
RUN;
QUIT;
```

In der Zeile *INPUT* werden drei Variable (Merkmale) definiert: die Probennummer (*pnr$*)
– mit dem $-Zeichen wird eine Charaktervariable mit Buchstabensymbolen angekündigt
–, das Laborergebnis (*labor*) und das Ergebnis im Schnelltest (*rqflex*). Der Zeilenhalter
@@ sorgt dafür, dass das Einlesen durchgehend bis zum letzten Wert erfolgt; ohne diese
Zeichen dürften in einer Zeile jeweils nur eine Probe mit den beiden Werten stehen. Nach
DATALINES folgen die 53 Probenergebnisse; der Strichpunkt nach dem letzten Wert ist
zwingend (möglich ist auch RUN;). Mit *PROC PRINT* wird eine Auflistung der Daten
angefordert, um kontrollieren zu können, ob die Daten korrekt eingelesen wurden. Man
kann diesen Befehl auch ausschalten, indem man zu Beginn der Zeile ein Malzeichen (*)
setzt. Wesentlich ist dagegen *PROC UNIVARIATE* mit den Optionen *PLOT* und *NORMAL*
sowie den Anweisungen *VAR* und *ID*; sie erzeugen den Output, der weiter unten besprochen wird. Mit dem folgenden Aufruf von *PROC REG* wird eine Grafik erzeugt, die nur
benötigt wird, wenn *INSIGHT* nicht verfügbar ist.

Wir starten das Programm und fordern anschließend im Dialogfenster (links oben am
Bildschirm) mit der Eingabe *insight* die interaktive Prozedur *INSIGHT* an. Es erscheint
ein Fenster mit dem Titel *SAS/INSIGHT: OPEN*, in dem jetzt unter *Library:* das Verzeich-
nis *WORK* anzuklicken ist (Abb. 13.1 oben links). Im folgenden Fenster befindet sich nun
die Datei *STICHPR*, die jetzt markiert und mit *Open* geöffnet wird. In der Menüleiste oben
links aktiviert man nun *Analyze* und anschließend *FIT (YX)*. Nun müssen im neuen Fenster die Merkmale zugeordnet werden. Da *rqflex* das Merkmal *labor* erklären soll, wird

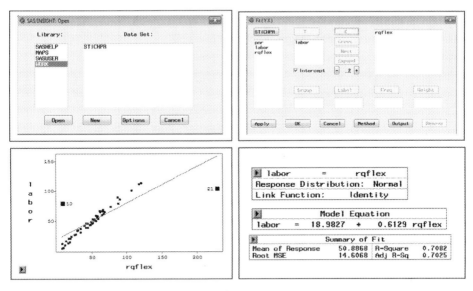

Abb. 13.1 Dialogfenster von *Insight*

letzteres Y und ersteres dem Bereich X zugewiesen (markieren und drücken, s. Abb. 13.1 oben rechts). Nach Drücken von *OK* erscheint eine Regressionsgrafik (Abb. 13.1 unten links). Es fällt auf, dass zwei Proben „aus der Reihe fallen", die Nummern 10 und 21. Beide Nummernbezeichnungen werden angezeigt durch Anklicken der Punkte bei gleichzeitigem Drücken der Shift-Taste ⇑. Es ist zu vermuten, dass in beiden Fällen entweder ein Erfassungs- oder Analysenfehler vorliegt. Zusätzlich zu dieser Grafik werden statistische Tabellen ausgewiesen, von denen in Abb. 13.1 (unten rechts) nur drei aufgeführt sind und wegen der beiden Datenfehler nicht näher interessieren.

Bei diesem Beispiel ist die gleichzeitige Betrachtung der Werte beider Untersuchungsmethoden wichtig, was im Rahmen von *INSIGHT* der Befehl *FIT (YX)* ermöglicht (Bild links unten in Abb. 13.1). Die gleiche Grafik (nicht dargestellt) erhält man auch mit Hilfe der *PLOT*-Anweisung von *PROC REG*, allerdings ohne Markierung der Probennummern 10 und 21. (Auf *PROC REG* und weitere Steuerungsmöglichkeiten wird in späteren Beispielen noch eingegangen).

Da die Ursache der Datenfehler nicht zu klären ist, werden im Datensatz die Labor- und Rqflex-Werte beider Proben einfach eliminiert, indem anstelle der Werte jeweils ein Punkt gesetzt wird. Das Programm wird jetzt nochmals gestartet, um zu den korrekten statistischen Parametern zu kommen (Titelzeile ergänzt und *PROC PRINT* mit * unterdrückt).

```
DATA stichpr;
TITLE 'Nmin-Methodenvergleich, kg N/ha (ohne Proben 10 und 21)';
INPUT pnr$ labor rqflex @@;
DATALINES;
p1 13 16 p2 34 29 p3 91 87 p4 25 21 p5 56 57 p6 102 107 p7 38 34 p8 44
47 p9 80 88 p10 .  . p11 28 27 p12 113 118 p13 21 17 p14 66 62 p15 87 90
p16 10 11 p17 49 49 p18 75 77 p19 5 9 p20 61 64 p21 .  . p22 32 34 p23
45 48 p24 115 121 p25 27 25 p26 54 51 p27 17 13 p28 59 58 p29 12 7 p30
66 68 p31 15 18 p32 47 44 p33 4 7 p34 70 66 p35 35 30 p36 52 53 p37 21
19 p38 47 50 p39 40 44 p40 55 59 p41 68 61 p42 47 42 p43 60 56 p44 48 51
p45 43 39 p46 67 67 p47 44 47 p48 54 53 p49 40 42 p50 51 56 p51 63 67
p52 48 50 p53 68 65
;
*PROC PRINT; RUN;
PROC UNIVARIATE PLOT NORMAL;
VAR labor rqflex;
ID pnr;
RUN;
QUIT;
PROC REG DATA = stichpr; /* Als Alternative zu INSIGHT */
MODEL labor=rqflex;
PLOT labor*rqflex;
RUN;
QUIT;
```

Ausgabe

Es wird im Folgenden nur das Merkmal *labor* von *PROC UNIVARIATE* dargestellt. Auf gleiche Weise stehen die Daten für *rqflex* zur Verfügung.

In Tab. 13.1 bedeuten:

Std.abweichung (Standardabweichung): (Positiver) Wurzelwert aus der Varianz (s^2) aller Einzelwerte; Abkürzung „s".

Schiefe: Ein Maß für die Asymmetrie der Verteilung (skewness). Bei völliger Normalverteilung liegt der Wert bei 0.

Kurtosis: Maß für die Dicke der „Verteilungsschwänze" und die evtl. peakartige Gestalt der Verteilungsdichte (Wölbung, Exzess). Auch hier liegt der Wert umso näher bei 0, je besser die Normalverteilung erfüllt ist.

Variationskoeffizient: Relative Standardabweichung zum Mittelwert = (s × 100)/Mittelwert

Stdfeh. Mittelw. (Standardfehler des Mittelwertes): $\sqrt[2]{s^2 / n}$; s^2 = Varianz; n = Anzahl der Einzelwerte

Median: Wert in der Mitte der nach der Größe geordneten Datenreihe (auch „Zentralwert").

Modalwert: Der am häufigsten vorkommende Stichprobenwert (auch „Dichtemittel").

Spannweite: Differenz zwischen dem größten und kleinsten Einzelwert (auch „Variationsbreite").

Interquartilabstand: Differenz zwischen dem dritten (Q_3) und ersten Quartil (Q_1). Teilt man die nach der Größe geordneten Werte (vom kleinsten bis zum größten) einer Stichprobe in vier gleiche Teile ein, dann ist das Ende des ersten Viertels der Punkt Q_1, jenes

Tab. 13.1 Statistik zum N_{min}-Methodenvergleich (ohne Proben 10 und 21)

```
                Die Prozedur UNIVARIATE
                Variable: Labor (kg N/ha)

                        Momente
N                         51      Summe Gewichte            51
Mittelwert          49.254902     Summe Beobacht.         2512
Std.abweichung      25.8386092    Varianz            667.633725
Schiefe             0.48095994    Kurtosis             0.2975914
Unkorr. Qu.summe       157110     Korr. Quad.summe   33381.6863
Variationskoeff.    52.4589598    Stdfeh. Mittelw.    3.61812899

              Grundlegende Statistikmaße
        Lage                          Streuung
Mittelwert   49.25490     Std.abweichung          25.83861
Median       48.00000     Varianz                667.63373
Modalwert    47.00000     Spannweite             111.00000
             Interquartilsabstand     34.00000

         Tests auf Lageparameter: Mu0=0
    Test                -Statistik-      ------p-Wert------
    Studentsches t      t  13.61336      Pr > ItI      <.0001
    Vorzeichen          M     25.5       Pr >= IMI     <.0001
    Vorzeichen-Rang     S      663       Pr >= ISI     <.0001

          Tests auf Normalverteilung
   Test                --Statistik---    ------p-Wert------
   Shapiro-Wilk        W    0.969739      Pr < W       0.2157
   Kolmogorov-Smirnov  D    0.07722       Pr > D      >0.1500
   Cramer-von Mises    W-Sq 0.048079      Pr > W-Sq   >0.2500
   Anderson-Darling    A-Sq 0.368139      Pr > A-Sq   >0.2500
```

des zweiten Viertels der Median (Q_2) und des dritten Viertels Q_3. Q_1 und Q_3 werden auch das untere bzw. obere Quartil genannt.

Studentsches t: t-Wert für Mittelwert$=0$; Pr>|t| beurteilt die Hypothese m$=0$ (gilt für normalverteilte Daten); Nullhypothese (49,25 nur zufällig von 0 verschieden) wird mit Pr$<0,0001$ abgelehnt.

Vorzeichen: Bedeutung wie t-Wert, jedoch ein nichtparametrisches Verfahren („Vorzeichen-Test").

Vorzeichen-Rang: Ein weiteres nichtparametrisches Verfahren zur Beantwortung der Nullhypothese; wegen Rangberücksichtigung etwas aussagekräftiger als Vorzeichentest.

Shapiro-Wilk: Bei völliger Normalverteilung ist W$=1$; wenn Pr$<$W$>0,10$ kann die Normalverteilung „guten Gewissens" angenommen werden, im Bereich 0,05–0,10 bestehen gewisse Zweifel. Die drei weiteren aufgeführten Tests sind von geringerer Bedeutung. Bei kleinen Stichproben, insbesondere bei $n<10$, sind Normalverteilungstests sehr problematisch.

Tab. 13.2 Stamm-Blatt-Diagramm zum N_{min}-Methodenvergleich

```
                    Die Prozedur UNIVARIATE
                   Variable:   Labor
Stamm Blatt                     #            Box-Plot
   11 5                         1                |
   11 3                         1                |
   10                                            |
   10 2                         1                |
    9                                            |
    9 1                         1                |
    8 7                         1                |
    8 0                         1                |
    7 5                         1                |
    7 0                         1                |
    6 66788                     5            +-----+
    6 013                       3            |     |
    5 569                       3            |     |
    5 1244                      4            |     |
    4 5777889                   7            *--+--*
    4 00344                     5            |     |
    3 58                        2            |     |
    3 24                        2            +-----+
    2 578                       3               |
    2 11                        2               |
    1 57                        2               |
    1 023                       3               |
    0 5                         1               |
    0 4                         1               |
      ----+----+----+----+
Multipliziere Stem.Leaf x 10**+1
```

UNIVARIATE erzeugt mit der Option *PLOT* noch das Stamm-Blatt-Diagramm (Tab. 13.2). Auf der vertikalen Achse, dem Stamm, sind aufsteigend die Zehnerstellen der Zahlenwerte, daneben die Einerstellen (Blätter), aufgeführt. Zum Beispiel repräsentiert die Kombination 1 023 die Werte 10, 12 und 13. Der Hinweis unter der Grafik erklärt, wie Stamm und Blatt zu lesen sind. Unter # sind die Häufigkeiten pro Stamm aufgeführt. Der Box-Plot stellt den Interquartilsabstand Q3–Q1 mit den mit + beginnenden und endenden Horizontallinien dar, während die Medianlinie mit * gekennzeichnet ist. Der Mittelwert ist im Boxeninneren mit einem + markiert. Die senkrechten Linien zu beiden Seiten der Box sind die sog. wiskers (Barthaare) und verdeutlichen das Verteilungsmuster der Daten. Werte, die 1,5 bis 3,0 Quartilsabstände außerhalb der Box liegen, werden mit einer Null (0), noch weiter abseits liegende Werte sind eindeutige Ausreißer (outliers) und sind mit * gekennzeichnet (im Beispiel nicht vorhanden).

PLOT liefert schließlich noch einen Normalwahrscheinlichkeitsplot (QQ-Plot) mit Pluszeichen (+) und Sternen (*) (in Tab. 13.2 nicht gezeigt). Hier werden die Quantile der theoretischen Normalverteilung (+) gegen die Quantile der empirischen Verteilung (*) geplottet. Je weniger + in der Grafik erscheinen, umso besser stimmt die empirische mit der Normalverteilung überein.

Erneuter Insight-Aufruf und ausreißerfreie Regressionsgrafik

Man kann nun nochmals *insight* aufrufen, um die Verteilung der Daten noch etwas anschaulicher zu bekommen. Hierbei geht man wie oben beschrieben vor, zusätzlich zu *FIT (YX)* wähle man noch die Option *Distribution (Y)*, transferiere anschließend das gewünschte Merkmal, z. B. *labor*, nach *Y* und drücke *OK*. In der Menüleiste des Bildschirms klicke man nun *Curves* an, anschließend *Parametric Density....* Nach *OK* erscheint ein Säulendiagramm mit aufliegender Normalverteilungskurve, das die Datenverteilung gut erkennen lässt (Abb. 13.2).

PROC REG erzeugt mit dem korrigierten Datensatz nochmals eine Regressionsgrafik.

Folgende Ergebnisse können, nachdem 2 Proben als Ausreißer erkannt und eliminiert wurden, herausgestellt werden:

Beim Merkmal *labor*

- liegt eine leicht linksschiefe Verteilung mit schwach ausgeprägter Kurtosis vor, insgesamt kann aber von einer Normalverteilung ausgegangen werden (Pr < W = 0,2157);
- dementsprechend liegen Mittelwert und Median nahe beieinander;
- der Variationskoeffizient beträgt 52,46 %, ist somit für einen Methodenvergleich (breiter Wertebereich!) erfreulich groß. Die Untersuchung fand im Bereich 4–115 kg N/ha statt.

Abb. 13.2 Häufigkeitsverteilung zum Datensatz *stichpr* mit überlagerter Normalverteilungskurve

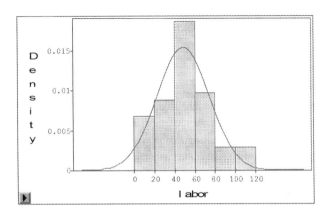

Das Merkmal *rqflex*

- verfehlt die Normalverteilung aufgrund stärker ausgeprägter Linksgipfeligkeit knapp (Pr < W = 0,0436);
- Mittelwert und Median liegen dennoch nahe beieinander;
- der Variationskoeffizient liegt mit 54,55 % ähnlich hoch wie bei *labor;*
- es fällt auf, dass im höheren Messbereich die Rqflex-Werte allgemein etwas niedriger liegen, obwohl der Maximalwert 124 kg N/ha beträgt.

Trotz der nicht ganz befriedigenden Normalverteilung von *rqflex* wird man die weitere Datenanalyse – Klärung, ob beide Methoden gleichwertig sind – auf der Basis eines parametrischen Verfahrens vornehmen (ohne dabei nichtparametrische Verfahren auszuschließen).

Weitere Hinweise

Sowohl *PROC UNIVARIATE* als auch *INSIGHT* bieten noch zahlreiche weitere statistische Parameter an, auf die hier nicht eingegangen wurde. Einen guten Überblick zu *INSIGHT* erhält man, wenn man im keys-Fenster die Prozedurbeschreibung (*help insight*) aufruft und die Hinweise zu den einzelnen Optionen bzw. Statements beachtet.

Wenn *INSIGHT* nicht zur Verfügung steht, kann man auch *PROC UNIVARIATE* mit *ODS...* „umrahmen":

```
ODS GRAPHICS ON;
PROC UNIVARIATE DATA= stichpr PLOT NORMAL;
VAR labor rqflex;
ID pnr;
RUN;
ODS GRAPHICS OFF;
```

Auf diese Weise erhält man einen gefälligen Verteilungs- und Wahrscheinlichkeits-Plot für jedes Merkmal.

Wenn mit einer numerischen Variablen Häufigkeiten (Frequenzen) erfasst sind, muss für diese zusätzlich das Statement *FREQ* definiert werden (s. Prozedurbeschreibung von *UNIVARIATE*).

Faktorielle Datensätze können mit *PROC ROBUSTREG* auf Ausreißer überprüft werden (s. Kapitel 55).

Die eigentliche Versuchsfrage in Kapitel 13 (Datenüberprüfung an einer Stichprobe) war, ob die RQflex-Ergebnisse nur zufällig (Nullhypothese) oder signifikant (Alternativhypothese) von der Standardmethode im Labor abweichen. Der Vergleich fand an jeder Bodenprobe mit beiden Methoden statt; insofern liegt der Fall von zwei verbundenen (abhängigen) Stichproben vor, wobei in beiden Stichproben das gleiche Merkmal (kg N/ha) untersucht wird. Ähnliche Fälle sind z. B. Tests an Blatthälften, Vorher-Nachher-Messungen an Individuen oder Therapieverfahren an eineiigen Zwillingen. Streng davon zu unterscheiden sind Zweistichproben-Tests mit unabhängigen Gruppen, wenn also das Merkmal z. B. an unterschiedlichen Probenherkünften untersucht wird; auf diesen Fall wird im nächsten Kapitel (15 Zweistichprobentest: unabhängige Stichproben) eingegangen.

Die Versuchsfrage kann mit drei SAS-Prozeduren beantwortet werden. Besonders geeignet sind **TTEST** und **UNIVARIATE**, aber auch **MEANS** kann verwendet werden.

Zusätzliche Information ist in der Online-Version dieses Kapitels (doi:10.1007/978-3-642-54506-1_14) enthalten.

Programm

```
DATA stichpr;
TITLE1 'Zweistichproben-Test: Verbundene (abhängige) Stichproben';
TITLE2 'Beispiel Nmin-Methodenvergleich (kg N/ha)';
INPUT pnr$ labor rqflex @@ ;
diff=labor-rqflex;
DATALINES;
p1 13 16 p2 34 29 p3 91 87 p4 25 21 p5 56 57 p6 102 107 p7 38 34 p8 44
47 p9 80 88 p10 . . p11 28 27 p12 113 118 p13 21 17 p14 66 62 p15 87 90
p16 10 11 p17 49 49 p18 75 77 p19 5 9 p20 61 64 p21 . . p22 32 34 p23
45 48 p24 115 121 p25 27 25 p26 54 51 p27 17 13 p28 59 58 p29 12 7 p30
66 68 p31 15 18 p32 47 44 p33 4 7 p34 70 66 p35 35 30 p36 52 53 p37 21
19 p38 47 50 p39 40 44 p40 55 59 p41 68 61 p42 47 42 p43 60 56 p44 48 51
p45 43 39 p46 67 67 p47 44 47 p48 54 53 p49 40 42 p50 51 56 p51 63 67
p52 48 50 p53 68 65
RUN;
PROC TTEST;
TITLE3 'RQflex-Methode gleichwertig? - Beantwortung mit TTEST';
PAIRED labor*rqflex;
RUN;
PROC UNIVARIATE CIBASIC;
TITLE3 'RQflex-Methode gleichwertig? - Beantwortung mit UNIVARIATE';
VAR diff;
ID pnr;
RUN;
PROC MEANS MEAN STD STDERR T PRT CLM;
TITLE3 'RQflex-Methode gleichwertig? - Beantwortung mit MEANS';
VAR diff;
RUN;
QUIT;
```

Im *DATA*-Set wird mit *diff* eine neue Variable gebildet, als Differenz zwischen beiden Bestimmungsverfahren. Diese Variable wird allerdings nur für *PROC UNIVARIATE* und *PROC MEANS* benötigt. Mit *PROC TTEST* wird ein sog. gepaarter t-Test mit beiden Ausgangsvariablen durchgeführt (Anweisung *PAIRED*).

Ausgabe

Der in Tab. 14.1 aufgeführte *TTEST* ist wie folgt zu interpretieren:

- Mittelwert: Im Mittel ergibt RQflex um 0,1765 kg N/ha höhere Werte (Extreme: $+8$ kg mehr und -7 kg weniger).
- Die Standardabweichung (s) dieser (Einzel-)Differenzen (x) beträgt 3,6916 kg, der Standardfehler (s_d) des Mittelwertes 0,5169 kg; sie errechnen sich wie folgt:

$$ s = \sqrt{\frac{\Sigma(x-\bar{x})^2}{n-1}} = \sqrt{\frac{\Sigma x^2 - \frac{(\Sigma x)^2}{n}}{n-1}} = 3,6916; \quad s_d = \frac{s}{\sqrt{n}} = \frac{3,6916}{\sqrt{51}} = 0,5169 $$

($\bar{x}$ = Mittelwert von x; n = Anzahl Einzelwerte)

Tab. 14.1 Zweistichproben-Test mit der Prozedur TTEST

```
                        Die Prozedur TTEST

                   Differenz:  labor - rqflex
  N    Mittelwert   Std.abw.    Std.fehler    Minimum      Maximum
  51      -0.1765     3.6916        0.5169     -8.0000       7.0000


 Mittelwert     95% CL Mittelwert      Std.abw.      95% CL Std Dev
   -0.1765   -1.2148     0.8618          3.6916      3.0888    4.5890
                         DF      t-Wert      Pr > |t|
                         50       -0.34        0.7342
```

- Das Konfidenzintervall (confidence limits, CL) des *Mittelwertes* auf Basis 5 % Irrtums-wahrscheinlichkeit (oder 95 %-CL) beträgt − 1,21 bis 0,86 und errechnet sich wie folgt: t-Wert bei $DF_{50,\ \alpha=5\%}$ = 2,01, also ergibt
$\bar{x} - t * s_d = -0,1765 - 2,01*0,5169 = -1,21$ und $\bar{x} + t * s_d = -0,1765 + 2,01 * 0,5169 = 0,86$. Die „wahre" Mittelwertdifferenz liegt also im Bereich $-0,1765 \pm 1,039$ oder zwischen $-1,21$ und $+0,86$.

- Das 95 %-Konfidenzintervall der Standardabweichung (s) errechnet sich mithilfe der χ^2-Verteilung (Chi-Quadrat):
$\chi^2_{0,025,\ 50\ FG}$ = 71,42; $\chi^2_{0,975,\ 50\ FG}$ = 32,36. Damit ist die

  Untergrenze von $s = \sqrt{3,6916^2 * 50/71,42} = 3,088$ und die

  Obergrenze von $s = \sqrt{3,6916^2 * 50/32,36} = 4,589\,kg\,N/ha$. In diesem Bereich liegt die „wahre Standardabweichung" der Grundgesamtheit (bei α=5 %).

- Die Freiheitsgrade DF ergeben sich aus $n-1$ Paardifferenzen = $51 - 1 = 50$.

- Der t-Wert der Paardifferenzen wird berechnet mit
$t = \dfrac{\bar{x}}{sd} = \dfrac{-0,1765}{0,5169} = -0,34$. Diesem t-Wert entspricht eine Überschreitungswahr-scheinlichkeit von Pr>|t| = 0,7342, d. h. die Ergebnisse der RQflex-Methode weichen nur zufällig von der Labormethode ab (Bestätigung der Nullhypothese).

Dieser (zweiteilige) t-Test unterstellt Normalverteilung und mindestens intervallskalierte Daten.

Wie leicht bei Tab. 14.2 festzustellen ist, liefert *UNIVARIATE* den gleichen t-Test, ergänzt mit der Varianz (= Quadrat der Standardabweichung) und der Spannweite der Einzelwerte (Differenz zwischen Minimum und Maximum) sowie dem Interquartilabstand (Differenz zwischen dem 3. und 1. Quartil). Darüber hinaus werden noch zwei nichtparametrische Tests, der Vorzeichen- bzw. den Vorzeichen-Rang-Test ausgewiesen. Diese beiden Tests bestätigen ebenfalls die Nullhypothese, setzen keine Normalverteilung voraus und sind auch für ordinalskalierte Daten gültig. Die Option *CIBASIC* liefert die gleichen Konfidenzgrenzen wie *TTEST* (in Tab. 14.2 nicht dargestellt).

Wie Tab. 14.3 zeigt, erzeugt auch *MEANS* übereinstimmende Werte zum t-Test. KG steht hier für Konfidenzgrenze (Konfidenzintervall).

Tab. 14.2 Zweistichproben-Test mit der Prozedur UNIVARIATE

```
                     Die Prozedur UNIVARIATE

                        Variable: diff
                   Grundlegende Statistikmaße
            Lage                              Streuung
   Mittelwert    -0.17647    Std.abweichung              3.69164
   Median        -1.00000    Varianz                    13.62824
   Modalwert     -3.00000    Spannweite                 15.00000
                             Interquartilsabstand        7.00000
                   Tests auf Lageparameter: MuO=0
        Test              -Statistik-    ------p-Wert------
   Studentsches t      t   -0.34138    Pr > |t|    0.7342
   Vorzeichen          M      -2.5     Pr >= |M|   0.5682
   Vorzeichen-Rang     S       -5      Pr >= |S|   0.9607
```

Tab. 14.3 Zweistichproben-Test mit der Prozedur MEANS

```
                        Die Prozedur MEANS
                     Analysis Variable: diff
```

Mittelwert	Std. abweichung	Std.fehler	t-Wert	Pr > |t|	Untere 95% KG für Mittelwert	Obere 95% KG für Mittelwert
-0.1764706	3.6916440	0.5169336	-0.34	0.7342	-1.2147622	0.8618210

Weitere Hinweise

In allen Lehrbüchern der Statistik (z. B. Sachs 2009) werden unter „Deskriptiver Statistik" oder „Mittelwert und Streuungsmaße" die o. a. und weitere Maßzahlen mit Formeln und Beispielen erläutert.

Das hier behandelte Beispiel ist eigentlich ein Spezialfall verbundener (abhängiger) Stichproben, weil zwei von der Sache her unabhängige Merkmale (verschiedene Untersuchungsmethoden) verglichen werden. Häufig geht es bei verbundenen Stichproben darum, ein bestimmtes Merkmal an den gleichen Objekten (Proben, Personen usw.) zweimal festzustellen (z. B. vor und nach einer bestimmten Behandlung).

Wie die drei verwendeten Prozeduren zeigten, liefert nur *PROC UNIVARIATE* auch zwei nichtparametrische Tests. Das hat den Vorteil, dass man bei zweifelhafter Normalverteilung auch gleich das Ergebnis auf nichtparametrischer Basis vorliegen hat. Allerdings müssen die Konfidenzgrenzen mit der Option *CIBASIC* angefordert werden.

Auf das Thema „Verbundene Stichproben" wird im Kapitel 58 (Zweifaktorielle nichtparametrische Varianzanalyse) nochmals eingegangen.

Zweistichproben-Test: unabhängige Stichproben

Von unabhängigen Gruppen (Stichproben) eines Zweistichproben-Tests spricht man, wenn die Daten (Messungen) an zwei Gruppen erhoben wurden, die in keiner Beziehung zueinander stehen, also unabhängig (unverbunden) sind (z. B. Vergleich der Erträge aus zwei verschiedenen Regionen, Körpermessungen an männlichen und weiblichen Tieren). Beide Stichproben können unterschiedlich groß sein und entweder gleiche oder ungleich große Varianzen haben; ungleiche Varianzen haben Konsequenzen für den t-Test zur Abschätzung der Differenz beider Gruppenmittelwerte. Im Folgenden wird je ein Beispiel mit gleicher und ungleicher Gruppenvarianz aus Steel und Torrie (1980, S. 98, 106) ausgeführt. In beiden Fällen wird **PROC TTEST** benötigt.

Zusätzliche Information ist in der Online-Version dieses Kapitels (doi:10.1007/978-3-642-54506-1_15) enthalten.

© Springer-Verlag Berlin Heidelberg 2015
M. Munzert, *Landwirtschaftliche und gartenbauliche Versuche mit SAS,*
Springer-Lehrbuch, DOI 10.1007/978-3-642-54506-1_15

Programm

```
DATA a;
TITLE1 'Zweistichproben-Test: unabhängige Stichproben, gleiche
Varianzen';
TITLE2 'Beispiel aus Steel and Torrie (1980, S.98)';
TITLE3 'Gewichtszunahme in lb von Färsen';
DO faersen='kontrolle', 'vitamin_A';
INPUT zunahme @@; OUTPUT;
END;
DATALINES;
175 142 132 311 218 337 151 262 200 302 219 195 234 253 149 199 187 236
123 216 248 211 206 176 179 249 206 214
RUN;
PROC PRINT; RUN; /* Nur zur Einlesekontrolle*/
PROC TTEST DATA=a;
CLASS faersen;
VAR zunahme;
RUN;

DATA b;
TITLE1 'Zweistichproben-Test: unabhängige Stichproben, ungleiche
Varianzen';
TITLE2 'Beispiel aus Steel an Torrie (1980, S. 106)';
TITLE3 'Feinkiesgehalt (%) im Oberboden; 1=guter Boden, 2=armer Boden';
INPUT boden gehalt @@;
DATALINES;
1 5.9 2 7.6 1 3.8 2 0.4 1 6.5 2 1.1 1 18.3 2 3.2 1 18.2 2 6.5 1 16.1 2
4.1 1 7.6 2 4.7
;
PROC PRINT;RUN;   /* Nur zur Einlesekontrolle*/
PROC TTEST DATA=b COCHRAN; /* COCHRAN ist zusätzlicher t-Test für
nugleiche Varianzen*/
CLASS boden;
VAR gehalt;
RUN;
QUIT;
```

Das Einlesen des ersten Datensatzes (*DATA* a) erfolgt mit einer *DO*-Anweisung für das Merkmal *faersen*, so dass den Daten (Merkmal *zunahme*) nach *DATALINES* jeweils der Gruppenname *kontrolle* bzw. *vitamin_A* zugewiesen wird. *END* schließt die *DO*-Schleife. Mit *PROC PRINT* wird kontrolliert, ob das Einlesen erwartungsgemäß erfolgt ist. Es folgt die Auswertungsprozedur *TTEST*, in der mit dem Statement *CLASS* die Variablen *faersen* zum Gruppenmerkmal (*kontrolle* und *vitamin_A*) und *zunahme* zum Beobachtungsmerkmal erklärt werden.

Der zweite Datensatz (*DATA b*) wird ohne *DO*-Schleife eingelesen, weil nach *DATALINES* beide Variablen (*boden, gehalt*) erfasst sind. In *PROC TTEST* wird mit *COCHRAN* ein zusätzlicher t-Test nach COCHRAN und COX für ungleiche Varianzen angefordert. Dies ist nicht zwingend, da ohne diese Option standardmäßig die SATTERTHWAITE-Approximation ausgeführt wird.

Tab. 15.1 Zweistichproben-Test mit Datensatz a

```
                              Die Prozedur TTEST
                              Variable: zunahme
         faersen        N   Mittelwert   Std.abw.   Std.fehler    Minimum    Maximum
         kontrolle     14       187.6     38.0983      10.1822      123.0      248.0
         vitamin_A     14       235.9     54.2862      14.5086      142.0      337.0
         Diff (1-2)              -48.2857  46.8960      17.7250


faersen       Methode      Mittelwert   95% CL Mittelwert    Std.abw.     95% CL Std Dev
kontrolle                      187.6     165.6    209.6      38.0983    27.6195   61.3779
vitamin_A                      235.9     204.6    267.3      54.2862    39.3550   87.4574
Diff (1-2)   Gepoolt          -48.2857  -84.7200 -11.8514    46.8960    36.9314   64.2678
Diff (1-2)   Satterthwaite    -48.2857  -84.9261 -11.6453


                  Methode          Varianzen       DF     t-Wert    Pr > |t|
                  Gepoolt          Equal           26      -2.72     0.0114
                  Satterthwaite    Ungleich    23.306      -2.72     0.0120


                          Gleichheit der Varianzen
                          Zähler          Nenner
                          Freiheits-      Freiheits-
                  Methode  grade           grade     F-Statistik   Pr > F
                  Folded F    13             13           2.03     0.2150
```

Ausgabe

Zunächst wird mit Tab. 15.1 das Ergebnis zu *DATA a* kommentiert. Im oberen Abschnitt werden die Grunddaten für beide Vergleichsgruppen und die Differenz ausgewiesen. Es folgen die Vertrauensbereiche für die Mittelwerte und die Standardabweichungen. Ob *95 % CL Mittelwert* für *Diff (1–2)* Methode *Gepoolt* oder Methode *Satterthwaite* zu verwenden ist, entscheidet sich in der letzten Zeile des Outputs, in der der F-Test auf Gleichheit der Varianzen dargestellt wird. Der F-Wert 2,03 ist der Quotient aus $s^2_{\text{größere Varianz}}/s^2_{\text{kleinere Varianz}}$, also $F = 54{,}2862^2/38{,}0983^2 = 2{,}03$. Da hier $Pr > F = 0{,}2150$ beträgt, kann die Nullhypothese (gleiche Varianzen) nicht abgelehnt werden. Somit sollte die Zeile *Gepoolt* herangezogen werden.

Die wohl wichtigste statistische Aussage liefert der t-Test zur Frage, ob die Vitamin-A-Zugabe eine signifikante Gewichtszunahme ergeben hat. Zuständig dafür ist Zeile *Equal* im vorletzten Outputabschnitt. Hier wird ein t-Wert von $-2{,}72$ ausgewiesen, der sich wie folgt errechnet (diff$(x_1 - x_2)$ = Mittelwertdifferenz beider Methoden; s1 bzw. s2 = Standardabweichung; sdiff = Standardabweichung der Differenz; sd = Standardfehler der Differenz):

$$t = \frac{\text{diff}(x1 - x2)}{\sqrt{\dfrac{1}{n1} + \dfrac{1}{n2}} * \sqrt{\dfrac{(n1-1)s1^2 + (n2-1)s2^2}{n1 + n2 - 2}}}$$

$$= \frac{-48{,}2857}{\sqrt{\dfrac{1}{14} + \dfrac{1}{14}} * \sqrt{\dfrac{(14-1)38{,}0983^2 + (14-1)54{,}2862^2}{14 + 14 - 2}}} = -2{,}72*$$

Tab. 15.2 Zweistichproben-Test mit Datensatz b

```
                              Die Prozedur TTEST
                              Variable: gehalt
          boden       N    Mittelwert   Std.abw.    Std.fehler    Minimum      Maximum
          1           7      10.9143      6.3344       2.3942       3.8000      18.3000
          2           7       3.9429      2.6362       0.9964       0.4000       7.6000
          Diff (1-2)          6.9714      4.8515       2.5932


  boden          Methode        Mittelwert   95% CL Mittelwert    Std.abw.      95% CL Std Dev
  1                               10.9143     5.0559  16.7726       6.3344      4.0819  13.9488
  2                                3.9429     1.5048   6.3809       2.6362      1.6987   5.8051
  Diff (1-2)     Gepoolt          6.9714      1.3212  12.6216       4.8515      3.4789   8.0086
  Diff (1-2)     Satterthwaite    6.9714      0.9937  12.9491


              Methode           Varianzen        DF      t-Wert      Pr > |t|
              Gepoolt           Equal            12       2.69       0.0197
              Satterthwaite     Ungleich     8.0178       2.69       0.0275
              Cochran           Ungleich          6       2.69       0.0361


                            Gleichheit der Varianzen
                           Zähler            Nenner
                         Freiheits-        Freiheits-
              Methode      grade             grade      F-Statistik     Pr > F
              Folded F       6                 6           5.77         0.0509
```

Diesem t-Wert mit 26 Freiheitsgraden entspricht eine Überschreitungswahrscheinlichkeit $Pr > |t| = 0,0114$. Demnach ist bei einer vorgegebenen Irrtumswahrscheinlichkeit von 5 % die Nullhypothese (keine Unterschiede zwischen beiden Mittelwerten) abzulehnen (Symbol „*"); die Vitamin_A-Zugabe ergab eine signifikante Gewichtszunahme. Würde man eine Irrtumswahrscheinlichkeit von nur 1 % zulassen, müsste die Nullhypothese akzeptiert werden.

Anmerkung: Wenn $n_1 = n_2 = n$ (wie in diesem Beispiel), verkürzt sich die obige t-Formel zu

$$t = \frac{diff\,(x1-x2)}{\sqrt{\dfrac{2(sdiff^2)}{n}}} = \frac{diff\,(x1-x2)}{sd} = \frac{-48,2857}{\sqrt{\dfrac{2(46,896^2)}{14}}} = \frac{-48,2857}{17,7250} = -2,72\,*$$

Das Ergebnis zu *DATA b* ist in Tab. 15.2 aufgeführt. Wie hier festzustellen ist, ergab die Prüfung auf Gleichheit der Varianzen eine $Pr > F = 0,0509$. Prüft man hier die Nullhypothese (gleiche Varianzen) auf dem Niveau $\alpha = 10\%$, ist Ungleichheit der Varianzen festzustellen. Damit ist der t-Wert auf der Basis ungleicher Varianzen gültig. Da unter dieser Bedingung der Standardfehler der Differenz nicht der üblichen t-Verteilung folgt, sollte ein korrigierter t-Test vorgenommen werden. Standardmäßig wird die *Satterthwaite*-Korrektur für die Freiheitsgrade ausgegeben, die nach folgender Formel berechnet werden:

$$DF = \frac{(s1^2/n1 + s2^2/n2)^2}{(s1^2/n1)^2/(n1-1) + (s2^2/n2)^2/(n2-1)}$$

$$= \frac{(6,3344^2/7 + 2,6362^2/7)^2}{(6,3344^2/7)^2/6 + (2,6362^2/7)^2/6} = 8,0178$$

Mit t = 2,69 und Pr > F = 0,0275 unterscheiden sich also beide Mittelwerte signifikant.

Da im Programm auch die *COCHRAN*-Korrektur angefordert wurde, wird noch dieser zusätzliche korrigierte t-Test angegeben; hier führt der t-Wert zu einer Pr > F = 0,0361. Grundsätzlich ist der *COCHRAN-COX-Test* etwas konservativer (strenger) als die *Satterthwaite*-Approximation.

Im Beispiel liegen gleiche Probenzahlen vor, deshalb führen alle t-Werte zum gleichen Ergebnis (t = 2,69); wegen der unterschiedlichen Freiheitsgrade ergeben sich jedoch unterschiedliche Überschreitungswahrscheinlichkeiten (Pr-Werte). Den signifikant niedrigeren Feinkiesgehalt des Bodens 2 (armer Boden) bestätigen jedoch beide Tests.

Weitere Hinweise

Das Gegenstück zum t-Test für zwei unabhängige Stichproben, jedoch mit nicht normalverteilten oder ordinalskalierten Daten ist der Wilcoxon-Rangsummen-Test oder auch U-Test. Er wird im Kapitel 57 vorgestellt.

Sind mehr als zwei unabhängige Stichproben zu vergleichen, müssen Verfahren der parametrischen bzw. nichtparametrischen Varianzanalyse angewandt werden. Auf diese wird in den Kapiteln ab 24 bzw. 57 ausführlich eingegangen.

Bei manchen biologischen Prozessen, wie Bakteriendichte in Lebensmitteln, Schädlings-befall, morphologische und physiologische Körpermerkmale von Lebewesen, aber auch Gehaltsangaben im weiten Konzentrationsbereich oder auf Flächen bezogene Erhebun-gen, liegt eine linkssteile bzw. rechtsschiefe Verteilung vor, die durch Logarithmieren in eine annähernde Normalverteilung überführt werden kann. Man spricht dann von einer „lognormalverteilten" Stichprobe. Unter dieser Voraussetzung sind dann solche Daten-sätze der weiteren parametrischen Statistik zugänglich. Gerade Zählwerte (z. B. Keime/ ml oder Regenwürmer/m^2 in Böden) streuen oft über mehrere Zehnerpotenzen; sie kön-nen deshalb nach der Transformation wie ein stetiges normalverteiltes Merkmal behandelt werden. Für die Transformation der Daten wird der natürliche Logarithmus verwendet, also ln(x), bei SAS als *log(x)* codiert.

Lognormalverteilte Daten können leicht mit den SAS-Prozeduren **UNIVARIATE** und **TTEST** überprüft bzw. bearbeitet werden. Im Folgenden wird ein Beispiel aus Renner (1981, S. 31) verwendet, in dem die Keimzahlen von 95 Milchproben bestimmt wurden.

Zusätzliche Information ist in der Online-Version dieses Kapitels (doi:10.1007/978-3-642-54506-1_16) enthalten.

© Springer-Verlag Berlin Heidelberg 2015
M. Munzert, *Landwirtschaftliche und gartenbauliche Versuche mit SAS*,
Springer-Lehrbuch, DOI 10.1007/978-3-642-54506-1_16

Programm

```
DATA a;
TITLE1 'Lognormalverteilte Daten';
TITLE2 'Keimzahlen von 95 Milchproben (Renner, 1981, S. 31)';
INPUT keime @@;
keime=keime*1000;
log_keime =log(keime);
DATALINES;
5150 26900 285 265 4750 60900 1410 3950 2150 8250 30500 295 890 1340 20500
910 19100 170 9150 57400 61000 3150 13100 1170 835 5150 600 86200 975
16800 965 45700 15700 52000 2700 1760 1820 6800 14200 6750 4000 5800 4350
950 3300 2550 4150 1910 120 32700 980 12100 18700 115 415 21800 7050 35800
51700 9600 56800 8200 8800 4900 3550 710 5400 380 3030 595 4550 4350 5900
2450 79800 1940 12200 1390 200 440 47 270 995 63000 580 1350 27500 56500
765 20500 32900 33000 70000 230 2750
;
RUN;
PROC UNIVARIATE NORMAL;
TITLE3 'Überprüfung der Normalverteilung';
VAR keime log_keime;
RUN;
PROC UNIVARIATE CIBASIC PLOT;
TITLE3 'Statistische Daten zu den logarithmierten Werten';
VAR log_keime;
PPPLOT log_keime;
RUN;
PROC TTEST DIST=LOGNORMAL;
TITLE3 'Rücktransformierte statistische Daten';
VAR keime;
RUN;
QUIT;
```

Da die nach *DATALINES* aufgeführten Daten noch mit 10^3 zu multiplizieren sind, erfolgt diese Anweisung nach der *INPUT*-Zeile. Mit der darauf folgenden Zeile wird eine zweite Variable, die logarithmierten Keimzahlen, erzeugt.

Zunächst ist mit *PROC UNIVARIATE* zu überprüfen, wie es sich mit den ursprünglichen Daten (*keime*) und den logarithmierten (*log_keime*) verhält. Da sich die Lognormalverteilung bestätigt, wird in einem zweiten Aufruf von *UNIVARIATE* die Variable *log_keime* mit den Optionen *CIBASIC* und *PLOT* sowie der Anweisung *PPPLOT* näher charakterisiert. Zusätzlich wird dann noch *PROC TTEST* mit der Option *DIST = LOGNORMAL* und der Variablen *keime* angefordert, um das geometrische Mittel und Konfidenzintervalle auf Basis Keime/ml zu erhalten.

Tab. 16.1 Überprüfung der Normalverteilung an beiden Merkmalen

```
                    Die Prozedur UNIVARIATE

                    Variable:  keime
                Tests auf Normalverteilung
Test                    --Statistik---     ------p-Wert------
Shapiro-Wilk          W    0.693006      Pr < W      <0.0001
Kolmogorov-Smirnov    D    0.267933      Pr > D      <0.0100
Cramer-von Mises      W-Sq 2.190646      Pr > W-Sq   <0.0050
Anderson-Darling      A-Sq 11.62839      Pr > A-Sq   <0.0050


                    Variable:  log_keime
                Tests auf Normalverteilung
Test                    --Statistik---     ------p-Wert------
Shapiro-Wilk          W    0.976282      Pr < W       0.0819
Kolmogorov-Smirnov    D    0.056838      Pr > D      >0.1500
Cramer-von Mises      W-Sq 0.054055      Pr > W-Sq   >0.2500
Anderson-Darling      A-Sq 0.469763      Pr > A-Sq    0.2461
```

Ausgabe

Der Tab. 16.1 ist zu entnehmen, dass erwartungsgemäß *keime* nicht, wohl aber *log_keime* normalverteilt ist. Die *Shapiro-Wilk*-Statistik weist zwar nur einen *P*-Wert von 0,0819 aus, doch ist bekannt, dass bei großen Stichprobenzahlen die Überprüfung der Normalverteilung eher bei $\alpha = 5\%$ und kleiner erfolgen kann. Außerdem bestätigen die drei weiteren Teststatistiken die Nullhypothese. Deshalb erfolgt die weitere Analyse mit *log_keime*.

Mit dem zweiten Aufruf von *UNIVARIATE* werden nun weitere statische Daten zu *log_keime* angefordert. In Tab. 16.2 sind unter *Momente* die Stichprobengröße (N) und einige Maßzahlen der logarithmierten Werte (Mittelwert, Standardabweichung, Varianz usw.) für die weitere Verrechnung dargestellt. Man sieht aber auch an der negativen Schiefe und negativen Kurtosis, dass noch eine leicht linksschiefe und etwas zu flache Wölbung vorliegt. Diesen Sachverhalt bestätigt auch das Stamm-Blatt- und Box-Plot-Diagramm. Eine weitere Darstellung liefert der von *PPPLOT* erzeugte Wahrscheinlichkeits-Plot (Abb. 16.1). Hier wird die empirische kumulative Verteilungsfunktion mit der spezifischen theoretischen kumulativen Verteilungsfunktion (hier: Normalverteilung) verglichen. Je besser diese Punkte auf der Linie liegen, umso besser stimmen empirische und theoretische Verteilung überein. Im Beispiel ist eine befriedigende Übereinstimmung festzustellen.

Die auf logarithmischer Basis erhaltenen Ergebnisse von *UNIVARATE* sind noch kein aussagekräftiges Endergebnis der Analyse. Der Versuchsansteller benötigt Kennwerte auf Basis der ursprünglichen Skala (Keime/ml). Deshalb muss eine Rücktransformation erfolgen. Dies leistet die Prozedur *TTEST* mit der Option *DIST = LOGNORMAL*, wobei das Merkmal *keime* verrechnet wird. In Tab. 16.3 wird zunächst, da eine logarithmische Normalverteilung vorliegt, konsequenterweise das geometrische Mittel angegeben (3996832 Keime/ml), ergänzt durch den Variationskoeffizenten (4,96%) und die Extremwerte *Minimum* und *Maximum*. Darunter befinden sich die (asymmetrischen) 95%-Vertrauensbe-

Tab. 16.2 Weitere statistische Maße zum Merkmal *log_keime*

```
                    Die Prozedur UNIVARIATE

                    Variable: log_keime
                        Momente
N                        95      Summe Gewichte            95
Mittelwert        15.2010126     Summe Beobacht.     1444.09619
Std.abweichung    1.80102963     Varianz             3.24370772
Schiefe          -0.1676571      Kurtosis           -0.7454749
Unkorr. Qu.summe  22256.6329     Korr. Quad.summe    304.908526
Variationskoeff.  11.8480899     Stdfeh. Mittelw.    0.18478174


         Stamm Blatt                    #          Box-Plot
            18 0123                     4              |
            17 68889999                 8              |
            17 1123334                  7              |
            16 56678889                 8           +-----+
            16 001334                   6           |     |
            15 5556677899              10           |     |
            15 00122233344             11           *--+--*
            14 55678889                 8           |     |
            14 0111244                  7           |     |
            13 5567788888              10           +-----+
            13 0333                     4              |
            12 556689                   6              |
            12 023                      3              |
            11 77                       2              |
            11                                         |
            10 8                        1              |
              ----+----+----+----+
```

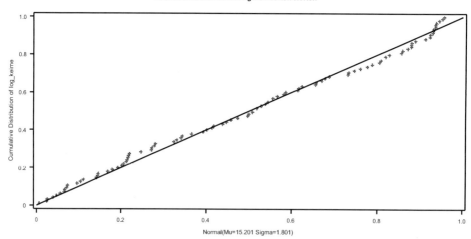

Lognormalverteilte Daten

Keimzahlen von 95 Milchproben (Renner, 1981, S. 31)
Statistische Daten zu den logarithmierten Werten

Normal(Mu=15.201 Sigma=1.801)

Abb. 16.1 Wahrscheinlichkeits-Plot zu *log_keime*

Tab. 16.3 Mittelwert-Statistik der lognormalverteilten Daten von *keime*

```
                     Die Prozedur TTEST

                          Variable:  keime

                 Geometrischer      Variation
       N          Mittelwert       Koeffizient      Minimum        Maximum
       95           3996832          4.9627         47000.0        86200000


Geometrischer                                   Variation
   Mittelwert      95% CL Mittelwert           Koeffizient         95% CL CV
     3996832        2769352   5768375             4.9627          3.3162   9.0361


                          DF       t-Wert       Pr > |t|
                          94        82.26         <.0001
```

reiche für das geometrische Mittel und den Variationskoeffizienten. Der in der letzten Zeile ausgewiesene t-Test ist hier uninteressant, da selbstverständlich der Mittelwert hoch signifikant von 0 abweicht.

Der interessierte Leser mag vielleicht wissen, wie sich die statistischen Werte in Tab. 16.3 mathematisch mithilfe von SAS ableiten (vgl. auch Formeln bei Sachs und Hedderich 2009). Hierzu kann er sich zum obigen Programm den folgenden zusätzlichen *DATA*-Set bilden:

```
DATA b;
TITLE3 'Mathematische Ableitung der Ergebnisse von PROC TTEST';
geomi=EXP(15.2010126); /* Rücktransformation zum geometrischen Mittel,
                    Zahl siehe UNIVARIATE, Variable log_keime */
log_stdabw=SQRT(3.24370772); /* siehe UNIVARIATE, Variable log_keime */
u95log_stdabw=SQRT(3.24370772*94/CINV(0.975,94));/* CINV ist χ² bei
                          1-a=0.975 und FG=94 */
o95log_stdabw=SQRT(3.24370772*94/CINV(0.025,94));/* CINV ist χ² bei
                          1-a=0.025 und FG=94 */
log_var=log_stdabw**2;
u95log_var=u95log_stdabw**2;
o95log_var=o95log_stdabw**2;
u95geomi=EXP(15.2010126-TINV(0.975,94)*(SQRT(log_var/95)));
o95geomi=EXP(15.2010126+TINV(0.975,94)*(SQRT(log_var/95)));
                /* TINV ist t-Wert bei 1-a=0,975 und FG=94 */
cv=SQRT(EXP(log_var)-1);
u95cv=SQRT(EXP(u95log_var)-1);
o95cv=SQRT(EXP(o95log_var)-1);
t=15.2010126/SQRT(log_var/95);
RUN;
PROC PRINT DATA=b;
RUN;
QUIT;
```

Weitere Hinweise

Weitere bekannte nichtnormale Verteilungen für stetige Merkmale sind die Weibull- und die Gamma-Verteilung. Diese sind ebenfalls in die SAS-Prozedur *UNIVARIATE* implementiert. Es empfiehlt sich, in der Prozedurbeschreibung das „Example 4.22 Fitting Lognormal, Weibull and Gamma Curves" zu studieren. Dort werden die Prozedursteuerung und Ergebnisse anschaulich erklärt.

Gestörte Normalverteilung bei stetigen Merkmalen kann auch vorliegen, ohne dass die Alternativen Lognormal-, Weibull- oder Gammaverteilung zum Ziel führen. In diesem Fall empfiehlt sich, eine „robuste Auswertung" vorzunehmen. Ein solches Beispiel wird in Kapitel 17 (Robuste Auswertung von Stichproben und Ringversuchen) behandelt.

Sollen mehrere Stichproben gemeinsam in Form einer Varianzanalyse verrechnet werden und ist auch mit einer Datentransformation keine Normalverteilung herzustellen, kann auch eine nichtparametrische (verteilungsfreie) Varianzanalyse durchgeführt werden. Die Stichproben müssen aber ebenfalls unabhängig, von gleicher Form (Varianzhomogenität!) und mindestens ordinalskaliert sein (s. hierzu die Kapitel 2 und 3 und die Beispiele in Kapitel 57 und 58).

Manchmal könnte man Stichproben als (annähernd) normalverteilt betrachten, wenn diese Eigenschaft nicht durch wenige Einzelwerte am linken und rechten Rand einer nach der Größe geordneten Datenreihe gestört wäre. Diese einfach als „Ausreißer" aus dem Datensatz zu entfernen, kann vor allem dann problematisch sein, wenn mehrere solcher Werte zur Disposition stehen und die Grenzziehung zum Ausreißer durchaus strittig ist.

Eine besondere Bedeutung hat dieses Problem bei der Durchführung von Ringversuchen zur Überprüfung der Arbeitsqualität von Untersuchungsstellen (z. B. Labore). Hierbei wird an alle Teilnehmer des Ringversuchs die gleiche Probe versandt. Wenn alle Teilnehmer „saubere Arbeit" leisten, sollten Abweichungen vom Zielwert nur in einem bestimmten Toleranzbereich vorliegen. Die Praxis zeigt aber, dass dies i. d. R. zwar für einen Großteil der Teilnehmer stimmt, einige wenige Teilnehmer jedoch auffällig niedrige oder hohe Werte berichten. Diese einfach als Ausreißer aus dem Datensatz zu entfernen (und dem Teilnehmer ohne nähere statistische Begründung das Nichtbestehen des Ringversuchs zu attestieren), kann berechtigte Kritik hervorrufen. Ringversuche werden daher i. d. R. nach einem „robusten Verfahren" ausgewertet, d. h. alle Ergebnisse fließen in die Verrechnung ein und mittels „robuster Schätzer" wird erst zum Schluss entschieden, welche Teilnehmer den Ringversuch nicht bestanden haben.

Der im folgenden Programm verwendete Datensatz entstammt einem Ringversuch mit einer Klärschlammprobe, an der 97 Labore in fünf Bundesländern den Bleigehalt nach einer definierten Methode zu bestimmen hatten (Munzert et al. 2006, S. 26). Zunächst aber wird die Datenreihe für die Berechnung „getrimmter" und „winsorisierter Mittelwerte" verwendet, anschließend erfolgt die eigentliche Verrechnung als Ringversuch mit Definition der Ausreißer. Die Lösung liefert in allen Fällen **PROC UNIVARIATE**, ergänzt mit einer zusätzlichen Berechnung (*DATA b*).

Zusätzliche Information ist in der Online-Version dieses Kapitels (doi:10.1007/978-3-642-54506-1_17) enthalten.

© Springer-Verlag Berlin Heidelberg 2015

M. Munzert, *Landwirtschaftliche und gartenbauliche Versuche mit SAS,*
Springer-Lehrbuch, DOI 10.1007/978-3-642-54506-1_17

Programm

```
DATA a;
TITLE1 'Robuste Auswertung von Stichproben und Ringversuchen';
TITLE2 'Klärschlammringversuch 2006 der LfL Freising; Bestimmung des
Bleigehalts (mg Pb/kg)';
INPUT labnr @@;
DO wdh = 1 TO 3;
INPUT pb @@;OUTPUT;
END;
DATALINES;
1 66.4 66.5 66.4 2 67.4 68.0 66.2 3 71.8 71.9 72.5 4 62.3 60.4 61.8 5
74.9 75.1 79.8 6 72.0 71.5 72.6 7 72.6 74.0 73.8 8 73.2 70.6 72.1 9 71.0
73.0 76.0 11 70.7 67.3 67.3 12 75.6 75.7 75.9 13 75.9 75.0 76.6 14 71.4
72.6 72.4 15 75.3 69.2 70.0 16 71.9 72.6 77.2 17 75.0 73.0 74.0 18 73.3
73.1 72.7 19 75.0 73.1 71.5 20 72.7 74.5 72.6 21 89.9 89.8 89.5 22 72.7
72.7 72.9 23 82.0 80.9 81.8 24 71.6 71.7 72.5 25 70.4 70.1 75.5 26 73.1
73.0 73.0 27 75.1 70.8 72.7 28 65.3 66.4 64.6 29 72.5 71.4 71.6 30 74.4
74.9 71.7 31 72.2 74.7 74.1 32 75.0 75.0 74.0 33 74.9 75.6 75.7 34 71.1
71.0 69.0 35 77.6 74.2 74.8 37 64.9 76.6 65.4 38 74.3 73.9 72.0 39 78.8
78.8 78.7 41 84.5 84.5 84.8 42 69.2 69.7 68.7 43 84.0 87.0 85.0 44 71.5
71.9 70.9 45 53.3 55.4 52.3 46 66.4 66.7 64.8 47 71.2 71.2 70.8 48 75.1
75.9 78.7 49 73.0 71.0 73.0 50 75.5 74.9 76.1 51 73.6 75.8 76.3 52 59.4
59.9 59.6 53 66.8 65.5 65.8 54 78.0 78.7 76.0 55 62.3 61.5 63.2 56 73.2
74.0 73.8 57 76.5 77.4 76.0 58 85.3 80.7 83.3 59 78.2 77.3 75.4 60 74.7
74.9 74.1 61 74.6 75.3 74.9 62 78.0 75.9 79.1 63 76.2 76.6 75.0 64
75.6 75.9 75.8 65 70.0 68.0 69.0 66 61.8 61.5 60.8 67 70.0 72.3 69.9 68
71.7 72.1 72.9 69 72.3 72.6 72.6 70 73.2 72.3 74.7 71 66.0 66.6 63.2 72
69.0 70.0 72.0 73 75.0 74.0 75.0 74 70.8 70.9 71.0 75 70.8 75.3 74.8 77
76.7 72.0 72.2 78 70.2 69.2 72.8 79 64.9 64.8 64.9 80 71.5 71.4 70.4 81
79.4 83.7 82.6 82 72.7 73.8 73.2 83 70.8 72.6 67.9 84 74.6 82.2 77.3 85
66.2 67.8 65.0 86 70.4 69.5 69.3 87 71.5 72.1 71.7 88 68.4 71.3 67.5 89
74.2 75.2 74.4 90 75.0 75.5 74.2 91 77.1 74.5 74.5 92 71.9 71.0 71.0 93
67.4 67.3 66.2 94 85.7 80.6 87.9 95 64.0 66.0 67.0 96 65.6 73.2 70.5 97
72.8 71.4 72.2 98 71.0 70.0 73.0 100 61.5 61.3 64.0 101 88.0 84.0 79.0
102 72.1 70.7 72.2
;
PROC PRINT; RUN; /* Zur Einlesekontrolle */
PROC SORT;
BY labnr; RUN;
PROC MEANS NOPRINT;
VAR pb;
BY labnr;
OUTPUT OUT=mittelw MEAN = pb_mw;
RUN;
PROC UNIVARIATE DATA=mittelw NORMAL TRIMMED=1 .05 WINSORIZED=1 .05
                ROBUSTSCALE;
TITLE3 'Charakterisierung der Stichprobe';
VAR pb_mw;
RUN;
DATA b;
SET mittelw;
z=(pb_mw - 72.545)/4.234556;/* wins. Mittelwert (0.05) und Qn */
IF z<-2.04 OR z>2.04 THEN Ausreißer='x';
RUN;
PROC PRINT DATA=b;
VAR labnr pb_mw z Fehler;
RUN;
QUIT;
```

Zu jeder Labornummer (*labnr*) werden drei Messwerte (Wiederholungen) eingelesen. Die weitere Verrechnung erfolgt jedoch mit dem Mittelwert des Labors, weshalb nach aufsteigender Sortierung von *labnr* mit *PROC MEANS* diese Blei-Mittelwerte berechnet werden. Bei *PROC UNIVARIATE* wurden die Optionen *NORMAL* für die Überprüfung auf Normalverteilung, *TRIMMED = 1 0.05* und *WINSORIZED = 1 0.05* für die Berechnung „getrimmter" bzw. „winsorisierter Mittelwerte" angefordert. Mit der ersten Zahl (hier *1*) wird vorgegeben, wie viele kleinste und größte Werte rechts und links der Datenreihe von der Auswertung ausgeschlossen (*TRIMMED)* bzw. durch den/die nächstgelegenen Werte (*WINSORIZED*) ersetzt werden sollen. Die folgende Zahl (hier *0.05*) ist ein Prozentwert für die am Rande zu trimmenden bzw. winsorisierenden Werte; also 5 % von 97 Werten = 5,15 = 5 linke und 5 rechte Werte, die betroffen sind.

Bei *TRIMMED* wird einfach die gewünschte Anzahl der Extremwerte von der Mittelwertbildung ausgeschlossen. Bei *WINSORIZED* werden die betroffenen Extremwerte durch die nächstgelegenen verbleibenden Werte ersetzt, so dass im „winsorisierten" Mittelwert noch ein gewisser Effekt der Extremwerte enthalten ist. Die „radikalere" Methode ist das Trimmen (Stutzen), vor allem, wenn Verdacht auf eine Reihe von Ausreißern auf beiden Seiten der Datenreihe besteht. Bei Ringversuchen ist diese Methode nicht ganz unproblematisch. Schließlich erzeugt die Option *ROBUSTSCALE* verschiedene „robuste" Schätzer für die Standardabweichung (Sigma). Einer davon, Q_n, wird im folgenden *DATA b* zur Berechnung der Z-Scores und Definition der Ausreißer verwendet.

Ausgabe

Tabelle 17.1. zeigt zunächst das Ergebnis der „normalen" Teststatistiken. Es liegt keine Normalverteilung vor (*p*-Wert < 0,01). Insofern ist der unter *Momente* aufgeführte Mittelwert von 72,537 mit einem Standardfehler von 0,5678 eigentlich nicht gültig. Besser geeignet sind die getrimmten oder winsorisierten Mittelwerte und Standardabweichungen bzw. -fehler. Wie der in Tab. 17.1 eingefügte Output zeigt, weichen diese aber nur in der zweiten Stelle nach dem Komma voneinander ab. Insofern liegt also in diesem Fall trotz fehlender Normalverteilung keine nennenswerte Verzerrung von Mittelwertwert und Standardfehler vor. Würden größere Abweichungen bestehen, müsste sachlogisch entschieden werden, ob der getrimmte oder winsorisierte Mittelwert zu bevorzugen ist. Da vor großzügigem Entfernen von Einzelwerten grundsätzlich zu warnen ist, wird man eher das Winsorisieren vorziehen.

Die eigentliche Fragestellung aber war: Können die Ergebnisse der 97 Ringversuchsteilnehmer im statistischen Sinne als richtig anerkannt werden oder liegen auch falsche Analysenergebnisse vor? Für Ringversuche gibt es eine Auswertungsnorm – DIN 38402 A45 – die auch auf diesen Datensatz angewendet wurde. Diese Norm verlangt ein robustes Auswertungsverfahren, das zwei Auswertungsschritte vorsieht und mit dem Programm *ProLab* der Firma *quo data* realisiert ist (Erläuterung gemäß Ringversuchsbericht):

Tab. 17.1 Teststatistik zum arithmetischen, getrimmten und winsorisierten Mittel

```
                    Die Prozedur UNIVARIATE

                      Variable: pb_mw

                          Momente
N                          97    Summe Gewichte            97
Mittelwert          72.5378007   Summe Beobacht.    7036.16667
Std.abweichung      5.59262624   Varianz            31.2774683
Schiefe             -0.0490627   Kurtosis           1.81114187
Unkorr. Qu.summe    513390.692   Korr. Quad.summe   3002.63695
Variationskoeff.    7.70994735   Stdfeh. Mittelw.   0.56784516

              Tests auf Normalverteilung
     Test                --Statistik---   ------p-Wert------
     Shapiro-Wilk        W    0.95624     Pr < W       0.0026
     Kolmogorov-Smirnov  D    0.109613    Pr > D      <0.0100
     Cramer-von Mises    W-Sq 0.321469    Pr > W-Sq   <0.0050
     Anderson-Darling    A-Sq 1.743565    Pr > A-Sq   <0.0050

                      Getrimmte Mittel
Anteil der   Anzahl der
  am Rand      am Rand              Standardfehler
getrimmten   getrimmten  Getrimmtes   Getrimmtes        95%
   Werte       Werte       Mittel      Mittel    Konfidenzgrenzen    DF
    1.03          1       72.55544    0.547933   71.46751  73.64337   94
    5.15          5       72.52490    0.557905   71.41583  73.63398   86

                     Winsorisierte Mittel
Anteil der     Anzahl der
  am Rand        am Rand             Standardfehler
winsorisierten winsorisierten Winsorisiertes Winsorisiertes      95%
   Werte         Werte          Mittel        Mittel    Konfidenzgrenzen  DF
    1.03           1          72.55395      0.547993  71.46590  73.64200  94
    5.15           5          72.54467      0.558239  71.43493  73.65442  86

                      Robuste Skaliermaße
                                              Schätzer
        Maß                           Wert    für Sigma
        Interquartilsabstand        4.866667  3.607664
        Ginis Mittelwertdifferenz   5.961240  5.283011
        MAD                         2.433333  3.607660
        Sn                          3.935580  3.972438
        Qn                          4.295673  4.234556
```

- Die sog. Q-Methode für die Bestimmung der Standardabweichung, bei Ringversuchen allgemein als „Vergleichsstandardabweichung" bezeichnet. Hierbei werden alle Absolutdifferenzen der Werte zwischen jeweils zwei Laboren berechnet und nach der Größe sortiert. Aus der Häufigkeitsdichte dieser Differenzen wird die (geglättete) empirische Verteilungsfunktion ermittelt, bevor das 25 %-Quantil (oder Interquartil genannt) für die Berechnung der Vergleichsstandardabweichung herangezogen wird.
- Die sog. Hampel-Schätzung zur Ermittlung des Mittelwertes. Unter Berücksichtigung der vorher berechneten Vergleichsstandardabweichung werden die weit außerhalb liegenden Werte durch Kappung heruntergewichtet und diese gekappten Werte an das Verteilungszentrum der Stichprobe herangeschoben. Der robuste Schätzwert ergibt sich

Tab. 17.2 Kennwerte für die Ermittlung der Labor-Ausreißer

Kriterium	Methode DIN 38402 A45	SAS Robuste Schätzer
Sollmittelwert	72,499	72,545 (wins. Mw., 0.05)
Vergleichsstandard-abweichung	4,569	4,234556 (σ für Qn)
Toleranzgrenzen für $|Z_u|$ bzw. $|Z| > 2,04$	63,45–82,13 (asymmetrisch!)	63,88–81,20 (symmetrisch!)

dann als das arithmetische Mittel dieser gekappten Stichprobe. Der Vorteil des Verfahrens besteht darin, dass eindeutig fehlerhafte Messwerte praktisch keinen Einfluss auf die Mittelwertschätzung haben.

Die Fehlerermittlung erfolgt dann mit einem sog. Z-Score, wobei

$$z = \frac{\text{Labormittelwert} - \text{Sollmittelwert}}{\text{Vergleichsstandardabweichung}}$$

Z wird dann noch mit einem asymmetrischen Toleranzkoeffizienten zum Z_u-Wert multipliziert, der sich allerdings nur dann auswirkt, wenn hohe Vergleichsstandardabweichungen vorliegen; bei kleinen relativen Standardabweichungen ($< 5\%$) entspricht $Z = Z_u$. Üblich ist, Labormittelwerte mit einem Z-Wert (oder Z_u-Wert) $|>2|$ als Ausreißer (fehlerhaftes Ergebnis) zu werten.

Wenn zertifiziertes Material mit genau definiertem Mittelwert verwendet wurde, ist dieser Wert der Sollmittelwert in der Formel. In der Regel ist der Sollmittelwert nicht bekannt (auch der voruntersuchte Wert des Versenderlabors ist dafür nicht geeignet!), weshalb der beim Ringversuch festgestellte Mittelwert aller Teilnehmer als Sollmittelwert zu verwenden ist.

Die erwähnte DIN-Norm ist bei SAS nicht implementiert. Man kann jedoch mit den zur Verfügung gestellten robusten Schätzern, die dann Eingang in die Z-Formel finden, ein sehr ähnliches Ergebnis erzielen. Hierbei wurde im Folgenden der winsorisierte Mittelwert (ähnlich dem Hampel-Schätzer) als Sollmittelwert und der Schätzer für Qn als Vergleichsstandardabweichung verwendet; die Mittelwerte der Labore sind für beide Berechnungen die gleichen. Qn ist ein von Rousseeuw and Croux (1993) vorgeschlagenes Maß und ergibt sich durch Multiplikation der $\binom{n}{2}$-Distanzen zwischen den Datenpunkten (Labormittelwerten) mit dem Faktor 2,2219 (n = Stichprobenumfang). Qn bedarf dann noch einer Verzerrungskorrektur, um zur Schätzung der Standardabweichung σ für Qn zu kommen (vgl. Prozedurbeschreibung bei SAS).

In diesem Beispiel unterscheiden sich die Parameter für die Berechnung der Ausreißer, wie in Tab. 17.2 gezeigt wird, geringfügig. Aufgrund dieser Parameter ergeben sich Ausreißer, die von *PROC PRINT* zu *data b* des SAS-Outputs ausgewiesen und hier nochmals vergleichend dargestellt werden (Tab. 17.3).

Demnach wurden mit den SAS-Schätzern zwei zusätzliche Ausreißer gegenüber der DIN-Methode identifiziert (Labore 23 und 81); diese etwas strengere Bewertung erscheint vertretbar.

Tab. 17.3 Ausreißer-Labore nach zwei verschiedenen Schätzmethoden

Labor-Nr.	Mittelwert	$|Z_u|$ bzw. $|Z| > 2{,}04$ nach DIN 38402 A45	SAS, rob. Schätz.
4	61,5	−2,48	−2,61
21	89,7	3,65	4,05
23	81,6	(1,92)	2,13
41	84,6	2,56	2,85
43	85,3	2,72	3,02
45	53,7	−4,25	−4,46
52	59,6	−2,90	−3,05
55	62,3	−2,29	−2,41
58	83,1	2,25	2,49
66	61,4	−2,51	−2,64
81	81,9	(1,99)	2,21
94	84,7	2,59	2,88
100	62,3	−2,31	−2,43
101	83,7	2,37	2,63

Weitere Hinweise

Zuverlässige Ringversuche setzen eine ausreichende Anzahl von Teilnehmern voraus (mehr als 10, besser: mehr als 20).

Die Teilnehmer bestimmen über die festgestellte Vergleichsstandardabweichung selbst die Toleranzgrenzen. Dies kann in seltenen Fällen zu absurden Situationen führen, indem bei sehr geringer Standardabweichung die Toleranzen extrem eng ausfallen und es zu ungerechtfertigten Ausreißer-Definitionen kommt. Um dies zu vermeiden, werden in Ringversuchen ggf. Mindeststandardabweichungen vereinbart. Andererseits kann ein Parameter wegen allgemeiner Nichtbeherrschung der Analytik eine extrem hohe Standardabweichung aufweisen, die dann Toleranzüberschreitungen vermeidet. Auch Gehalte unterhalb der Bestimmungsgrenze eines definierten Verfahrens sind nicht auswertbar. Ringversuchsveranstalter haben diese Sonderfälle zu beachten und darauf zu reagieren.

Die Verwendung von Z_u-Scores statt Z-Scores ist dem Umstand geschuldet, dass Labore mit zu geringer Wiederfindungsrate bei der Bewertung ansonsten etwas bevorzugt werden. Näheres siehe „The International Harmonized Protocol for the Proficiency Testing of Analytical Chemistry Laboratories" (www.iupac.org/publications/pac/2006/pdf/7801x0145.pdf).

Trimmen und Winsorisieren von Daten wird auch bei Sachs und Hedderich (2009, S. 75–76) kurz behandelt.

Der *qualitative* Zusammenhang zwischen Merkmalen wird mit der Korrelationsanalyse überprüft. Liegen Merkmale der Intervall- und/oder Absolutskala in Normalverteilung vor, ist der Produkt-Moment-Korrelationskoeffizient ρ als Maßzahl des linearen Zusammenhangs zwischen zwei Zufallsvariablen geeignet; er wird über den Stichprobenkorrelationskoeffizienten r nach PEARSON oder BRAVAIS geschätzt. Sind die Merkmale lediglich ordinalskaliert oder mangelt es der metrischen Skala an der Normalverteilung, ist der Rang-Korrelationskoeffizient nach SPEARMAN die geeignete Alternative. Bedingte Abhängigkeiten werden über sog. *partielle Korrelationskoeffizienten* ermittelt, d. h. der Zusammenhang zwischen zwei Merkmalen wird unter der Voraussetzung überprüft, dass ein oder mehrere weitere Merkmale in ihrem Einfluss auf die Korrelation eliminiert werden. Wichtig ist die Teststatistik zur Null- bzw. Alternativhypothese, also welche Überschreitungswahrscheinlichkeit zu $\rho = 0$ vorliegt. Überprüfen lässt sich auch, ob signifikante Unterschiede zwischen zwei r-Werten bestehen, wie überhaupt Konfidenzgrenzen für Korrelationskoeffizienten angegeben werden können.

Alle genannten Aufgaben (und noch weitere) lassen sich mit **PROC CORR** lösen. Die Prozedur wird im folgenden Programm mehrmals aufgerufen, um die verschiedenen Möglichkeiten aufzuzeigen. Das Rechenbeispiel stammt aus Mudra (1958).

Zusätzliche Information ist in der Online-Version dieses Kapitels (doi:10.1007/978-3-642-54506-1_18) enthalten.

Programm

```
DATA a;
TITLE1 'Korrelation an  einer Stichprobe; MUDARA, 1958, S. 104';
TITLE2 'Kornzahl (kz), Korngewicht je Kolben (kgew, g) und Kolbenlänge
(kolbl, cm) von Maiskreuzungen';
INPUT kz kgew kolbl @@;
DATALINES;
214 69 17.6 280 100 20.5 273 92 21.2 240 86 21.1 246 83 18.8 249 94 18.7
256 90 20.7 298 99 19.8 222 86 18.0 263 90 20.3 285 91 19.2 235 72 17.6
182 62 15.8 263 93 18.9 266 95 19.9 223 65 18.1 297 95 19.0 216 74 18.9
274 84 17.1 221 77 19.6
;
PROC CORR; /* Version 1 */
TITLE3 'Alle numerischen Variablen';
RUN;
PROC CORR; /* Version 2 */
TITLE3 'Gezielte Variablenauswahl';
VAR kz;
WITH kgew kolbl;
RUN;
PROC CORR; /* Version 3 */
TITLE3 'Partielle Korrelation';
VAR kz kgew;
PARTIAL kolbl;
PROC CORR SPEARMAN; /* Version 4 */
TITLE3 'Spearman-Rangkorrelation';
RUN;
PROC CORR FISHER; /* Version 5 */
TITLE3 'Konfidenzgrenzen für r';
VAR kz kgew;
RUN;
PROC CORR FISHER(RHO0=0.7); /* Version 6 */
TITLE3 'Prüfung der Differenz zweier r';
VAR kz kgew;
RUN;
QUIT;
```

Im Beispiel wurden drei Merkmale von 20 Mais-Testkreuzungen untersucht, wobei es in erster Linie um die Teilkorrelationen geht. Der Datensatz wird jedoch exemplarisch für weitere Berechnungen verwendet:

- Der erste Aufruf von *PROC CORR* (Version 1) ist die allgemeinste Formulierung. In diesem Falle werden für sämtliche numerischen Variablen PEARSON-Korrelationen gerechnet.
- Bei Version 2 unterbleibt die Berechnung von r zwischen Korngewicht und Kolbenlänge. Der Gebrauch der *WITH*-Variable ist vorteilhaft, wenn viele Merkmale vorliegen und nur bestimmte Korrelationen interessieren.
- Version 3: Der Einfluss der nach *PARTIAL* definierten Variablen *kolbl* wird eliminiert; es wird also eine (partielle) Korrelation zwischen *kz* und *kgw* unter Ausschaltung des Einflusses von *kolbl* berechnet. Es können auch mehrere *PARTIAL*-Variablen definiert werden.

Tab. 18.1 Korrelations-Statistik zu Version 1 (s. Text)

```
                        Die Prozedure CORR

            3 Variablen:    kz      kgew      kolbl

                      Einfache Statistiken
Variable    N    Mittelwert   Std.abweichung   Summe    Minimum      Maximum
kz         20    250.15000        30.90269       5003   182.00000    298.00000
kgew       20     84.85000        11.34750       1697    62.00000    100.00000
kolbl      20     19.04000         1.40727     380.80000  15.80000     21.20000

         Pearsonsche Korrelationskoeffizienten, N = 20
                 Prob > |r| unter H0: Rho=0
                         kz          kgew         kolbl
            kz        1.00000       0.86158       0.53599
                                    <.0001        0.0149
            kgew      0.86158       1.00000       0.66846
                      <.0001                      0.0013
            kolbl     0.53599       0.66846       1.00000
                      0.0149        0.0013
```

- Version 4: Anstelle der PEARSON-Korrelationskoeffizienten werden die Rang-Korrelationskoeffizienten ausgegeben. Will man beide Maßzahlen, muss man explizit *PEARSON* und *SPEARMAN* in der Zeile *PROC CORR* aufrufen.
- Version 5: Zusätzlich zum r nach PEARSON werden die Konfidenzgrenzen angegeben. Sie basieren auf der *FISHER*schen z-Transformation von r und implizieren den sog. Korrelationsschätzwert, der sich geringfügig vom Stichproben-Koeffizienten unterscheidet. Ein PEARSON-Korrelationskoeffizient („Stichprobenkorrelation"), der sich signifikant von Null unterscheidet, weicht nämlich von der unterstellten zweidimensionalen Normalverteilung umso stärker ab, je kleiner die Anzahl der Wertepaare (N) und je größer sein Absolutwert ist. Mit der z-Transformation wird r approximativ normalisiert. Näheres hierzu siehe Sachs und Hedderich (2009).
- In Version 6 wurde angenommen, dass bereits von einer anderen Stichprobe eine Korrelation von r = 0.7 vorliegt und zu prüfen ist, ob die aktuelle Korrelation von dieser signifikant abweicht.

Ausgabe

In Tab. 18.1 befindet sich das Ergebnis von *PROC CORR*, Version 1. Nach einer Übersichtsstatistik folgt die (zweifache) Korrelationsmatrix mit Angabe der Überschreitungswahrscheinlichkeit. So beträgt die Korrelation zwischen Kornzahl (*kz*) und Kolbenlänge (*kolbl*) r = 0.53599; bei einer Irrtumswahrscheinlichkeit (α) von 0.0149 (1,49 %) wäre die Nullhypothese (r weicht nur zufällig von $\rho = 0$ ab) anzunehmen. Akzeptiert man $\alpha = 5\%$, ist die Nullhypothese abzulehnen (es liegt Signifikanz vor).

Das Ergebnis von *PROC CORR*, Version 2, wird hier nicht dargestellt, da es nur ein Auszug von Version 1 ist.

Tab. 18.2 Korrelations-Statistik zu Version 2 (s. Text)
                    Die Prozedure CORR

```
        1 Partielle Variablen:      kolbl
        2        Variablen:      kz       kgew

Partielle Korrelationskoeffizienten nach Pearson, N = 20
                        kz          kgew
        kz          1.00000      0.80156
                                 <.0001
        kgew        0.80156      1.00000
                    <.0001
```

Tab. 18.3 Korrelations-Statistik zu Version 4 (s. Text)
                    Die Prozedure CORR

```
Spearmansche Korrelationskoeffizienten, N = 20
        Prob > |r| unter H0: Rho=0
                kz          kgew         kolbl
kz          1.00000      0.83547      0.47535
                         <.0001       0.0342
kgew        0.83547      1.00000      0.60339
            <.0001                    0.0049
kolbl       0.47535      0.60339      1.00000
            0.0342       0.0049
```

Gegenstand von Version 3 ist die partielle („bereinigte") Korrelation von *kz* und *kgew*, wobei der Einfluss von *kolbl* ausgeschaltet ist (Tab. 18.2). Unter dieser Voraussetzung beträgt die Beziehung zwischen *kz* und *kgew* nur 0,80156 (statt 0,86158).

Zum Vergleich sind in Tab. 18.3 die SPEARMAN-Koeffizienten ausgewiesen. Sie unterscheiden sich nicht wesentlich von den PEARSONschen und wären nur dann vorzuziehen, wenn keine Normalverteilung und/oder kein linearer Zusammenhang vorläge. Der SPEARMAN'sche Rangkorrelationskoeffizient bewertet lediglich den *isotonen* Zusammenhang, also einen monoton fallenden oder steigenden Zusammenhang. Auch die SPEARMAN-Werte liegen im Bereich $r_s = -1$ und $r_s = +1$.

In Tab. 18.4 werden mit Hilfe der z-Transformation von FISHER die 95%-Vertrauensgrenzen ausgewiesen (0,6648 und 0,9416). Sie gelten für den (unverzerrten) Korrelationsschätzwert von $r = 0{,}85562$, der sich geringfügig vom leicht verzerrten Stichproben-r (0,86158) unterscheidet.

Schließlich wird in Tab. 18.5 die Frage beantwortet, ob sich die Stichprobenkorrelation $r = 0{,}86158$ bzw. der Schätzwert 0.85562 von einem (früher ermittelten) $r = 0{,}7$ signifikant unterscheidet. Da der diesbezügliche *p*-Wert 0,0880 beträgt, lautet die Antwort „nein"

Tab. 18.4 Korrelations-Statistik zu Version 5 (s. Text)

```
                           Die Prozedure CORR

          Pearson Korrelationsstatistiken (Fisher-Z-Transformation)
                     Mit
          Variable   Variable      N    Stichprobenkorrelation    Fisher's z
          kz         kgew         20                   0.86158       1.29945

               Pearson Korrelationsstatistiken (Fisher-Z-Transformation)
          Mit
Variable   Variable   Verzerrungskorrektur   Korrelationsschätzwert   95% Konfidenzgrenzen
kz         kgew                    0.02267                  0.85562   0.664825    0.941618

               Pearson Korrelationsstatistiken (Fisher-Z-Transformation)
                              Mit       p-Wert für
                    Variable  Variable   H0: Rho=0
                    kz        kgew        <.0001
```

Tab. 18.5 Korrelations-Statistik zu Version 6 (s. Text)

```
                           Die Prozedure CORR

          Pearson Korrelationsstatistiken (Fisher-Z-Transformation)
                     Mit
          Variable   Variable      N    Stichprobenkorrelation    Fisher's z
          kz         kgew         20                   0.86158       1.29945

               Pearson Korrelationsstatistiken (Fisher-Z-Transformation)
          Mit
Variable   Variable   Verzerrungskorrektur   Korrelationsschätzwert   95% Konfidenzgrenzen
kz         kgew                    0.02267                  0.85562   0.664825    0.941618

               Pearson Korrelationsstatistiken (Fisher-Z-Transformation)
                              Mit      ------H0: Rho=Rho0-----
                    Variable  Variable     Rho0      p-Wert
                    kz        kgew       0.70000      0.0880
```

(p-Wert > 5%). Dies deckt sich auch mit den 95%-Konfidenzgrenzen, die den r-Wert 0,7 einschließen.

Weitere Hinweise

PROC CORR kann nur auf einen Datensatz angewendet werden, der als Stichprobe einer Grundgesamtheit nach Modell II (zufällig erfasste Messwerte) aufzufassen ist. Bei Stichproben nach Modell I (gezielte Auswahl) macht eine Korrelationsanalyse wenig Sinn. Gemischte Modelle, wie man sie in Stichproben mit Untergruppen vorfindet, erfordern eine andere Vorgehensweise (Verwendung der Option *MANOVA* von *PROC GLM*, s. Kapitel 23).

Man sollte sich immer vergewissern, dass ein linearer Zusammenhang zwischen den Merkmalen vorliegt. Dies kann am einfachsten über *INSIGHT* und einem Streudiagramm (Scatter-Plot) geschehen. Bei nichtlinearen Beziehungen ist der *SPEARMAN*-Rangkorrelationskoeffizient zu verwenden, sofern monotone Verhältnisse vorliegen (fallende oder steigende Funktion). Ansonsten ist bei nichtlinearen Beziehungen das Bestimmtheitsmaß der Regressionsfunktion die geeignete qualitative Maßzahl.

Weitere Zusammenhangsmaße für kategoriale Daten liefert die Prozedur *FREQ* mit der Option *MEASURE* (s. Kapitel 59).

Auf die Berechnungsweise von Korrelationskoeffizienten wurde hier nicht eingegangen; sie kann jedem Statistikbuch entnommen werden. Auf den Unterschied zwischen Stichprobenkorrelation und Korrelationsschätzwert im Zusammenhang mit der z-Transformation nach R. A. Fisher wird noch einmal hingewiesen (siehe auch Sachs und Hedderich 2009).

Lineare Regression

Der Zusammenhang zwischen zwei Merkmalen kann auch *quantitativ* im Rahmen einer Regressionsanalyse untersucht werden. Im landwirtschaftlichen Versuchswesen liegen meistens Fälle nach Modell I (fix) vor, d. h. die unabhängige(n) Einflussgröße(n) wurde(n) gezielt ausgewählt, während die abhängige Zielgröße eine Zufallsvariable ist. Solche Beispiele werden uns noch in der Varianzanalyse begegnen, wenn in Ergänzung zu Mittelwertvergleichen die Effizienz des Faktoreinsatzes (z. B. Düngeraufwand) noch näher zu beschreiben ist.

Regressionen können aber auch auf der Basis von Modell II gerechnet werden, d. h. sämtliche Variablen (auch die Einflussgröße(n)), ist (sind) eine zufällige Auswahl aus der Grundgesamtheit. Rein formal unterscheidet sich der Rechengang nicht vom fixen Modell, es muss lediglich definiert werden, welche Variablen als Regressoren (Einflussgrößen) und welche Variable als Regressand (Zielgröße) fungieren sollen. Das Ergebnis gilt dann generell für die Abhängigkeiten zwischen den Merkmalen in der Grundgesamtheit.

Im Folgenden wird das Maisbeispiel in Kapitel 18 (Korrelation an einer Stichprobe) verwendet, wobei exemplarisch folgende Regressionsfunktionen (nach Modell II) untersucht werden:

- Typ: Einfache lineare Regression:
  $y = a + bx + e$
  Dabei ist a die Regressionskonstante (Achsenabstand), b der (einfache) Regressonskoeffizient und e der Restfehler; y (=kgew) ist die zu erklärende und x (=kz) die erklärende Variable. Die Funktion wird geschätzt durch
  $\hat{y} = a + bx$; a und b sind die Kleinst-Quadrat-Schätzungen für a bzw. b, $\hat{y}$ der Schätzwert für y.

Zusätzliche Information ist in der Online-Version dieses Kapitels (doi:10.1007/978-3-642-54506-1_19) enthalten.

© Springer-Verlag Berlin Heidelberg 2015
M. Munzert, *Landwirtschaftliche und gartenbauliche Versuche mit SAS,*
Springer-Lehrbuch, DOI 10.1007/978-3-642-54506-1_19

- Typ: Mehrfache (multiple) Regression:

$y = a + b_1 x_1 + b_2 x_2 + e$

Hier sind b_1 und b_2 die spezifischen Regressionskoeffizienten der beiden erklärenden Variablen x_1 (=kz) und x_2 (=kolbl). Die Schätzung erfolgt dann mit

$\hat{y} = a + b_1 x_1 + b_2 x_2$; b_1 und b_2 sind die Kleinst-Quadrat-Schätzer für die Regressionskoeffizienten.

Man verwendet **PROC REG**; auch *PROC GLM* (mit jedoch weniger Optionen) wäre möglich.

Programm

```
DATA a;
TITLE1 'Lineare Regression; Ergänzung zu Beispiel in Kapitel 18';
INPUT kz kgew kolbl @@;
DATALINES;
214 69 17.6 280 100 20.5 273 92 21.2 240 86 21.1 246 83 18.8 249 94 18.7
256 90 20.7 298 99 19.8 222 86 18.0 263 90 20.3 285 91 19.2 235 72 17.6
182 62 15.8 263 93 18.9 266 95 19.9 223 65 18.1 297 95 19.0 216 74 18.9
274 84 17.1 221 77 19.6
;
PROC REG;
TITLE2 'Einfache lineare Regression';
MODEL kgew = kz/R CLB CLM CLI;
a_Konstante: TEST INTERCEPT = 0;
b_Regressionskoeffizient: TEST kz=0.5;
Simultan: TEST INTERCEPT = 0, KZ = 0.5;
PLOT kgew*kz; RUN;
PROC REG;
TITLE2 'Mehrfache lineare Regression';
MODEL kgew = kz kolbl/R CLB CLM CLI;
TEST INTERCEPT=-10, kz=0.23, kolbl=3.31;
RUN; QUIT;
```

In der Zeile *MODEL* des ersten Prozeduraufrufs wird das Regressionsmodell definiert, hier als einfache lineare Funktion, wobei die Syntax den Achsenabstand (Regressionskonstante, Intercept), also den a-Wert, und den Restfehler (e) impliziert. Nach dem Schrägstrich folgen optional vier Zusatzanweisungen:

R: Ausgabe der Residuen (Differenzen zwischen beobachteten und geschätzten Zielwerten),

CLB: Vertrauensbereich für die Parameterschätzer (a- und b-Werte),

CLM: Vertrauensbereich für den erwarteten Wert der abhängigen Variable (Mittelwert) für jede Beobachtung (Vertrauensbereich der Regressionslinie).

CLI: Vertrauensbereich für einen individuellen geschätzten Wert.

Es folgen drei *TEST*-Optionen, indem zum einen geprüft wird, inwieweit die gefundene Regressionskonstante (*INTERCEPT*) von 0 abweicht, zum anderen wird der ermittelte

Regressionskoeffizient mit dem Wert 0.5 verglichen und schließlich wird die gesamte Regressionsgleichung beiden Vergleichswerten (Regressionskonstante = 0, Regressioinskoeffizient = 0,5) gegenübergestellt („simultaner Vergleich").

Die *PLOT*-Anweisung erzeugt eine einfache Grafik mit den Variablen *kgew* (Kolbengewicht) als Ordinate und *kz* (Körnerzahl des Kolbens) als Abszisse.

Mit dem zweiten Aufruf von *PROC REG* wird eine multiple lineare Regression angefordert, bestehend aus Körnerzahl und Kolbenlänge, die zusammen das Kolbengewicht erklären sollen. Auch hier werden zusätzliche statistische Parameter und Tests aufgerufen.

Ausgabe

In Tab. 19.1 wird zunächst vermerkt, dass *kgew* die abhängige (Ziel-)Variable ist. Es folgt die Varianzanalyse zum Regressionsmodell. Da Pr > F < 0,0001 beträgt, folgt, dass die Nullhypothese zu verwerfen ist und das Modell hoch signifikant ist (Überschreitungswahrscheinlichkeit Pr > F < 0,01 %). Die Qualität des Modells wird noch besser durch das Bestimmtheitsmaß charakterisiert, im Output als *R-Quadrat* bezeichnet. Es besagt, dass die Variable *kz* zu 74,23 % die Variable *kgew* erklären kann. Der Wert ergibt sich aus dem Summenquadrat des Modells dividiert durch das Summenquadrat insgesamt (B = 1816,12474/2446,55) oder auch aus dem Quadrat der Korrelation (B = 0,86158²). Zusätzlich wird ein adjustiertes Bestimmtheitsmaß (*Adj R-Sq*) ausgewiesen, das sich ergibt aus:

$$B_{adj} = 1 - 1(1-B)\frac{n-1}{n-(m+1)} = 1-(1-0,7423)\frac{20-1}{20-(1+1)} = 0,728 \text{ [m = Anzahl der Regressoren]}$$

Tab. 19.1 Varianzanalyse mit Parameterschätzern zur einfachen linearen Regression

Die Prozedur REG

Abhängige Variable: kgew

Anzahl gelesener Beobachtungen			20			
Anzahl verwendeter Beobachtungen			20			

Varianzanalyse

Quelle	DF	Summe der Quadrate	Mittleres Quadrat	F-Statistik	Pr > F
Modell	1	1816.12474	1816.12474	51.85	<.0001
Error	18	630.42526	35.02363		
Corrected Total	19	2446.55000			

Root MSE	5.91808	R-Quadrat 0.7423
Dependent Mean	84.85000	Adj R-Sq 0.7280
Coeff Var	6.97475	

Parameter Estimates

Variable	DF	Parameter-schätzer	Standard-fehler	t-Wert	Pr > |t|	95% Konfidenzgrenzen	
Intercept	1	5.70924	11.06964	0.52	0.6123	-17.54722	28.96569
kz	1	0.31637	0.04393	7.20	<.0001	0.22407	0.40868

B_{adj} ist von Bedeutung, wenn m > 1 ist, weil dann durch die Hereinnahme weiterer Regressoren ins Modell B zwangsläufig steigt, auch wenn diese kaum zur Erklärung von y etwas beitragen (Problem bei multiplen Regressionen!).

Im unteren Teil von Tab. 19.1 sind die geschätzten Parameter des Modells, ergänzt mit statistischen Tests, ausgewiesen. *INTERCEPT* ist der Achsenabstand, *kz* der Regressionskoeffizient der unabhängigen Variablen (Regressor) des Modells. Demnach lautet die Regressionsgleichung:

$$kgew = 5,709 + 0,31637 * kz$$

Anders ausgedrückt: Mit jedem zusätzlichen Korn im Kolben nimmt das Kolbengewicht um 0,31637 g zu und theoretisch beträgt das Kolbengewicht im kornlosen Zustand 5,709 g. Wie sicher diese Angaben sind, vermögen die Standardfehler, die t-Tests und die 95%-Vertrauensbereiche aufzuzeigen. Zunächst ist wesentlich, dass der Regressionskoeffizient (b) hoch signifikant ist (Pr > |t| < 0,0001) und der „wahre" b der Grundgesamtheit unter Zugrundelegung einer Irrtumswahrscheinlichkeit von 5 % im Bereich von 0,22407 g und 0,40868 g liegt. Der Standardfehler von b beträgt 0,04393 g. Multipliziert man diesen mit dem t-Wert des Modells ($t_{FG=18,a=5\%} = 2,101$) und subtrahiert bzw. addiert das Ergebnis (0,09230) zum b-Wert, dann erhält man exakt die genannten Konfidenzgrenzen von b. Die entsprechenden Tests für die Regressionskonstante zeigen, dass für diese die Nullhypothese zu akzeptieren ist, der Wert 5,709 also nur zufällig von 0 abweicht.

In Tab. 19.2 folgt eine detaillierte Statistik zur Regressionsanalyse. Im oberen Teil wird der Vertrauensbereich der Regressionsgerade an der Stelle der beobachteten Knollengewichte aufgrund der Regressionsgleichung beschrieben. Würde die Schätzung „perfekt sein" (B = 1,0), würden alle 20 Einzelwerte von „abhängige Variable" und „prognosti-

Tab. 19.2 Erweiterte Statistik zur einfachen linearen Regression

Die Prozedur REG

Abhängige Variable: kgew

Ausgabestatistiken

Beobachtung	Abhängige Variable	Prognostizierter Wert	Std.fehler Mittelwert Vorher.	95% CL Mittelwert	
1	69.0000	73.4131	2.0673	69.0699	77.7563
2	100.0000	94.2937	1.8631	90.3795	98.2079
3	92.0000	92.0791	1.6610	88.5894	95.5688
.	....	....	......	....	....
20	77.0000	75.6277	1.8416	71.7587	79.4967

Beobachtung	95% CL Prognose		Residuen	Std.fehler Residuen	Student. Residuen	-2-1 0 1 2	Cooksches D
1	60.2429	86.5833	−4.4131	5.545	−0.796	| *| |	0.044
2	81.2588	107.3287	5.7063	5.617	1.016	| |** |	0.057
3	79.1653	104.9930	−0.0791	5.680	−0.0139	| | |	0.000
.	....	....	....	.....	....	. . .	.....
20	62.6062	88.6492	1.3723	5.624	0.244	| | |	0.003

zierter Wert" übereinstimmen. Da die Modellschätzung immer von einem Schätzfehler behaftet ist, fällt ein Standardfehler für die Prognosen an, der zum „95 % CL Mittelwert" fortgeschrieben wird. Beispiel: Für die Beobachtung 1 (kgew = 69) ergibt die Regressionsgleichung einen Schätzwert von 73,41 mit einem 95 %-Fehlerbereich von 69,07 bis 77,76.

Im unteren Teil von Tab. 19.2 wird die Ausreißerproblematik der Regression näher beleuchtet. Wenn Einzelwerte der unabhängigen Variablen weit entfernt von der Regressionslinie liegen, besteht der Verdacht, dass diese eigentlich nicht zur Regression gehören bzw. diese verzerren. Deshalb sind – verursacht von der Option *CLI* – die 95 %-Grenzen für die Einzelwerte aufgeführt (z. B. für Beobachtung 1 die Werte 60,2429 und 86,5833). Von besonderem Interesse sind die studentisierten Residuen, die auch zu einer „Sternchenstatistik" umgesetzt werden, insbesondere jedoch die Cooksche-D-Einflussstatistik. Je mehr Sternchen in einer Zeile auftauchen, umso suspekter ist der Einzelwert. Wenn Cook's D den Wert 1,0 übersteigt, ist davon auszugehen, dass dieser Wert einen starken Einfluss auf die Regression nimmt und als Ausreißer verdächtig ist. In unserem Beispiel weisen alle 20 Einzelwerte Cook's-D-Werte < 1 auf, so dass kein Anlass zu weiteren Ausreißerüberprüfungen besteht.

Die *TEST*-Anweisungen im Programm führen zu der in Tab. 19.3 aufgeführten Statistik. Zunächst wird getestet, ob der a-Wert der Regressionsgleichung (5,70924) signifikant von 0 abweicht. Eigentlich ist die Frage schon in Tab. 19.1 beantwortet, denn dort wurde für den a-Wert ein 95 %-Konfidenzbereich von − 17,54722 bis 28,96569 angegeben, d. h. der Wert 0 ist eingeschlossen, so dass bei einer Irrtumswahrscheinlichkeit von 5 % davon auszugehen ist, dass nur eine zufällige Differenz vorliegt. Die F-Statistik bestätigt auch in Tab. 19.3, dass die Nullhypothese mit einem Wert Pr > F = 0,6123 anzunehmen ist (vgl. mit Tab. 19.1).

Tab. 19.3 Ergebnis der *TEST*-Anweisungen zu den Regressionsparametern

Die Prozedur REG

Test a_Konstante Results for Dependent Variable kgew

Quelle	DF	Mittleres Quadrat	F-Statistik	Pr > F
Numerator	1	9.31643	0.27	0.6123
Denominator	18	35.02363		

Test b_Regressionskoeffizient Results for Dependent Variable kgew

Quelle	DF	Mittleres Quadrat	F-Statistik	Pr > F
Numerator	1	611.81224	17.47	0.0006
Denominator	18	35.02363		

Test Simultan Results for Dependent Variable kgew

Quelle	DF	Mittleres Quadrat	F-Statistik	Pr > F
Numerator	2	16486	470.72	<.0001
Denominator	18	35.02363		

Der folgende „Test b Regressionskoeffizient" betrifft die Frage, ob ein Regressionskoeffizient der Größe 0,5 – er könnte in einer anderen Stichprobe ermittelt worden sein – von dem in diesem Versuch ermittelten Wert von 0,31637 signifikant abweicht. Auch hier liegt eigentlich die Antwort in Tab. 19.1 schon vor, da dort der diesbezügliche Konfidenzbereich von 0,22407 bis 0,40868 reicht, also den Wert 0,5 nicht einschließt. In Tab. 19.3 wird präzisiert, dass die Nullhypothese (kein Unterschied) erst bei einer Irrtumswahrscheinlichkeit von 0,06 % abgelehnt werden kann.

Unter „Test Simultan" werden beide Parameter (a- und b-Wert) gleichzeitig der berechneten Regressionsgleichung gegenübergestellt. Hier ergibt die F-Statistik hohe Signifikanz (Pr > F < 0,0001); beide Gleichungen sind also als nicht gleichwertig einzustufen.

Schließlich erzeugt die *PLOT*-Anweisung im Programm eine einfache Regressionsgrafik mit Messpunkten und eingetragener Regressionsgerade. Auf die Wiedergabe wird hier verzichtet. Im Übrigen sei noch vermerkt, dass mit einer speziellen Prozedur (*PROC GPLOT*) eine noch ansprechendere Grafik erzeugt werden kann.

Das Ergebnis der multiplen Regression (zweiter Aufruf von *PROC REG*) ist in Tab. 19.4 in verkürzter Form zusammengefasst. Wesentlich dabei ist die Frage, ob die zusätzliche Variable *kolbl* die Schätzung von *kgew* signifikant verbessern kann. Dies ist der Fall, denn für den Regressionskoeffizienten zu *kolbl* wird ein t-Wert von 2,27 mit einem Pr-Wert von 0,0365 ausgewiesen. Es ist üblich, weitere Regressionskoeffizienten nur dann anzuerken-

Tab. 19.4 Teststatistik zur multiplen linearen Regression

Die Prozedur REG

Abhängige Variable: kgew

Anzahl gelesener Beobachtungen	20
Anzahl verwendeter Beobachtungen	20

Varianzanalyse

Quelle	DF	Summe der Quadrate	Mittleres Quadrat	F-Statistik	Pr > F
Modell	2	1962.73785	981.36893	34.48	<.0001
Error	17	483.81215	28.45954		
Corrected Total	19	2446.55000			

Root MSE	5.33475	R-Quadrat	0.8022
Dependent Mean	84.85000	Adj R-Sq	0.7790
Coeff Var	6.28727		

Parameter Estimates

Variable	DF	Parameter-schätzer	Standard-fehler	t-Wert	Pr > |t|	95% Konfidenzgrenzen	
Intercept	1	-24.53300	16.64649	-1.47	0.1588	-59.65403	10.58803
kz	1	0.25930	0.04691	5.53	<.0001	0.16033	0.35828
kolbl	1	2.33815	1.03015	2.27	0.0365	0.16473	4.51158

Test 1 Results for Dependent Variable kgew

Quelle	DF	Mittleres Quadrat	F-Statistik	Pr > F
Numerator	3	4414.26284	155.11	<.0001
Denominator	17	28.45954		

nen, wenn sie mindestens mit einer Irrtumswahrscheinlichkeit von 10 % die Regression verbessern können; noch überzeugender sind Beiträge innerhalb der 5 %-Grenze.

Die mehrfache (zweifache) Regression steigert das Bestimmtheitsmaß auf 0,8022 und das adjustierte B auf 0,7790. Die gültige Regressionsgleichung lautet:

$$kgew = -24,533 + 0,2593 * kz + 2,33815 * kolbl$$

Die getestete alternative Gleichung

$$kgew = -10 + 0,23 * kz + 3,31 * kolbl$$

unterscheidet sich hoch signifikant von der ersten (Pr > F < 0,0001).

Die weitere Ausgabe- und Residuenstatistik ist analog zu verstehen wie im Fall „einfache lineare Regression".

Weitere Hinweise

Modelle für multiple lineare Regressionen können mit *PROC REG* auch automatisch erstellt werden. Die Vorgehensweise wird im nächsten Fallbeispiel aufgezeigt. Dort wird auch auf die kritische Seite von multiplen Regressionen (Überprüfung der Modellannahmen) näher eingegangen.

Von Bedeutung sind auch *Polynomialregressionen* und *quasilineare* Funktionen. Sie werden im Kapitel 21 und im Zusammenhang mit Feldversuchsergebnissen behandelt (Kapitel 33). Korrelation und Regression mit Untergruppen werden im Kapitel 23 untersucht.

Regressionen können auch auf interaktivem Wege mit *INSIGHT* und dem Menüpunkt *Fit* gelöst werden. Hier können vor allem auch die Konfidenzgrenzen für die Regressionsgerade (Funktion *CLM*) und die Einzelwerte (Funktion *CLI*) grafisch dargestellt werden.

Liegt für eine multiple lineare Regression eine größere Anzahl von möglichen Regressoren vor, entsteht das Problem der Auswahl jener Variablen, die die Zielgröße am besten erklären. Alle verfügbaren Regressoren ins Modell ungeprüft aufzunehmen, führt zwar zu einem maximalen Bestimmtheitsmaß, es ist jedoch dann zweifelhaft, ob alle Regressionskoeffizienten wirklich einen signifikanten Beitrag zum Modell leisten. Außerdem können auch noch weitere Voraussetzungen für das Modell, wie keine Kollinearität, keine Heteroskedastizität und keine Autokorrelation, verletzt sein. Man tut also immer gut daran, multiple Regressionen besonders kritisch zu bewerten und im Zweifelsfall ein reduziertes Modell zu wählen.

Das folgende Beispiel stammt von Freund und Littel (1981, S. 19) und wurde dort mit der SAS-Prozedur *GLM* bearbeitet. Es wird hier aber ganz bewusst wieder **PROC REG** eingesetzt, weil diese Prozedur für Regressionen nach Modell II – dieser Fall liegt auch bei diesem Beispiel vor – sehr sinnvolle Optionen für die automatische Auswahl geeigneter Regressoren zur Verfügung stellt und auch bei der weiteren Überprüfung der Modellannahmen viele Möglichkeiten bietet.

Das Beispiel befasst sich mit 19 Vieh-Auktionsmärkten, deren jährliche Vermarktungskosten (y = Kosten in \$) mit der Anzahl vermarkteter Rinder, Kälber, Schweine und Schafe (also 4 unabhängige x-Variable) in Beziehung gesetzt wurden. Das zu „fittende" Regressionsmodell lautet demnach

$$y = \alpha + \beta_1 x_1 + \beta_2 x_2 + \beta_3 x_3 + \beta_4 x_4 + e$$

Zusätzliche Information ist in der Online-Version dieses Kapitels (doi:10.1007/978-3-642-54506-1_20) enthalten.

Programm

```
DATA a;
TITLE 'Auswahl der Regressoren bei multipler Regression';
INPUT mkt rinder kaelber schweine schafe kosten insges @@;
DATALINES;
1 3437 5791 3268 10649 27698 23145   2 12801 4558 5751 14375 57634 37485
3 6136 6223 15175 2811 47172 30345   4 11685 3212 639 694 49295 16230
5 5733 3220 534 2052 24115 11539   6 3021 4348 839 2356 33612 10564
7 1689 634 318 2209 9512 4850   8 2339 1895 610 605 14755 5449
9 1025 834 734 2825 10570 5418   10 2936 1419 331 231 15394 4917
11 5049 4195 1589 1957 27843 12790   12 1693 3602 837 1582 17717 7714
13 1187 2679 459 18837 20253 23162   14 9730 3951 3780 524 37465 17985
15 14325 4300 10781 36863 101334 66269   16 7737 9043 1394 1524 47427 19698
17 7538 4538 2565 5109 35944 19750   18 10211 4994 3081 3681 45945 21967
19 8697 3005 1378 3338 46890 16418
;
PROC REG;
Alle_Regressoren: MODEL kosten=rinder kaelber schweine schafe insges
                  /COLLIN;
vorwaerts: MODEL kosten=rinder kaelber schweine schafe/SELECTION=FORWARD
           SLENTRY=0.05;
rueckwaerts: MODEL kosten=rinder kaelber schweine schafe
             /SELECTION=BACKWARD SLSTAY=0.05;
schrittweise: MODEL kosten=rinder kaelber schweine schafe
              /SELECTION=STEPWISE SLENTRY=0.05 SLSTAY=0.05;
ohne_Konstante: MODEL kosten=rinder kaelber schweine schafe
                /SELECTION=STEPWISE SLENTRY=0.05 SLSTAY=0.05 NOINT;
Modellannahmentest: MODEL kosten=rinder kaelber schweine schafe
                    /SELECTION=STEPWISE SLENTRY=0.05 SLSTAY=0.05 COLLIN
                     VIF TOL SPEC DW;
RUN;QUIT;
```

Im Datenbeispiel befindet sich noch eine 5. Variable, *insges*, d. i. die Summe aller Tiere eines Marktes; sie wird nur in einem speziellen Fall zum Aufzeigen von Multikollinearität verwendet. Die Variable *mkt* (Nr. des Marktes) ist nur zur Orientierung im Datensatz aufgeführt.

Im Programm werden mit einem einmaligen Aufruf von *PROC REG* sechs Regressionsmodelle gerechnet, die jeweils mit einem Titel (Text vor dem Doppelpunkt) versehen sind. Die Optionen bzw. Schlüsselwörter haben folgende Bedeutung:

COLLIN Prüfung der Regression auf (Multi-)Kollinearität. Sind zwei oder mehr unabhängige Variable (Regressoren) stark korreliert, liegt Kollinearität vor; im extremen Fall ($r = 1,0$) lässt sich dann überhaupt kein Modell rechnen, bei enger (aber von 1,0 verschiedener) Korrelation sind die Standardfehler und Schätzer der Regressionskoeffizienten stark verzerrt und damit eigentlich ungültig.

SELECTION = name Für *name* können 9 verschiedene Auswahlmethoden für die ins Modell aufzunehmenden Regressoren gewählt werden: *NONE* oder *FORWARD* oder *BACKWARD* oder *STEPWISE* oder *MAXR* oder *MINR* oder *RSQUARE* oder *ADJRSQ* oder *CP*. Bei *NONE* erfolgt keine Auswahl (gleichbedeutend mit Verzicht auf *SELEC-TION=*). Im Programm werden die Methoden *FORWARD, BACKWARD* und *STEPWISE* angewendet und weiter unten im Ausgabeteil beschrieben. Die übrigen Auswahlmethoden können im Hilfetext von *PROC REG* nachgelesen werden.

SLENTRY = (oder SLE=) Mit dem folgenden Wert wird der Signifikanzlevel für die Aufnahme von Regressoren ins Modell bei den Methoden *FORWARD* und *STEPWISE* spezifiziert. Voreinstellung ist 0,50 für *FORWARD* und 0,15 für *STEPWISE*, eigentlich viel zu hohe Werte. Realistischer sind 0,05 oder 0,10.

SLSTAY = (oder SLS=) Einzutragen ist der gewünschte Signifikanzlevel für den Verbleib von Regressoren im Modell bei Anwendung der Methoden *BACKWARD* und *STEPWISE*. Voreinstellung sind 0,10 für *BACKWARD* und 0,15 für *STEPWISE*. Auch hier empfiehlt sich, einheitlich 0,05 oder 0,10 zu wählen.

VIF Prüfung auf Varianzinflationsfaktoren.

TOL Erzeugt Toleranzwerte für die Schätzer.

SPEC Ein Test auf Heteroskedastizität.

DW Durbin-Watson-Statistik zur Prüfung auf Autokorrelation der Residuen.

VIF, TOL, SPEC und *DW* sind neben *COLLIN* Tests auf Gültigkeit des Regressionsmodells; sie werden im Ausgabeteil noch näher beschrieben.

Ausgabe

In Tab. 20.1 wird beispielhaft gezeigt, was u. U. passieren kann, wenn alle verfügbaren unabhängigen Variablen ins Modell aufgenommen werden. Die Varianzanalyse bestätigt zwar ein hochsignifikantes Modell mit einem Bestimmtheitsmaß von B=0,9373. Dennoch wird mit den beiden „NOTE" massiv vor diesem Modell gewarnt. Es wird sogar festgestellt, dass die Variable *insges* die Summe der Variablen *rinder + kaelber + schweine + schafe* ist und damit eine perfekte Abhängigkeit (Korrelation) von *insges* zu den übrigen Variablen vorliegt. Die folgende Parameterschätzung zeigt das ebenfalls auf, indem für *insges* überhaupt kein Regressionskoeffizient und Standardfehler berechnet werden kann und für die übrigen Variablen die Werte verzerrt sind (gekennzeichnet mit „B").
   Im Regressionsmodell „Alle Regressoren" wird außerdem mit *COLLIN* noch der Test auf Kollinearität angefordert. Deshalb enthält der Output noch die „Collinearity Diagnostics". Aufmerksamkeit verdient hier der „Bedingungsindex". Er errechnet sich aus $\sqrt{maximaler\ Eigenwert\ /\ Eigenwert\_i}$.

Tab. 20.1 Sämtliche Regressoren im Modell

```
                              Die Prozedur REG

                          Abhängige Variable: kosten
              Anzahl gelesener Beobachtungen              19
              Anzahl verwendeter Beobachtungen            19

                              Varianzanalyse
                              Summe der     Mittleres
        Quelle            DF    Quadrate      Quadrat    F-Statistik   Pr > F
        Modell            4    7936736489   1984184122       52.31    <.0001
        Error            14     531038650     37931332
        Corrected Total  18    8467775139

                 Root MSE            6158.84178   R-Quadrat    0.9373
                 Dependent Mean          35293   Adj R-Sq     0.9194
                 Coeff Var            17.45040
```

NOTE: Model is not full rank. Least-squares solutions for the parameters are not unique. Some
      statistics will be misleading. A reported DF of 0 or B means that the estimate is biased.
NOTE: The following parameters have been set to 0, since the variables are a linear combination
      of other variables as shown.
                  insges =   rinder + kaelber + schweine + schafe

```
                           Parameter Estimates
                          Parameter-     Standard-
        Variable    DF     schätzer        fehler    t-Wert   Pr > |t|
        Intercept   1     2288.42458    3387.37222     0.68     0.5103
        rinder      B        3.21552       0.42215     7.62    <.0001
        kaelber     B        1.61315       0.85168     1.89     0.0791
        schweine    B        0.81485       0.47074     1.73     0.1054
        schafe      B        0.80258       0.18982     4.23     0.0008
        insges      0           0             .         .        .
```

```
                       Collinearity Diagnostics
                                          Bedingungs-
              Nummer      Eigenwert           index
                 1         4.74842         1.00000
                 2         0.63747         2.72925
                 3         0.36053         3.62916
                 4         0.15883         5.46770
                 5         0.09475         7.07934
                 6         1E-12        2179087
```

Beispiel: Der Index für die Nr. 2 ergibt sich aus $\sqrt{4,74842 / 0,63747} = 2,72925$. Werte über 30 gelten nach Krämer et al. (2008) als vorliegende (Multi-)Kollinearität. Bei Nr. 6 (*insges*) ist dieser Grenzwert weit überschritten. (Anmerkung: „Eigenwert" ist ein Begriff aus der Matrizenrechnung und wird bei Sachs und Hedderich (2009) kurz erläutert).

Die Schlussfolgerung aus diesem Modellansatz ist, dass die Variable *insges* (Summe aller Tiere) auf keinen Fall verwendet werden darf, wenn die Einzelvieharten in die Berechnung eingehen sollen. Es ist damit aber noch nicht geklärt, ob auch alle Vieharten zur Erklärung der Auktionskosten einen signifikanten Beitrag leisten können. Hierzu müssen die Variablen noch näher untersucht werden.

Mit dem als „vorwaerts" benannten nächsten Regressionsmodell wird nun geprüft, welchen Beitrag die Variablen *rinder, kaelber, schweine* und *schafe* zur Erklärung der

Vermarktungskosten leisten können. Die Vorgaben sind *SELECTION=FORWARD* und *SLENTRY=0,05*, d. h. als erste Variable wird jene mit dem höchsten F-Wert in das Model aufgenommen. Erfüllt diese Variable den Wert unter $Pr > F < 0,05$, dann wird im zweiten Schritt aus den noch nicht aufgenommenen Variablen wiederum jene mit dem höchsten F-Wert aufgenommen, sofern auch hier das Kriterium $Pr > F < 0,05$ erfüllt wird. Das Verfahren wird auf diese Weise fortgesetzt bis entweder keine Variable mehr das Aufnahmekriterium erfüllt oder sämtliche verfügbaren Variablen aufgenommen werden konnten. Eine einmal ins Modell aufgenommene Variable verbleibt in diesem.

Das Ergebnis dieser „Vorwärts"-Strategie ist in Tab. 20.2 enthalten. Es ist leicht festzustellen, dass zunächst mit *rinder* die Zielgröße (*kosten*) zu 77,73 % zu erklären ist. Eine signifikante Verbesserung des Bestimmtheitsmaßes auf 89,31 wird mit der Hereinnahme von *schafe* ins Modell erreicht. Und auch *kaelber* können als drittes x-Merkmal noch einen signifikanten Beitrag (Pr > F-Wert = 0,0264) leisten, so dass B auf 92,39 % ansteigt. Das Verfahren wurde dann abgebrochen, weil das noch verfügbare Merkmal *schweine* das Aufnahmekriterium (*SLENTRY=0,05*) nicht mehr erfüllt. Somit ergibt sich – vgl. „Step 3" – folgende multiple lineare Regressionsgleichung:

$$\hat{y} = 1070,9 + 3,37 * rinder + 2,10 * kaelber + 0,93 * schafe.$$

Pro Rind fallen also 3,37 $, pro Kalb 2,10 $ und pro Schaf 0,93 $ Vermarktungskosten an. Die Fixkosten der Auktion (also die Kosten, wenn auch keine Tiere vermarktet werden) betragen 1070,9 $.

In der zusammenfassenden Statistik in Tab. 20.2 („Summary of Forward Selection") wird die Schrittfolge mit den relevanten Parametern noch einmal dargestellt. *C(p)* ist Mallows' Cp-Statistik, ein Maß für den totalen Messfehler des Modells.

In Tab. 20.3 ist das Ergebnis der „Rückwärts-Strategie" (*SELECTION=BACKWARD*) dargestellt. Das Modell beginnt mit sämtlichen vorgegebenen Regressoren und überprüft, ob sich darunter welche befinden mit einem F-Wert, dessen Pr >-Wert größer ist als der von *SLSTAY* vorgegebene Grenzwert. Ist dies der Fall, wird im Step 1 die Variable mit dem höchsten Pr > F-Wert aus dem Modell entfernt und erneut eine Varianzanalyse mit Parameterschätzung durchgeführt. Finden sich im reduzierten Modell erneut Variable mit einem den Grenzwert überschreitenden Pr > F-Wert, so wird jene mit der höchsten Überschreitung im Step 2 entfernt. Das Verfahren endet, sobald alle im Modell verbliebenen Regressoren das *SLSTAY*-Kriterium erfüllen. In unserem Fall konnte das Verfahren schon nach Step 1 abgebrochen werden, weil nur die Variable *schweine* zu entfernen war. Die gesamte Statistik von Step 1 ist auch identisch mit jener von Step 3 bei Model „vorwaerts". Unter „Summary of Backward Elimination" ist *schweine* noch einmal als Grund für die Modellreduktion aufgeführt.

Das dritte hier vorgestellte Selektionsverfahren, *STEPWISE*, ist eine Modifikation von *FORWARD*, jedoch mit dem Unterschied, dass nach jeder Neuaufnahme einer x-Variablen ins Modell überprüft wird, ob alle im Modell befindlichen Variablen noch das *SLSTAY*-Kriterium erfüllen. Es kann nämlich vorkommen, dass mit einer neuen Variablen, die

Tab. 20.2 Aufbauende Regressionsanalyse (*SELECTION = FORWARD*)

Die Prozedur REG

Abhängige Variable: kosten

Anzahl gelesener Beobachtungen	19
Anzahl verwendeter Beobachtungen	19

Forward Selection: Step 1

Variable rinder Entered: R-Square = 0.7773 and C(p) = 34.7131

Varianzanalyse

Quelle	DF	Summe der Quadrate	Mittleres Quadrat	F-Statistik	Pr > F
Modell	1	6582091806	6582091806	59.34	<.0001
Error	17	1885683333	110922549		
Corrected Total	18	8467775139			

Variable	Parameter-schätzer	Standard-fehler	Typ II SS	F-Statistik	Pr > F
Intercept	7196.50350	4375.12902	300110502	2.71	0.1184
rinder	4.56396	0.59247	6582091806	59.34	<.0001

Forward Selection: Step 2

Variable schafe Entered: R-Square = 0.8931 and C(p) = 10.8667

Varianzanalyse

Quelle	DF	Summe der Quadrate	Mittleres Quadrat	F-Statistik	Pr > F
Modell	2	7562479307	3781239653	66.83	<.0001
Error	16	905295832	56580990		
Corrected Total	18	8467775139			

Variable	Parameter-schätzer	Standard-fehler	Typ II SS	F-Statistik	Pr > F
Intercept	6580.96009	3128.25378	250406211	4.43	0.0516
rinder	3.80922	0.46036	3873906318	68.47	<.0001
schafe	0.89087	0.21402	980387501	17.33	0.0007

Forward Selection: Step 3

Variable kaelber Entered: R-Square = 0.9239 and C(p) = 5.9964

Varianzanalyse

Quelle	DF	Summe der Quadrate	Mittleres Quadrat	F-Statistik	Pr > F
Modell	3	7823080229	2607693410	60.67	<.0001
Error	15	644694910	42979661		
Corrected Total	18	8467775139			

Variable	Parameter-schätzer	Standard-fehler	Typ II SS	F-Statistik	Pr > F
Intercept	1070.88278	3527.15729	3961842	0.09	0.7656
rinder	3.36649	0.43967	2519748037	58.63	<.0001
kaelber	2.10464	0.85472	260600922	6.06	0.0264
schafe	0.92665	0.18710	1054317322	24.53	0.0002

No other variable met the 0.0500 significance level for entry into the model.

Summary of Forward Selection

Schritt	Variable eingegeben	Anzahl Var ein	Partielles R-Quadrat	Modell R-Quadrat	C(p)	F-Statistik	Pr > F
1	rinder	1	0.7773	0.7773	34.7131	59.34	<.0001
2	schafe	2	0.1158	0.8931	10.8667	17.33	0.0007
3	kaelber	3	0.0308	0.9239	5.9964	6.06	0.0264

das *SLENTRY*-Kriterium passiert, eine bereits aufgenommene Variable zum Ausschluss bringt. Das Verfahren endet, wenn sowohl die Bedingungen von *SLENTRY* als auch von *SLSTAY* erfüllt sind; es sichert somit eine besonders sorgfältige Vorgehensweise. Das Ergebnis von *STEPWISE* ist in Tab. 20.4 zusammengestellt. Es ist im gesamten Ablauf identisch mit der Version „vorwaerts" (Tab. 20.3), weil im Beispiel der Fall „Variable wieder entfernt" nicht auftritt.

Tab. 20.3 Abbauende Regressionsanalyse (*SELECTION = BACKWARD*)

```
                          Die Prozedur REG

                   Abhängige Variable:kosten
            Anzahl gelesener Beobachtungen        19
            Anzahl verwendeter Beobachtungen      19
                  Backward Elimination: Step 0
       All Variables Entered: R-Square = 0.9373 and C(p) = 5.0000
                        Varianzanalyse
                        Summe der     Mittleres
     Quelle          DF  Quadrate      Quadrat    F-Statistik  Pr > F
     Modell           4  7936736489   1984184122     52.31     <.0001
     Error           14   531038650     37931332
     Corrected Total 18  8467775139
                    Parameter-   Standard-
        Variable    schätzer     fehler    Typ II SS  F-Statistik  Pr > F
        Intercept   2288.42458  3387.37222   17311929      0.46    0.5103
        rinder         3.21552     0.42215 2200712494     58.02    <.0001
        kaelber        1.61315     0.85168  136081196      3.59    0.0791
        schweine       0.81485     0.47074  113656260      3.00    0.1054
        schafe         0.80258     0.18982  678109792     17.88    0.0008
   ---------------------------------------------------------------------
                  Backward Elimination: Step 1
      Variable schweine Removed: R-Square = 0.9239 and C(p) = 5.9964
                        Varianzanalyse
                        Summe der     Mittleres
     Quelle          DF  Quadrate      Quadrat    F-Statistik  Pr > F
     Modell           3  7823080229   2607693410     60.67     <.0001
     Error           15   644694910     42979661
     Corrected Total 18  8467775139

                          Die Prozedur REG
                       Model: rueckwaerts
                   Abhängige Variable:kosten
                  Backward Elimination: Step 1
                    Parameter-   Standard-
        Variable    schätzer     fehler    Typ II SS  F-Statistik  Pr > F
        Intercept   1070.88278  3527.15729    3961842      0.09    0.7656
        rinder         3.36649     0.43967 2519748037     58.63    <.0001
        kaelber        2.10464     0.85472  260600922      6.06    0.0264
        schafe         0.92665     0.18710 1054317322     24.53    0.0002
   ---------------------------------------------------------------------
       All variables left in the model are significant at the 0.0500 level.
                  Summary of Backward Elimination
           Variable  Anzahl  Partielles   Modell
   Schritt entfernt  Var ein R-Quadrat    R-Quadrat  C(p)   F-Statistik  Pr > F
      1    schweine     3     0.0134       0.9239   5.9964    3.00      0.1054
```

Tab. 20.4 Schrittweise aufbauende Regressionsanalyse (*SELECTION = STEPWISE*)

```
                        Die Prozedur REG
                   Abhängige Variable:kosten
           Anzahl gelesener Beobachtungen        19
           Anzahl verwendeter Beobachtungen      19
                   Stepwise Selection: Step 1
     Variable rinder Entered: R-Square = 0.7773 and C(p) = 34.7131
                         Varianzanalyse
                        Summe der      Mittleres
     Quelle            DF   Quadrate      Quadrat    F-Statistik   Pr > F
     Modell             1  6582091806   6582091806        59.34   <.0001
     Error             17  1885683333    110922549
     Corrected Total   18  8467775139
                 Parameter-    Standard-
     Variable     schätzer       fehler   Typ II SS  F-Statistik  Pr > F
     Intercept  7196.50350   4375.12902    300110502        2.71  0.1184
     rinder        4.56396      0.59247   6582091806       59.34  <.0001
```

```
                   Stepwise Selection: Step 2
     Variable schafe Entered: R-Square = 0.8931 and C(p) = 10.8667
                         Varianzanalyse
                        Summe der      Mittleres
     Quelle            DF   Quadrate      Quadrat    F-Statistik   Pr > F
     Modell             2  7562479307   3781239653        66.83   <.0001
     Error             16   905295832     56580990
     Corrected Total   18  8467775139
                        Die Prozedur REG
                      Model: schrittweise
                   Abhängige Variable:kosten
                   Stepwise Selection: Step 2
                 Parameter-    Standard-
     Variable     schätzer       fehler   Typ II SS  F-Statistik  Pr > F
     Intercept  6580.96009   3128.25378    250406211        4.43  0.0516
     rinder        3.80922      0.46036   3873906318       68.47  <.0001
     schafe        0.89087      0.21402    980387501       17.33  0.0007
```

```
                   Stepwise Selection: Step 3
     Variable kaelber Entered: R-Square = 0.9239 and C(p) = 5.9964
                         Varianzanalyse
                        Summe der      Mittleres
     Quelle            DF   Quadrate      Quadrat    F-Statistik   Pr > F
     Modell             3  7823080229   2607693410        60.67   <.0001
     Error             15   644694910     42979661
     Corrected Total   18  8467775139
                 Parameter-    Standard-
     Variable     schätzer       fehler   Typ II SS  F-Statistik  Pr > F
     Intercept  1070.88278   3527.15729      3961842        0.09  0.7656
     rinder        3.36649      0.43967   2519748037       58.63  <.0001
     kaelber       2.10464      0.85472    260600922        6.06  0.0264
     schafe        0.92665      0.18710   1054317322       24.53  0.0002
```

```
      All variables left in the model are significant at the 0.0500 level.

                      Summary of Stepwise Selection
            Variable  Variable  Anzahl   Partielles   Modell
     Schritt eingegeben entfernt Var ein R-Quadrat   R-Quadrat   C(p)   F-Statistik  Pr > F
        1    rinder              1        0.7773      0.7773    34.7131      59.34   <.0001
        2    schafe              2        0.1158      0.8931    10.8667      17.33   0.0007
        3    kaelber             3        0.0308      0.9239     5.9964       6.06   0.0264

     No other variable met the 0.0500 significance level for entry into the model.
```

Grundsätzlich können sowohl einfache lineare wie auch multiple lineare Regressionen ohne einen Achsenabstand (bei SAS als *INTERCEPT* bezeichnet) modelliert werden. In diesem Falle wird die Regressionskonstante durch den Nullpunkt gezwungen. Das macht zwar in der Versuchspraxis seltener Sinn (weil meistens auch ohne Faktoreinsatz, z. B. Düngeraufwand, die abhängige Variable, z. B. Ertrag, eine Ausprägung erfährt), im behandelten Beispiel aber durchaus in Erwägung zu ziehen ist. Man kann sich nämlich auch die Frage stellen, mit welchen Kosten pro Tier zu rechnen ist, wenn keine Tiere auf dem Auktionsmarkt verkauft werden sollten. Das Modell impliziert eine Kostenverteilung auf die Tierarten ohne einen Fixkostenanteil. Das Ergebnis dieses Modellansatzes ist in Tab. 20.5

Tab. 20.5 Schrittweise aufbauende Regressionsanalyse mit *NOINT*

```
                          Die Prozedur REG

                    Abhängige Variable:kosten
              Anzahl gelesener Beobachtungen          19
              Anzahl verwendeter Beobachtungen        19
                    Stepwise Selection: Step 1
              Variable rinder Entered: R-Square = 0.9320 and C(p) = 42.7919
NOTE: No intercept in model. R-Square is redefined.
                              Varianzanalyse
                             Summe der      Mittleres
        Quelle             DF    Quadrate       Quadrat    F-Statistik   Pr > F
        Modell              1  29948867126   29948867126      246.63    <.0001
        Error              18   2185793835    121432991
        Uncorrected Total  19  32134660961
                         Parameter-    Standard-
           Variable       schätzer      fehler    Typ II SS  F-Statistik  Pr > F
           rinder         5.37641      0.34235  29948867126     246.63   <.0001
----------------------------------------------------------------------------
                       Stepwise Selection: Step 3
              Variable kaelber Entered: R-Square = 0.9798 and C(p) = 4.7439
                NOTE: No intercept in model. R-Square is redefined.
                              Varianzanalyse
                             Summe der      Mittleres
        Quelle             DF    Quadrate       Quadrat    F-Statistik   Pr > F
        Modell              3  31486004209   10495334736      258.88    <.0001
        Error              16    648656752     40541047
        Uncorrected Total  19  32134660961
                         Parameter-    Standard-
           Variable       schätzer      fehler    Typ II SS  F-Statistik  Pr > F
           rinder         3.40218      0.41147   2771589121      68.37   <.0001
           kaelber        2.26927      0.64167    507045291      12.51    0.0027
           schafe         0.93152      0.18104   1073306403      26.47   <.0001
----------------------------------------------------------------------------
        All variables left in the model are significant at the 0.0500 level.
       No other variable met the 0.0500 significance level for entry into the model.
NOTE: No intercept in model. R-Square is redefined.

                       Summary of Stepwise Selection
            Variable    Variable   Anzahl   Partielles   Modell
Schritt    eingegeben   entfernt   Var ein  R-Quadrat   R-Quadrat   C(p)    F-Statistik  Pr > F
   1        rinder                    1       0.9320      0.9320   42.7919     246.63    <.0001
   2        schafe                    2       0.0321      0.9640   16.6140      15.15     0.0012
   3        kaelber                   3       0.0158      0.9798    4.7439      12.51     0.0027
```

protokolliert. Die Berechnung erfolgte unter den Bedingungen von Option *STEPWISE* (vgl. Tab. 20.4), nur eben mit der zusätzlichen Option NOINT. Wie leicht festzustellen ist, unterscheiden sich die Regressionskoeffizienten für *rinder, schafe* und *kaelber* nicht wesentlich vom Ansatz mit *INTERCEPT*. Dies war auch zu erwarten, da diese Regressionskomponente nur zufällig von 0 abweicht (Pr>F-Wert=0,7656), die Fixkosten also vergleichsweise unbedeutend sind.

Regressionsmodelle mit der Option *NOINT* liefern allerdings R-Quadrate (Bestimmtheitsmaße, B), die nicht mit jenen vergleichbar sind, die unter *INTERCEPT*-Bedingung zustande gekommen sind. SAS weist ausdrücklich darauf hin, indem die Zeile Note: No intercept in model. R-Square is redefined. ausgedruckt wird. Im Beispiel wird für die *NOINT*-Lösung ein *R-Square* nach Step 3 von 0,9798 angegeben. Dies ist die Folge der Neudefinition des Bestimmtheitsmaßes, das sich bekanntlich aus $B = SS_{Reg}/SS_{insg}$ ergibt. Der Nenner (SS_{insg}) setzt sich bei *NOINT*-Modellen aus $\Sigma\hat{y}^2$, sonst aber aus $\Sigma(\hat{y}-\bar{y})^2$ zusammen (Freund und Littell 1981).

Es sei noch angemerkt, dass in diesem Beispiel auch ein *NOINT*-Modell unter Mitberücksichtigung der Variable *schweine* zu vertreten ist (also auf Ein-/Ausschlusskriterien für die x-Variablen verzichtet wird), um allen potenziell zu vermarktenden Tierarten einen, wenn z. T. auch sehr geringen, Kostenanteil zuordnen zu können.

Schließlich wird in Tab. 20.6 das Ergebnis verschiedener Modellannahmentests aufgezeigt. Die Optionen *TOL* und *VIF* erzeugen die Spalten „Toleranz" bzw. „Varianzinflation". Letztere drückt den Faktor aus, mit dem der Regressionskoeffizient der Variable durch die übrigen belastet ist, d. h. die Varianz ist um diesen Faktor größer im Vergleich zu dem Fall, wenn zu den übrigen x-Variablen keinerlei Korrelation bestünde. Die Toleranzfaktoren ergeben sich aus 1/VIF, also z. B. 0,70359 = 1/1,42128. Kleine *TOL*- und *VIF*-Werte deuten auf Bestätigung der Modellvoraussetzung „keine Kollinearität" hin, ohne dass es dafür präzise Grenzwerte gibt. Dies ist – wie schon oben erwähnt – beim Bedingungsindex, der eigentliche Kollinearitätstest (erzeugt von *COLLIN*), eindeutiger: Hier gilt die Faustregel, dass bei Indexwerten >30 eine Verletzung vorliegt. Auch die anschließend von *COLLIN* noch berechneten Streuungsanteile geben über eine evtl. Kollinearität Aufschluss. Entscheidend ist der waagrechte Vergleich innerhalb einer Eigenwertzeile. Erklärt ein Eigenwert in hohem Maß die Varianz mehrerer Regressionskoeffizienten, dann besteht begründeter Verdacht auf Abhängigkeit der Variablen voneinander (Graf und Ortseifen 1995). Im Beispiel ist demnach kaum Abhängigkeit zu befürchten, denn in allen 4 Zeilen (Nr. 1–4) ist jeweils nur einem Regressor schwerpunktmäßig die Varianz (Streuungsanteil) zuzuordnen (Spalte „Intercept" hier irrelevant).

Der anschließende „Test der ersten und zweiten Momentspezifikation" – initiiert von *SPEC* – ist der sog. White-Test zur Überprüfung auf Heteroskedastizität (Krämer et al. 2008). Mit diesem Test wird der Einfluss der Regressoren auf die (quadrierten) Residuen des Modells untersucht. Die Nullhypothese ist, dass kein Zusammenhang besteht, also Homoskedastizität vorliegt. Die Nullhypothese kann nicht abgelehnt werden, wenn bei vorgegebener Irrtumswahrscheinlichkeit (z. B. α = 5 %) der *Pr>ChiSq*-Wert überschritten wird. Dies ist im Beispiel mit *Pr>ChiSq* = 0,1548 der Fall.

Tab. 20.6 Schrittweise aufbauende Regressionsanalyse mit Modellannahmentests

Die Prozedur REG

Abhängige Variable:kosten

Anzahl gelesener Beobachtungen	19
Anzahl verwendeter Beobachtungen	19

Parameter Estimates

Variable	DF	Parameter-schätzer	Standard-fehler	t-Wert	Pr > |t|	Toleranz	Varianz inflation
Intercept	1	1070.88278	3527.15729	0.30	0.7656	.	0
rinder	1	3.36649	0.43967	7.66	<.0001	0.70359	1.42128
kaelber	1	2.10464	0.85472	2.46	0.0264	0.82487	1.21232
schafe	1	0.92665	0.18710	4.95	0.0002	0.83979	1.19078

Collinearity Diagnostics

Nummer	Eigenwert	Bedingungs-index	---Streuungsanteil--- Intercept	rinder	kaelber	schafe
1	3.17743	1.00000	0.01566	0.01879	0.01452	0.03191
2	0.55616	2.39022	0.02939	0.00142	0.03708	0.81519
3	0.16073	4.44616	0.26885	0.91804	0.04189	0.12555
4	0.10567	5.48345	0.68610	0.06175	0.90651	0.02735

Model: Modellannahmentest

Abhängige Variable: kosten

Test der ersten und zweiten

Momentspezifikation

DF	Chi-Quadrat	Pr > ChiSq
9	13.18	0.1548

Durbin-Watson D	2.180
Pr < DW	0.6400
Pr > DW	0.3600
Anzahl Beobachtungen	19
1st Order Autocorrelation	-0.167

NOTE: Pr<DW is the p-value for testing positive autocorrelation, and Pr>DW is the p-value for testing negative autocorrelation.

Neben Homoskedastizität muss auch Unkorreliertheit der Modellfehler (Störgrößen) vorliegen. Man spricht auch von Autokorrelation, wenn die aufeinander folgenden Residuen korreliert sind. Eine solche verursacht fehlerhafte Varianzen, t-Tests und Konfidenzintervalle für die Parameter. SAS stellt dafür den Durbin-Watson-Test (Option DW) zur Verfügung. Wie Tab. 20.6 zeigt, beträgt die Autokorrelation nur −0,167 mit einem $Pr>DW$-Wert von 36 % (nicht signifikant, beachte *Note*-Text). Das Problem der Autokorrelation ist insbesondere bei Zeitreihen relevant.

Insgesamt ist also festzustellen, dass sämtliche Modellvoraussetzungen erfüllt sind und eine zuverlässige geschätzte Beziehung zwischen Auktionskosten und Rinder-, Schafe- und Kälberangebot vorliegt.

Weitere Hinweise

Die Prozedur REG bietet noch zahlreiche weitere Optionen, auf die hier nicht eingegangen werden kann. So ist z. B. auch das Auswahlverfahren auf Basis *RSQUARE* empfehlenswert, wenn eine Vielzahl von möglichen Regressoren vorliegt und man zunächst eine Übersicht über alle möglichen Modelle anstrebt, um abschätzen zu können, welche Kombinationen der Regressoren interessant erscheinen.

Es empfiehlt sich, die Prozedurbeschreibung mit Hilfe von *help reg* (keys-Fenster!) näher zu studieren. Dort finden sich noch zahlreiche Anregungen zur Modellspezifikation.

Es ist nochmals darauf hinzuweisen, dass *PROC REG* nicht bei faktoriellen Datenstrukturen nach Modell I eingesetzt werden kann. Hierfür steht z. B. *PROC GLM* zur Verfügung. Auf entsprechende Beispiele wird im Zusammenhang mit Varianzanalysen eingegangen. Allerdings können mit *PROC GLM* auch Regressionsmodelle nach Modell II gerechnet werden, wenngleich hier weniger Optionen (z. B. kein *SELECTION=*) verfügbar sind. Neuerdings stellt SAS mit *PROC GLMSELECT* noch eine weitere Prozedur zur Verfügung, die die (meisten) Funktionalitäten von *REG* und *GLM* beinhaltet und darüber hinaus noch Weiteres bietet (z. B. das Selektionsverfahren „LASSO").

Schließlich ist noch darauf hinzuweisen, dass im Taschenbuch von Fahrmeir et al. (2002) gerade zur Regressionsanalyse wertvolle Hinweise zu finden sind.

Polynomialregression

21

Mit Kapitel 19 wurden zwei lineare Regressionsmodelle vorgestellt: die einfache lineare und die multiple lineare Regression. Kennzeichnend für beide ist der lineare Verlauf der Beziehung zwischen der abhängigen (Ziel-)Variable und der bzw. den unabhängigen (erklärenden) Variable(n). Es gibt darüber hinaus noch „quasilineare" Regressionsmodelle, die in den Statistikbüchern oft auch unter „Nichtlineare Regression" behandelt werden, weil die Regressionsfunktion zwar wie eine lineare multiple Regression modelliert ist, im Ergebnis aber einen nichtlinearen Verlauf der Beziehung ergibt. Erreicht wird dies, indem die erklärende (x-)Variable als Polynom (verschiedenen Grades) dargestellt wird. In diesem Falle spricht man auch von einer *Polynomialregression*.

Beispielsweise wird eine Polynomialregression zweiten Grades mit der Gleichung

$$y = a + b_1 x + b_2 x^2$$

und eine dritten Grades mit

$$y = a + b_1 x + b_2 x^2 + b_3 x^3$$

beschrieben. Den ersten Fall bezeichnet man auch als quadratische, den zweiten als kubische Regression.

Derartige Regressionsfunktionen trifft man gerade bei Input-Output-Beziehungen fast regelmäßig an, z. B. bei der Abhängigkeit des Ertrages (y) vom Düngeraufwand (x), aber auch bei der Beschreibung nichtbiologischer Prozesse (z. B. Bremsweg und Geschwindigkeit (s. Dufner et al. 1992) oder Witterungsparameter im Jahresablauf). Oft erklärt schon ein quadratisches Regressionsmodell die Beziehung zutreffend. Piepho (schriftliche Mit-

Zusätzliche Information ist in der Online-Version dieses Kapitels (doi:10.1007/978-3-642-54506-1_21) enthalten.

© Springer-Verlag Berlin Heidelberg 2015
M. Munzert, *Landwirtschaftliche und gartenbauliche Versuche mit SAS,*
Springer-Lehrbuch, DOI 10.1007/978-3-642-54506-1_21

teilung) empfiehlt, maximal bis zu einem Polynom dritten Grades zu gehen und ggf. dann bei noch vorliegendem Anpassungsmangel eine „echte" nichtlineare Regression (z. B. mit *PROC NLIN*) vorzuziehen (deren Spezifikation allerdings schwieriger ist). Ausnahmen bestätigen aber die Regel, wie das folgende Beispiel aus Freund und Littell (1981) zeigt, dem ein Polynom vierten Grades gut angepasst werden kann.

Polynomialregressionen kann man sowohl mit *PROC REG* als auch mit *PROC GLM* lösen. Für das Beispiel wird **PROC GLM** verwendet, weil hier der Programmieraufwand am geringsten ist und außerdem offensichtlich wird, dass auch polynomiale Regressionen wie Varianzanalysen zur Klasse der generellen linearen Modelle gehören. Zusätzlich werden zur Veranschaulichung **PROC SGSCATTER** und die Grafik-Funktionalität von **ODS** (output delivery system) ins Programm aufgenommen.

Programm

Mit *DATA a* werden die Monate (Merkmal *m*) und der monatliche Umsatz (Merkmal *umsatz*) erfasst. *PROC SGSCATTER* plottet die Daten, um einen ersten Eindruck von deren Streuung zu erhalten. Von den fünf *GLM*-Modellen darf immer nur eines aktiviert sein (ohne *). Da sich herausstellen wird, dass das Polynom 4. Grades den Daten am besten gerecht wird, befindet sich im obigen Programm diese Zeile im Aktiv-Modus. Die Option *P* sorgt für die Auflistung der beobachteten und geschätzten Umsatzwerte sowie der Differenz (Residuum) von beiden. Die inaktivierte Zeile *OUTPUT OUT = b...* wird nur benötigt, wenn noch eine unter „Weitere Hinweise" beschriebene Zusatzauswertung gewünscht wird. *PROC GLM* ist umrahmt von zwei *ODS*-Befehlen, um eine Regressionsgrafik aufgrund des gewählten Modells zu erhalten.

```
DATA a;
TITLE 'Umsatz eines Jahres';
INPUT m umsatz @@;
DATALINES;
1 1915 2 1876 3 2050 4 2119 5 2251 6 2224 7 2215 8 2178 9 2131
10 2261 11 2170 12 2772
;
PROC SGSCATTER DATA=a;
FOOTNOTE JUSTIFY=LEFT "Abb. 9.1: Umsatz eines Jahres";
PLOT umsatz*m;
RUN;
ODS GRAPHICS ON;
PROC GLM DATA=a; /* Immer nur 1 MODEL-Zeile zulassen! */
*MODEL umsatz=m/P;
*MODEL umsatz=m m*m/P;
*MODEL umsatz=m m*m m*m*m/P;
MODEL umsatz=m m*m m*m*m m*m*m*m/P; /* Die beste Lösung! */
*MODEL umsatz=m m*m m*m*m m*m*m*m m*m*m*m*m/P;
*OUTPUT OUT = b PREDICTED=p_umsatz RESIDUAL=r_umsatz;
RUN;
ODS GRAPHICS OFF;
QUIT;
```

Ausgabe

Die Abb. 21.1 zeigt den Plot von *PROC SGSCATTER*. Es stellt sich die Frage, ob diese nichtlineare Umsatzentwicklung mit einer Polynomialregression geschätzt werden kann. Dazu kann man nun schrittweise die bei *PROC GLM* vorgesehenen *MODEL*-Varianten testen.

In Tab. 21.1 ist die Güte der Modelle anhand der Überschreitungswahrscheinlichkeiten (Pr>F) und des Bestimmtheitsmaßes (R-Quadrat) zusammengestellt. Man beachte, dass die Pr>F-Werte das Ergebnis des Varianztyps I SS beschreiben (s. Kapitel 4). Der Output enthält auch die Ergebnisse des Typs III SS, die hier aber nicht von Interesse sind, weil nur

Tab. 21.1 Übersicht zu den fünf Regressionsmodellen

Modell	Pr>F[a]	R-Quadrat	Modell	Pr>F[a]	R-Quadrat
m	0,0046	0,568	m	0,0002	
m	0,0070		m*m	0,4161	
m*m	0,6934	0,576	m*m*m	0,0031	
			m*m*m*m	0,0073	0,927
m	0,0010		m	0,0005	
m*m	0,6077		m*m	0,4486	
m*m*m	0,0255	0,781	m*m*m	0,0060	
			m*m*m*m	0,0128	
			m*m*m*m*m	0,7055	0,929

[a] gemäß Typ I SS

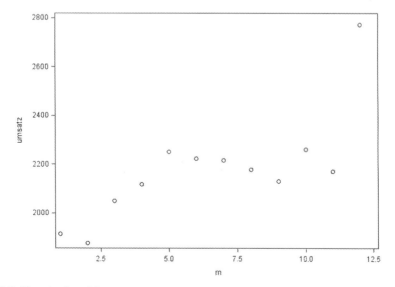

Abb 21.1 Umsatz eines Jahres

Typ I SS aufzeigt, ob die Hereinnahme eines weiteren Terms einen signifikanten Beitrag zum Modell liefert.

Das optimale polynomiale Regressionsmodell liegt dann vor, wenn der Term höchsten Grades noch signifikant (Pr>F<0,05 oder zumindest <0,10) ausfällt und für einen zusätzlichen Term dies nicht mehr zutrifft. In diesem Falle ist dann auch der Anstieg von R^2 signifikant. Ein einzelner nicht mehr signifikanter Term niedrigeren Grades darf aber nicht mehr aus der Gleichung entfernt werden.

Unter diesen Bedingungen ist Tab. 21.1 wie folgt zu interpretieren:

- Die Modelle umsatz=*m*, *umsatz = m m*m* und *umsatz = m m*m m*m*m* scheiden aus, weil *umsatz = m m*m m*m*m m*m*m*m* auch mit *m* in der 4. Potenz einen hochsignifikanten Beitrag zur Erklärung der Umsatzentwicklung zu leisten vermag.
- Mit der Hereinnahme einer 5. Potenz von *m* „kippt" das Modell; die Komponente ist nicht mehr signifikant (Pr>F=0,7055) und der Anstieg des Bestimmtheitsmaßes von 0,927 auf 0,929 ist damit ebenfalls nicht signifikant.
- Die beste Anpassung an die beobachteten Daten wird somit mit dem Modell

$$umsatz = a + b_1 * m + b_2 * m^2 + b_3 * m^3 + b_4 * m^4$$

erreicht. Mit einem Bestimmtheitsmaß von 0,927 erklärt das Modell die Umsatzentwicklung des Jahres sehr gut.

Tab. 21.2 Varianzanalyse und Parameterschätzer zur Polynomialregression 4. Grades

```
                            Umsatz eines Jahres

                             Die Prozedur GLM

Abhängige Variable: umsatz
            R-Quadrat        Koeff.var      Wurzel MSE     umsatz Mittelwert
            0.926787         3.482006        75.91354          2180.167
                                            Mittleres
        Quelle      DF        Typ I SS        Quadrat     F-Statistik    Pr > F
        m           1      313073.2937     313073.2937        54.33      0.0002
        m*m         1        4303.7046       4303.7046         0.75      0.4161
        m*m*m       1      112991.0497     112991.0497        19.61      0.0031
        m*m*m*m     1       80285.5564      80285.5564        13.93      0.0073

                                            Mittleres
        Quelle      DF       Typ III SS       Quadrat     F-Statistik    Pr > F
        m           1       14180.06074     14180.06074        2.46      0.1607
        m*m         1       38464.93428     38464.93428        6.67      0.0363
        m*m*m       1       60035.86484     60035.86484       10.42      0.0145
        m*m*m*m     1       80285.55644     80285.55644       13.93      0.0073

        Parameter          Schätzwert      Standardfehler    t-Wert    Pr > |t|
        Konstante         2080.444444       198.1493451       10.50     <.0001
        m                 -302.214679       192.6618696       -1.57      0.1607
        m*m                147.363005        57.0394374        2.58      0.0363
        m*m*m              -20.888080         6.4716108       -3.23      0.0145
        m*m*m*m              0.923514         0.2474253        3.73      0.0073
```

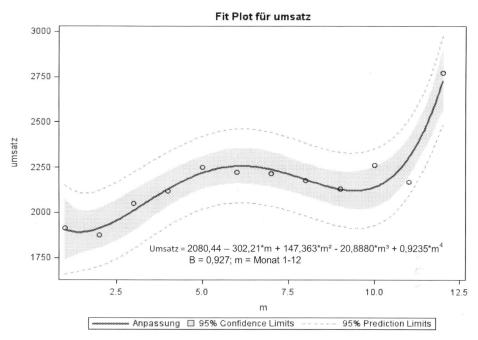

Abb. 21.2 Trend der monatlichen (m) Verkaufserlöse (umsatz) eines Marktes

In Tab. 21.2 ist die Polynomialregression 4. Grades noch etwas näher beschrieben. Im unteren Zahlenblock befinden sich die ermittelten Regressionsparameter, so dass die Gleichung lautet:

$$umsatz = 2080,44 - 302,21*m + 147,363*m^2 - 20,8880*m^3 + 0,9235*m^4$$

Da Typ III SS adjustierte Summenquadrate liefert, entsprechen die Pr > F-Werte den Pr > |t|-Werten der Regressionskoeffizienten, da auch diese unabhängige Schätzer sind.

Im Programm wurde auch die dazugehörige Regressionsgrafik angefordert (Abb. 21.2). Wie das hohe Bestimmtheitsmaß schon angekündigt hat, liegen die Beobachtungspunkte sehr nahe an der Regressionskurve. „95 % Confidence Limits" beschreibt den Vertrauensbereich der Regressionskurve ($\alpha = 5$ %) und „95 % Prediction Limits" jenen für die Einzelwerte; letztere liegen alle innerhalb dieser Irrtumswahrscheinlichkeit von 5 %.

Weitere Hinweise

Es wurde bewusst ein extremes Beispiel für Polynomialregressionen gewählt, um die Vorgehensweise bei der Ermittlung des besten Modells gut aufzeigen zu können. In der landwirtschaftlich-gartenbaulichen Versuchspraxis liegen meistens nur quadratische, schon seltener kubische Regressionen vor, die geringeren Rechen- und Prüfungsaufwand erfordern.

Man kann auch noch einen Residuen-Plot erzeugen, indem in *PROC GLM* die Zeile *OUTPUT OUT = b...* aktiviert wird (* entfernen) und nach der Zeile *ODS GRAPHICS OFF* die folgenden vier Zeilen noch eingefügt werden:

```
PROC PLOT DATA=b;
FOOTNOTE 'Residuenanalyse';
PLOT r_umsatz*p_umsatz=m;
RUN;
```

Die Grafik zeigt, dass die Schätzwerte für den Umsatz (*p*_umsatz) von den beobachteten Werten nicht sehr abweichen, weil die Residuen (*r_umsatz*) allgemein nahe bei Null liegen.

Bei Sachs und Hedderich (2009) wird gezeigt, wie mittels linearisierender Transformationen der Variablen y (Zielwert) und x (Regressor) weitere nichtlineare Funktionen (z. B. Exponentialfunktion, Hyperbel, Maximafunktion) berechnet und dargestellt werden können.

Robuste Regression

22

Regressionsanalysen reagieren empfindlich auf Verletzungen der ihnen zugrunde liegenden Verteilungsannahmen, insbesondere auf Ausreißer im Datensatz. Da jede Beobachtung mit dem gleichen Gewicht in die Berechnung eingeht, können solche falschen Werte
die Regressionsgleichung erheblich verzerren (s. Kapitel 13). Das Identifizieren und Eliminieren von Ausreißern kann in bestimmten Situationen, insbesondere bei großen Datensätzen mit mehreren Variablen, schwierig bis unmöglich sein. In solchen Fällen empfiehlt
sich eine *robuste Regressionsanalyse*, bei der der Einfluss von Ausreißern weitgehend
ausgeschaltet wird und somit unverzerrte Regressionsparameter erzielt werden.

SAS stellt dafür die Prozedur **ROBUSTREG** zur Verfügung, wobei vier verschiedene
Auswertungsmethoden angeboten werden:

- M-Schätzung: Sie wird am meisten angewandt, ist jedoch nur dann wirklich robust (wirk-
  sam), wenn hauptsächlich die y-Variable (Regressand) von Ausreißern kontaminiert ist.
- LTS-Schätzung (least trimmed squares): Befinden sich die Ausreißer vorwiegend unter
  den x-Variablen (Regressoren), ist diese Methode vorzuziehen.
- S-Schätzung: Arbeitet ähnlich wie die LTS-Methode, jedoch mit einer höheren statistischen Effizienz.
- MM-Schätzung: Die Methode hat ähnliche (günstige) Eigenschaften wie die LTS- und
  S-Schätzung, verwendet aber auch Algorithmen von der M-Schätzung. (Literaturhin-
  weise siehe Prozedurbeschreibung bei SAS).

Mit dem folgenden Beispiel, das Dufner et al. 2002, S. 349, entnommen wurde, werden
die vier Schätzmethoden vorgestellt, um aufzuzeigen, dass die Wahl der Methode für das
Ergebnis u. U. von erheblicher Bedeutung sein kann. Der Datensatz wurde von den Autoren nur für eine übliche multiple Regression verwendet, allerdings mit dem ausdrück-

---

Zusätzliche Information ist in der Online-Version dieses Kapitels (doi:10.1007/978-3-642-54506-1_22)
enthalten.

© Springer-Verlag Berlin Heidelberg 2015
M. Munzert, *Landwirtschaftliche und gartenbauliche Versuche mit SAS*,
Springer-Lehrbuch, DOI 10.1007/978-3-642-54506-1_22

lichen Hinweis, dass es sich bei der Beobachtung Nr. 16 um einen Ausreißer handelt. Es wird nun gezeigt, dass mit *PROC ROBUSTREG* dieses Ausreißerproblem zu lösen ist.

Programm

```
DATA a;
TITLE1 'Robuste Regression, Daten aus Dufner et al. 2002, S. 349';
INPUT nr$ x1 x2 x3 y @@;
DATALINES;
1 0.4 53 158 64   2 12.6 58 112 51   3 0.4 23 163 60
4 10.9 37 111 76   5 3.1 19 37 71   6 23.1 46 114 96
7 0.6 34 157 61   8 23.1 50 134 77   9 4.7 24 59 54
10 21.6 44 73 93   11 1.7 65 123 77   12 23.1 56 168 95
13 9.4 44 46 81   14 1.9 36 143 54   15 10.1 31 117 93
16 26.8 58 202 168   17 11.6 29 173 93   18 29.9 51 124 99
RUN;
PROC REG DATA=a;
TITLE2 'Verrechnet als parametrische Regression, alle Daten';
MODEL y = x1 x2 x3/R;
ID nr;
RUN;
DATA b;
SET a;
IF nr = 16 THEN DELETE;
RUN;
PROC REG DATA=b;
TITLE2 'Verrechnet als parametrische Regression, ohne Beob. 16';
MODEL y = x1 x2 x3/R;
ID nr;
RUN;
PROC ROBUSTREG DATA=a METHOD=M FWLS;
TITLE2 'Verrechnet als robuste Regression, M-Methode, alle Daten';
MODEL y=x1 x2 x3/DIAGNOSTICS LEVERAGE;
ID nr;
RUN;
PROC ROBUSTREG DATA=a METHOD=MM FWLS;
TITLE2 'Verrechnet als robuste Regression, MM-Methode, alle Daten';
MODEL y=x1 x2 x3/DIAGNOSTICS LEVERAGE;
ID nr;
RUN;
PROC ROBUSTREG DATA=a METHOD=LTS FWLS;
TITLE2 'Verrechnet als robuste Regression, LTS-Methode, alle Daten';
MODEL y=x1 x2 x3/DIAGNOSTICS LEVERAGE;
ID nr;
RUN;
PROC ROBUSTREG DATA=a METHOD=S FWLS;
TITLE2 'Verrechnet als robuste Regression, S-Methode, alle Daten';
MODEL y=x1 x2 x3/DIAGNOSTICS LEVERAGE;
ID nr;
RUN;
PROC REG DATA=a;
TITLE2 'Verrechnet als einfache parametrische Regression, alle Daten';
MODEL y = x1/R;
RUN;
PROC REG DATA=b;
TITLE2 'Verrechnet als einfache parametrische Regression, ohne Beob.
16';
MODEL y = x1/R;
RUN;
PROC ROBUSTREG DATA=a METHOD=LTS FWLS;
TITLE2 'Verrechnet als einfache robuste Regression, LTS-Methode, alle
Daten';
MODEL y=x1/DIAGNOSTICS LEVERAGE;
RUN;
PROC ROBUSTREG DATA=a METHOD=S FWLS;
TITLE2 'Verrechnet als einfache robuste Regression, S-Methode, alle Da-
ten';
MODEL y=x1/DIAGNOSTICS LEVERAGE;
RUN;
QUIT;
```

Bei *DATA a* werden fünf Merkmale mit 18 Beobachtungen eingelesen; *nr$* wird nur zur besseren Erkennung der 18 Fälle benutzt und könnte als *ID*-Variable auch weggelassen werden. Die Variable *y* wird in den folgenden Regressionsmodellen stets als Zielgröße (Regressand) verwendet, während x_1, x_2 und x_3 als unabhängige Variable (Regressoren, Kovariable) fungieren. Es folgt mit *PROC REG* die übliche (parametrische) Regressionsanalyse, wobei mit der Option *R* der *Cooksche-D-Wert* zur Ausreißererkennung angefordert wird. Es wird dann ein zweiter Datensatz (*DATA b*) ohne die Beobachtung Nr. 16 gebildet, der ebenfalls mit *PROC REG* verrechnet wird. Anschließend wird viermal *PROC ROBUSTREG* mit dem Datensatz *a* aufgerufen mit jeweils einer der oben genannten Schätzmethoden. Die Option *FWLS* stellt sicher, dass nach Entfernen der erkannten Ausreißer die korrigierte Regressionsgleichung berechnet wird (final weighted least squares estimates). In der jeweiligen *MODEL*-Zeile sind nach dem Schrägstrich zwei Optionen aufgeführt, die folgende Bedeutung haben:

DIAGNOSTICS: Liefert eine Tabelle zur Ausreißer-Diagnose.

LEVERAGE: Ergänzt *DIAGNOSTICS* mit einer Einflussstatistik für die x-Variablen, d. h. es wird die „Hebelwirkung" (Leverage) einer Beobachtung von x-Variablen auf den Verlauf der Regressionslinie überprüft. Näheres siehe Erläuterungen zu den Outputs.

Wie sämtliche Analysen zeigen werden, liefern die Variablen x_2 und x_3 keinen signifikanten Beitrag zur Erklärung von y. Deshalb folgen im Programm noch eine einfache parametrische und zwei robuste Regressionen auf der Basis von $y = x_1$, das eigentliche korrekte Lösungsmodell.

Ausgabe

Bevor Ausschnitte von den Outputs gezeigt und kommentiert werden, erfolgt mit Tab. 22.1 ein Gesamtüberblick über die wesentlichen Ergebnisse der verschiedenen Schätzmethoden.

In der ersten Tabellenzeile ist das Ergebnis der parametrischen Regression mit Datensatz *a* (alle 18 Beobachtungen) dargestellt. Die Cooks-D-Statistik weist die Beobachtung Nr. 16 als Ausreißer aus (weil Cooks D = 1,026 > 1). Damit besteht der Verdacht, dass die Schätzparameter der Regressionsgleichung verzerrt sind. Dies bestätigt auch die Verrechnung des Datensatzes *b* (also ohne Werte von Beobachtung 16) mit *PROC REG*; sowohl *Intercept* (Regressionskonstante) als auch die Regressionskoeffizienten unterscheiden sich deutlich.

Von robusten Auswertungsmethoden wird nun erwartet, dass sie ein zumindest ähnliches Ergebnis wie mit dem von Ausreißern bereinigten und parametrisch verrechneten Datensatz liefern (Kursivdruck in der Tab. 22.1). Mit den Schätzmethoden MM, LTS und S werden in der Tat exakt die gleichen Regressionsparameter geschätzt und auch deren Überschreitungswahrscheinlichkeiten (Pr-Werte) unterscheiden sich zum parametrischen Modell nur marginal. Die übereinstimmenden Regressionsgleichungen ergeben sich aufgrund der Option *FWLS*, da alle drei Schätzmethoden den Ausreißer erkennen, diesen eliminieren und dann analog zu *PROC REG* die endgültige Gleichung auf Basis einer

Tab. 22.1 Übersicht zu den Ergebnissen der verschiedenen Schätzmethoden

Prozedur	Regressions-gleichung	Pr der Regressoren Interc. x_1 x_2 x_3	B	Bemerkungen
REG, alle 18 Beob	$y = 43,65 + 1,785x_1$ $- 0,083x_2 + 0,161x_3$	0,030 0,005 0,845 0,171	0,549	Beob. 16=Ausreißer (Cooks D!)
REG, 17 Beob. (ohne 16)	*$y = 64,44 + 1,301x_1$ $- 0,130x_2 + 0,023x_3$*	*<0,00 0,003 0,631 0,772*	*0,529*	*keine Ausreißer*
ROBUSTREG Method=M	Methode nicht geeignet; beachte Hinweis im Log-Fenster			
ROBUSTREG Method=MM	$y = 64,44 + 1,301x_1$ $- 0,130x_2 + 0,023x_3$	<0,00 0,000 0,623 0,767	0,399	Beob. 16=Ausreißer; große Deviance
ROBUSTREG Method=LTS	$y = 64,44 + 1,301x_1$ $- 0,130x_2 + 0,023x_3$	<0,00 0,000 0,623 0,767	0,775	Beob. 16=Ausreißer
ROBUSTREG Method=S	$y = 64,44 + 1,301x_1$ $- 0,130x_2 + 0,023x_3$	<0,00 0,000 0,623 0,767	0,522	Beob. 16=Ausreißer; geringe Deviance
REG, alle 18 Beob., nur x1	$y = 59,26 + 1,843x_1$	<0,00 0,001 - -	0,481	Beob. 16=Ausreißer (Cooks D!)
REG, ohne Beob. 16, nur x1	$y = 62,57 + 1,229x_1$	<0,00 0,001 - -	0,519	keine Ausreißer
ROBUSTREG Method=LTS, nur x1	$y = 62,57 + 1,229x_1$	<0,00 <0,00 - -	0,690	Beob. 16=Ausreißer
ROBUSTREG Method=S, nur x1	$Y = 62,57 + 1,229x_1$	<0,00 <0,00 - -	0,568	Beob. 16=Ausreißer

Kleinst-Quadrat-Schätzung berechnen. Unterschiede bestehen aber beim Bestimmtheitsmaß (R-Square).

Method = M

Im Log-Fenster erscheint folgende Warnmeldung:

WARNING: The data set contains one or more high leverage points, for which M estimation is not robust. It is recommended to use METHOD=LTS or METHOD=MM for this data set.

Die Methode ist also für diesen Datensatz nicht geeignet, weil im x-Variablenraum Werte erkannt wurden mit einem erheblichen Einfluss auf die Regression (*leverage points*); die M-Methode ist aber in diesem Falle nicht robust. „Nicht robust" bedeutet, dass die Schätzparameter der Regression nach wie vor verzerrt sind. Die M-Methode sollte nur verwendet werden, wenn sich die Ausreißer auf die y-Variable beschränken. Auf den Output dieser Schätzmethode wird daher zunächst nicht näher eingegangen.

Method = MM

Die Methode verfügt über einen hohen Bruchpunkt und ist effizient. „Bruchpunkt" ist jener Anteil an Ausreißern, ab dem die Methode nicht mehr robust ist, also verzerrte Schätzwerte entstehen; er wird im Output angegeben (Breakdown-Wert). Die „Effizienz" der MM-Schätzung beträgt grundsätzlich 85 % im Vergleich zur Gaußschen Normalverteilung und wird ebenfalls ausgewiesen. Die Schätzung erfolgt in drei Schritten, wobei im ersten Schritt eine LTS-Schätzung (Voreinstellung), wahlweise auch eine S-Schätzung, durchgeführt wird (s. unten). Die Schritte zwei und drei übernehmen z. T. Algorithmen von der M-Schätzung.

Die wesentlichen Ergebnisse der MM-Schätzung sind in Tab. 22.2 zusammengefasst. Zunächst listet die *Beschreibende Statistik* das 25 %- (Q1), 50 %- (Median) und 75 %-(Q3)-Quantil sowie den Mittelwert und die Standardabweichung der Variablen auf. Aufgeführt ist noch *MAD*, die standardisierte mediane (absolute) Abweichung. Differieren *Standardabweichung* und *MAD* stärker, weist dies auf das Vorhandensein extremer Werte in diesen Variablen hin. Es folgen die Profile der LTS-Schätzung und der weiteren MM-Schritte. Von den 18 Beobachtungswerten gehen 14 unverändert in die Schätzung ein (minimierte Quadrate) und 27,78 %, also vier Fälle, könnten maximal als Ausreißer „verkraftet" werden (höchstmöglicher Breakdown-Wert). Die X^2-Schätzung beruht auf der (biquadratischen) Funktion von Tukey (Voreinstellung) mit einem sog. K1-Wert von 3,44, der mit einer Effizienz von 0,85 korrespondiert, d. h. beide Werte sichern einen Bruchpunkt von 25 % und eine Effizienz gegenüber normalverteilten Daten von 85 %. Möglich ist auch die X^2-Funktion nach Yohai mit ähnlichen Eigenschaften.

Die anschließende *Diagnose* einschließlich *Diagnoseübersicht* gibt nähere Auskunft über die vier auffälligen Beobachtungen. Entscheidend sind die Spalten *Robuste MCD-Distanz* und *Standardisiertes robustes Residuum*. *MCD*-Distanz (minimum covariance determinant) mit einem Wert > 3,0575 (*Cutoff!*), aber gleichzeitig mit einem robusten Residuum < 3,0000 sind Leverage-Punkte; sie haben zwar eine „Hebelwirkung" auf die Regression, ohne jedoch Ausreißer zu sein. Überschreitet das standardisierte robuste Residuum den *Cutoff* von 3,0000, liegt ein Ausreißer vor; dies ist bei Beobachtung Nr. 16 der Fall. Die Voreinstellungen für die Cutoffs für *Leverage* und *Outlier* sind $\alpha = 0{,}025$ (hier adäquat zu MCD = 3,0575) bzw. 3,000 und können in der *Model*-Zeile verändert werden.

Goodness-of-Fit gibt einen Überblick über die Güte der Schätzung. Von besonderem Interesse sind *R-Square* (Bestimmtheitsmaß) und *Deviance*. In beiden Fällen handelt es sich um die robusten Versionen der MM-Schätzung. Das Bestimmtheitsmaß fällt mit 0,399 geringer als bei der ausreißerbereinigten parametrischen Regression (B = 0,529) aus. Der Grund ist die große Abweichung des MM-Schätzers vom vollen Modell (*Deviance = 3064,395*). AICR (Akaike-Informationskriterium für die robuste Regression) und BICR (Schwarz-Informationskriterium für die robuste Regression) sind keine unmittelbaren Testgrößen (wie z. B. ein F- oder t-Wert), sondern bewerten die Modellwahl, falls die Anzahl der Regressoren geändert wird; das Modell mit dem kleineren Wert wäre dann das bessere. Da in diesem Beispiel nur ein Modell mit drei Regressoren gerechnet wird, sind beide Werte nicht relevant.

Zum Schluss werden aufgrund der Option *FWLS* die endgültigen gewichteten Schätzwerte der Regression mit ihren Konfidenzgrenzen und Teststatistik (*Chi-Quadrat,*

Tab. 22.2 Robuste Regressionsanalyse: MM-Schätzung

Die Prozedur ROBUSTREG

Beschreibende Statistiken

Variable	Q1	Median	Q3	Mittelwert	Standard-abweichung	MAD
x1	1.9000	10.5000	23.1000	11.9444	10.1546	13.8623
x2	31.0000	44.0000	53.0000	42.1111	13.6248	16.3086
x3	111.0	123.5	158.0	123.0	45.7435	50.4085
y	61.0000	77.0000	93.0000	81.2778	26.9963	23.7216

Profil für Ausgangs-LTS-Schätzwert

Gesamtzahl der Beobachtungen	18
Anzahl minimierte Quadrate	14
Höchstmöglicher Breakdownwert	0.2778

MM-Profil

Chi-Funktion	Tukey
K1	3.4400
Effizienz	0.8500

Diagnose

Beobachtung	nr	Mahalanobis-Distanz	Robuste MCD-Distanz	Leverage	Standardisiertes robustes Residuum	Ausreißer
1	1	1.9551	4.4802	*	0.0826	
2	2	1.4337	3.3800	*	-1.5325	
11	11	2.6776	6.3128	*	0.8117	
16	16	2.1153	1.9425		4.1378	*

Diagnoseübersicht

Beobachtungstyp	Proportion	Cutoff
Outlier	0.0556	3.0000
Leverage	0.1667	3.0575

Goodness-of-Fit

Statistik	Wert
R-Square	0.3990
AICR	13.0926
BICR	21.8944
Deviance	3064.395

Parameterschätzwerte für endgültige gewichtete Kleinste-Quadrate-Anpassung

Parameter	DF	Schätzwert	Standardfehler	95% Konfidenzgrenzen		Chi-Quadrat	Pr > ChiSq
Intercept	1	64.4401	12.2647	40.4017	88.4785	27.61	<.0001
x1	1	1.3014	0.3565	0.6027	2.0002	13.32	0.0003
x2	1	-0.1303	0.2652	-0.6502	0.3895	0.24	0.6231
x3	1	0.0228	0.0768	-0.1278	0.1733	0.09	0.7668

Tab. 22.3 Robuste Regressionsanalyse: LTS-Schätzung

Die Prozedur ROBUSTREG

R-Quadrat für LTS   -Schätzung
R-Square   0.7746

Parameterschätzwerte für endgültige gewichtete Kleinste-Quadrate -Anpassung

Parameter	DF	Schätzwert	Standardfehler	95% Konfidenzgrenzen		Chi-Quadrat	Pr > ChiSq
Intercept	1	64.4401	12.2647	40.4017	88.4785	27.61	<.0001
x1	1	1.3014	0.3565	0.6027	2.0002	13.32	0.0003
x2	1	-0.1303	0.2652	0.6502	0.3895	0.24	0.6231
x3	1	0.0228	0.0768	-0.1278	0.1733	0.09	0.7668

Pr>Chisq) ausgewiesen. Man beachte, dass die Parameterwerte exakt mit jenen der parametrischen Regression (2. Zeile in obiger Übersichtstabelle) übereinstimmen und auch die X^2-Statistik bestätigt, dass nur *Intercept* und *x1* signifikant von null abweichen.

METHOD = LTS

Die Methode liefert über weite Strecken gleiche Ergebnisse wie die MM-Methode, da letztere als Grundeinstellung die LTS-Schätzung (*least trimmed squares)* benutzt. Der Output unterscheidet sich daher nur hinsichtlich der spezifischen Parameterschätzwerte (in Tab. 22.2 nicht dargestellt) und im Bestimmtheitsmaß (*R-Square).* Letzteres beträgt, wie Tab. 22.3 zeigt, 0,7746. Dieser höhere Wert entsteht – trotz gleicher Regressionsparameter – weil bei der Berechnung des robusten B die Beobachtungen umso weniger ins Gewicht fallen, je weiter sie von der Regressionslinie entfernt liegen. Bei der MM-Schätzung ist *R-square* anders definiert und eigentlich nicht vergleichbar.

Method = S

Die S-Schätzmethode unterscheidet sich ebenfalls nicht wesentlich von der LTS- bzw. MM-Methode. Wie der Tab. 22.4 zu entnehmen ist, beträgt der Bruchpunkt der Methode aufgrund des voreingestellten *K0*-Wertes (der über die *EFF*-Option veränderbar ist) 25 %. Auch die Effizienz von 75,9 % ist eine Folge des *K0*-Wertes. Die *Diagnose*-Ergebnisse sind bezüglich der *Robusten MCD-Distanz* völlig identisch mit jenen der LTS-Schätzung und hinsichtlich des *Standardisierten robusten Residuums* nur unwesentlich verändert, sodass es zu den gleichen Fällen von *Leverage* und *Ausreißern* wie bei der LTS- bzw. MM-Schätzung kommt. Bei der weiteren Statistik in Tab. 22.4 führt nur *Goodness-of-Fit* (Güte der Schätzung) zu abweichenden Ergebnissen: *R-Square* (Bestimmtheitsmaß, B) beträgt 0,522 und *Deviance* (nur) 245,0998. Das nahezu identische B zur ausreißerfreien parametrischen Regression (s. Übersichtstabelle oben) erklärt die zur MM-Schätzung vergleichsweise geringe Devianz.

Die wesentliche Erkenntnis aus dieser robusten Schätzmethode ist, dass mit ihr eine robuste Regressionsanalyse gelingt, die eine Regressionsgleichung mit einem Bestimmtheits-

Tab. 22.4 Robuste Regressionsanalyse: S-Schätzung

Die Prozedur ROBUSTREG

S - Profil

Gesamtzahl der Beobachtungen	18
Anzahl der Koeffizienten	4
Teilmengengröße	4
Chi - Funktion	Tukey
K0	2.9366
Breakdownwert	0.2500
Effizienz	0.7589

Diagnose

Beobachtung	nr	Mahalanobis - Distanz	Robuste MCD - Distanz	Leverage	Standardisiertes robustes Residuum	Ausreißer
1	1	1.9551	4.4802	*	0.0193	
2	2	1.4337	3.3800	*	-1.7891	
11	11	2.6776	6.3128	*	0.7471	
16	16	2.1153	1.9425		4.5335	*

Diagnoseübersicht

Beobachtungstyp	Proportion	Cutoff
Outlier	0.0556	3.0000
Leverage	0.1667	3.0575

Goodness - of - Fit

Statistik	Wert
R - Square	0.5220
Deviance	245.0998

Parameterschätzwerte für endgültige gewichtete Kleinste - Quadrate - Anpassung

Parameter	DF	Schätzwert	Standardfehler	95% Konfidenzgrenzen		Chi - Quadrat	Pr > ChiSq
Intercept	1	64.4401	12.2647	40.4017	88.4785	27.61	<.0001
x1	1	1.3014	0.3565	0.6027	2.0002	13.32	0.0003
x2	1	-0.1303	0.2652	-0.6502	0.3895	0.24	0.6231
x3	1	0.0228	0.0768	-0.1278	0.1733	0.09	0.7668

maß ergibt, als wenn der Datensatz ausreißerfrei einer parametrischen Regressionsanalyse unterzogen worden wäre.

M-Schätzung zum Vergleich

Obwohl – wie oben begründet – diese Methode nicht für diesen Datensatz geeignet ist, soll deren (falsches) Ergebnis in Tab. 22.5 zum Vergleich aufgezeigt werden. Im *Diagnose*-Teil werden statt einem vier Ausreißer ausgewiesen. Deutliche Unterschiede sind auch bei den endgültigen Regressionsparametern auszumachen, bis hin zu der Feststellung, dass auch die Variable *x2* signifikant ist (*Pr = 0,0395*).

Das Beispiel zeigt, dass der Warnhinweis im Log-Fenster sehr ernst zu nehmen und die M-Schätzung auf jeden Fall abzulehnen ist.

Tab. 22.5 Robuste Regressionsanalyse: M-Schätzung

```
                         Die Prozedur ROBUSTREG

                              Diagnose
                                        Standardisiertes
               Mahalanobis-        Robuste    robustes
Beobachtung  nr    Distanz  MCD-Distanz  Leverage  Residuum   Ausreißer
          1   1     1.9551    4.4802       *      -0.3523
          2   2     1.4337    3.3800       *      -5.4558        *
         11  11     2.6776    6.3128       *       0.7604
         15  15     0.8550    0.8058             3.2469        *
         16  16     2.1153    1.9425            12.1332        *
         17  17     1.8184    2.0546             3.5154        *
```

```
                       Diagnoseübersicht
              Beobachtungstyp   Proportion     Cutoff
              Outlier             0.2222      3.0000
              Leverage            0.1667      3.0575
```

```
                      Goodness-of-Fit
                   Statistik        Wert
                   R-Square       0.4717
                   AICR          49.0412
                   BICR          53.0872
                   Deviance     1487.488
```

Parameterschätzwerte für endgültige gewichtete Kleinste-Quadrate-Anpassung

Parameter	DF	Schätzwert	Standardfehler	95% Konfidenzgrenzen		Chi-Quadrat	Pr > ChiSq
Intercept	1	55.8752	7.4391	41.2948	70.4556	56.42	<.0001
x1	1	1.0551	0.2159	0.6320	1.4783	23.88	<.0001
x2	1	0.3828	0.1859	0.0185	0.7471	4.24	0.0395
x3	1	-0.0680	0.0508	-0.1674	0.0315	1.79	0.1806

Reduzierung des Modells

Sowohl die parametrische Regression als auch die robusten Methoden MM, LTS und S ergaben keine signifikanten Regressionskoeffizienten für die Merkmale x_2 und x_3. Diese Feststellung gilt auch für die methodenspezifischen Schätzer (in den Tab. 22.2 bis 22.4 nicht dargestellt), also bevor mit der Option *FWLS* die ausreißerbereinigte Regressionsgleichung ermittelt wurde. Wie eingangs schon vermerkt, empfiehlt sich daher das reduzierte Modell $y = x_1$. Es wurde im Programm sowohl mit *PROC REG* auf die Datensätze a und b als auch mit *PROC ROBUSTREG METHOD = LTS* und *METHOD = S* auf den Datensatz a angewendet.

Auf die nähere Wiedergabe dieser Outputs wird verzichtet. Stattdessen wird auf das in der Übersichtstabelle (s. oben) dargestellte Endergebnis verwiesen. Mit den robusten Schätzmethoden wird exakt die gleiche Regressionsgleichung wie mit *PROC REG*

DATA = b erzielt. Der Ausreißer in *DATA a* bedingt eine erheblich verzerrte Regressions-gleichung. Das Bestimmtheitsmaß der robusten Schätzmethode S kommt dem Zielwert B = 0,519 am nächsten. Im Übrigen wird klar, dass der Ausreißerwert (*nr* 16) von der Variablen x_1 verursacht ist; sowohl die LTS- wie auch die S-Schätzung diagnostizieren diesen Extremwert (26,8).

Weitere Hinweise

Das verwendete Beispiel ist kein typischer Fall für eine robuste Regressionsanalyse. Das Ausreißerproblem (Beobachtung Nr. 16) ist auch, wie gezeigt wurde, mit der klassischen Auswertungsmethode (*PROC REG*) lösbar, wenn man die Cooks-D-Statistik mit heran-zieht. Man hätte den Ausreißer überprüfen und ggf. korrigieren müssen, um dann mit dem korrigierten Datensatz die endgültige Regression zu ermitteln. Bei fehlender Begründung für eine Korrektur ist auch die Eliminierung dieser Beobachtung und erneute Verrechnung auf Basis von nur 17 Beobachtungen eine sinnvolle Lösung. Das Beispiel wurde jedoch gewählt, weil es einerseits wegen der geringen Datenmenge gut für Demonstrationszwe-cke geeignet ist und andererseits nur der Aspekt des Einflusses von Ausreißern, nicht aber die Verletzung weiterer Voraussetzungen des parametrischen Verfahrens (normalverteilte Residuen, Varianzhomogenität über den gesamten Datenbereich, kein weiterer systemati-scher Trend im Datensatz als im Modell definiert) eine Rolle spielen sollte.

Allerdings liegen bei Datensätzen, insbesondere bei sehr großen und aus vielen x-Va-riablen bestehenden, oft nicht nur (mehrere) Ausreißer vor, sondern eben auch die besag-ten weiteren Mängel, so dass die Entscheidung für eine robuste Auswertungsmethode das Mittel der Wahl ist. Das Ziel einer robusten Regression ist dann nicht, mittels der Option *FWLS* eine lediglich ausreißerbereinigte auf Basis einer Kleinst-Quadrat-Regression zu ermitteln, sondern die Schätzung der Regressionsgleichung unter nichtparametrischen Be-dingungen („robuste Schätzung"). In diesem Falle liefern die MM- und die S-Methoden folgende robuste Schätzer mit Signifikanzangaben, die in den SAS-Outputs unter *Para-meter Estimates* ausgewiesen und hier ergänzend zu den Tab. 22.2 und 22.4 noch aufge-führt werden:

$$\text{MM-Schätzung:} \quad y = 63,75 + 1,287x_1 - 0,068x_2 + 0,012x_3;$$

$$\text{S-Schätzung:} \quad y = 62,89 + 1,260x_1 + 0,002x_2 + 0,001x_3;$$

Auch hier sind in beiden Fällen lediglich der Achsenabschnitt (Intercept) und der Regres-sionskoeffizient für x_1 signifikant. Die Ergebnisse zeigen im Übrigen, dass die robusten Schätzer sehr nahe an den *FWLS*-Schätzern liegen und insofern der Datensatz mit Ausnah-me des einen Ausreißers die parametrischen Voraussetzungen erfüllt. (Die LTS-Schätzung sollte nur für die Ausreißererkennung verwendet werden).

Bezüglich der Vorgehensweise bei der Wahl der Schätzmethode zur Erkennung von Ausreißern wird geraten, zunächst zu klären, ob die M-Methode überhaupt geeignet ist. Findet sich im Log-Fenster kein entsprechender Warnhinweis, kann davon ausgegangen werden, dass hauptsächlich die y-Variable von Ausreißern kontaminiert ist; man bleibt dann bei dieser Methode (obwohl auch die übrigen Methoden u. U. zu sehr ähnlichen Schätzgleichungen kommen). Andernfalls wähle man die MM-, LTS- oder S-Methode. Als endgültige Schätzer verwende man dann die von der Option *FWLS* erzeugten und unter *Endgültige WLS-Parameterschätzer* aufgeführten Regressionsparameter. Sollte darüber hinaus auch eine nichtparametrische Regression gewünscht sein, sind die MM- und S-Methoden gut geeignet.

Unter der Hilfefunktion *help robustreg* findet man beim Kapitel *Example: ROBUSTREG Procedure,* Beispiel *Comparison of Robust Estimates* weitere wertvolle Hinweise zu den Schätzmethoden und speziellen Optionen. Mit der Prozedur *ROBUSTREG* können auch robuste Varianzanalysen durchgeführt werden. Hierauf wird im Kapitel 55 (Ausreißererkennung in Varianzanalysen) näher eingegangen.

Korrelation und Regression mit gruppierten Daten

23

Wenn ein Datensatz sich aus erkennbar mehreren Datengruppen zusammensetzt, dann gilt er nicht mehr als homogene Stichprobe der Grundgesamtheit; folglich kann es zu Verzerrungen bei Korrelations- und Regressionsanalysen kommen. Beispielsweise können bei einer repräsentativen Untersuchung die Körpermerkmale der Bevölkerung erfasst werden. Handelt es sich dabei um geschlechtsspezifische Merkmale, dann sollten auch die Zusammenhänge zwischen diesen Merkmalen getrennt nach dem Geschlecht berechnet werden. Ansonsten führt eine gemeinsame Berechnung der Korrelation und Regression zu Ergebnissen, die keiner der beiden Bevölkerungsgruppen gerecht wird. Die Lösung liegt in sog. Kovarianzanalysen, die als Kombination von Varianz- und Korrelations- bzw. Regressionsanalyse zu verstehen sind (Zum Begriff „Varianzanalyse" s. Kapitel 24).

Im landwirtschaftlichen Bereich sind oft Herkünfte, Sorten, Betriebstypen oder Zeiträume solche Gruppenmerkmale. Hierauf wird in den Kapiteln 25, 33 und 34 noch speziell eingegangen. Hier soll zunächst ein einfacher Fall behandelt werden, welcher der Prozedurbeschreibung zu **GLM** (Example 39.6) entnommen wurde. Er dient dort der Darstellung einer multivariaten Varianzanalyse mit dem Ziel, Töpferware aus verschiedenen Gebieten mittels ihrer Metalloxidgehalte auf Unterscheidbarkeit zu überprüfen. Für unsere Zwecke werden nur die Magnesium- und Calciumgehalte berücksichtigt und in Beziehung zueinander gesetzt, um zu zeigen, wie der Gebietseinfluss eine Korrelation und Regression „stören" kann. Letztlich geht es um das Thema „bereinigte Korrelation bzw. Regression".

Zusätzliche Information ist in der Online-Version dieses Kapitels (doi:10.1007/978-3-642-54506-1_23) enthalten.

© Springer-Verlag Berlin Heidelberg 2015
M. Munzert, *Landwirtschaftliche und gartenbauliche Versuche mit SAS*,
Springer-Lehrbuch, DOI 10.1007/978-3-642-54506-1_23

Programm

```
TITLE1 'Korrelation und Regression mit gruppierten Daten';
TITLE2 'Beispiel aus "Example 39.6: The GLM Procedure"';
TITLE3 'Romano-British Pottery, Prozent Magnesium und Calcium';
DATA pottery;
INPUT herk$ mg ca @@;
DATALINES;
A 4.30 0.15 A 3.43 0.12 A 3.88 0.13 A 5.64 0.16
A 5.34 0.20 A 3.47 0.17 A 4.26 0.20 A 5.91 0.18
A 4.52 0.29 A 7.23 0.28 A 5.69 0.22 A 5.51 0.31
A 4.45 0.20 A 3.94 0.22 B 3.94 0.30 B 3.77 0.29
C 0.67 0.03 C 0.63 0.01 C 0.67 0.01 C 0.68 0.01
C 0.72 0.07 D 0.56 0.06 D 0.67 0.06 D 0.53 0.01
D 0.67 0.03 D 0.60 0.10
;
PROC PLOT;
TITLE4 'Lage der Messwerte von Magnesium und Calcium';
PLOT mg*ca=herk/HPOS=40 VPOS=15;
RUN;
PROC CORR;
TITLE4 'Korrelation mit Herkunftseinfluss (falsches Ergebnis)';
VAR mg ca;
RUN;
PROC GLM;
TITLE4 'Vom Herkunftseinfluss bereinigte Korrelation';
CLASS herk;
MODEL mg ca = herk/NOUNI;
MANOVA H = herk /PRINTE;
RUN;
PROC GLM;
TITLE4 'Überprüfung der Wechselwirkung Ca*Herkunft';
CLASS herk;
MODEL mg = ca herk ca*herk/SOLUTION;
RUN;
PROC GLM;
TITLE4 'Endgültige Regression';
CLASS herk;
MODEL mg = ca herk/SOLUTION; /* evtl zusätzlich NOINT, s. Text */
RUN;
QUIT;
```

Die *INPUT*-Anweisung enthält das Gruppierungsmerkmal *herk* (= Herkunft) und die beiden Metalle *mg* (Magnesium) und *ca* (Calcium). Nach dem Einlesen der Daten wird mit *PROC PLOT* ein einfaches Streudiagramm erzeugt, um sich ein erstes Bild über die Lage der Messwerte machen zu können. Mit den folgenden Aufrufen von *PROC CORR* bzw. *PROC GLM* wird der Unterschied zwischen unbereinigten und vom Gebietseinfluss bereinigten Maßzahlen der Korrelation und Regression zwischen Magnesium und Calcium aufgezeigt. Eine wichtige Anweisung von *GLM* ist *MANOVA*, mit der der partielle Korrelationskoeffizient für *mg* und *ca* berechnet wird. Mit dem letzten Aufruf von *GLM* wird die Regression ohne Wechselwirkung *ca*herk* und mit Ausschaltung des Einflusses der *CLASS*-Variable *herk* gerechnet.

Ausgabe

Dem von *PROC PLOT* gelieferten Streudiagramm kann man entnehmen, dass bei den Herkünften C und D keine Beziehung zwischen beiden Elementen vorliegt, andererseits aber im Zusammenhang mit der Herkunft A der lineare Trend aufgrund der Niveauunterschiede verstärkt wird (Abb. 23.1). In der Tat bestätigt *PROC CORR* mit $r = 0.84196$ eine enge Korrelation, wenn man alle 26 Wertepaare ohne Rücksicht auf ihre Herkunft in die einfache Korrelation einbezieht (Tab. 23.1). Notwendig ist aber die Berechnung einer partiellen (bereinigten) Korrelation unter Ausschluss des Herkunftseffektes. Das Ergebnis erhält man von *PROC GLM* unter *Modell MANOVA Error Partial Correlation Matrix*

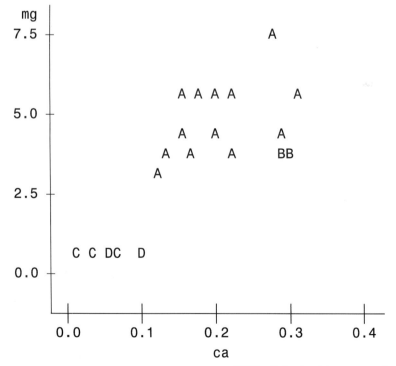

```
   Korrelation und Regression mit gruppierten Daten
     Beispiel aus "Example 39.6: The GLM Procedure"
Romano-British Pottery, Prozent Magnesium und Calcium

    Lage der Messwerte von Magnesium und Calcium
```

Abb. 23.1 Verteilung der Messwerte von vier Herkünften (A–D)

Tab 23.1 Korrelation mit Herkunftseinfluss (falsches Ergebnis)

Die Prozedur CORR

Pearsonsche Korrelationskoeffizienten, N = 26
Prob > |r| unter HO: Rho=0

	mg	ca
mg	1.00000	0.84196
	<.0001	
ca	0.84196	1.00000
	<.0001	

(Tab. 23.2). Die unverfälschte, von Herkunft A geprägte Korrelation beträgt demnach nur $r = 0,488$.

Beim anschließend erstellten Regressionsmodell mit *PROC GLM* muss nun auch der Herkunftseffekt berücksichtigt werden. Wie schon im Plot wird auch hier *mg* als y-Variable verwendet. Damit soll *ca* als x-Variable den *mg*-Gehalt erklären und *herk* als Faktorvariable dienen. Denkbar ist auch eine Wechselwirkung zwischen der x- und Faktorvariable. Das Modell für die Schätzung in der SAS-Syntax lautet deshalb:

MODEL mg = ca herk ca*herk/SOLUTION

Wie das Ergebnis von Typ I SS in Tab. 23.3 zeigt, ist die Wechselwirkung *ca*herk* mit Pr=0,8331 nicht signifikant. Damit ist das Modell überparametrisiert und die obige Modellkomponente *ca*herk* sollte entfernt werden. Dies ist beim nächsten *GLM*-Aufruf geschehen, dessen wesentliche Outputteile in Tab. 23.4 dargestellt sind.

In Tab. 23.4 ist zunächst die Kovarianzanalyse summarisch aufgeführt. Das Summenquadrat in der Zeile *Modell* setzt sich aus den Summenquadraten der unter *Typ I SS* aufgegliederten Komponenten *ca* und *herk* zusammen. Wie der F-Test zeigt, sind beide *Quel-*

Tab. 23.2 Vom Herkunftseinfluss bereinigte Korrelation

Die Prozedur GLM

Partial Correlation Coefficients from the Error SSCP Matrix / Prob > |r|

	DF = 22	mg	ca
mg		1.000000	0.488478
		0.0180	
ca		0.488478	1.000000
		0.0180	

Tab. 23.3 Überprüfung der Wechselwirkung Ca*Herkunft

Die Prozedur GLM

Quelle	DF	Typ I SS	Mittleres Quadrat	F-Statistik	Pr > F
ca	1	84.20261159	84.20261159	135.22	<.0001
herk	3	22.82958247	7.60986082	12.22	0.0001
ca*herk	3	0.53890921	0.17963640	0.29	0.8331

Tab. 23.4 Regressionsanalyse ohne Wechselwirkungseffekte

Die Prozedur GLM

Abhängige Variable: mg

Quelle	DF	Summe der Quadrate	Mittleres Quadrat	F-Statistik	Pr > F
Modell	4	107.0321941	26.7580485	47.83	<.0001
Error	21	11.7479444	0.5594259		
Corrected Total	25	118.7801385			

R-Quadrat	Koeff.var	Wurzel MSE	mg Mittelwert
0.901095	23.80833	0.747948	3.141538

Quelle	DF	Typ I SS	Mittleres Quadrat	F-Statistik	Pr > F
ca	1	84.20261159	84.20261159	150.52	<.0001
herk	3	22.82958247	7.60986082	13.60	<.0001

Quelle	DF	Typ III SS	Mittleres Quadrat	F-Statistik	Pr > F
ca	1	3.68166702	3.68166702	6.58	0.0180
herk	3	22.82958247	7.60986082	13.60	<.0001

Parameter		Schätzwert	Standardfehler	t-Wert	Pr > ItI
Konstante		0.166273918 B	0.37585358	0.44	0.6627
ca		8.456270810	3.29630905	2.57	0.0180
herk	A	2.950779911 B	0.62991053	4.68	0.0001
herk	B	1.194126193 B	1.01646648	1.17	0.2532
herk	C	0.287863041 B	0.48074479	0.60	0.5557
herk	D	0.000000000 B	.	.	.

NOTE: The X'X matrix has been found to be singular, and a generalized inverse was used to solve the normal equations. Terms whose estimates are followed by the letter 'B' are not uniquely estimable.

len (Streuungsursachen Regression *ca* und Faktor *herk*) hoch signifikant (Pr<0,0001). Wichtig ist jedoch auch der Befund unter *Typ III SS*. Hier wird bestätigt, dass die Regression von *ca* auch nach „Bereinigung" vom Herkunftseinfluss immer noch signifikant ist (Pr=0,0180). Damit bekommt die anschließend aufgeführte Parameterschätzung Gewicht.

Für das Verständnis der Parameterschätzwerte ist die Fußnote (*NOTE*) wichtig. Alle Werte mit *B*-Markierung sind nur Teilkomponenten der Regressionskonstanten (Achsenabschnitt) und müssen wie folgt verwendet werden (Werte gerundet):

$$\text{Herkunft A:} \quad mg = (0{,}1663 + 2{,}9508) + 8{,}45627 * ca$$

$$\text{Herkunft B:} \quad mg = (0{,}1663 + 1{,}1941) + 8{,}45627 * ca$$

$$\text{Herkunft C:} \quad mg = (0{,}1663 + 0{,}2879) + 8{,}45627 * ca$$

$$\text{Herkunft D:} \quad mg = (0{,}1663 + 0{,}0000) + 8{,}45627 * ca$$

Diese Additionen für den Achsenabstand kann man auch dem Rechner überlassen, indem man in die Modellanweisung die Option *NOINT* einfügt. Man erhält dann den in Tab. 23.5 aufgeführten Outputteil. Dies hat sogar den Vorteil, dass die dazugehörige t-Statistik die Nullhypothese für die Konstanten beantwortet (für A z. B. Pr>t=0,0002). Denn die Pr-Werte für die Herkünfte A–D in Tab. 23.4 beziehen sich auf die jeweilige Differenz zur

Tab. 23.5 Endgültige Regressionsschätzer mit der Option *NOINT*

Die Prozedur GLM

Abhängige Variable: mg

Parameter		Schätzwert	Standardfehler	t-Wert	Pr > |t|
ca		8.456270810	3.29630905	2.57	0.0180
herk	A	3.117053829	0.69566403	4.48	0.0002
herk	B	1.360400111	1.10693109	1.23	0.2327
herk	C	0.454136959	0.34529750	1.32	0.2026
herk	D	0.166273918	0.37585358	0.44	0.6627

Herkunft D; nur die Herkunft A weicht (hoch) signifikant von D ab. Im Übrigen wird für die vier Regressionsgleichungen ein gemeinsamer Regressionskoeffizient von b = 8,45627 unterstellt, der mit einem Signifikanzlevel von 0,018 (1,8 %) korrespondiert (gleiches Ergebnis wie bei *Typ III SS* und bei partieller Korrelation!).

Übrigens hätte man auch die Option *SS2* in die *MODEL*-Zeile von *GLM setzen* können. Dann wäre ausschließlich die Typ-II-Varianzanalyse mit der Parameterschätzung im Output erschienen, mit identischem Ergebnis des Typ III SS (vgl. auch *Die vier Typen der Varianzanalyse*, Kapitel 4).

Weitere Hinweise

Wäre die Wechselwirkung *ca*herk* signifikant gewesen, hätte man für die Parameterschätzung den zweiten GLM-Aufruf im Programm verwenden müssen, mit folgendem Ergebnis:

Überprüfung der Wechselwirkung Ca*Herkunft

Die Prozedur GLM

Abhängige Variable: mg

Parameter		Schätzwert		Standardfehler	t-Wert	Pr > |t|
Konstante		0.58777778	B	0.6959461	0.84	0.4094
ca		0.35042735	B	11.5351949	0.03	0.9761
herk	A	2.26381509	B	1.0519796	2.15	0.0452
herk	B	-1.74777778	B	32.9339814	-0.05	0.9583
herk	C	0.06060458	B	0.8738713	0.07	0.9455
herk	D	0.00000000	B	.	.	.
ca*herk	A	9.41907792	B	12.1326858	0.78	0.4476
ca*herk	B	16.64957265	B	112.1942256	0.15	0.8837
ca*herk	C	0.63486677	B	19.0263878	0.03	0.9737
ca*herk	D	0.00000000	B	.	.	.

Diese Auflistung ist dann wie folgt zu interpretieren (Werte gerundet):

Herkunft A: $mg = 0{,}58778 + 2{,}26382 + (0{,}350427 + 9{,}419078)*ca$

Herkunft B: $mg = 0{,}58778 - 1{,}74778 + (0{,}350427 + 16{,}649572)*ca$

Herkunft C: $mg = 0{,}58778 + 0{,}06060 + (0{,}350427 + 0{,}634867)*ca$

Herkunft D: $mg = 0{,}58778 + 0{,}350427*ca$

Auch hier kann man mit der zusätzlichen Option *NOINT* die Achsenabstände als einen Wert erhalten, während die spezifischen Regressionskoeffizienten (gekennzeichnet mit *B*) fallweise zu addieren sind.

Die gleichen Ergebnisse würde man erhalten, wenn mit einer *B*Y-Variablen (*herk*) herkunftsspezifische Regressionen gerechnet werden. Allerdings kann für Herkunft B mit nur zwei Beobachtungen mangels Freiheitsgrade keine Abweichungsvarianz bestimmt und somit auch keine Fehlerstatistik erstellt werden. Die t-Statistiken beider Verrechnungsmethoden unterscheiden sich aber wegen der unterschiedlichen Fehler und Freiheitsgrade.

Für den Spezialfall, dass eine zweistufige Faktorvariable vorliegt, also der Datensatz nur aus zwei Untergruppen (z. B. zwei Herkünften) besteht, gibt es auch eine gleichwertige Lösung mit *PROC REG*. In diesem Falle muss dann allerdings die Gruppenbezeichnung numerisch mit 0 und 1 erfolgen; sie wird dann formal zu einem quantitativen Merkmal in der Regressionsgleichung, obwohl sie qualitativ zu verstehen ist. Hätte also unser Datensatz nur aus zwei Herkünften bestanden und wären diese mit 0 bzw. mit 1 bezeichnet worden, dann könnte man mit *PROC REG* eine adäquate Lösung zu *PROC GLM* auf folgende Weise erzielen:

```
PROC REG;
MODEL mg = ca herk;
RUN;
```

Es wird dann eine Regressionsgleichung mit zwei Regressoren (*ca* und *herk*) berechnet. Im Falle *herk* = *0* entfällt der Regressor *herk* (weil $0* \ldots = 0$), bei *herk* = *1* gilt die gesamte Gleichung. In der Prozedurbeschreibung zu *REG* wird unter „Example 74.4: REG Procedure; Regression with Quantitative and Qualitative Variables" ein solcher Fall behandelt.

Im Beispiel kommen die Herkünfte B bis D mit nur wenigen Beobachtungen vor und zudem mit geringer Streuung, wie Abb. 23.1 zeigte. Eine Auswertung ohne diese Herkünfte wäre durchaus eine vertretbare Alternative.

Von einem einfaktoriellen vollrandomisierten Versuch spricht man, wenn mindestens zwei unabhängige Gruppen eines Faktors (Varianten, Faktorstufen, Behandlungen, englisch: treatments) mit Wiederholungen vorliegen. Die Wiederholungen sind als zufällige Stichproben der Faktorstufen zu verstehen, während diese selbst bewusst ausgewählt wurden (Modell I). Ziel des Versuchs ist, die Unterschiede zwischen den Faktorstufen zu untersuchen. Für den Fall, dass nur zwei Varianten eines Faktors zu analysieren sind, wurde bereits mit dem Beispiel in Kapitel 15 (Zweistichprobentest: unabhängige Stichproben) eine „Speziallösung" vorgestellt; die *einfaktorielle Varianzanalyse eines vollrandomisierten Versuchs* kann als Erweiterung dieses Zweistichprobenfalles auf mehr als zwei Gruppen aufgefasst werden.

Typische Anwendungsfälle sind z. B. Pflanzenuntersuchungen im Labor oder Fütterungsversuche im Stall. Angenommen, es soll die Wirkung von vier Futtermitteln mit jeweils sechs Tieren überprüft werden, dann wird man 24 Tiere mit möglichst gleichem Alter und sonst gleichem körperlichen und physiologischen Zustand auswählen und diese *zufällig* vier Gruppen zuordnen, die jeweils eines der Futtermittel erhalten. Bei einem Laborversuch könnten Pflanzenproben (Wiederholungen!) von mehreren Sorten (Sorte = Faktor) zum Vergleich zu überprüfen sein. Wichtig für „Vollrandomisation" ist, dass die gesamten Umgebungsbedingungen des Versuchs weitgehend einheitlich sind, was im Stall noch am ehesten, schon aber im Labor nicht immer gewährleistet ist. Bei Freilandversuchen ist das häufig erst recht nicht der Fall, weshalb hier eine andere Vorgehensweise notwendig und üblich ist (s. nächstes Kapitel).

Die Anzahl der Wiederholungen sollte für jede Faktorstufe gleich sein. Es kann aber auch vorkommen, dass einzelne Messwerte ausfallen (z. B. ein Tier ist erkrankt und muss-

Zusätzliche Information ist in der Online-Version dieses Kapitels (doi:10.1007/978-3-642-54506-1_24) enthalten.

© Springer-Verlag Berlin Heidelberg 2015
M. Munzert, *Landwirtschaftliche und gartenbauliche Versuche mit SAS*,
Springer-Lehrbuch, DOI 10.1007/978-3-642-54506-1_24

te ausscheiden) oder es mögen bereits bei der Versuchsplanung gewichtige Gründe für eine ungleiche Wiederholungszahl vorliegen (z. B. begrenzte/s Tierzahl/Futtermittel oder besondere Bedeutung einer Behandlung, etwa einer Kontrolle). Man unterscheidet deshalb zwischen Varianzanalysen mit gleicher und ungleicher Wiederholungszahl bzw. zwischen *balancierten* und *unbalancierten* Versuchsanlagen. Schwierigkeiten bei der Auswertung entstehen dadurch nur insofern, als beim Mittelwertvergleich keine gemeinsame Grenzdifferenz angegeben werden kann.

Varianzanalysen dieses Typs sind einfachster Art – daher oft auch der Begriff *einfache Varianzanalyse* – und werden in SAS mit **PROC GLM** durchgeführt. *GLM* steht für *general linear models* und bezieht sich auf Varianzanalysen, denen Modelle mit *linearen additiven Effekten* zugrunde liegen. In diesem Falle lautet die Modellgleichung

$$y_{ij} = \mu + \alpha_i + \varepsilon_{ij}$$

Ein Beobachtungswert y_{ij} wird geschätzt auf der Basis des Versuchsmittels μ plus des i-ten Behandlungseffektes und des Zufallseffektes ε_{ij}. (j bezieht sich auf die Wiederholungen). Von der Zufallsvariable ε_{ij} wird Unabhängigkeit, Normalverteilung mit dem Mittelwert Null und der Varianz σ^2 angenommen. Die Bedingungen für den gemeinsamen Versuchsfehler setzen letztlich auch *Varianzhomogenität* voraus, d. h. in jeder Faktorstufe (α_i) soll die Varianz (in etwa) gleich groß sein, was überprüft werden kann. Normalverteilung der Residuen und Varianzhomogenität können am ehesten verletzt sein (s. auch Kapitel 3) und sollten im Zweifelsfall überprüft werden.

Das folgende Beispiel ist dem Lehrbuch von Steel und Torrie (1980, S. 140) entnommen. Es handelt sich um sechs Impfkulturen mit Stämmen von *Rhizobium spec.*, die auf jeweils fünf Rotkleepflanzen bezüglich ihrer Stickstoffbildung (mg N) überprüft wurden. Um auch den unbalancierten Fall demonstrieren zu können, wurde anschließend ein Einzelwert entfernt, so dass eine Variante mit vier und die übrigen mit fünf Pflanzen zu testen waren. Sowohl im balancierten wie auch unbalancierten Fall wurden Tests auf Normalverteilung und Varianzhomogenität vorgenommen, auf die im Lehrbuch verzichtet wurde.

Programm

```
DATA a;
TITLE1 'Einfaktorielle Varianzanalyse, vollrandomisierter Versuch';
TITLE2 'N-Gehalt (mg) von je 5 Rotkleepflanzen mit 6 Impfkulturen
(balancierter Versuch)';
TITLE3 'Beispiel aus Steel and Torrie, 1980: Principles and Procedures
of Statistics, S. 140';
INPUT impf$ n_mg @@;
DATALINES;
dok1 19.4 dok1 32.6 dok1 27.0 dok1 32.1 dok1 33.0
dok5 17.7 dok5 24.8 dok5 27.9 dok5 25.2 dok5 24.3
dok4 17.0 dok4 19.4 dok4  9.1 dok4 11.9 dok4 15.8
dok7 20.7 dok7 21.0 dok7 20.5 dok7 18.8 dok7 18.6
dok13 14.3 dok13 14.4 dok13 11.8 dok13 11.6 dok13 14.2
comp 17.3 comp 19.4 comp 19.1 comp 16.9 comp 20.8
;
PROC GLM DATA=a;
CLASS impf;
MODEL n_mg=impf;
OUTPUT OUT=resid_a RESIDUAL=r;
MEANS impf/HOVTEST=BF; /* Homoskedastizidät? Modifizierter Levene-Test
nach Brown-Forsyte */
MEANS impf/LSD TUKEY SNK REGWQ LINES;
MEANS impf/DUNNETT('comp');
RUN;
PROC UNIVARIATE DATA=resid_a NORMAL;
VAR r;
RUN;
DATA b; /* Erstellung eines unbalancierten Versuchs */
TITLE2 'N-Gehalt (mg) von 4-5 Rotkleepflanzen mit 6 Impfkulturen
(unbalancierter Versuch)';
TITLE3 'Geändertes Beispiel aus Steel and Torrie, 1980: Principles and
Procedures of Statistics, S. 140';
SET a;
IF impf='dok1' & n_mg=19.4 THEN n_mg=.;
RUN;
PROC GLM DATA=b;
CLASS impf;
MODEL n_mg=impf;
OUTPUT OUT=resid_b RESIDUAL=r;
MEANS impf/HOVTEST=BF;
MEANS impf/LSD TUKEY SNK LINES;
MEANS impf/DUNNETT('comp');
LSMEANS impf/ADJUST=T LINES;
LSMEANS impf/ADJUST=TUKEY LINES;
LSMEANS impf/ADJUST=DUNNETT;
RUN;
PROC UNIVARIATE DATA=resid_b NORMAL;
VAR r;
RUN;
QUIT;
```

Im Datensatz *DATA a* befinden sich sämtliche 30 N-Ergebnisse. Da die Inputzeile wiederum den Zeilenhalter @@ enthält, können sämtliche Wertepaare, die Klassenvariable *impf* und die Beobachtungsvariable *n_mg*, nebeneinander in beliebiger Häufung aufgelistet werden; der Übersichtlichkeit halber wird für jede Faktorstufe eine Zeile verwendet. Es folgt mit *PROC GLM* die Varianzanalyse einschließlich Homogenitätstest und diverser Mittelwerttests. Mit *CLASS* wird die (alphanumerische) Faktorvariable *impf* mit ihren 6 Stufen (Kulturen) festgelegt. Weitere Klassenvariable gibt es bei einer *einfachen Varianzanalyse* nicht. Es folgt mit der *MODEL*-Zeile das anzuwendende Varianzmodell, wie es oben beschrieben wurde. SAS benötigt vor dem = –Zeichen die Angabe der Zielvariable (hier *n_mg*) und nach dem = –Zeichen lediglich den unter *CLASS* angekündigten Faktor (*impf*); Versuchsmittel und Versuchsfehler werden automatisch im Modell berücksichtigt. Diese *MODEL*-Zeile liefert eine komplette Varianzanalyse einschließlich F-Test. Um mit *PROC UNIVARIATE* eine Prüfung auf Normalverteilung der Residuen vornehmen zu können, folgt eine *OUTPUT*-Zeile. Damit werden in der Datei namens *resid_a* diese Abweichungen mit dem Merkmal *r* gespeichert. Mit der ersten *MEANS*-Zeile und der Option *HOVTEST = BF* wird für das Merkmal *impf* der Levene-Varianzhomogenitätstest in der modifizierten Form von Brown-Forsythe angefordert. Mit den folgenden beiden *MEANS*-Anweisungen werden zur Demonstration verschiedene Mittelwerttests durchgeführt; in der Praxis legt man sich schon bei der Versuchsplanung auf einen Test fest.

Im *DATA b* befindet sich der Datensatz von *DATA a* (*SET a*), jedoch wurde mit der folgenden *IF*-Anweisung das erste Ergebnis von der Impfkultur *dok1* entfernt, so dass ein unbalancierter Versuch entsteht. Welche Konsequenzen sich dadurch für die Mittelwerte und Mittelwertvergleiche ergeben, soll mit den *MEANS*- und *LSMEANS*-Statements im 2. GLM-Aufruf aufgezeigt werden. Bei *LSMEANS* handelt es sich um *least-squares means* (Kleinst-Quadrat- Mittelwerte), d.s. adjustierte Mittelwerte, die von einer ungleichen Wiederholungszahl nicht beeinflusst sind. Allerdings erfolgt bei einem einfaktoriellen vollrandomisierten Versuch keine Adjustierung; *LSMEANS* liefert hier wie *MEANS* den arithmetischen Mittelwert. Auch bei diesem Datensatz findet eine Prüfung auf Normalverteilung und Varianzhomogenität statt.

Ausgabe

In Tab. 24.1 befinden sich die Ergebnisse der Tests auf Normalverteilung nach Shapiro-Wilk und auf Varianzgleichheit in den sechs Gruppen. Hier ist überraschend festzustellen, dass die Nullhypothese für Normalverteilung nicht bestätigt werden kann, denn der p-Wert müsste $>0,10$ betragen, um von Normalverteilung auszugehen; mit 0,0149 ist er aber weit davon entfernt. Dagegen bestätigt der Levene-Test in der modifizierten Form nach Brown-Forsythe (Abweichungen vom Gruppenmedian (nicht vom Gruppenmittel) Varianzhomogenität.

Die mangelnde Normalverteilung sollte zur Überprüfung der Versuchsdaten veranlassen, da vom Merkmal „N-Gehalt in mg" eigentlich Normalverteilung zu erwarten ist. Im

Tab. 24.1 Überprüfung des Datensatzes auf Normalverteilung und Varianzhomogenität

```
                    Die Prozedur UNIVARIATE

                       Variable:  r
                  Tests auf Normalverteilung
     Test                  --Statistik---    ------p-Wert------
     Shapiro-Wilk          W   0.910027      Pr < W    0.0149
```

```
                      Die Prozedur GLM
    Brown-und-Forsythescher Test auf Homogenität der n_mg Varianz
      ANOVA der absoluten Abweichungen von Gruppenmedianen
                          Summe
                           der      Mittleres
      Quelle      DF     Quadrate    Quadrat    F-Statistik    Pr > F
      impf         5     37.0617     7.4123         0.93       0.4794
      Error       24      191.4      7.9747
```

Tab. 24.2 Einfaktorielle Varianzanalyse, vollrandomisierter balancierter Versuch

```
                        Die Prozedur GLM

Abhängige Variable: n_mg
                                Summe der      Mittleres
Quelle                  DF      Quadrate       Quadrat    F-Statistik   Pr > F
Modell                   5     847.046667     169.409333     14.37      <.0001
Error                   24     282.928000      11.788667
Corrected Total         29    1129.974667

             R-Quadrat      Koeff.var    Wurzel MSE    n_mg Mittelwert
             0.749616       17.26515      3.433463         19.88667

                                            Mittleres
Quelle                  DF      Typ I SS     Quadrat    F-Statistik   Pr > F
impf                     5    847.0466667  169.4093333     14.37      <.0001
                                            Mittleres
Quelle                  DF     Typ III SS    Quadrat    F-Statistik   Pr > F
impf                     5    847.0466667  169.4093333     14.37      <.0001
```

Datensatz fällt auf, dass der erste Wert von *dok1* mit 19,4 von den übrigen vier Werten stark abweicht. Möglicherweise liegt ein Datenerfassungsfehler vor und es sollte vielleicht stattdessen 29,4 heißen. Wie aber noch gezeigt wird, liegt selbst bei dieser Datenkorrektur noch keine Normalverteilung vor, so dass eigentlich eine parameterfreie Varianzanalyse angezeigt wäre (s. Kapitel 57). Immerhin besteht Varianzhomogenität in den Gruppen (Pr>F=*0,4794*), so dass wir die Analyse fortsetzen, zumal es hier nur um das weitere Prozedere einer einfachen Varianzanalyse und von Mittelwertvergleichen geht.

In Tab. 24.2 liegt das Ergebnis der Varianzanalyse vor. SAS dokumentiert immer als Erstes das Gesamtergebnis, aufgegliedert in *Modell* und *Error.* Der Quotient aus beiden mittleren Quadraten ergibt den F-Test mit einem F-Wert von *14,37*, der hoch signifikant ist (Pr>F<*0,0001*). Für die sechs Impfvarianten werden fünf Freiheitsgrade (*DF;* n−1) „verbraucht". Insgesamt hat das Modell *29 DF*, so dass für den Versuchsfehler (*Error*) 24

DF verbleiben. Mit einem Bestimmtheitsmaß (*R-Quadrat*) von *0,7496* (74,96%) erklärt das Modell die Unterschiede zwischen den Impfkulturen. Die Standardabweichung (s) der Einzelwerte (*Wurzel MSE*) beträgt *3,433*, was einem Variationskoeffizienten (*Koeff.var*) von *17,265%* (s*100/Mittelwert) entspricht.

Da das Modell nur aus einer erklärbaren Varianzursache besteht, nämlich aus *impf*, und zudem balanciert ist (einheitliche Wiederholungszahl für alle Impfkulturen), entspricht das anschließend aufgeschlüsselte Modell sowohl nach *Typ I SS* als auch nach *Typ III SS* dem Gesamtmodell.

Nachdem ein signifikantes Modell vorliegt, ist zu erwarten, dass mit einem Mittelwerttest auch signifikante Unterschiede zwischen zwei oder mehreren Impfkulturen aufgedeckt werden können. Die Ergebnisse der *MEANS*-Anweisungen geben darüber Auskunft (Tab. 24.3).

Der als erster in Tab. 24.3 aufgeführte Mittelwerttest ist der t-Test. Er wurde bereits im Kapitel 15 (Zweistichprobentest – unabhängige Gruppen) vorgestellt. Dort wird er auf die (einzige) Differenz der beiden Gruppen angewendet, während er hier für sämtliche (15) Mittelwertdifferenzen (jeder Mittelwert mit jedem anderen!) gelten soll, weshalb er auch als „multipler t-Test" bekannt ist. SAS gibt hierzu den Warnhinweis:

Note: This test controls the Type I comparisonwise error rate, not the experimentwise error rate.

Dies besagt, dass der t-Test bei einem multiplen Testproblem eigentlich überfordert ist, und das umso mehr, je größer das Experiment (Anzahl der Mittelwerte) ist. Bezüglich der Begriffe *comparisonwise* und *experimentwise* siehe Kapitel 6. Beim multiplen t-Test ist die Kontrolle des Signifikanzniveaus immer problematisch. Maßgebend ist die sog. Grenzdifferenz (GD), im Output als *geringste signifikante Differenz* bezeichnet, die sich aus t*s_d=4,4818 (mg N) ergibt. Der t-Wert beträgt bei 24 FG und α=5% 2,0639 und s_d, der Standardfehler der Differenz zwischen zwei Mittelwerten, errechnet sich aus

$$\sqrt{2 \times \frac{11,788667}{5}} = 2,1715 \,(\mathrm{mg\,N}).$$

Alle Mittelwertdifferenzen, die größer als 4,48 sind, gelten bei der hier unterstellten Irrtumswahrscheinlichkeit von α=5% als signifkant. Es kann auch auf einem anderen Signifikanzniveau getestet werden, was im Programm nach dem Schrägstrich im *MEANS*-Statement anzugeben wäre (z. B. *ALPHA = 0.01*). Damit die Mittelwertvergleiche übersichtlicher werden, empfiehlt sich die Buchstabensymbolik, die das Schlüsselwort *LINES* erzeugt. Mittelwerte mit einem (oder mehreren) gemeinsamen Buchstaben unterscheiden sich nicht signifikant. Beispiele: *dok1* (28,82 mg N) und *dok5* (23,98 mg N) unterscheiden sich signifikant, weil *A* bzw. *B* vermerkt ist (die Differenz ist >4,48); dagegen unterscheiden sich *dok4* und *dok13* nicht signifikant, weil beide Mittelwerte den Buchstaben *E* aufweisen.

In Tab. 24.3 folgt der *Student-Newman-Keuls-Test*, ein sog. Range-Test, d. h. die nach der Größe geordneten Mittelwerte werden mit mehreren (k−1) Grenzdifferenzen vergli-

Tab. 24.3 Mittelwerttests in Ergänzung zur Varianzanalyse

```
                          Die Prozedur GLM

                        t-Tests (LSD) für n_mg
NOTE: This test controls the Type I comparisonwise error rate, not the experimentwise error rate.
                   Alpha                               0.05
                   Freiheitsgrade des Fehlers            24
                   Mittlerer quadratischer Fehler    11.78867
                   Kritischer Wert von t              2.06390
                   Geringste signifikante Differenz   4.4818
         Mittelwerte mit demselben Buchstaben sind nicht signifikant verschieden.
              t Gruppierung    Mittelwert     N    impf
                    A            28.820        5    dok1
                    B            23.980        5    dok5
                 C  B            19.920        5    dok7
                 C  D            18.700        5    comp
                 E  D            14.640        5    dok4
                    E            13.260        5    dok13

                    Student-Newman-Keuls-Test für n_mg
NOTE: Dieser Test kontrolliert den Fehler erster Art für das gesamte Experiment unter der
vollständigen Nullhypothese, aber nicht unter partiellen Nullhypothesen.
                   Alpha                             0.05
                   Freiheitsgrade des Fehlers          24
                   Mittlerer quadratischer Fehler  11.78867
Zahl der Mittelwerte        2          3           4           5           6
Kritische Spannweite   4.4817816  5.4228903   5.9903539   6.3973387   6.7141673
         Mittelwerte mit demselben Buchstaben sind nicht signifikant verschieden.
              SNK Gruppierung   Mittelwert    N    impf
                    A            28.820        5    dok1
                    B            23.980        5    dok5
                 C  B            19.920        5    dok7
                 C  B            18.700        5    comp
                 C  D            14.640        5    dok4
                    D            13.260        5    dok13

              Tukey-Test der Studentisierten Spannweite (HSD) für n_mg
NOTE: Dieser Test kontrolliert den Fehler erster Art für das gesamte Experiment weist i.A. jedoch
einen höheren Fehler zweiter Art auf als REGWQ.
                   Alpha                                          0.05
                   Freiheitsgrade des Fehlers                       24
                   Mittlerer quadratischer Fehler              11.78867
                   Kritischer Wert der Studentisierten Spannweite 4.37265
                   Kleinste signifikante Differenz              6.7142
         Mittelwerte mit demselben Buchstaben sind nicht signifikant verschieden.
              Tukey Gruppierung   Mittelwert    N    impf
                    A              28.820        5    dok1
                 B  A              23.980        5    dok5
                 B  C              19.920        5    dok7
                 B  C              18.700        5    comp
                    C              14.640        5    dok4
                    C              13.260        5    dok13

                      Dunnetts t-Tests auf n_mg
NOTE: Dieser Test kontrolliert den Fehler erster Art für das gesamte Experiment für Ver- gleiche
aller Behandlungen gegen eine Kontrolle. Vergleich mit *** ist signifikant.
                   impf        Diff. zwischen      Simultan 95%
                  Vergleich    Mittelwerten     Konfidenzgrenzen
                dok1 - comp       10.120         4.267    15.973   ***
                dok5 - comp        5.280        -0.573    11.133
                dok7 - comp        1.220        -4.633     7.073
                dok4 - comp       -4.060        -9.913     1.793
                dok13 - comp      -5.440       -11.293     0.413
```

chen (k = Anzahl der Mittelwerte), je nachdem wie nahe zwei Mittelwerte zueinander liegen. Für die zwei benachbarten Mittelwerte gilt im Beispiel die GD 4,481 (= die GD des t-Tests!) und für den Vergleich des größten mit dem kleinsten Mittelwert die GD 6,714. Die näheren Einzelheiten zur Konstruktion dieser GD und Umsetzung in die Differenzierung der Mittelwerte mit Buchstaben sind den einschlägigen Lehrbüchern zu entnehmen. Auch dieser Test vermag nicht alles zu leisten, wie SAS zu Beginn mit *NOTE* vermerkt. In der Prozedurbeschreibung zu *GLM* empfiehlt SAS den *REGWQ* (Ryan-Einot-Gabriel-Welsch-Test) als Range-Test, der im Programm ebenfalls aufgerufen wird, in Tab. 24.3 jedoch nicht aufgeführt ist und in der Fachliteratur kaum Verwendung findet, obwohl er den Fehler 1. Art für das gesamte Experiment kontrolliert (s. *NOTE* im Output und Kapitel 5). Beide Range-Tests sind auf jeden Fall wesentlich leistungsfähiger als der t-Test, wenn es um den Vergleich vieler bis sämtlicher Mittelwerte geht.

Der *Tukey-Test* (Tab. 24.3) arbeitet wiederum nur mit einer Grenzdifferenz, wobei hier die Strategie ist, dass kein Vergleich mit einer höheren als der vorgegebenen (versuchsbezogenen) Irrtumswahrscheinlich (z. B. 5 %) durchgeführt werden soll. Damit wird aber in Kauf genommen, dass einige Vergleiche mit einer geringeren Irrtumswahrscheinlichkeit als vorgegeben bewertet werden (dies will *NOTE* zum Ausdruck bringen). Im Übrigen ist leicht festzustellen, dass die Grenzdifferenz des Tukey-Tests der größten GD des Newman-Keuls-Tests entspricht. Der Tukey-Test wird in der Literatur häufig verwendet, weil er sehr praktisch ist (nur 1 GD!) und im Übrigen (neben der für alle Vergleiche gültigen Grenzdifferenz) auch versuchsbezogene Konfidenzintervalle für die Mittelwertdifferenzen berechnen kann.

Schließlich ist in Tab. 24.3 noch der *Dunnett-Test* aufgeführt. Er wurde speziell konstruiert für den Fall, dass die einzelnen Varianten immer nur mit einer bestimmten anderen Variante, z. B. mit einem Standard oder einer Vergleichssorte, verglichen werden sollen. Im Beispiel wurde explizit die Variante *comp* als Bezugsgröße definiert (s. Programm). Die Auswertung zeigt, dass nur *dok1* mit *comp* eine signifikante Differenz (10,12 mg N) aufweist.

Beim zweiten Datensatz (*DATA b*) wurde die suspekte erste Beobachtung von *dok1* entfernt, so dass ein unbalancierter Datensatz entsteht. Wie Tab. 24.4 zu entnehmen ist, ist dadurch der *p*-Wert für den Test auf Normalverteilung zwar auf *0,0325* angestiegen, von normalverteilten Residuen kann aber immer noch nicht die Rede sein. Insofern wäre nach

Tab. 24.4 Test auf Normalverteilung und Varianzhomogenität zum unbalancierten Datensatz

```
                    Die Prozedur UNIVARIATE
                      Variable:   r
                  Tests auf Normalverteilung
         Test                --Statistik---    ------p-Wert------
         Shapiro-Wilk         W    0.921071    Pr < W     0.0325


                    Die Prozedur GLM
   Brown-und-Forsythescher Test auf Homogenität der n_mg Varianz
        ANOVA der absoluten Abweichungen von Gruppenmedianen
                         Summe
                          der      Mittleres
     Quelle       DF    Quadrate    Quadrat    F-Statistik   Pr > F
     impf          5    17.7056     3.5411          0.85     0.5263
     Error        23    95.3675     4.1464
```

Tab. 24.5 Varianzanalyse zum unbalancierten Datensatz

```
                                    Die Prozedur GLM

Abhängige Variable: n_mg
                                   Summe der      Mittleres
Quelle                     DF       Quadrate       Quadrat    F-Statistik    Pr > F
Modell                      5      957.722155    191.544431        25.61     <.0001
Error                      23      172.007500      7.478587
Corrected Total            28     1129.729655

              R-Quadrat       Koeff.var    Wurzel MSE    n_mg Mittelwert
              0.847745        13.73983      2.734701         19.90345

                                                          Mittleres
Quelle                     DF      Typ I SS         Quadrat    F-Statistik    Pr > F
impf                        5     957.7221552    191.5444310        25.61     <.0001
                                                          Mittleres
Quelle                     DF      Typ III SS       Quadrat    F-Statistik    Pr > F
impf                        5     957.7221552    191.5444310        25.61     <.0001
```

wie vor eine nichtparametrische Varianzanalyse die bessere Alternative. Die F-Statistik für den Homogenitätstest bestätigt noch deutlicher als beim balancierten Fall die Nullhypothese.

Trotz fehlender Normalverteilung wird auch hier mit der parametrischen Statistik fortgefahren, um die Unterschiede zum balancierten Fall demonstrieren zu können. Wie Tab. 24.5 zeigt, verfügt das Modell nun insgesamt über 28 Freiheitsgrade und der Fehler damit über 23. F-Wert und Bestimmtheitsmaß steigen wegen des ausgeschiedenen „störenden Wertes" etwas an; Standardabweichung und Variationskoeffizient fallen entsprechend geringer aus.

Die Summenquadrate von Typ I und Typ III unterscheiden sich nicht. Dies gilt aber nur für den einfaktoriellen vollrandomisierten Versuch. Schon bei der unbalancierten einfaktoriellen Blockanlage ergeben sich Unterschiede, bei mehrfaktoriellen Versuchen (ob ohne oder mit Blockbildung) ohnehin. Letztlich bestätigen die Ergebnisse in Tab. 24.5 den Hypothesentest für den balancierten Fall (Tab. 24.2).

Die Mittelwerte eines unbalancierten einfaktoriellen und vollrandomisierten Versuchs können sowohl mit *MEANS* als auch *LSMEANS* korrekt geschätzt werden, da keine Adjustierung erforderlich ist. Mit einer unterschiedlichen Bewertung der Mittelwertdifferenzen ist jedoch zu rechnen, vor allem bei stark unbalancierten Versuchen. In Tab. 24.6 sind beispielhaft der Tukey- und Dunnett-Test aufgeführt.

Tukey-Test: Bei Verwendung von *MEANS* wird für alle Gruppen mittels des harmonischen Mittels (H) eine einheitliche Wiederholungszahl gebildet. H errechnet sich bei diesem Beispiel aus

$$H = t/(1/4 + 1/5 + 1/5 + 1/5 + 1/5 + 1/5) = 6/0,208333$$
$$= 4,8 \text{ [t = Zahl der Mittelwerte]}$$

Mit *LSMEANS* wird die Tukey-Kramer-Approximation für unterschiedliche Wiederholungen in den Gruppen benutzt. Dies hat bei diesem Beispiel zur Folge, dass mit Tukey-

Kramer die Differenz zwischen *dok13* und *comp* signifikant ist, während der (nicht zu empfehlende) Tukey-Test (mit *MEANS*) keine signifikante Differenz (jeweils bei $\alpha = 5\%$) ausweist.

Dunnett-Test: Auch dieser Test unterscheidet zwischen dem balancierten und unbalancierten Fall. Im vorliegenden (schwach unbalancierten) Fall ergeben sich aber keine Konsequenzen für die Bewertung der Mittelwertdifferenzen; die Differenz zwischen der Bezugsvariante *comp* und *dok1* bzw. *dok5* bzw. *dok13* ist jeweils signifikant. Die Art der Darstellung unterscheidet sich jedoch, wie Tab. 24.6 zu entnehmen ist.

Grundsätzlich sollte man im unbalancierten Fall die Mittelwertvergleiche auf Basis *LSMEANS* vorziehen, da die Tests immer exakt sind, während mit *MEANS* im Falle unbalancierter Daten keine exakten Tests erhalten werden.

Der t-Test kann auch mit *LSMEANS* aufgerufen werden (s. Programm); hier werden dann wie beim Dunnett-Test die unterschiedlichen Wiederholungen berücksichtigt. Range-Tests bei unbalancierten Versuchen können bei SAS mit dem Scheffé-Test oder auch mit dem Simulationsverfahren nach Edwards und Berry (1987) ausgeführt werden (*ADJUST = SCHEFFE* bzw. *SIM*). Allerdings ist der Scheffé-Test sehr konservativ, weil er eigentlich auf beliebige Kontraste (Erklärung s. Kapitel 51 und 52) ausgelegt und damit nicht zu empfehlen ist. Die bessere Alternative ist der Tukey-Kramer-Test.

Bleibt noch anzumerken, dass der SAS-Output beim Tukey-Test im Bereich der Buchstabensymbolik falsch ins Deutsche übersetzt wurde (statt „Anzahl" wäre z. B. „lfd. Nr." besser). Am besten, man ignoriert die rechte Spalte (s. durchgestrichene Spalte in Tab. 24.6).

Weitere Hinweise

Dass die 1. Beobachtung im Datensatz als Ausreißer einzustufen ist, kann man auch mit einer Ausreißerüberprüfung, wie im Kapitel 55 gezeigt wird, beweisen. Für die Überprüfung lautet hier der SAS-Code:

```
PROC ROBUSTREG DATA=a;
CLASS impf;
MODEL n_mg = impf/DIAGNOSTICS;
RUN;
```

Auf diese Weise werden sogar drei Ausreißer diagnostiziert: die 1., 6. und 13. Beobachtung. Entfernt man diese drei Beobachtungen aus dem Datensatz, erreicht man in der Tat Normalverteilung für die Residuen (Pr< W der Shapiro-Wilk-Statistik = 0,1709). Damit soll allerdings nicht der unbesehenen Entfernung von „unpassenden" Einzelwerten aus dem Datensatz das Wort geredet werden. Wenn solche Werte dennoch als plausibel gelten, sollte die nichtparametrische Varianzanalyse gewählt werden (s. Kapitel 57).

Liegt in einem Datensatz keine Varianzhomogenität der Faktorstufen vor, kann häufig mit einer Datentransformation, z. B. mit einer Wurzel- oder Exponential- oder logarith-

Tab. 24.6 Tukey- und Dunnett-Test in Ergänzung zu Tab. 24.5

```
                         Die Prozedur GLM

      Tukey-Test der Studentisierten Spannweite (HSD) für n_mg

                      Test mit MEANS
      Alpha                                         0.05
      Freiheitsgrade des Fehlers                      23
      Mittlerer quadratischer Fehler             7.478587
      Kritischer Wert der Studentisierten Spannweite  4.38831
      Kleinste signifikante Differenz              5.4776
      Harmonisches Mittel der Zellengrößen            4.8
         NOTE: Zellengrößen sind nicht gleich.
Mittelwerte mit demselben Buchstaben sind nicht signifikant verschieden.
        Tukey Gruppierung      Mittelwert    N    impf
                    A            31.175       4    dok1
                    B            23.980       5    dok5
              C     B            19.920       5    dok7
        C     B     D            18.700       5    comp
        C           D            14.640       5    dok4
                    D            13.260       5    dok13


                   Least Squares Means
        Korrektur für multiple Vergleiche: Tukey-Kramer
   Tukey-Kramer Comparison Lines for Least Squares Means of impf
   LS-means with the same letter are not significantly different.
                  n_mg                   LSMEAN
                  LSMEAN    impf          Anzahl
            A     31.175    dok1             2
            B     23.980    dok5             5
        C   B     19.920    dok7             6
        C   B     18.700    comp             1
        C   D     14.640    dok4             4
            D     13.260    dok13            3

                Dunnetts t-Tests auf n_mg
                      Test mit MEANS
      Alpha                                  0.05
      Freiheitsgrade des Fehlers               23
      Mittlerer quadratischer Fehler      7.478587
      Kritischer Wert von Dunnetts t      2.70763
Vergleiche, die zum 0.05 Niveau signifikant sind, werden durch *** gekennzeichnet.
                         Differenz
       impf              zwischen       Simultan 95%
       Vergleich        Mittelwerten    Konfidenzgrenzen
       dok1  - comp        12.475        7.508    17.442   ***
       dok5  - comp         5.280        0.597     9.963   ***
       dok7  - comp         1.220       -3.463     5.903
       dok4  - comp        -4.060       -8.743     0.623
       dok13 - comp        -5.440      -10.123    -0.757   ***
```

Tab. 24.6 (Fortsetzung)

```
                    Least Squares Means
          Korrektur für multiple Vergleiche: Dunnett
                                  H0:LSMean=
                                    Control
          impf        n_mg LSMEAN    Pr > |t|
          comp        18.7000000
          dok1        31.1750000     <.0001
          dok13       13.2600000      0.0190
          dok4        14.6400000      0.1049
          dok5        23.9800000      0.0234
```

mischen Transformation, Homoskedastizität hergestellt werden (s. z. B. Steel und Torrie 1980). Varianzhomogenitätstest erfordern allerdings Stichprobenumfänge ≥ 5; bei kleinerer Anzahl ist die Aussagekraft zweifelhaft (Dufner et al. 2002).

Es sei noch einmal darauf hingewiesen, dass hier nur zu Demonstrationszwecken verschiedene Mittelwerttests aufgerufen wurden. Zur „guten Praxis" der Versuchsplanung und -auswertung gehört, dass man sich für einen Test entscheidet und nur mit diesem die Ergebnisse interpretiert. SAS bietet eine Reihe weiterer, hier nicht gezeigter Testverfahren an, die man der Prozedurbeschreibung entnehmen kann. In den folgenden Beispielen wird häufiger der Tukey-Test, manchmal auch der t-Test (mit seinen bekannten Schwächen!) angewandt. Beide Tests (und auch einige andere) arbeiten mit nur einer Grenzdifferenz und sind daher für den Leser von Versuchsergebnissen bei der tabellarischen Darstellung der Mittelwerte ohne Buchstabensymbolik sehr leicht in die Mittelwertanalyse einzubeziehen.

Auf die „Philosophie" und Konstruktion der einzelnen Mittelwerttests wurde hier nicht näher eingegangen. Sie sind bei allen statistischen Lehrbüchern beschrieben; auch im Kapitel 6 befinden sich dazu einige Anmerkungen. Empfehlenswert ist auch das Taschenbuch von Horn und Vollandt (1999).

Gelegentlich findet sich bei den Bemerkungen zu den Mittelwerttests im Output der Begriff *Fehler erster Art*. Auf die Bedeutung dieser wichtigen Eigenschaft von statistischen Analysen wird in Kapitel 5 näher eingegangen. Darüber hinaus wird auf das Kapitel 56 (Anzahl Wiederholungen und Teststärke) verwiesen, das die Gesamtproblematik der Stichprobenplanung am praktischen Beispiel aufzeigt.

Varianz-und Regressionsanalyse zur einfaktoriellen Blockanlage

Von einer Blockanlage spricht man, wenn das Experiment zunächst in Versuchseinheiten („Blöcke") unterteilt wird und in diese die zu prüfenden Varianten zufällig verteilt werden. Bei einer „vollständigen Blockanlage" kommen alle Varianten einmal im Block vor. Es gibt auch „unvollständige Blockanlagen", auf die in späteren Beispielen noch eingegangen wird. Sinn der Blockbildung ist, den Versuchsfehler zu reduzieren, indem einheitlichere Prüfungsbedingungen für die Varianten geschaffen werden. Dabei versucht man durch geschickte Anlage der Blöcke die Varianz *innerhalb* der Blöcke zu minimieren; eine größere Varianz *zwischen* den Blöcken stört dagegen nicht. Blockanlagen sind insbesondere bei Feldversuchen von großer Bedeutung, da es selbst bei sorgfältiger Auswahl einer Versuchsfläche kaum gelingt, einen *vollrandomisierten* Versuch – wie in Kapitel 24 beschrieben – mit höchster Präzision durchzuführen.

Ein einfaktorieller Feldversuch mit vier Varianten und drei Wiederholungen in Blockanlage kann die in Abb. 25.1 dargestellte Form annehmen. In jedem Block (Nr. in Klammern) ist jede Variante einmal in zufälliger Anordnung vertreten. Gegenüber einem vollrandomisierten Versuch ist hier also die Randomisation auf die Blöcke beschränkt. Der Vorteil der Blockbildung ist, dass Bodenunterschiede *zwischen* den Blöcken den Versuchsfehler nicht belasten, sondern als Blockvarianz extra ausgewiesen werden. Bodenunterschiede *innerhalb* eines Blockes können dagegen nicht vom Versuchsfehler getrennt werden. Dieser Fehler reduzierende Blockeffekt tritt aber nur ein, wenn die Blöcke so gelegt werden, dass innerhalb der Blöcke homogenere Verhältnisse herrschen als zwischen diesen. Im obigen Bild wird unterstellt, dass sich die Bodengüte („Bodengradient") von (1) nach (3) verändert, die Blöcke sind deshalb wirksam platziert. Bei der Versuchsplanung ist also immer auf eine effektive Ausrichtung der Blöcke zu achten.

Zusätzliche Information ist in der Online-Version dieses Kapitels (doi:10.1007/978-3-642-54506-1_25) enthalten.

Abb. 25.1 Ein mögliches
Randomisationsergebnis
für eine einfaktorielle
Blockanlage

(3)	3	1	4	2	
(2)	2	4	1	3	Bodengradient
(1)	1	2	3	4	

Blockanlagen sind nicht nur zur Eliminierung von Bodenunterschieden geeignet. Auch andere Störgrößen, wie z. B. ein Zeitfaktor, können damit kontrolliert werden. Wenn z. B. im Labor eine größere Anzahl von Lösungen zu messen ist und diese instabil sind (sich im zeitlichen Abstand verändern), dann sollte immer von jedem Versuchsglied eine Wiederholung (= Block) zeitnah gemessen werden, so dass alle Varianten von dem Problem weitgehend gleich betroffen sind.

Für einen einfaktoriellen Blockversuch kann der einzelne Parzellenwert (y_{ij}) nach folgendem additiven Modell geschätzt werden:

$$y_{ij} = \mu + \alpha_i + \beta_j + \varepsilon_{ij}$$

(μ = Versuchsmittel, α_i = Effekt des i-ten Blocks, β_j = Effekt der j-ten Variante, ε_{ij} = Versuchsfehler).

Ist der Versuchsfaktor quantitativ abgestuft (z. B. ein Stickstoffsteigerungsversuch mit 0–40–80–120 kg N/ha) lässt sich auch der funktionale Zusammenhang zwischen dem N-Aufwand und der Zielgröße (z. B. Ertrag) berechnen. Hierfür verwendet man eine geeignete Regressionsfunktion, z. B. eine einfache lineare oder quadratische Regression (Polynom 2. Grades). Dabei ist die Anlagemethode, hier die Blockstruktur des Versuchs, zu beachten. Der Faktor „Block" geht dabei in der Syntax von SAS als *CLASS*-Variable ins Modell ein.

Qualitativ abgestufte Versuchsfaktoren (z. B. Sorten, Pflanzenschutzmittel) können natürlich nicht auf diese Weise ausgewertet werden. Hier endet die Varianzanalyse mit Mittelwertvergleichen.

Es folgt nun ein Beispiel aus Munzert (1992, S. 22, 74–77 und 124–130). Dort beschränkt sich die Auswertung auf den Zusammenhang zwischen der Bestandesdichte und dem Kartoffelertrag. Bei der folgenden Auswertung wird auch der ökonomische Aspekt solcher Versuche beachtet, indem die Pflanzgutkosten als zusätzliches Kriterium berücksichtigt werden. Außerdem wurde statt des Parzellenertrages (kg/18 m²) der in dt/ha transformierte Ertrag für die Verrechnung verwendet, da diese Dimension praxisüblich ist. Wie im vorigen Beispiel ist auch hier **PROC GLM** für die Auswertung geeignet, ergänzt mit der **ODS**-Grafikfunktion. Zur Planerstellung wurde **PROC PLAN** verwendet.

Programm

```
TITLE1 'Varianz- und Regressionsanalyse zur einfaktoriellen Blockanlage';
TITLE2 'Beispiel aus Munzert (1992), Seiten 22, 74-77, 124-130';
PROC PLAN SEED=5131788; /* SEED=.... kann auch entfallen*/
TITLE3 'Erstellung eines Versuchsplans';
FACTORS block = 4 ORDERED bestdi= 4 RANDOM;
RUN;
DATA a;
INPUT bestdi block ertr @@; * bestdi=Bestandesdichte (Pfl. in 1000/ha);
ertr_dtha = ertr/18*100; * Von Parzellenertrag (kg/18 m²) in dt/ha;
pflko = 80*bestdi/100*25;* Pflanzgut u. Preis: Hier 80 g/Knolle, 25 €/dt;
reinertr_dtha = ertr_dtha - pflko/10; * Reinertrag bei 10,-€/dt Erlös;
guetetest = bestdi;
DATALINES;
30 1 75.4 30 2 78.1 30 3 77.8 30 4 74.7 40 1 84.6 40 2 88.4 40 3 85.3 40 4
82.9
50 1 87.0 50 2 89.5 50 3 86.1 50 4 86.2 60 1 89.8 60 2 86.5 60 3 88.1 60 4
86.9
RUN;
PROC PRINT; TITLE3 'Datenübersicht';
RUN; * nur zur Einlesekontrolle;
PROC GLM;
TITLE3 'Varianz- und Mittelwertanalyse';
CLASS block bestdi;
MODEL ertr_dtha reinertr_dtha = block bestdi;
MEANS bestdi/TUKEY;
RUN;
PROC GLM DATA=a;
TITLE3 'Auffinden des optimalen Regressionsmodells';
CLASS block guetetest;
*MODEL ertr reinertr_dtha = block bestdi guetetest; * Test auf lineare
Regression;
*MODEL ertr_dtha reinertr_dtha = block bestdi bestdi*bestdi guetetest;*
Test auf quadratische Regression;
*MODEL ertr_dtha reinertr_dtha = block bestdi bestdi*bestdi
bestdi*bestdi*bestdi; * kubische Regression;
RUN;
PROC GLM;
TITLE3 'Parameter der quadratische Regression';
CLASS block;
MODEL ertr_dtha reinertr_dtha = block bestdi bestdi*bestdi/SOLUTION
CLPARM P CLM;
LABEL ertr_dtha = 'Ertrag in dt/ha' reinertr_dtha = 'Pflanzgutkosten
bereinigter Ertrag in dt/ha' bestdi='Pflanzen * 1000 pro ha';
ESTIMATE 'Mittlerer Achsenabst.' INTERCEPT 1;
RUN;
ODS GRAPHICS ON;
PROC GLM;
TITLE4 'Mittlere Regressionskurve';
MODEL ertr_dtha reinertr_dtha = bestdi bestdi*bestdi;
RUN;
ODS GRAPHICS OFF;
RUN;
QUIT;
```

Zu Beginn des Programms wird mit *PROC PLAN* ein Randomisationsplan für diesen Versuch erstellt. Ein so kleiner und einfacher Versuch kann natürlich auch leicht „von Hand" erstellt und randomisiert werden. Die Parametersteuerung sei hier jedoch aufgezeigt. Will man ein Randomisationsergebnis nach einem erneuten Programmstart reproduzieren, muss man nach *SEED=* eine ganze Zahl >0 eingeben, auf die sich der Zufallsgenerator bei der Randomisation bezieht (hier *5131788*). Ohne *SEED* verwendet das Programm die aktuelle Uhrzeit des Rechners als Bezugsgröße, weshalb dann bei jedem Programmstart ein neues Randomisationsergebnis angezeigt wird. Nach *FACTORS* werden die Versuchsfaktoren mit Stufenzahl und gewünschtem Ordnungsprinzip definiert: *block = 4 ORDERED* bedeutet, dass die Blöcke 1–4 fortlaufend (nicht randomisiert) aufgelistet werden sollen und *bestdi = 4 RANDOM* randomisiert die 4 Stufen des Faktors *bestdi* innerhalb eines Blockes.

Nach *DATA a* werden in gewohnter Weise die Daten eingelesen, wobei vor *DATALINES* noch vier weitere Variable definiert werden. Die Umrechnung von kg/18 m² in dt/ha hat den Vorteil, dass bei der späteren Mittelwertanalyse die Ergebnisse in der üblichen Dimension vorliegen; die statistischen Tests ändern sich (bis auf die Grenzdifferenz) dadurch nicht. Die Variable *pflko* erlaubt die Eingabe des Knollengewichts (hier *80* g) und des Pflanzgutpreises in €/dt (hier *25*). Damit sind die Pflanzgutkosten für die verschiedenen Bestandesdichten definiert. Das Merkmal *reinertr_dtha* ist die Differenz zwischen *ertr_dtha* und *pflko*, wobei letztere durch den erwarteten Marktpreis des Ertrages (hier *10* €/dt) zu dividieren sind. Damit liefert *reinertr_dtha* den pflanzgutkostenfreien Ertrag des Versuchs, also quasi den Reinertrag. Das Merkmal *guetetest* entspricht nominal dem Merkmal Bestandesdichte (*bestdi*) und wird für die Bewertung der Regressionen benötigt.

Mit dem ersten Prozeduraufruf von *GLM* erfolgt die Varianzanalyse einschließlich Mittelwertvergleich. Mit dem Statement *CLASS* werden *block* und *bestdi* als Klassenvariable definiert. In der *MODEL*-Zeile wird für die drei vorliegenden Beobachtungsmerkmale das Varianzmodell für diesen Versuchstyp (s. oben) festgelegt. Das Modell besteht also aus den Einflussgrößen „Block" und „Bestandesdichte"; das allgemeine Mittel und der Versuchsfehler werden automatisch berücksichtigt. Die *MEANS*-Anweisung mit der Option *TUKEY* liefert für beide Beobachtungsvariablen der *MODEL*-Zeile die Mittelwerte der Bestandesdichten samt Tukey-Test.

Der zweite *GLM*-Aufruf dient dem Auffinden des optimalen Regressionsmodells. Da hier die Faktoren *block* und *guetetest* berücksichtigt werden sollen, wird *PROC GLM* verwendet. Es sind drei Regressionsmodelle zur Überprüfung vorgesehen, die ggf. zu aktivieren sind (Näheres s. im Ergebnisteil).

Bei diesem Versuch wird sich herausstellen, dass die quadratische Regression das angemessene Modell ist. Deshalb folgt ein weiterer Aufruf der Prozedur *GLM* mit diesem Modell und zusätzlichen Schlüsselwörtern (*SOLUTION CLPARMP CLM*). Die *CLASS*-Variable *guetetest* entfällt hier, um korrekte Standardfehler und Konfidenzgrenzen zu erhalten. Hinzugefügt wurde aber eine *ESTIMATE*-Anweisung für die Berechnung des mittleren Achsenabstands der Regression.

Tab. 25.1 Erstellung eines Versuchsplans

```
                         Die Prozedur PLAN

        Faktor  Auswählen    Ausprägungen    Ordnung
        block       4             4          Ordered
        bestdi      4             4          Random


             block  --bestdi--
               1     3  1  4  2
               2     1  4  3  2
               3     2  3  1  4
               4     3  2  4  1
```

Schließlich erzeugt der letzte *GLM*-Aufruf, eingebunden in *ODS GRAPHICS*, eine Regressionsgrafik mit Vertrauensgrenzen für die (mittlere) Regressionskurve und die Einzelwerte.

Ausgabe

In Tab. 25.1 befindet sich das Ergebnis von *PROC PLAN*. Der Randomisationsvorschlag ist als Strukturplan zu verstehen, d. h. auf welche Weise die Blöcke am Feld platziert werden (nebeneinander, hintereinander oder getrennt voneinander), sollte aufgrund der Feldvoraussetzungen entschieden werden (s. Begründung oben). Man kann auch noch in die Randomisation eingreifen, wenn vermieden werden soll, dass „zufällig" die gleiche Variante in Fahrtrichtung hintereinander zu liegen kommt und bei einem Fahrfehler bei Pflegearbeiten „doppelter Schaden" für die Variante droht. Auch eine fortlaufende Reihenfolge der Varianten im 1. Block ist möglich, da eine solche (einmalige!) Konstellation genauso wahrscheinlich ist wie jede andere Randomisation. Derartige Eingriffe sollten aber wohlbegründet sein; ansonsten sind Veränderungen abzulehnen.

Die folgenden Varianzanalysen sind für die zwei Merkmale *ertr_dtha* und *reinertr_dtha* in Tab. 25.2 zusammengefasst. Da ein balancierter Versuch vorliegt (keine fehlenden Daten), besteht kein Unterschied zwischen *Typ I SS* und *Typ III SS*. Würde man auch das Merkmal *ertr* aufrufen, ergäben sich die gleichen F-Werte und – Tests wie für *ertr_dtha*. Man beachte, dass das Modell aus zwei (erklärbaren) Varianzursachen besteht (*block* und *bestdi*) und ein hoch signifikanter Einfluss von *bestdi* festzustellen ist (Pr>F=<0,0001). Der Blockeinfluss ist nicht signifikant (Pr>F=0,1279). Wäre Letzterer signifikant, hätte dies für die weitere Analyse auch keine Bedeutung, außer der Erkenntnis, dass die Blockbildung sehr effektiv war. Die Blockbildung war aber auch bei diesem Beispiel von Vorteil, denn addiert man bei *ertr_dtha* das Summenquadrat für *block* (539,72) zum Summenquadrat *Error* (654,34), ergibt sich quasi der Versuchsfehler für einen vollrandomisierten Versuch mit DF=12 und einem mittleren Quadrat von 99,51. Das mittlere Quadrat für *Error* dieser Blockanlage beträgt aber nur 72,70 und führt damit zum größeren F-Wert für *bestdi* und zur kleineren Grenzdifferenz.

Das Merkmal *reinertr_dtha* ist ein echtes neues Merkmal, da die ökonomischen Parameter Pflanzgutbedarf (Knollengewicht), Pflanzgutpreis und Verkaufserlös des Ertrages in *ertr_dtha* eingearbeitet sind. Aber auch unter diesen Bedingungen ist die Bestandes-

Tab. 25.2 Varianzanalysen zu Merkmalen *ertrag_dtha und reinertr_dtha*

Die Prozedur GLM

Abhängige Variable: ertr_dtha

Quelle	DF	Summe der Quadrate	Mittleres Quadrat	F-Statistik	Pr > F
Modell	6	10742.24537	1790.37423	24.63	<.0001
Error	9	654.34028	72.70448		
Corrected Total	15	11396.58565			

	R-Quadrat	Koeff.var	Wurzel MSE	ertr_dtha Mittelwert
	0.942585	1.822673	8.526692	467.8125

Quelle	DF	Typ I SS	Mittleres Quadrat	F-Statistik	Pr > F
block	3	539.71836	179.90612	2.47	0.1279
bestdi	3	10202.52701	3400.84234	46.78	<.0001

Quelle	DF	Typ III SS	Mittleres Quadrat	F-Statistik	Pr > F
block	3	539.71836	179.90612	2.47	0.1279
bestdi	3	10202.52701	3400.84234	46.78	<.0001

Abhängige Variable: reinertr_dtha

Quelle	DF	Summe der Quadrate	Mittleres Quadrat	F-Statistik	Pr > F
Modell	6	2797.800926	466.300154	6.41	0.0072
Error	9	654.340278	72.704475		
Corrected Total	15	3452.141204			

	R-Quadrat	Koeff.var	Wurzel MSE	reinertr_dtha Mittelwert
	0.810454	2.256858	8.526692	377.8125

Quelle	DF	Typ I SS	Mittleres Quadrat	F-Statistik	Pr > F
block	3	539.718364	179.906121	2.47	0.1279
bestdi	3	2258.082562	752.694187	10.35	0.0028

Quelle	DF	Typ III SS	Mittleres Quadrat	F-Statistik	Pr > F
block	3	539.718364	179.906121	2.47	0.1279
bestdi	3	2258.082562	752.694187	10.35	0.0028

dichte für das Ergebnis sehr relevant, wie der F-Test für *reinertr_dtha* mit *Pr>F=0,0028* zeigt. Es überrascht nicht, dass die Fehler- und Blockvarianzen die gleichen Ergebnisse wie bei *ertr_dtha* ausweisen, denn die Zusatzeigenschaften von *reinertr_dtha* tangieren diese Effekte nicht.

Diese Varianzanalyse führt zu der Erkenntnis, dass die Bestandesdichte im Kartoffel-bau (Pflanzen pro ha) ein hoch sensibler Parameter ist, und zwar aus pflanzenbaulicher (Ertragsbildung!) wie auch aus ökonomischer Sicht (Ertragsoptimierung gemäß De-ckungsbeitragsrechnung). Damit lohnt es sich, die erzielten Mittelwerte für beide Para-meter näher zu analysieren. Der F-Test ist ein Globaltest und kann nur generell Mittel-wertunterschiede anzeigen; die Entscheidung, welche Mittelwerte signifikant differieren, ist Aufgabe eines Mittelwerttests.

In Tab. 25.3 befindet sich eine Zusammenstellung der Mittelwerte für die Merkma-le *ertr_dtha* und *reinertr_dtha* sowie der ausgeführte Tukey-Test mit Umsetzung in die Buchstabensymbolik. Der Tukey-Test erscheint hier besonders angebracht, weil alle Mit-telwerte verglichen werden sollen. Es ist leicht zu erkennen, dass mit steigender Pflanzen-

Tab. 25.3 Mittelwertvergleiche mit dem Tukey-Test

```
                        Die Prozedur GLM

          Tukey-Test der Studentisierten Spannweite (HSD) für ertr_dtha
NOTE: Dieser Test kontrolliert den Fehler erster Art für das gesamte Experiment weist i.A.
   jedoch einen höheren Fehler zweiter Art auf als REGWQ.
          Alpha                                                0.05
          Freiheitsgrade des Fehlers                              9
          Mittlerer quadratischer Fehler                   72.70448
          Kritischer Wert der Studentisierten Spannweite   4.41489
          Kleinste signifikante Differenz                   18.822
        Mittelwerte mit demselben Buchstaben sind nicht signifikant verschieden.
          Tukey Gruppierung     Mittelwert     N     bestdi
                      A          487.917        4     60
                      A          484.444        4     50
                      A          473.889        4     40
                      B          425.000        4     30

       Tukey-Test der Studentisierten Spannweite (HSD) für reinertr_dtha
NOTE: Dieser Test kontrolliert den Fehler erster Art für das gesamte Experiment weist i.A.
   jedoch einen höheren Fehler zweiter Art auf als REGWQ.
          Alpha                                                0.05
          Freiheitsgrade des Fehlers                              9
          Mittlerer quadratischer Fehler                   72.70448
          Kritischer Wert der Studentisierten Spannweite   4.41489
          Kleinste signifikante Differenz                   18.822
        Mittelwerte mit demselben Buchstaben sind nicht signifikant verschieden.
          Tukey Gruppierung     Mittelwert     N     bestdi
                      A          393.889        4     40
                    B A          384.444        4     50
                    B C          367.917        4     60
                      C          365.000        4     30
```

zahl pro ha der Ertrag steigt, allerdings sind die Zuwächse ab 40.000 Pfl./ha nicht mehr signifikant, während zwischen 30.000 und 40.000 Pfl./ha die Differenz mehr als 18,82 dt/ha (Grenzdifferenz!) beträgt. Beim Merkmal *reinertr_dtha* ist dagegen eine Trendumkehr feststellbar: Bei 40.000 Pfl. stellt sich das Maximum ein, bei 30.000 das Minimum, aber auch 50.000 und 60.000 Pfl./ha schmälern den „Reinertrag" gegenüber 40.000 Pfl./ha. Mit einer Irrtumswahrscheinlichkeit von 5 % ist nur die Differenz zwischen 40.000 und 60.000 bzw. 30.000 Pfl./ha signifikant; alle übrigen Differenzen liegen im Fehlerbereich. Damit unterstreicht das ökonomische Merkmal *reinertr_dtha* die Bedeutung einer optimalen Bestandesdichte noch stärker als das rein pflanzenbauliche Merkmal *ertr_dtha*.

Würde es sich um einen qualitativen Versuchsfaktor handeln, zum Beispiel um einen Sortenversuch, wäre die Versuchsauswertung damit beendet. Bei der Bestandesdichte liegt jedoch ein quantitativer Faktor vor (30.000 bis 60.000 Pfl./ha), der zur Durchführung einer anschließenden Regressionsanalyse einlädt. Damit kann der Zusammenhang zwischen einer unabhängigen und abhängigen Variablen noch präziser aufgezeigt werden.

Die nähere Betrachtung der Mittelwerte hat schon ergeben, dass kaum von einer linearen Regression auszugehen ist. Deshalb wird mit dem zweiten Aufruf von *PROC GLM* nach dem optimalen und gültigen Regressionsmodell gesucht. Dazu wurde *guetetest* – im Programm als *guetetest = bestdi* definiert – als weitere *CLASS*-Variable aufgenommen. Mit ihr kann man die Anpassungsgüte der Regression (engl. „lack of fit") überprüfen. Die Ergebnisse für die Merkmale *ertr_dtha* und *reinertr_dtha* sind in Tab. 25.4 aufgelistet.

Tab. 25.4 Auffinden des optimalen Regressionsmodells

Die Prozedur GLM

Abhängige Variable: ertr_dtha

Quelle	DF	Summe der Quadrate	Mittleres Quadrat	F-Statistik	Pr > F
Modell	6	10742.24537	1790.37423	24.63	<.0001
Error	9	654.34028	72.70448		
Corrected Total	15	11396.58565			

Quelle	DF	Typ I SS	Mittleres Quadrat	F-Statistik	Pr > F
block	3	539.718364	179.906121	2.47	0.1279
bestdi	1	7944.540895	7944.540895	109.27	<.0001
guetetest	2	2257.986111	1128.993056	15.53	0.0012

Quelle	DF	Typ I SS	Mittleres Quadrat	F-Statistik	Pr > F
block	3	539.718364	179.906121	2.47	0.1279
bestdi	1	7944.540895	7944.540895	109.27	<.0001
bestdi*bestdi	1	2062.673611	2062.673611	28.37	0.0005
guetetest	1	195.312500	195.312500	2.69	0.1356

Abhängige Variable: reinertr_dtha

Quelle	DF	Summe der Quadrate	Mittleres Quadrat	F-Statistik	Pr > F
Modell	6	2797.800926	466.300154	6.41	0.0072
Error	9	654.340278	72.704475		
Corrected Total	15	3452.141204			

Quelle	DF	Typ I SS	Mittleres Quadrat	F-Statistik	Pr > F
block	3	539.718364	179.906121	2.47	0.1279
bestdi	1	0.096451	0.096451	0.00	0.9717
guetetest	2	2257.986111	1128.993056	15.53	0.0012

Quelle	DF	Typ I SS	Quadrat	F-Statistik	Pr > F
block	3	539.718364	179.906121	2.47	0.1279
bestdi	1	0.096451	0.096451	0.00	0.9717
bestdi*bestdi	1	2062.673611	2062.673611	28.37	0.0005
guetetest	1	195.312500	195.312500	2.69	0.1356

Man beginnt mit der Aktivierung der ersten *MODEL*-Zeile, mit der ein lineares Modell definiert wurde (die beiden folgenden *MODEL*-Zeilen müssen mit * deaktiviert sein). Da *bestdi* jetzt keine *CLASS*-Variable ist, wird sie (als quantitatives Merkmal) zum Regressor, und *guetetest* klärt mittels eines F-Tests, ob ein Anpassungsmangel vorliegt. Maßgebend ist die Typ-I-SS-Statistik.

- Merkmal *ertr_dtha*: Das Gesamtmodell verfügt über 15 *DF*, davon entfallen 6 auf die erklärbaren Varianzursachen (3 für *block*, 1 für lineare Komponente von *bestdi* und 2 für den Anpassungsmangel (*guetetest*). Das Modell ist insgesamt hoch signifikant (*F-Wert 24,63, Pr>F<0,0001*). Ein hoch signifikanter linearer Effekt von *bestdi* liegt vor. Das Modell befriedigt dennoch nicht, denn es wird in der Zeile *guetetest* ein hoch signifikanter Mangel (Pr>F = *0,0012*) angezeigt. Das bedeutet, dass mit dem Programm anstelle des linearen Modells das quadratische gerechnet werden sollte. Aktiviert man dieses, deaktiviert das lineare Modell und startet das Programm erneut, erhält man die darunter stehende Regressionsanalyse. Sowohl die lineare als auch quadratische Komponente von *bestdi* erweisen sich als hoch signifikant, während der nunmehr nur noch mit 1 *DF* vorhandene Anpassungsmangel nicht mehr signifikant ist (*Pr>F = 0,1356*). Damit ist davon auszugehen, dass mit dem quadratischen Regressionsmodell (Polynom 2. Grades) ein gut angepasstes Modell gefunden wurde. Macht man die Probe aufs Exempel und rechnet mit der 3. *MODEL*-Zeile ein kubisches Modell (ein Anpassungsmangel kann wegen fehlender *DF* nicht mehr geprüft werden), dann erweist sich gemäß Typ I SS *bestdi*bestdi*bestdi* mit demselben Ergebnis wie für *guetetest* im quadratischen Modell als nicht signifikant (*Pr>F = 0,1356*). Typ-III-SS-Analysen sind in Tab. 25.4 bewusst nicht aufgeführt, weil sie in die Irre führen würden, denn der quadratische Term wird hier um den kubischen und der kubische um den quadratischen bereinigt. Dies verletzt aber die Regel, dass der quadratische Term vor dem kubischen anzupassen ist. Außerdem ist ein kubisches Modell ohne quadratische Komponente sachlogisch kaum plausibel.

- Merkmal *reinertr_dtha*: Hier zeigt sich in Tab. 25.4 ebenfalls, dass beim quadratischen Modell kein Anpassungsmangel mehr vorliegt. Das vorher gerechnete lineare Modell war nicht signifikant, hatte aber einen massiven Anpassungsmangel (*Pr>F = 0,0012*). Beim quadratischen Modell ist die lineare Komponente nach wie vor nicht sinifikant (*Pr>F = 0,9717*), da aber die quadratische mit *Pr>F = 0,005* hoch signifikant ist, werden beide Komponenten im Modell beibehalten. Auch ein quadratisches Modell ohne linearem Term ist nicht sinnvoll (außer man erwartet bei x = 0 ein Optimum). Nachdem nunmehr die Modellfrage geklärt ist, wird mit der dritten *PROC GLM* die Schätzgleichung ermittelt (Tab. 25.5). Für beide Merkmale werden blockspezifische Regres-

Tab. 25.5 Parameter der quadratischen Regression

Die Prozedur GLM

Abhängige Variable: ertr_dtha Ertrag in dt/ha (R-Quadrat = 0,925)

Parameter		Schätzwert	Standardfehler	t-Wert	Pr > |t|	95% Konfidenzgrenzen	
Mittl. Intercept		162.395833	44.8148051	3.62	0.0047	62.542225	262.249442

Parameter		Schätzwert	Standardfehler	t-Wert	Pr > |t|	95% Konfidenzgrenzen	
Intercept		153.8888889 B	44.99219647	3.42	0.0065	53.6400279	254.1377499
block	1	8.4722222 B	6.51787073	1.30	0.2228	-6.0504988	22.9949432
block	2	16.3888889 B	6.51787073	2.51	0.0307	1.8661679	30.9116099
block	3	9.1666667 B	6.51787073	1.41	0.1899	-5.3560543	23.6893877
block	4	0.0000000 B	.	.	.	.	.
bestdi		12.2118056	2.08419045	5.86	0.0002	7.5679398	16.8556713
bestdi*bestdi		-0.1135417	0.02304415	-4.93	0.0006	-0.1648872	-0.0621961

Abhängige Variable: reinertr_dtha Pflanzgutkosten bereinigter Ertrag in dt/ha (R² = 0,754)

Parameter		Schätzwert	Standardfehler	t-Wert	Pr > |t|	95% Konfidenzgrenzen	
Mittl. Intercept		162.395833	44.8148051	3.62	0.0047	62.542225	262.249442

Parameter		Schätzwert	Standardfehler	t-Wert	Pr > |t|	95% Konfidenzgrenzen	
Intercept		153.8888889 B	44.99219647	3.42	0.0065	53.6400279	254.1377499
block	1	8.4722222 B	6.51787073	1.30	0.2228	-6.0504988	22.9949432
block	2	16.3888889 B	6.51787073	2.51	0.0307	1.8661679	30.9116099
block	3	9.1666667 B	6.51787073	1.41	0.1899	-5.3560543	23.6893877
block	4	0.0000000 B	.	.	.	.	.
bestdi		10.2118056	2.08419045	4.90	0.0006	5.5679398	14.8556713
bestdi*bestdi		-0.1135417	0.02304415	-4.93	0.0006	-0.1648872	-0.0621961

sionsgleichungen ausgewiesen, die eigentlich keinen Sinn machen (z. B. für ertr_dtha, block1 = 153,888 + 8,472 + 12,2118*bestdi − 0,1135*bestdi²). Dagegen interessiert die über die vier Blöcke gemittelte Regressionskurve. Der diesbezügliche Achsenabstand ergibt sich aus dem Mittelwert der vier *block*-Schätzwerte + dem Schätzwert für *Intercept*. Das (gerundete) Ergebnis (162, 40) wurde im Programm mit der *ESTIMATE*-Anweisung erzeugt und befindet sich in Tab. 25.5 in den Zeilen *Mittl. Intercept*.

Somit lautet die Regression für das Merkmal „Ertrag in dt/ha" ($\hat{y}$)

$$\hat{y} = a + b_1 x + b_2 x^2 = 162,40 + 12,212x - 0,1135x^2$$

und für den pflanzgutkostenfreien Ertrag ($\hat{y}$):

$$\hat{y} = 162,40 + 10,212x - 0,1135x^2$$

(x = Bestandesdichte in 1000 Pfl./ha).

Zu diesen Schätzwerten werden auch die Standardfehler und die 95%-Konfidenzgrenzen (5% Irrtumswahrscheinlichkeit) ausgegeben. Für die Regressionskonstante (in beiden Fällen 162,3958) lehnt der t-Test die Nullhypothese ab. Dies heißt eigentlich, dass bei 0 Pflanzen noch mit einem Ertrag von 162,4 dt/ha zu rechnen ist, eine Nonsensbehauptung, denn Regressionsgleichungen nach Modell I – und eine solche liegt hier vor, weil ausgewählte Pflanzendichten! – haben nur Gültigkeit innerhalb des Untersuchungsbereichs (hier 30.000 bis 60.000 Pfl./ha).

Die Bestimmtheitsmaße (R-Quadrat, B) für die obigen Gleichungen lauten auf B = 0,925 (*ertr_dtha*) bzw. B = 0,754 (*reinertr_dtha*). Sie sind korrekt, weil sie unter Berücksichtigung der Blockeffekte zustande kamen (bei Munzert (1992) für *ertr_dtha* aufgrund eines Druckfehlers als 0,992 ausgewiesen). Die Bestimmtheitsmaße besagen, dass Ertrag zu 92,5% und pflanzgutkostenfreier Ertrag zu 75,4% von der Bestandesdichte abhängen. Man beachte, dass ohne Blockvarianz im Regressionsmodell zwar korrekte Regressionskoeffizienten ausgewiesen, die Bestimmtheitsmaße jedoch unterschätzt werden (weil *block-SS* im *Error-SS* mit enthalten ist) und die Signifikanzen nicht stimmen.

In den Outputs werden auch noch die Beobachtungs- und (aufgrund der Regressionsgleichung) geschätzten (*prognostizierten*) Werte (ŷ) mit ihrer Differenz zum Beobachtungswert (*Residuum*) sowie deren 95%-Konfidenzgrenzen ausgewiesen; Letztere aufgrund von *CLM* im Programm. Diese Unter- und Obergrenzen beschreiben den Vertrauensbereich der Mittelwerte (= Regressionskurve). Man kann statt *CLM* auch *CLI* (Konfidenzgrenzen für die Einzelwerte) anfordern, um zu sehen, ob diese im 95%-Intervall liegen.

Wesentlich anschaulicher lassen sich Regression und Konfidenzgrenzen grafisch darstellen. Dafür wurde im Programm mit dem letzten *GLM*-Aufruf die *ODS*-Funktionalität genutzt. Die Grafik erscheint im großen Ausgabefenster erst, wenn im linken Seitenfenster

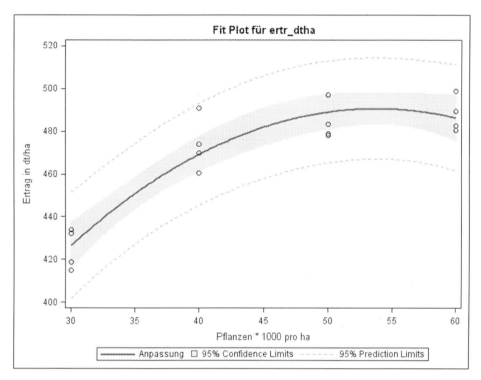

Abb. 25.2 Beziehung zwischen Bestandesdichte und Knollenertrag

Fit Plot angeklickt wird. Für die beiden relevanten Merkmale *ertr_dtha* und *reinertr_dtha* erhält man dann die Abb. 25.2 bzw. 25.3.

Diese über die Blöcke gemittelte Regressionskurve mit den eingezeichneten Konfidenzgrenzen erhält man nur, wenn man das Modell ohne die *CLASS*-Variable *block* rechnet. Das hat dann allerdings zur Folge, dass die Konfidenzgrenzen nicht ganz mit den in Tab. 25.5 aufgelisteten Werten übereinstimmen, weil sie sich eben auf eine gemittelte Regressionskurve (mit korrekten Regressionskoeffizienten!) beziehen. Beide Grafiken machen aber nicht nur den Unterschied zwischen der rein pflanzenbaulichen und der betriebswirtschaftlichen Auswertung sehr deutlich, sie veranschaulichen auch die Versuchsgenauigkeit. Der eingefärbte Bereich um die Regressionskurve kennzeichnet das oben erwähnte 95 %-Intervall für die Regression bzw. Mittelwerte und die beiden gestrichelten Kurven die Grenzen für den 95 %-Vertrauensbereich der Einzelwerte.

Man kann eine solche Grafik mit Hilfe der WORD-Funktionalität noch weiter zur „Veröffentlichungsreife" editieren, wie Abb. 25.4 zeigt. Die Abbildungsunterschrift wurde mit Anklicken der Grafik und anschließend mit rechter Maustaste hinzugefügt (Option *Beschriftung einfügen* ...). In die Grafik wurde ein Textfeld für die Gleichung und die Rahmenbedingungen der Kalkulation eingefügt. Auch die Koordinatenbezeichnungen *x* und *y* sind Textfelder. Der ursprüngliche äußere Rahmen mit der (unnötigen) Variablen-

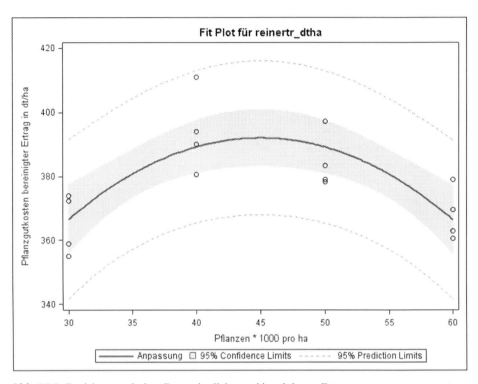

Abb. 25.3 Beziehung zwischen Bestandesdichte und bereinigtem Ertrag

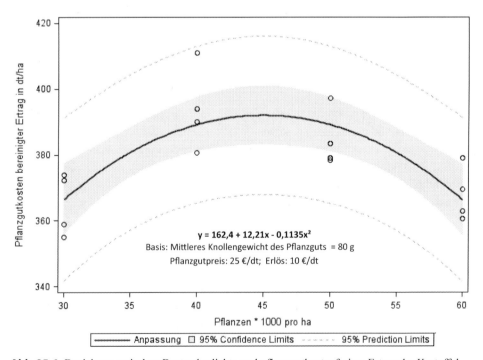

Abb. 25.4 Beziehung zwischen Bestandesdichte und pflanzgutkostenfreiem Ertrag der Kartoffel

überschrift wurde nach Anklicken der Grafik und Anklicken von *Bildtools* sowie der Option *Zuschneiden* entfernt.

Inhaltlich ist zur Abb. 25.4 noch anzumerken, dass diese Darstellung besser als die Mittelwertanalyse in Tab. 25.3 das betriebswirtschaftliche Optimum aufzuzeigen vermag. Während der Tukey-Test nur vermitteln kann, dass zwischen 40.000 und 50.000 Pfl./ha kein signifikanter Unterschied festzustellen ist, beschreibt die Regression das Optimum (unter den gewählten Annahmen!) ziemlich genau bei 45.000 Pfl./ha; unter 40.000 und über 50.000 Pfl./ha ist mit deutlichen Verlusten zu rechnen.

Weitere Hinweise

Manchmal werden Regressionen auch mit Mittelwerten statt wie hier mit Einzelwerten gerechnet. Davor wird dringend abgeraten. Man erhält damit zwar die gleiche Regressionsgleichung (allerdings nur im Fall balancierter Daten), jedoch ist das Regressionsmodell nur schwerlich zu überprüfen und die F- bzw. t-Tests sind eigentlich ungültig; außerdem wird das Bestimmtheitsmaß überschätzt. Vor allem kann mit Mittelwerten der Anpassungsmangel der Regression, wie es in diesem Programmbeispiel gezeigt wurde, nicht überprüft werden.

Das hier verwendete Beispiel wurde bewusst auf den ökonomischen Parameter *pflanzgutkostenfreier Ertrag* erweitert, um aufzeigen zu können, wie unterschiedlich die Bewertung des untersuchten Versuchsfaktors (*Bestandesdichte*) dabei ausfallen kann. Natürlich sind die unterstellten Annahmen nur als Beispiel zu verstehen. Sie brauchen aber im Programm nur an entsprechender Stelle geändert werden, um sofort die „maßgeschneiderte Lösung" zu erhalten.

Im Beispiel wurde der Gesamtertrag als Grundlage für die weitere Auswertung verwendet. Im Kartoffelbau ist es aber üblich, in Produktionsrichtungen zu denken, d. h. den verwertbaren Anteil der Ernte zu ermitteln, da nicht verwertbare Knollenfraktionen meistens wertloser Abfall sind (Ausnahme: Stärkekartoffelbau). Bei Speisekartoffelerzeugung zählt z. B. die Fraktion > 35 mm Knollengröße, im Pflanzkartoffelbau die Fraktion 35–55 mm als Pflanzkartoffeln und die Übergrößen als Speisekartoffeln, während für die Pommes-frites-Produktion der Ertrag > 55 mm von besonderer Bedeutung ist. Diese Überlegungen können selbstverständlich in die Versuchsauswertung einbezogen werden, wenn statt des Gesamtertrages der Ertrag der entsprechenden Knollenfraktion berücksichtigt wird. Das Auswertungsprogramm ließe sich mit wenigen zusätzlichen Befehlen entsprechend anpassen.

Nicht verschwiegen werden soll, dass bei unterschiedlichen Pflanzendichten in der Parzelle die gewünschte Parzellengröße – im Beispiel 18 m² – nicht in allen Fällen ganz eingehalten werden kann und insofern Korrekturen an den Parzellenerträgen in Bezug auf ein einheitliches Flächenmaß vorgenommen werden sollten, es sei denn, diese Korrekturen sind schon vor der Dateneingabe erfolgt, was hier unterstellt wird. Im Kapitel 33 wird jedoch gezeigt, wie man diese Korrekturarbeit auch dem Computer überlassen kann.

Zu jeder (gewissenhaften) Varianz- und Regressionsanalyse gehört auch eine Residuenanalyse, mit der die Voraussetzungen für diese statistischen Verfahren überprüft werden können. In diesem Beispiel wurde darauf verzichtet. Man kann aber mit wenigen Befehlen diese im Rahmen von *ODS* und *PROC GLM* anfordern. Die erste *GLM* müsste mit *ODS GRAPHICS ON* bzw. *OFF* umrahmt und die Zeile *PROC GLM* mit der Option *PLOTS = (DIAGNOSTICS)* erweitert werden. Nach dem Programmlauf kann man im Navigationsfenster unter *GLM ... Varianzanalyse ...* Merkmal (z. B. *ertrag*) und *Diagnostics Panel* die grafischen Ergebnisse aufrufen. Von besonderem Interesse ist die *Quantil-Residuum*-Grafik. Wenn die Residuen weitgehend auf der eingezeichneten Linie angeordnet sind, liegt Normalverteilung als wichtige Voraussetzung vor.

Die Normalverteilung der Residuen lässt sich aber auch – wie in Kapitel 24 – mittels *PROC UNIVARIATE* überprüfen. Will man z. B. das Merkmal reinertr_dtha diesbezüglich testen, genügt folgende Programmergänzung:

```
PROC GLM DATA=a;
CLASS block bestdi;
MODEL reinertr_dtha= block bestdi;
OUTPUT OUT=res RESIDUAL=r;
RUN;
PROC UNIVARIATE DATA=res NORMAL;
VAR r;
RUN;
```

Der Shapiro-Wilk-Test ergibt $Pr < W = 0,9398$; die Normalverteilung steht also außer Frage.
    Auch ein Homogenitätstest ist prinzipiell möglich:

```
PROC GLM;
CLASS bestdi;
MODEL reinertr_dtha=bestdi;
MEANS bestdi/HOVTEST=BF;
RUN;
```

Hier weist die F-Statistik einen $Pr < W$-Wert von 0,8878 aus, also Homogenität für die Varianzen der Bestandesdichten. Der Block-Faktor musste hier aus dem Modell entfernt werden, weil alle für *GLM* implementierten Homogenitätstests nur auf die „one-way-analysis" ausgerichtet sind. Allerdings liegen nur 4 Wiederholungen je Variante vor, für Homogenitätstest eigentlich zu wenig.

Bei einem Lateinischen Quadrat (L.Q.) findet eine Blockbildung in zwei Richtungen statt. Zu den Blöcken einer Blockanlage wird im rechten Winkel nochmals die gleiche Anzahl Blöcke gebildet, die man auch „Säulen" nennt. In diesen Blöcken und Säulen ist jedes Versuchsglied einmal vertreten, und zwar in zufälliger Verteilung. Der Vorteil dieser zweifachen Blockbildung besteht in der weiteren Reduzierung des Versuchsfehlers, sofern die Prüfungsbedingungen in beide Richtungen variieren. Dies kann bei Feldversuchen vorkommen, wenn sich die Bodenverhältnisse längs und quer zur Anlage verändern. Aber auch Laboruntersuchungen können von zwei Störfaktoren begleitet sein, die man dann vom eigentlichen Prüffaktor trennen kann.

Die genannte Bedingung eines L.Q. – in jedem Block und in jeder Säule kommt jede Variante einmal (nur einmal!) vor – führt zu der Konstellation, dass die Anzahl der Blöcke, Säulen und Varianten immer gleich ist und damit auch der Wiederholungszahl der Varianten entspricht. Ein L.Q. für einen Prüffaktor mit vier Stufen (Varianten) erfordert also vier Blöcke und vier Säulen und der Versuch ist vierfach wiederholt. Daraus wird ersichtlich, dass bei einer größeren Anzahl von Prüfgliedern die Wiederholungszahl entsprechend „unangenehm" ansteigt. Deshalb werden L.Q. i.d.R. auch nur bei Versuchen mit 4–6 Varianten angewandt.

Die Konstruktion von L.Q. ist nicht allzu schwierig und erfolgt in drei Schritten, die in den einschlägigen Lehrbüchern erklärt werden. Sie kann aber auch mit der SAS-Prozedur **PROC PLAN** und **PROC TRANSPOSE** vorgenommen werden. Für die varianzanalytische Auswertung und Mittelwertbeurteilung ist wiederum **PROC GLM** gut geeignet, wobei das Varianzmodell

Zusätzliche Information ist in der Online-Version dieses Kapitels (doi:10.1007/978-3-642-54506-1_26) enthalten.

$$y_{ijk} = \mu + \alpha_i + \beta_j + \delta_k + \varepsilon_{ijk}$$

zugrunde liegt und y_{ijk} für den Einzelwert, μ für das Versuchsmittel, α_i und β_j für den i-ten Block- bzw. j-ten Säuleneffekt, δ_k für den k-ten Prüfgliedeffekt und ε_{ijk} für den Versuchsfehler stehen.

Obwohl L.Q. meistens im Feldversuchswesen angewendet werden, wird im Folgenden ein Beispiel aus dem Laborbereich aufgegriffen, weil es gut geeignet ist für eine erweiterte Auswertung, auf die bei Mudra (1958, S. 181), wo das Beispiel dokumentiert ist, nicht eingegangen wird. Es handelt sich um die Kontrolle des Bakteriengehaltes der Milch von fünf landwirtschaftlichen Betrieben. Da der Bakteriengehalt sowohl von der Untersuchungszeit im Labor wie auch von der „Tagesform" der Betriebe abhängen kann, wurde die Untersuchungsreihe als L.Q. angelegt, indem die Probenahmen bei den Betrieben auf fünf Tage und die mikroskopische Untersuchung im Labor auf fünf Tageszeiten zufällig verteilt wurden. Jeder Betrieb wurde also an jedem Tag und zu jeder Tageszeit einmal in zufälliger Reihenfolge überprüft; insgesamt waren 25 Milchproben zu testen. Die Bakterienanzahl einer Probe wurde logarithmisch pro cm³ Milch erfasst, wobei wohl der dekadische Logarithmus gemeint ist.

Programm

```
TITLE1 'Varianzanalyse zum Lateinischen Quadrat';
TITLE2 'Beispiel aus Mudra (1958), S. 181';
TITLE3 'Erstellung eines 5x5-L.Q:';
PROC PLAN seed=58210;
FACTORS Block=5  saeule=5 ORDERED/NOPRINT;
TREATMENTS betriebe=5 CYCLIC;
OUTPUT OUT=lq block CVALS=('T.Zeit 1' 'T.Zeit 2' 'T.Zeit 3' 'T.Zeit 4'
'T.Zeit 5') RANDOM
saeule CVALS=('Tag 1' 'Tag 2' 'Tag 3' 'Tag 4' 'Tag 5') RANDOM
betriebe CVALS=('B. 1' 'B. 2' 'B. 3' 'B. 4' 'B. 5') RANDOM;
RUN;
PROC SORT DATA=lq OUT=lq;
BY block saeule;
PROC TRANSPOSE DATA=lq(RENAME=(saeule=_NAME_)) OUT=neulq(DROP=_NAME_);
BY block;
VAR betriebe;
PROC PRINT DATA=neulq NOOBS;
RUN;
DATA a;
INPUT zeit tag betrieb loganzahl @@;
deloganzahl=10**loganzahl;
DATALINES;
1 1 1 1.9 1 2 2 1.2 1 3 3 0.7 1 4 4 2.2 1 5 5 2.3
2 1 4 2.3 2 2 3 2.0 2 3 5 0.6 2 4 2 2.6 2 5 1 2.3
3 1 3 2.1 3 2 1 1.5 3 3 4 1.7 3 4 5 1.1 3 5 2 3.0
4 1 2 2.9 4 2 5 1.1 4 3 1 1.2 4 4 3 1.8 4 5 4 2.6
5 1 5 1.8 5 2 4 2.1 5 3 2 2.0 5 4 1 2.4 5 5 3 2.5
```

```
;
PROC PRINT; TITLE3 'Überprüfung der Daten'; RUN;
PROC GLM DATA=a;
TITLE3 'Prüfung auf Normalverteilung';
CLASS zeit tag betrieb;
MODEL loganzahl deloganzahl = zeit tag betrieb/SS1;
OUTPUT OUT=res RESIDUAL=abw_loganzahl abw_deloganzahl; /* Vorbereitung
Normalverteilungstests */
RUN;
PROC UNIVARIATE DATA=res NORMAL; /* Normalverteilung der Daten? */
VAR abw_loganzahl abw_deloganzahl;
RUN;
PROC GLM data=a; /* Varianzhomogenität der Betriebe? */
TITLE3 'Prüfung auf Varianzhomogenität';
CLASS betrieb;
MODEL loganzahl deloganzahl= betrieb/SS1;
MEANS betrieb/HOVTEST=BF;
RUN;
PROC GLM DATA=a;
TITLE3 'Ergebnis mit logarithmierten Werten';
CLASS zeit tag betrieb;
MODEL loganzahl = zeit tag betrieb/SS1;
MEANS betrieb/TUKEY;
RUN;
QUIT;
```

Das Programm beginnt mit der Erstellung eines randomisierten 5×5 L.Q. mit Hilfe von *PROC PLAN*. Unter *FACTORS* werden jeweils 5 Blöcke und Säulen in fortlaufender Reihenfolge aufgerufen (*ORDERED)*. *TREATMENTS* definiert die 5 Betriebe, die aufgrund von *CYCLIC* systematisch in den Blöcken fortgeschrieben werden sollen (Block 1: 1-2-3-4-5, Block 2: 5-1-2-3-4, Block 3: 4-5-1-2-3 usw.). Damit liegt bereits ein L.Q. vor, das aber noch nicht randomisiert ist. Dies leisten die folgenden Programmzeilen bis *PROC PRINT DATA=neulq NOOBS*. Die Prozeduren *SORT* und *TRANSPOSE* sind notwendig, weil beim Datensatz *lq* aufgrund der vorausgegangenen Randomisation die 5 × 5-Struktur „zerstört" wird und *TRANSPOSE* diese für die Datei *neulq* wieder herstellt. Weitere Einzelheiten zu den verwendeten Schlüsselwörtern *CVALS, RANDOM, RENAME, _NAME_, DROP und NOOBS* lese man bei den diesbezüglichen Prozedurbeschreibungen nach.

Für die Auswertung der in *DATA a* erfassten Daten ist die letzte *PROC GLM* im Programm zuständig. Dieser ist jedoch eine Überprüfung der Normalverteilung der Daten (untersucht an den Residuen) und der Varianzhomogenität der Betriebe vorgeschaltet. Es soll geprüft werden, ob die logarithmierten Werte tatsächlich notwendig sind oder nicht auch unlogarithmierte Bakterienzahlen die Bedingungen einer Varianzanalyse (Normalverteilung und Varianzhomogenität) erfüllen. Deshalb wurde beim Einlesen der Daten mit *deloganzahl* auch der Numerus von *loganzahl* gebildet. Bei Mudra (1958) wird auf diese Überprüfung verzichtet.

Wie sich zeigen wird, erfüllt tatsächlich nur das logarithmisch dargestellte Merkmal beide Bedingungen, weshalb im anschließenden Programmteil nur noch *loganzahl* berücksichtigt wird.

Tab. 26.1 Lateinisches Quadrat für das Milchproben-Beispiel

```
                      Prozedur PLAN

Block        Tag_1      Tag_2      Tag_3      Tag_4      Tag_5
T.Zeit 1     B. 2       B. 1       B. 5       B. 4       B. 3
T.Zeit 2     B. 5       B. 3       B. 4       B. 1       B. 2
T.Zeit 3     B. 3       B. 4       B. 2       B. 5       B. 1
T.Zeit 4     B. 1       B. 5       B. 3       B. 2       B. 4
T.Zeit 5     B. 4       B. 2       B. 1       B. 3       B. 5
```

Ausgabe

Der mit *PROC PRINT* ausgedruckte Plan für ein randomisiertes L.Q. mit 5 Blöcken (Tageszeiten) und 5 Säulen (Tage) sowie 5 Betrieben ist in Tab. 26.1 aufgeführt. Es ist unerheblich, ob die Block- und Säulenbezeichnungen von 1 nach 5 aufsteigend oder von 5 nach 1 abnehmend geführt werden (im Programm ggf. entsprechend ändern!). Besteht der Wunsch nach einer fortlaufenden Reihenfolge der Betriebe im 1. Block, dann nehme man eine Umbenennung im gesamten Plan vor: Bezogen auf die erste Zeile steht dann anstelle von B.2 B.1, für B.1 B.2, für B.5 B.3 usw. Die Randomisation wird dadurch nicht aufgehoben, denn in einem von 5 Blöcken kann die Reihenfolge 1 bis 5 mit gleicher Wahrscheinlichkeit vorkommen, wie jede andere mögliche Reihenfolge.

Das wesentliche Ergebnis der Überprüfung auf normalverteilte Residuen der beiden Merkmale (*abw_loganzahl, abw_*deloganzahl) ist in Tab. 26.2 zusammengefasst. Die p-Werte der vier Testmethoden bestätigen für beide Merkmale Normalverteilung, denn sie

Tab. 26.2 Prüfung auf Normalverteilung der Residuen

```
                   Die Prozedur UNIVARIATE

                  Variable:  abw_loganzahl
              Tests auf Normalverteilung
Test                  --Statistik---      ------p-Wert------
Shapiro-Wilk          W    0.975201       Pr < W       0.7767
Kolmogorov-Smirnov    D    0.119585       Pr > D      >0.1500
Cramer-von Mises      W-Sq 0.049479       Pr > W-Sq   >0.2500
Anderson-Darling      A-Sq 0.315651       Pr > A-Sq   >0.2500

                  Variable:  abw_deloganzahl
              Tests auf Normalverteilung
Test                  --Statistik---      ------p-Wert------
Shapiro-Wilk          W    0.977019       Pr < W       0.8204
Kolmogorov-Smirnov    D    0.125172       Pr > D      >0.1500
Cramer-von Mises      W-Sq 0.054694       Pr > W-Sq   >0.2500
Anderson-Darling      A-Sq 0.275686       Pr > A-Sq   >0.2500
```

Tab. 26.3 Prüfung auf Varianzhomogenität

```
                        Die Prozedur GLM

     Brown-und-Forsythescher Test auf Homogeneität der loganzahl Varianz
               ANOVA der absoluten Abweichungen von Gruppenmedianen
                         Summe der    Mittleres
     Quelle       DF    Quadrate      Quadrat    F-Statistik   Pr > F
     betrieb       4    0.2904        0.0726         0.39      0.8113
     Error        20    3.6960        0.1848


     Brown-und-Forsythescher Test auf Homogeneität der deloganzahl Varianz
               ANOVA der absoluten Abweichungen von Gruppenmedianen
                         Summe der    Mittleres
     Quelle       DF    Quadrate      Quadrat    F-Statistik   Pr > F
     betrieb       4    281391        70347.7        4.69      0.0078
     Error        20    300176        15008.8
```

sind eindeutig $>0{,}10$ (der *Shapiro-Wilk-Test* hat vorrangige Bedeutung). Normalverteilt sind also auch die nichtlogarithmierten Ausgangsdaten. Ob diese auch die Bedingung „Varianzhomogenität der Betriebe" erfüllen, klärt die folgende *PROC GLM* mit *MEANS betrieb/HOVTEST=BF.*

Dieses Ergebnis kann Tab. 26.3 entnommen werden. Der Levene-Test in der Modifikation nach Brown-Forsythe mit den logarithmierten Bakterienzahlen bestätigt Homogenität ($\mathrm{Pr}>\mathrm{F}=0{,}8113$), d. h. die Streuung der logarithmierten Einzelwerte der Betriebe ist annähernd gleich. Diese Feststellung gilt nicht für die nichtlogarithmierten Bakterienzahlen, denn hier ergibt sich ein $\mathrm{Pr}>\mathrm{F}$-Wert von 0,0078. Damit steht die Notwendigkeit der Verwendung von logarithmierten Bakterienzahlen für die weitere statistische Auswertung außer Frage.

In Tab. 26.4 befinden sich die Ergebnisse der Varianzanalyse und des Tukey-Tests für die Mittelwertvergleiche. Die Varianzanalyse wurde im Programm mit der Option *SS1* auf die Typ-I-Quadratsummenbildung beschränkt, da ein balancierter Versuch vorliegt und die sonst standardmäßig zusätzlich ausgedruckte Typ-III-Summenzerlegung zum gleichen Ergebnis führen würde. Bei einem Feldversuch würden die F-Tests zu den Block- und Säuleneffekten nicht näher interessieren, da sie von keiner pflanzenbaulichen Bedeutung sind, außer ihrer Aufgabe, den Versuchsfehler ($\mathrm{MQ}_{\mathrm{Error}}$) zu reduzieren. Im vorliegenden Beispiel geben die F-Tests für *zeit* ($\mathrm{Pr}>\mathrm{F}=0{,}3101$) und für *tag* ($\mathrm{Pr}>\mathrm{F}=0{,}0006$) den durchaus interessanten Hinweis, dass der Untersuchungszeitpunkt innerhalb eines Tages die Bakterienzahl nicht signifikant beeinflusste (offensichtlich wurden die Proben gut gekühlt bis zur Untersuchung gelagert!), während bei den fünf Probenahmetagen hochsignifikante Unterschiede zu verzeichnen sind (unterschiedliche Temperaturbedingungen?). Die Versuchsfrage beschränkte sich jedoch auf Betriebsunterschiede und hier signalisiert der F-Test ebenfalls hochsignifikante Unterschiede ($\mathrm{Pr}>\mathrm{F}=0{,}008$). Damit steht fest, dass ein Betriebsvergleich Sinn macht, dessen Ergebnis im unteren Teil von Tab. 26.4 aufgeführt ist. Der Tukey-Test wurde hier gewählt, weil ein „Jeder-mit-jedem-Vergleich" an-

Tab. 26.4 Varianzanalyse und Mittelwertvergleiche zum Merkmal *loganzahl*

```
                             Die Prozedur GLM

Abhängige Variable:loganzahl
                              Summe der      Mittleres
        Quelle            DF    Quadrate      Quadrat    F-Statistik   Pr > F
        Modell            12  8.64080000   0.72006667       6.03       0.0020
        Error             12  1.43280000   0.11940000
        Corrected Total   24 10.07360000
                 R-Quadrat    Koeff.var    Wurzel MSE   loganzahl Mittelwert
                 0.857767     18.03461      0.345543              1.916000
                                             Mittleres
        Quelle            DF    Typ I SS      Quadrat    F-Statistik   Pr > F
        zeit               4  0.64160000   0.16040000       1.34       0.3101
        tag                4  5.25360000   1.31340000      11.00       0.0006
        betrieb            4  2.74560000   0.68640000       5.75       0.0080

            Tukey-Test der Studentisierten Spannweite (HSD) für loganzahl
   NOTE: Dieser Test kontrolliert den Fehler erster Art für das gesamte Experiment weist
          i.A. jedoch einen höheren Fehler zweiter Art auf als REGWQ.
              Alpha                                          0.05
              Freiheitsgrade des Fehlers                      12
              Mittleerer quadratischer Fehler               0.1194
              Kritischer Wert der Studentisierten Spannweite 4.50771
              Kleinste signifikante Differenz               0.6966
        Mittelwerte mit demselben Buchstaben sind nicht signifikant verschieden.
           Tukey Gruppierung    Mittelwert   N   betrieb
                          A       2.3400      5    2
                          A       2.1800      5    4
                    B     A       1.8600      5    1
                    B     A       1.8200      5    3
                    B             1.3800      5    5
```

gestrebt wird und dieser Test das vorgegebene Signifikanzniveau=5% hält (Fehler 1. Art) und der Fehler 2. Art (die Nullhypothese wird unberechtigterweise angenommen) in Kauf genommen wird. Die ausgewiesene Grenzdifferenz von 0,6966 ist in die Buchstabensymbolik umgesetzt, so dass klar wird, dass sich die Betriebe 2 und 4 signifikant von Betrieb 5 unterscheiden und 2, 4, 1 und 3 wie auch 1, 3 und 5 untereinander nicht signifikant differieren.

Dieser Betriebsvergleich basiert auf den Mittelwerten der logarithmierten Einzelwerte, von denen der Nachweis erbracht wurde, dass ihre Residuen normalverteilt sind und innerhalb der Betriebe zu gleichen Varianzen führen. Für Varianzanalyse und Mittelwerttest liegen somit die statistischen Voraussetzungen vor und alle Testentscheidungen sollten nur auf dieser Basis getroffen werden. Mudra (1958) transformiert an anderer Stelle (S. 296–297) eine mit logarithmierten Daten berechnete Grenzdifferenz in die ursprüngliche Skala zurück und trifft dann mit dieser Grenzdifferenz und den zurücktransformierten Mittelwerten die Testentscheidungen. Diese Vorgehensweise ist aber falsch.

Weitere Hinweise

Ein L.Q. kann gegenüber einer Blockanlage u. U. auch ineffektiv sein. Das ist dann der Fall, wenn entweder die Block- oder Säulenvarianz sehr gering ausfällt und der Verlust der Freiheitsgrade zu einem größeren kritischen t-Wert und u. U. auch zu einem größeren MQ_{Error} (und damit auch zu einer größeren Grenzdifferenz) führt als bei Auswertung als Blockanlage. Dies ist allerdings bei diesem Beispiel nicht der Fall. Auch wenn ein L.Q. immer die Bedingungen einer Blockanlage erfüllt, ist es gute Versuchspraxis, trotzdem bei der gewählten Anlagemethode zu bleiben.

Leider sind bei diesem Lehrbuchbeispiel (Mudra 1958, S. 181) nur die bereits logarithmierten Einzelwerte angegeben und diese nur mit 1 Stelle nach dem Komma. In der Praxis wird man natürlich die Urdaten (numerische Bakterienzahl) erfassen und diese vom Computer in den Logarithmus umwandeln lassen. Die entsprechende SAS-Syntax nach der *Input*-Zeile lautet dann für den dekadischen Logarithmus z. B. *log_anzahl=LOG10(anzahl)*.

Grundsätzlich sind für Daten mit nichtlinearem Charakter auch der Zweier- (zur Basiszahl 2) und der natürliche Logarithmus (zur Basiszahl e) geeignet. Hier gilt dann z. B. *log_anzahl=LOG2(anzahl)* bzw. *log_anzahl=LOG(anzahl)*. Auch andere Transformationen bieten sich u. U. an. Eine gute Übersicht zu den Transformationsmöglichkeiten findet man z. B. bei Steel and Torrie (1980, S. 235–236). Das Thema der Datentransformation ist bei faktoriellen Versuchen besonders kompliziert; ein interessanter Vorschlag dazu liegt von Piepho (2009) vor.

Neben dem im Beispiel vorgenommenen Varianzhomogenitätstest mit *HOVTEST=BF* bietet SAS noch eine Reihe von Alternativen an. Wählt man nur *HOVTEST* wird der klassische Levene-Test mit den Abweichungen zum Mittelwert, mit *HOVTEST=LEVENE(TYPE=ABS)* der Levene-Test mit den absoluten (nicht quadratischen) Residuen und mit *HOVTEST=BARTLETT* der (früher oft verwendete) Bartlett-Test ausgeführt. Letzterer ist aber extrem unrobust gegenüber Abweichungen von der Normalverteilung. Näheres zu diesen Tests siehe die *GLM*-Prozedurbeschreibung oder auch Dufner et al. (2002). Homogenitätstests sind mit Stichprobenumfängen (Wiederholungen im Versuch) ab ≥ 5 sinnvoll, wobei die Levene-Tests generell vorzuziehen sind. Beim verwendeten Beispiel führen alle genannten Tests zur gleichen Aussage.

Um dem Leser die log-„Mittelwerte" in Tab. 26.4 verständlicher zu machen, kann man diese mit folgender Programmergänzung delogarithmieren:

```
DATA b;
TITLE3 'Delogarithmierte Mittelwerte (Schätzwerte der Mediane)';
b1=10**1.86; b2=10**2.34; b3=10**1.82; b4=10**2.18; b5=10**1.38;
RUN;
PROC PRINT DATA=b;
RUN;
```

Als Ergebnis erhält man:

Beob.	b1	b2	b3	b4	b5
1	72.4436	218.776	66.0693	151.356	23.9883

Hierbei handelt es sich aber nicht um arithmetische Mittelwerte der einzelnen Betriebe (b1–b5), sondern allenfalls um Schätzwerte der Mediane der ursprünglichen Skala. Wurde nämlich mit der Datentransformation Normalverteilung und somit auch eine symmetrische Verteilung erzielt, so ist die Schätzung des Erwartungswertes durch das adjustierte Mittel gleichzeitig eine Schätzung des Medians. Die Median-Eigenschaft geht durch die Rücktransformation nicht verloren (wohl aber die eines arithmetischen Mittelwertes, s. Piepho 2009).

Möglich wäre auch – da hier Normalverteilung der logarithmierten Werte vorliegt – die Berechnung des geometrischen Mittels eines Betriebes, das bekanntlich über die n-te Wurzel aus dem Produkt der Einzelwerte berechnet wird (Steel und Torrie 1980):

$$X_G = \sqrt[n]{x1 * x2 * x3...xn}$$

Bei anderen Transformationen ist aber das geometrische Mittel nicht geeignet.

Lateinische Quadrate mit mehr als 4–6 Versuchsgliedern werden von der Praxis i.d.R. abgelehnt, weil die Wiederholungszahl für die Versuchsglieder unangemessen ansteigt. Ein Ausweg kann das Lateinische Rechteck (L.R.) sein. Bei diesem werden ebenfalls Blöcke und Säulen zur Erfassung von Störgrößen in zwei Richtungen gebildet, deren Anzahl beträgt aber nur einen Bruchteil der Anzahl der Prüfglieder. Dies wird erreicht, indem die Säulen in zwei oder mehrere Spalten unterteilt werden. Damit kann z. B. ein Versuch mit 8 Varianten, 4 Blöcken und 4 Säulen mit je 2 Spalten dargestellt werden, so dass ein Versuch mit nur 4 Wiederholungen der Versuchsglieder entsteht. Man spricht dann auch von einem $4 \times 4 \times 2$-L.R. (Tab. 27.1).

Auch für das L.R. gilt die Vorgabe: In jedem Block und in jeder Säule kommen alle Varianten einmal randomisiert vor (die fortlaufende Reihenfolge 1–8 in Block 1 ist möglich, da unterstellt wird, dass die Nummerierung der Varianten zufällig erfolgt ist). Das Besondere an einem solchen L.R. ist, dass nicht nur eine Block- und Säulenvarianz ermittelt werden kann, sondern auch eine Varianz für Blöcke x Säulen und für Spalten innerhalb Säulen. Wird nur erstere zusätzlich berücksichtigt, spricht man auch von einem „Semi-Lateinischen Quadrat" (Semi-L.Q.), wenn beide Varianzen ins Auswertungsmodell eingehen, liegt eine „Zeilen-Spalten-Anlage" vor. Richter et al. (2009) befassen sich ausführlich mit der Planung und Auswertung von L.R. und stellen klar, dass das von Mudra (1958) vorgegebene Schema für die Erstellung von L.R. nicht korrekt ist und auch seine im gleichen Lehrbuch (S. 179–180) aufgeführten Pläne diesen Regeln nicht entsprechen und zudem nicht optimal sind. Auch die von späteren Autoren (Schuster und von Lochow 1979; Bätz et al. 1987) veröffentlichten Pläne sollten nicht genutzt werden, weil diese ebenfalls

---

Zusätzliche Information ist in der Online-Version dieses Kapitels (doi:10.1007/978-3-642-54506-1_27) enthalten.

© Springer-Verlag Berlin Heidelberg 2015
M. Munzert, *Landwirtschaftliche und gartenbauliche Versuche mit SAS*,
Springer-Lehrbuch, DOI 10.1007/978-3-642-54506-1_27

Tab. 27.1 Beispiel eines $4 \times 4 \times 2$-Lateinischen Rechtecks

	Säule 1		Säule 2		Säule 3		Säule 4	
	Spalte 1	Spalte 2	Spalte 1	Spalte 2	Spalte 1	Spalte 2	Spalte 1	Spalte 2
Block 4	4	7	8	5	2	3	1	6
Block 3	6	3	1	7	4	8	2	5
Block 2	8	5	6	2	7	1	4	3
Block 1	1	2	3	4	5	6	7	8

nicht die Optimalitätskriterien erfüllen. Dies gilt auch für das von Munzert (1992) angegebene Randomisationsschema für L.R., das sich wie bei den genannten Autoren auf die Angaben von Mudra (1958) stützt.

Richter et al. (2009) empfehlen für die Konstruktion von L.R. den Einsatz des (lizenzpflichtigen) Programms „CycDesigN", das inzwischen im Internet unter

http://www.vsni.de/de/software/cycdesign

angeboten wird. Mit dieser Software können für beide Typen des L.R. Pläne mit möglichst hoher (mittlerer) Effizienz erstellt werden. Von Hand sind solche Pläne wegen des hohen Aufwandes nicht konstruierbar. Ohne Zuhilfenahme der genannten Software – auch *PROC PLAN* von SAS ist dafür nicht geeignet – sollte man wenigstens darauf achten, dass ein Strukturplan entsteht, in dem die Spalten einer Säule (wie das leider bei Mudra (1958) praktiziert wird) nicht immer die gleichen Versuchsglieder enthalten. Dies wird am einfachsten sichergestellt, indem bei der händischen Konstruktion eines L.R. zunächst die Parzellen nach Blöcken, Säulen und Spalten aufgezeichnet werden und dann in einem Schritt die Randomisation der Varianten für den gesamten Versuch erfolgt, wobei darauf zu achten ist, dass alle Varianten in einem Block und in einer Säule nur einmal vorkommen. Bei einem solchen Semi-L.Q. sind dann – wie gefordert – auch die Parzellen in der Säule zufällig verteilt. Der oben aufgeführte Beispielsplan für ein $4 \times 4 \times 2$-L.R. wurde auf diese Weise von Hand erstellt, wobei die fortlaufende Reihenfolge der Varianten in Block 1 mit der schon genannten Begründung zuallererst in den Plan eingetragen wurde. Von diesem Plan ist zwar kein Effizienzfaktor bekannt, er ist aber immerhin eine mögliche Realisation eines Semi-L.Q., bietet die Voraussetzung für eine korrekte Auswertung und kann, obwohl nicht als solcher konstruiert, auch formal als Zeilen-Spalten-Anlage ausgewertet werden.

Bei einer Zeilen-Spalten-Anlage ist die Randomisation gegenüber einem Semi-L.Q. weiter eingeschränkt, da jetzt auch das gemeinsame Auftreten der Prüfglieder in den Spalten berücksichtigt wird. Obiger Plan wird diesem Anspruch natürlich nicht gerecht. Semi-L.Q. und Zeilen-Spalten-Anlagen sind Blockanlagen, nur dann überlegen, wenn tatsächlich auch Säulen und Spalten-Effekte auftreten; dies ist am ehesten bei Anlagen mit mehr als 4 Spalten pro Säule zu erwarten, also bei Versuchen mit großer Prüfgliederzahl (z. B. einem $4 \times 4 \times 6$-L.R. mit 24 Versuchsgliedern, 4 Blöcken, 4 Säulen und 6 Spalten pro Säule).

Dem Beispiel Mudra (1958) folgend wurden L.R. in der Vergangenheit immer wie Lateinische Quadrate ausgewertet, d. h. im Varianzmodell wurden nur die (fixen) Einflussgrößen Block, Säule und Variante berücksichtigt, die gegen den Versuchsfehler zu testen waren (wobei eigentlich nur der F-Test für Varianten von Bedeutung ist). Wie oben schon angedeutet, beinhalten L.R. potenziell auch Block*Säulen-Effekte und Effekte der Spalten innerhalb der Säulen, die im Varianzmodell als zufällige Effekte zu berücksichtigen sind. Damit entstehen *gemischte Varianzmodelle* folgender Art:

$$\text{Semi-L.Q.}: \quad y_{ijk} = \mu + \alpha_i + \beta_j + \delta_k + \underline{(\alpha\beta)}_{ij} + \underline{e}_{ijk}$$

$$\text{Zeilen-Spalten-Anlage}: \quad y_{ijkm} = \mu + \alpha_i + \beta_j + \delta_k + \underline{(\alpha\beta)}_{ij} + \underline{k(\beta)}_{mj} + \underline{e}_{ijkm}$$

Die unterstrichenen Komponenten sind zufällige Varianzursachen, wobei $\underline{(\alpha\beta)}_{ij}$ die Varianz Block*Säulen und $\underline{k(\beta)}_{mj}$ die Varianz der Spalten innerhalb der Säulen symbolisieren; $\underline{e}_{ijk}$ bzw. $\underline{e}_{ijkm}$ sind die Restfehler. Man erkennt leicht, dass bei Nichtvorhandensein einer Spaltenvarianz eine Zeilen-Spalten-Anlage quasi in ein Semi-Lateinisches Quadrat übergeht. Wie schon erwähnt, kann dies vor allem dann der Fall sein, wenn die Anzahl der Spalten in den Säulen gering ist (z. B. nur 2 oder 3).

Die Auswertung solcher gemischter Modelle sollte immer mit **PROC MIXED** erfolgen, obwohl unter bestimmten Voraussetzungen auch *PROC GLM* zum gleichen Ziel führt. Auf die Besonderheiten dieser mächtigen und gerade für das landwirtschaftliche Versuchswesen wichtigen Prozedur wurde schon in Kapitel 7 *(PROC GLM versus PROC MIXED)* eingegangen. Außerdem wird auf die Prozedurbeschreibung von SAS und die Ausführungen von Piepho et al. (2003) verwiesen.

Als Musterbeispiel eines L.R. wird auf Mudra (1958, S. 183–184), zurückgegriffen. Obwohl, wie schon erwähnt, der diesem Beispiel zugrunde liegende Versuchsplan weder hinsichtlich eines Semi-L.Q. noch einer Zeilen-Spalten-Anlage optimiert ist, können beide Auswertungsvarianten damit demonstriert und auch die Vorzüge von *PROC MIXED* gegenüber *PROC GLM* aufgezeigt werden. Das Beispiel wird auf dreifache Weise ausgewertet: zunächst herkömmlich mit *PROC GLM*, dann mit *PROC MIXED* als Semi-L.Q. und schließlich als Zeilen-Spalten-Anlage. Es handelt sich um einen Haferversuch mit 8 Sorten, 4 Blöcken und 4 Säulen, also um ein $4 \times 4 \times 2$-L.R., bei dem der Ertrag in dt/ha zu verrechnen war. Anzumerken ist noch, dass beim Versuchsglied 8 in Block 1 offensichtlich ein Druckfehler vorliegt; statt 23 dt/ha muss es 25 dt/ha heißen.

Programm

```
DATA a;
TITLE1 'Auswertung Lateinischer Rechtecke';
TITLE2 'Beispiel aus Mudra (1958), S. 183-184';
INPUT block saeule spalte sorte$ dtha @@;
DATALINES;
4 1 1 5 32 4 1 2 8 28 4 2 1 6 28 4 2 2 7 20 4 3 1 2 28 4 3 2 4 29 4 4 1 1
28 4 4 2 3 20
3 1 1 6 20 3 1 2 3 19 3 2 1 8 23 3 2 2 2 26 3 3 1 1 28 3 3 2 7 17 3 4 1 5
24 3 4 2 4 24
2 1 1 4 31 2 1 2 7 18 2 2 1 5 33 2 2 2 1 30 2 3 1 3 17 2 3 2 8 30 2 4 1 2
24 2 4 2 6 23
1 1 1 1 27 1 1 2 2 24 1 2 1 3 24 1 2 2 4 27 1 3 1 5 29 1 3 2 6 21 1 4 1 7
23 1 4 2 8 25
;
PROC GLM;
TITLE3 'Traditionelle (eigentlich falsche) Auswertung';
CLASS block saeule sorte;
MODEL dtha = block saeule sorte;
MEANS sorte/TUKEY; /* Signifikanzniveau = 5% */
MEANS sorte/ALPHA=0.01 TUKEY; /* Signifikanzniveau = 1% */
RUN;
PROC MIXED DATA=a;
TITLE3 'Auswertung als Semi-Lateinisches Quadrat bzw. Zeilen-Spalten-
Anlage';
CLASS block saeule sorte;
MODEL dtha = block saeule sorte/DDFM=KR;
RANDOM block*saeule;/* Semi-L.Q. */
*RANDOM block*saeule spalte(saeule);/* aktivieren bei Zeilen-Spalten-
Anlage und vorhergehende Zeile deaktivieren*/
ODS OUTPUT LSMEANS=b DIFFS=c ;
LSMEANS sorte/PDIFF ADJUST=TUKEY CL; /* Auch z.B. ALPHA=0.01 möglich */
RUN;
DATA d;
SET c;
sorte_gd=(AdjUpper-AdjLower)/2;
RUN;
PROC MEANS DATA=d NOPRINT; /* Berechnung der mittleren GD */
VAR sorte_gd;
OUTPUT OUT = d_mgd MEAN=Estimate;
RUN;
DATA e;
SET b d_mgd;
IF sorte=' ' THEN sorte='x';
RUN;
PROC TABULATE DATA=e;
TITLE3 ' ';
CLASS sorte;
VAR estimate;
TABLE sorte,estimate*MEAN*F=10.2/RTS=15 BOX='x=GD5%-Tukey (gewichtet)';
LABEL estimate='Ertrag dt/ha' sorte='Sorte'; KEYLABEL MEAN=' ';
RUN;QUIT;
```

Nach dem Einlesen der Daten wird mit *PROC GLM* eine Varianzanalyse mit Mittelwertbeurteilung durchgeführt, wie sie bei Mudra (1958) beschrieben ist. Anstelle des bei Mudra (1958) verwendeten multiplen t-Tests wird allerdings der Tukey-Test angefordert, weil er aus bekannten Gründen für umfassende Mittelwertvergleiche die bessere Alternative ist. Setzt man jedoch statt *TUKEY* das Schlüsselwort *LSD*, so erhält man auch das Ergebnis dieses Tests. Um auch den Mittelwertvergleich auf Basis 1 % Irrtumswahrscheinlichkeit zu erhalten, wurden zwei *MEANS*-Zeilen geschrieben.

Es folgt der Programmteil mit *PROC MIXED*. In der Zeile *MODEL* befinden sich alle fixen Varianzursachen, also *block, saeule* und *sorte*. Bei gemischten Modellen ergeben sich u. U. zu adjustierende Freiheitsgrade, die am besten nach der Methode *KENWARD-ROGER* vorzunehmen sind; deshalb die Option *DDFM=KR*. Da anschließend eine *RAN-DOM*-Zeile mit *block*saeule* folgt, verrechnet das Programm die Daten als Semi-L.Q. Soll stattdessen eine Zeilen-Spalten-Anlage berücksichtigt werden, ist die zweite *RAN-DOM*-Zeile einschlägig, denn sie enthält die zwei zufälligen Komponenten *block*saeule* und *spalte(saeule)*. Mit *ODS OUTPUT LSMEANS=b DIFFS=c* werden zwei Tabellen von *MIXED* für die Mittelwerte bzw. deren Differenzen angefordert und als Datei *b* bzw. *c* gespeichert. Die folgende Zeile mit *LSMEANS* und den drei Optionen fordert die Differenzen der Sortenmittelwerte (*PDIFF*) mit dem Tukey-Test (*ADJUST=TUKEY*) und die entsprechenden simultanen (versuchsbezogenen) Vertrauensbereiche (*CL*) an. Mit Datensatz *d* werden aus den oberen und unteren *CL*-Werten des Datensatzes *c* die Grenzdifferenzen nach Tukey berechnet. Da je nach Mittelwertvergleich beim Semi-L.Q. zwei und bei der Zeilen-Spalten-Anlage drei verschiedene Grenzdifferenzen anfallen und hier approximativ nur eine mittlere Grenzdifferenz Verwendung finden soll, erzeugt anschließend *PROC MEANS* diese gemittelte (gewichtete) Grenzdifferenz. Schließlich wird aus den beiden Dateien *b* und *d_mgd* eine gemeinsame Datei *e* gebildet und *PROC TABULATE* für die Erstellung einer Tabelle mit den Sortenmittelwerten und der Grenzdifferenz zur Verfügung gestellt.

Ausgabe

Tabelle 27.2 zeigt das Gesamtergebnis nach der Methode „Mudra". Da hier ein balanciertes Modell mit festen Effekten unterstellt wird, liefert *PROC GLM* auf einfachste Weise alle Informationen. F-Testgröße für *block, saeule* und *sorte* ist ausschließlich MQ_{Error} (=6,0694). Man beachte die Grenzdifferenz nach Tukey mit 5,9427 dt/ha, die auf die anschließenden Mittelwertvergleiche mit Buchstabensymbol angewendet wird. Setzt man im Programm statt *TUKEY* das Schlüsselwort *LSD*, erhält man die bei Mudra (1958) angegebenen Grenzdifferenzen von 3,66 ($\alpha=5\%$) bzw. 5,01 ($\alpha=1\%$) dt/ha.

Die Tab. 27.3 enthält im oberen Teil die wesentlichen Ergebnisse von *PROC MIXED* bei Verrechnung als Semi-L.Q. Der erste Blick sollte immer der Übersicht *Covariance Parameter Estimates* gelten. Hier werden die Schätzwerte für die Varianzkomponenten der zufälligen Effekte angegeben. Der Versuchsfehler (*Residual*), bei *PROC GLM* als

Tab. 27.2 Auswertung nach traditioneller Methode (s. Text)

```
                              Die Prozedur GLM

Abhängige Variable:dtha
                              Summe der      Mittleres
        Quelle           DF     Quadrate       Quadrat   F-Statistik   Pr > F
        Modell           13   496.7500000   38.2115385          6.30   0.0002
        Error            18   109.2500000    6.0694444
        Corrected Total  31   606.0000000
                   R-Quadrat     Koeff.var    Wurzel MSE   dtha Mittelwert
                    0.819719      9.854497      2.463624       25.00000
                                               Mittleres
        Quelle           DF      Typ I SS       Quadrat   F-Statistik   Pr > F
        block             3    70.7500000   23.5833333          3.89   0.0265
        saeule            3    25.5000000    8.5000000          1.40   0.2751
        sorte             7   400.5000000   57.2142857          9.43   <.0001
                                               Mittleres
        Quelle           DF    Typ III SS       Quadrat   F-Statistik   Pr > F
        block             3    70.7500000   23.5833333          3.89   0.0265
        saeule            3    25.5000000    8.5000000          1.40   0.2751
        sorte             7   400.5000000   57.2142857          9.43   <.0001
             Alpha                                         0.05
             Freiheitsgrade des Fehlers                      18
             Mittlerer quadratischer Fehler           6.069444
             Kritischer Wert der Studentisierten Spannweite  4.82432
             Kleinste signifikante Differenz           5.9427
        Mittelwerte mit demselben Buchstaben sind nicht signifikant verschieden.
             Tukey Gruppierung      Mittelwert    N    sorte
                           A          29.500      4     5
                    B      A          28.250      4     1
                    B      A          27.750      4     4
                    B      A          26.500      4     8
                    B      A    C     25.500      4     2
                    B      D    C     23.000      4     6
                           D    C     20.000      4     3
                           D          19.500      4     7
```

$MQ_{Error} = 6,0694$ dokumentiert, ist immer eine Random-Größe und erscheint deshalb auch hier. Zusätzlich weist das Programm für die beim Semi-L.R. charakteristische *block*saeule*-Varianz den Schätzwert 0 aus. Der Wert ist eigentlich negativ (man kann mit der Option *NOBOUND* nachweisen, dass er $-1,7651$ beträgt). Da aber bei der bei *MIXED* voreingestellten REML-Schätzmethode (restricted maximum likelihood-method) negative Schätzwerte auf 0 gesetzt werden, wird die Wechselwirkung *block*saeule* aus den weiteren Berechnungen herausgenommen und *PROC MIXED* rechnet automatisch das von *PROC GLM* her bekannte Fix-Modell. Dementsprechend sind die F-Tests für die festen Effekte identisch mit den F-Tests von *GLM*. Läge eine positive *block*saeule*-Kovarianz vor, ergäben sich andere F-Test-Ergebnisse und auch entsprechend korrigierte Mittelwerte (mit einer etwas kleineren Grenzdifferenz).

Leider liefert *PROC MIXED* (zumindest in der Version 9.2) keinen Mittelwertvergleich auf Basis Buchstabensymbole. Dies hängt damit zusammen, dass bei gemischten Modellen und umfassenden Mittelwertvergleichen mehrere Grenzdifferenzen benötigt werden (je nachdem welche Mittelwerte mit welchem Standardfehler behaftet sind). Wie schon erwähnt, fallen beim Semi-L.Q. und bei der Zeilen-Spalten-Anlage mehrere Grenzdifferenzen an. Piepho stellt unter

Tab. 27.3 Auswertung als Semi-Lateinisches Quadrat

```
                    Die Prozedur MIXED

                 Covariance Parameter
                      Estimates
              Kov.Parm        Schätzwert
              block*saeule         0
              Residual         6.0694
              Typ 3 Tests der festen Effekte
                   Zähler         Nenner
Effekt       Freiheitsgrade   Freiheitsgrade    F-Statistik    Pr > F
block              3               18              3.89        0.0265
saeule             3               18              1.40        0.2751
sorte              7               18              9.43        <.0001

                 Die Prozedur TABULATE
```

x=GD5%-Tukey	Ertrag dt/ha
sorte	
1	28.25
2	25.50
3	20.00
4	27.75
5	29.50
6	23.00
7	19.50
8	26.50
x	5.94

*https://www.uni-hohenheim.de/bioinformatik/beratung/toolsmacros/sasmacros/mult.
sas* zwar ein SAS-Makro zur Verfügung, das diese Aufgabe auch löst, doch hilft man sich oft auch damit, einen gewichteten Mittelwert der Grenzdifferenzen zu verwenden. Diese Strategie wurde in diesem SAS-Programm verfolgt, indem über mehrere Zwischenschritte die Datei *e* erzeugt wurde, mit der *PROC TABULATE* eine übersichtliche Mittelwerttabelle einschließlich gemittelter Grenzdifferenz bildet. Wie leicht zu sehen ist, sind die Ergebnisse identisch mit *GLM*.

Das Ergebnis bei Verrechnung als Zeilen-Spalten-Anlage kann Tab. 27.4 entnommen werden. Hier zeigt sich, dass auch die Varianzkomponente *spalte(saeule)* auf 0 gesetzt wurde. Damit wird das Varianzmodell auf ein Lateinisches Quadrat reduziert und alle weiteren Schätzwerte sind völlig identisch mit dem Semi-L.Q. Es sei auch hier angemerkt, dass es sich um ein fallspezifisches Ergebnis handelt und bei für gewöhnlich positiven Kovarianz-Schätzern sich ein anderes Bild ergäbe.

Tab. 27.4 Auswertung als Zeilen-Spalten-Anlage

```
Die Prozedur MIXED

Covariance Parameter
Estimates
Kov.Parm        Schätzwert
block*saeule             0
spalte(saeule)           0
Residual           6.0694

Typ 3 Tests der festen Effekte
```

Effekt	Zähler Freiheitsgrade	Nenner Freiheitsgrade	F-Statistik	Pr > F
block	3	18	3.89	0.0265
saeule	3	18	1.40	0.2751
sorte	7	18	9.43	<.0001

```
PROC TABULATE
```

x=GD5%-Tukey	Ertrag dt/ha
Sorte	
1	28.25
2	25.50
3	20.00
4	27.75
5	29.50
6	23.00
7	19.50
8	26.50
x	5.94

Weitere Hinweise

Lateinische Rechtecke wurden in der Vergangenheit häufiger als Lateinische Quadrate verwendet, weil sie bezüglich der Wiederholungszahl flexibler zu handhaben sind. Dass Mudra (1958) aus heutiger Sicht sowohl unbefriedigende Konstruktionsregeln als auch suboptimale Versuchspläne empfohlen und diese im deutschsprachigen Raum mehr oder weniger kritiklos übernommen wurden, mag an den damals fehlenden Hilfsmitteln bei der Planerstellung und Versuchsauswertung gelegen haben. Das Prinzip von gemischten Modellen war zwar auch damals schon bekannt, jedoch in der Umsetzung viel zu aufwändig und wurde tunlichst nur in absolut notwendigen Fällen (z. B. bei Versuchsserien) beachtet. Da in der bisherigen Versuchspraxis L.R. meistens nur auf Versuche mit relativ geringer Versuchsgliederzahl (<20) und geringer Spaltenzahl je Säule (2–3) angewandt wurden, dürfte der begangene Fehler bei der Planung und Auswertung (Missachtung der Block*Säulen- und Spalten*Säulen-Effekte (oder Spalten innerhalb Säulen) im Allgemeinen gering gewesen sein. Das hier verwendete Musterbeispiel von Mudra (1958) deutet auch darauf hin. Selbstverständlich sollte es immer das Bestreben sein, den Versuchsfehler so gering wie möglich zu halten. Deshalb kann einer Institution mit einem umfassenden Versuchswesen, das L.R. immer wieder im Programm haben wird, nur empfohlen werden, die modernen Hilfsmittel für L.R., wie „CycdesigN" und Anwendung von gemischten Modellen mit SAS o. ä. Systemen in Anspruch zu nehmen. Unter diesen Voraussetzungen können auch große Versuchsgliederzahlen sehr effektiv mit den viel flexibleren Zeilen-Spalten-Anlagen geprüft werden, für die bisher eher unvollständige Blockanlagen (Gitteranlagen) in Frage kamen. Die hier gezeigte händische Erstellung von L.R. als Semi-L.Q. ist im Einzelfall vertretbar, vor allem, wenn die Prüfungsvoraussetzungen bekannt sind und kaum mit Spalteneffekten zu rechnen ist.

Munzert (1992) beschreibt auch den Typus eines „unregelmäßigen L.R.", d. s. Versuche mit ungerader Versuchsgliederzahl, so dass keine geradlinigen Säulen mehr entstehen. Beispielsweise lässt sich der eingangs aufgeführte 4×4×2-Versuch auch auf einen Versuch mit nur 7 Versuchsgliedern anwenden, indem im Plan einfach die Variante 8 gestrichen wird. Es entstehen dann 4 Blöcke mit jeweils 7 Parzellen und weiterhin 4 Säulen mit 2 Spalten, wobei in jeder Säule eine der zwei Spalten an einer Stelle nicht besetzt ist. Am Auswertungsalgorithmus für Semi-L.Q. bzw. Zeilen-Spalten-Anlagen ändert sich dadurch nichts; die Typ-III-Varianzanalyse adjustiert auch diese Unbalance.

L.R. können nur dann ihre Vorteile gegenüber Blockanlagen ausspielen, wenn sie so angelegt werden, dass vorhandene Störfaktoren in zwei Richtungen auch tatsächlich erfasst werden. Dies impliziert meistens die direkte Übertragung eines Strukturplanes auf das Feld, so dass auf die vorhandenen Feldmaße nicht Rücksicht genommen werden kann. Unvollständige Blockanlagen, die im Folgenden behandelt werden, sind hier flexibler einzusetzen.

Obwohl Lateinische Rechtecke in Form von Semi-Lateinischen Quadraten oder Zeilen-Spalten-Anlagen für größere Versuchsgliederzahlen bei eingeschränkter Anzahl von Wiederholungen ganz gut zu gebrauchen sind, können sie für die Pflanzenzüchtung (und gewisse Versuchsfragen im tierischen Bereich) oft nicht als ideale Lösung angesehen werden. Die Selektionsprogramme in der Pflanzenzüchtung sind i.d.R. auf hohe Versuchsgliederzahlen (Zuchtstämme, Genotypen) bei geringer Wiederholungszahl ausgerichtet; die bisher behandelten Anlagemethoden sind dafür wenig geeignet. Hier können bestimmte Gitteranlagen weiterhelfen. Sie zeichnen sich durch kleine („unvollständige") Blöcke aus und führen selbst mit nur zwei oder drei Wiederholungen zu akzeptablen Versuchsfehlern. Als Beispiel sei das in Abb. 28.1 dargestellte Dreisatzgitter mit 16 Versuchsgliedern angeführt. In jeder Wiederholung befinden sich also vier unvollständige Blöcke mit vier Versuchsgliedern. Verwendet man nur die ersten beiden Wiederholungen, liegt ein Zweisatzgitter vor. Für alle hier behandelten Gitteranlagen ist charakteristisch, dass die Versuchsglieder höchstens einmal gemeinsam in einem Block vorkommen; man spricht deshalb auch von teilweise balancierten unvollständigen Blockanlagen. Aufgrund der kleinen Blöcke kann von relativ einheitlichen Prüfungsvoraussetzungen innerhalb eines Blockes ausgegangen werden. Bodenunterschiede zwischen den Blöcken werden rechentechnisch erfasst und vom Versuchsfehler getrennt.

Die Methodik der Gitteranlagen hat eine lange Tradition und ist z. B. schon bei Cochran und Cox (1957) ausführlich beschrieben. In der Praxis haben sich bestimmte Gitteranlagen besonders bewährt; nur auf diese wird im Folgenden eingegangen:

Zusätzliche Information ist in der Online-Version dieses Kapitels (doi:10.1007/978-3-642-54506-1_28) enthalten.

© Springer-Verlag Berlin Heidelberg 2015
M. Munzert, *Landwirtschaftliche und gartenbauliche Versuche mit SAS*,
Springer-Lehrbuch, DOI 10.1007/978-3-642-54506-1_28

Abb. 28.1 Dreisatzgitter mit
16 Versuchsgliedern

(4)	13 14 15 16	7 15 11 3	4 15 10 5
(3)	9 10 11 12	9 1 5 13	12 2 7 13
(2)	5 6 7 8	10 2 14 6	6 1 16 11
(1)	1 2 3 4	4 12 8 16	14 9 8 3
Bl.	Wiederh. 1	Wiederh. 2	Wiederh. 3

- Zwei- und Dreisatzgitter
- Rechteckgitter
- Alpha-Gitter (Generalisierte Gitter)

Diese Gittertypen können schon mit zwei oder drei Wiederholungen angelegt werden und erfüllen damit bereits eine wichtige Grundforderung des Pflanzenzüchters. Bezüglich der Anzahl der Versuchsglieder gibt es Einschränkungen. Zwei- und Dreisatzgitter setzen eine quadratische Anzahl voraus (z. B. 9, 16, 25, 36 usw.), Rechteckgitter verlangen eine „rechteckige" Anzahl, z. B. $3 \times 4 = 12$ oder $4 \times 5 = 20$ oder $5 \times 6 = 30$ Versuchsgliedern usw. Damit können die „Sprünge" zwischen den Zwei- und Dreisatzgittern deutlich verkleinert werden, indem eben Versuche mit 9, 12, 16, 20, 25, 30 usw. Versuchsgliedern möglich sind. Dem Versuchsansteller wird also mehr Flexibilität bei der Festlegung der Versuchsgliederzahl geboten.

Alpha-Gitter setzen keine bestimmte Versuchsgliederzahl voraus; es sind also auch Versuche mit z. B. 21, 22, 23 und 24 Versuchsgliedern möglich. Es gibt lediglich die Einschränkung, dass die Blockgröße (k) kleiner oder gleich dem Wurzelwert der Versuchsgliederzahl (v) und die Anzahl der Wiederholungen (n) kleiner oder gleich dem Quotienten aus v/k sein muss. Außerdem muss bei der Konstruktion des Planes die Versuchsgliederzahl ein ganzzahliges Vielfaches von k betragen. Liegt eine „ungerade" Versuchsgliederzahl vor, entwickelt man einen Plan für den nächsten passenden Fall und streicht dann einfach die überzähligen Nummern (Beispiel: Für ein Alpha-Gitter mit 29 Versuchsgliedern konstruiert man zunächst einen Plan für 30 Versuchsglieder und streicht anschließend die Nr. 30 in allen Blöcken, in denen diese Zahl auftaucht). Diese Bedingungen sind i.d.R. leicht zu erfüllen, weshalb Alpha-Gitter in der modernen Pflanzenzüchtung aufgrund ihrer hohen Flexibilität beliebt sind. Sie sind überhaupt der generelle Lösungsansatz für Gitteranlagen und schließen z. B. auch die Zwei- und Dreisatzgitter sowie die Rechteckgitter mit ein, daher auch der Name „Generalisierte Gitter".

Bei den Zwei-, Dreisatz- und Rechteckgittern stehen die Blockgröße und die Anzahl der Blöcke von vornherein fest: Sie entsprechen dem Wurzelwert der Versuchsgliederzahl (Zwei- und Dreisatzgitter) bzw. beim Rechteckgitter definiert die erste Zahl die Blockgröße und die zweite die Blockanzahl (z. B. 3×4-Rechteckgitter). Auch die Zahl der Wiederholungen ist praktisch festgelegt: Beim Zweisatzgitter sind zwei oder vier oder sechs usw. Wiederholungen möglich, beim Dreisatzgitter drei oder sechs oder neun usw. Beim Alpha-Gitter sind Blockgröße, Blockanzahl und Wiederholungen offene Planungsgrößen; sie hängen in erster Linie von der Versuchsgliederzahl, dann von den o.

g. Begrenzungen ab. Um zu einem optimalen Alpha-Gitterplan zu kommen, muss auf iterativem Wege dessen Effizienzfaktor (E) bestimmt werden; der Plan mit dem höchsten E-Wert sollte dann gewählt werden. Damit ist der einzige Nachteil von Alpha-Gittern angesprochen: Sie können nicht so einfach wie Zwei- und Dreisatzgitter oder Rechteckgitter von Hand entwickelt werden, sondern man benötigt dazu eine spezielle Software; *PROC PLAN* von SAS schafft das allerdings nicht. Geeignet dafür ist z. B. das beim Lateinischen Rechteck bereits erwähnte Programm *CycDesigN*. Munzert und Voit haben in den 1980er Jahren ein von der Universität Edinburgh stammendes und bei Patterson und Williams (1976) beschriebenes FORTRAN-Programm benutzt und randomisierte Alpha-Gitterpläne für 10–60 Versuchsglieder und zwei sowie drei Wiederholungen erstellt. Diese Pläne sind mit ihrem Effizienzfaktor ausgewiesen und an der Bayerischen Landesanstalt für Landwirtschaft verfügbar. Weitere, von Hand erstellte Pläne für 61–100 Versuchsglieder liegen ebenfalls vor. Allerdings ist eine solche Plansammlung nur als Notbehelf zu verstehen. Besser ist die Verwendung aktueller Software wie *CycDesigN* (Quelle s. Kapitel 27), nicht zuletzt auch, um der Gefahr der Verwendung immer gleich randomisierter Pläne zu begegnen.

Wichtig ist nämlich, dass ein einmal erstellter Plan nicht immer wieder mit gleicher Randomisation verwendet wird. Mit Software erstellte Pläne lassen sich auf Knopfdruck beliebig oft randomisieren.

Zu erwähnen ist aber auch, dass die Struktur von Gitterplänen nicht direkt aufs Feld übertragen werden muss, sondern die unvollständigen Blöcke entsprechend den Feldmaßen nacheinander angelegt werden können. Natürlich sollte auch hier die Blockrichtung so gewählt werden, dass innerhalb eines unvollständigen Blocks möglichst homogene Feldbedingungen herrschen. Erstrebenswert ist außerdem, dass die Blöcke so gruppiert werden, dass innerhalb einer vollständigen Wiederholung möglichst geringe Blockunterschiede auftreten.

Die Auswertung der genannten Gitteranlagen erfolgt auf der Basis folgenden Varianzmodells:

$$y_{ijk} = \mu + \alpha_i + \underline{\beta\,(\alpha)}_{j(i)} + \delta_k + \underline{\varepsilon}_{ijk}$$

Hierbei symbolisieren y_{ijk} das Parzellenergebnis, μ das Versuchsmittel, α_i den i-ten Wiederholungseffekt, $\underline{\beta\,(\alpha)}_{j(i)}$ den j-ten Blockeffekt innerhalb der i-ten Wiederholung, δ_k den Effekt des k-ten Versuchsgliedes und $\underline{\varepsilon}_{ijk}$ den Restfehler. Die unterstrichenen Komponenten sind Zufallsgrößen (random). $\beta\,(\alpha)_{j(i)}$ bedingt eine Mittelwertkorrektur, d. h. es findet eine Adjustierung gemäß der Blockeffekte statt (Interblockschätzung). Aufgrund der unvollständigen Blöcke gestaltet sich die händische Auswertung sehr kompliziert und kann z. B. bei Munzert (1992) nachgelesen werden. Sehr einfach sind dagegen die SAS-Prozeduren **PROC LATTICE**und **PROC MIXED** einzusetzen, wobei letztere bezüglich der Mittelwertanalysen mehr Möglichkeiten bietet. *PROC LATTICE* kann allerdings nicht angewendet werden, wenn keine einheitlichen Blockgrößen vorliegen (z. B. bei einem Alpha-Gitter mit 11 Varianten).

Mit dem folgenden Programm wird mit beiden Prozeduren je ein Dreisatz-, Rechteck-
und Alpha-Gitter verrechnet. Die Beispiele entstammen dem Lehrbuch Munzert (1992),
wobei es sich beim Alpha-Gitter um das vorausgehende Rechteckgitter handelt, jedoch
ohne das Versuchsglied 12. In allen Fällen werden Parzellenerträge (kg/m^2 bzw. kg/10 m^2)
verrechnet.

Programm

```
TITLE1 'Auswertung von Gitteranlagen';
DATA dreisatz;
INPUT group block treatmnt ertrag @@;
DATALINES;
1 1 1 5.3 1 1 2 8.5 1 1 3 6.5 1 2 4 6.6 1 2 5 7.3 1 2 6 5.8
1 3 7 7.5 1 3 8 6.8 1 3 9 5.1 2 1 8 6.0 2 1 2 6.9 2 1 5 6.4
2 2 4 6.8 2 2 1 5.1 2 2 7 6.9 2 3 3 5.3 2 3 6 5.0 2 3 9 4.5
3 1 2 8.7 3 1 7 7.7 3 1 6 6.4 3 2 1 5.8 3 2 5 7.9 3 2 9 5.3
3 3 4 6.4 3 3 8 6.5 3 3 3 5.7
;
Data rechteck;
INPUT group block treatmnt ertrag @@;
DATALINES;
1 1 1 5.9 1 1 2 5.3 1 1 3 5.6 1 2 4 5.8 1 2 5 5.9 1 2 6 6.3
1 3 7 6.6 1 3 8 5.9 1 3 9 6.6 1 4 10 6.3 1 4 11 6.7 1 4 12 6.4
2 2 1 6.1 2 2 8 6.3 2 2 11 6.8 2 1 7 5.9 2 1 10 6.1 2 1 4 5.8
2 4 9 6.1 2 4 6 5.9 2 4 3 5.4 2 3 2 5.8 2 3 12 6.5 2 3 5 6.0
;
Data alpha;
SET rechteck;
IF treatmnt = 12 THEN DELETE;
RUN;
PROC LATTICE DATA=dreisatz;/* bzw. rechteck bzw. alpha eintragen */
TITLE2 'Dreisatzgitter, Beispiel aus Munzert (1992), S. 80-83';
*TITLE2 'Rechteckgitter, Beispiel aus Munzert (1992), S. 83-86';
*TITLE2 'Alpha-Gitter, Beispiel aus Munzert (1992), S. 86-87';
RUN;
PROC MIXED DATA=dreisatz; /* bzw. rechteck bzw. alpha eintragen */
CLASS group block treatmnt;
MODEL ertrag=group treatmnt/DDFM=KR;
RANDOM block(group);
ODS OUTPUT DIFFS=a;
LSMEANS treatmnt/PDIFF CL ADJUST=TUKEY; /* evtl. noch: ALPHA=0.01 */
RUN;
DATA b; /* Für Berechnung der "mittleren" GD */
SET a;
gd_Tukey=(AdjUpper - AdjLower)/2;
gd_tTest=(Upper - Lower)/2;
RUN;
PROC MEANS DATA=b MEAN MIN MAX; /* Erzeugung von gemittelten
Grenzdifferenzen */
VAR gd_Tukey gd_tTest;
RUN;
QUIT;
```

Zunächst werden die drei Datensätze (Dreisatzgitter, Rechteckgitter, Alpha-Gitter) eingelesen. Da bei *PROC LATTICE* die Wiederholungen als *group*, die Blöcke als *block* und die Versuchsglieder als *treatment* bezeichnet werden müssen, wurden diese in den Datensätzen als solche verwendet, obwohl z. B *wiederh* für *group* und *sorte* für *treatment* verständlicher wären. Bei *PROC MIXED* besteht freie Wahl bei den *CLASS*-Bezeichnungen. Es folgen die Prozeduraufrufe, wobei bei *LATTICE* kein weiterer Steuerungsbedarf besteht, während bei *MIXED* ähnlich wie beim Lateinischen Rechteck das Modell mit *MODEL* und *RANDOM* sowie *LSMEANS* zu definieren ist. MIT *ODS OUTPUT DIFFS = b* wird eine Datei *b* mit allen Mittelwertdifferenzen und diverser Statistik gespeichert, die im Folgenden für die Berechnung der *mittleren* Grenzdifferenz benötigt wird. Mittelwerte, die gemeinsam in einem Block auftreten, haben nämlich eine (leicht) kleinere Grenzdifferenz als Mittelwerte, die nicht gemeinsam in einem Block vertreten waren. Diese Unterschiede sind aber vernachlässigbar und werden durch die Mittelwertbildung zwecks einfacherer Handhabung ignoriert.

Um die drei Datensätze nacheinander zu verrechnen, muss nur bei *PROC LATTICE* und bei *PROC MIXED* die entsprechende Datei eingetragen sowie der dazugehörige *TITLE2* aktiviert werden (Entfernung des * am Zeilenanfang).

Ausgabe

Das entscheidende Auswertungsergebnis bei Gitteranlagen sind die korrigierten (adjustierten) Mittelwerte und für deren Vergleich ein geeigneter Mittelwerttest. Die Korrektur ist zwingend erforderlich, da die unkorrigierten Mittelwerte von den unterschiedlichen Blockeffekten beeinflusst sind. Mit der Korrektur findet auf rechnerischem Wege ein Ausgleich statt, je nachdem, ob ein Mittelwert in der Prüfung aufgrund der Blockeffekte zu gut oder zu schlecht wegkam; das Versuchsmittel bleibt unverändert. Fällt die Varianzkomponente *block(group)* ≤ 0 aus, findet keine Korrektur statt und der Versuch wird wie eine Blockanlage ausgewertet. *PROC MIXED verwendet* dafür die REML-Schätzmethode. Diese Vorgehensweise nennt man auch Interblockschätzung.

Die Ergebnisse beider Prozeduren zum Dreisatzgitter sind in Tab. 28.1 zusammengestellt. Der Vergleich der Mittelwerte zeigt, dass *LATTICE* und *MIXED* exakt die gleichen korrigierten Mittelwerte liefern. *LATTICE* gibt automatisch auch die (mittlere) Grenzdifferenz gemäß t-Test für $\alpha = 1$ und 5 % an (statt „Ausprägung" sollte es besser „Niveau" heißen). Andere Mittelwerttests können bei dieser Prozedur jedoch nicht angefordert werden. Bei *MIXED* wurde mit dem LSMEAN-Statement der Tukey-Test (genauer: Tukey-Kramer-Test) für $\alpha = 0{,}05$ verlangt. Da es keine einheitliche Grenzdifferenz für alle Mittelwertvergleiche gibt, berechnet *MIXED* aufgrund der weiteren Option *CL* die individuellen Konfidenzbereiche nach Tukey-Kramer für die einzelnen Differenzen (Spalten *AdjUpper* und *AdjLower)*. Standardmäßig werden im Output *Differences of Least Squares Means*

Tab. 28.1 Dreisatzgitter: Ergebnisse von PROC LATTICE und PROC MIXED

Die Prozedur LATTICE		Die Prozedur MIXED	
Treatment	Mittelwert	treatmnt	Schätzwert
1	5.1153	1	5.1153
2	7.9834	2	7.9834
3	5.9782	3	5.9782
4	6.6999	4	6.6999
5	7.3149	5	7.3149
6	5.7183	6	5.7183
7	7.1069	7	7.1069
8	6.7330	8	6.7330
9	4.9167	9	4.9167
LSD bei .01 Auspräg.	0.5672		
LSD bei .05 Auspräg.	0.3987		

	Die Prozedur MEANS		
Variable	Mittelwert	Minimum	Maximum
gd_Tukey	0.6935152	0.6831052	0.7247453
gd_tTest	0.4016225	0.3958223	0.4190231

auch die Konfidenzbereiche für den t-Test ausgewiesen (*Obere* und *Untere*, im Programm als *Upper bzw. Lower*). Mit Hilfe dieser Angaben berechnet schließlich *PROC MEANS* die mittleren Grenzdifferenzen für den Tukey-Kramer- und den t-Test auf dem 5%-Signifikanzniveau. Will man diese auch für $\alpha = 1\%$ haben, muss bei *LSMEANS* nach dem Schrägstrich noch *ALPHA = 0.01* angegeben werden.

Wie in Tab. 28.1 zu sehen, gibt *PROC MEANS* für den t-Test einen Mittelwert von 0,4016 an; *LATTICE* weist 0,3987 aus. Der Unterschied ist minimal und wohl darauf zurückzuführen, dass *LATTICE* von einer einheitlichen Zahl von Freiheitsgraden ausgeht, die bei *MIXED* fallweise leicht differieren. *MEANS* liefert aber noch den interessanten Hinweis bezüglich der kleinsten (*Minimum)* und größten (*Maximum)* Grenzdifferenz. Diese Angaben bestätigen, dass man mit einer mittleren Grenzdifferenz keinen nennenswerten Fehler begeht.

Für das Rechteckgitter sind die Ergebnisse in gleicher Weise zusammengestellt (Tab. 28.2). Hier sind auch bei den korrigierten Mittelwerten minimale Unterschiede festzustellen, die i.d.R. aber erst bei der dritten Stelle nach dem Komma auftreten. Auch die Grenzdifferenz nach t-Test ist bei Rundung der Werte in beiden Fällen fast identisch (0,55 bzw. 0,54). Diese kleinen Unterschiede treten nicht auf, wenn man bei *MIXED* explizit in der *PROC*-Zeile *METHOD = TYPE1* setzt. Dann führt auch *MIXED* wie *LATTICE* anstelle der REML- eine ANOVA-Schätzung durch.

Tab. 28.2 Rechteckgitter: Ergebnisse von PROC LATTICE und PROC MIXED

Die Prozedur LATTICE		Die Prozedur MIXED	
Treatment	Mittelwert	treatmnt	Schätzwert
1	5.9636	1	5.9631
2	5.5254	2	5.5251
3	5.6565	3	5.6580
4	5.8714	4	5.8722
5	5.8743	5	5.8738
6	6.2054	6	6.2067
7	6.2658	7	6.2660
8	5.9570	8	5.9556
9	6.3998	9	6.4005
10	6.2623	10	6.2626
11	6.6534	11	6.6522
12	6.3652	12	6.3642
LSD bei .01 Auspräg.	0.8679		
LSD bei .05 Auspräg.	0.5533		

	Die Prozedur MEANS		
Variable	Mittelwert	Minimum	Maximum
gd_Tukey	1.0878091	0.9886903	1.1782252
gd_tTest	0.5397116	0.5020904	0.5723983

Die Verrechnung des Alpha-Gitters führt zu der Bestätigung der Angabe in der Prozedurbeschreibung von *LATTICE*, dass bei dieser Prozedur alle unvollständigen Blöcke gleich häufig besetzt sein müssen. Die Blockgröße bei diesem Gitter mit 11 Varianten besteht in zwei Fällen aber nur aus zwei Versuchsgliedern. Deshalb kann diese Prozedur die Aufgabe nicht lösen (Tab. 28.3). *PROC MIXED* kommt mit diesem Problem gut zurecht und liefert faktisch die gleichen Ergebnisse, die bei Munzert (1992, S. 87) dokumentiert sind und mit einem FORTRAN-Programm der Universität Edinburgh erzeugt wurden.

Dieser Prozedurvergleich hat gezeigt, dass *PROC LATTICE* zwar äußerst einfach zu steuern ist (nur eine Zeile), u. U. aber nicht zum Ziel führt. In der Programmbeschreibung werden die Begrenzungen dieser Prozedur näher beschrieben. *PROC MIXED* ist für alle Arten von Gitteranlagen geeignet – auch für hier nicht angesprochene Typen – und bietet Flexibilität bei der weiteren Mittelwertanalyse (verschiedene Testmethoden möglich!). Der hierfür erforderliche zusätzliche Programmieraufwand hält sich in Grenzen und setzt nur etwas SAS-Erfahrung voraus.

Tab. 28.3 Alpha-Gitter: Ergebnisse von PROC LATTICE und PROC MIXED

```
Meldung im LOG von PROC LATTICE:
ERROR: GROUP 1 BLOCK 4 has 2 elements. It should have K = 3.
ERROR: GROUP 2 BLOCK 3 has 2 elements. It should have K = 3.
NOTE: Das SAS System hat die Verarbeitung dieses Schritts aufgrund von Fehlern abgebrochen.
NOTE: Es wurden 22 Beobachtungen gelesen aus Datei WORK.ALPHA.
```

```
                    Die Prozedur MIXED
        treatmnt      1              5.9657
        treatmnt      2              5.5277
        treatmnt      3              5.6508
        treatmnt      4              5.8681
        treatmnt      5              5.8773
        treatmnt      6              6.2004
        treatmnt      7              6.2647
        treatmnt      8              5.9620
        treatmnt      9              6.3971
        treatmnt     10              6.2599
        treatmnt     11              6.6571
```

	Die Prozedur MEANS		
Variable	Mittelwert	Minimum	Maximum
gd_Tukey	1.2027671	1.0766391	1.3354842
gd_tTest	0.5956643	0.5526290	0.6370314

Weitere Hinweise

Da Gitterversuche als sehr effiziente Anlagemethoden zumindest für die Pflanzenzüchtung gelten, empfiehlt sich, die schon beim Lateinischen Rechteck erwähnte Planungssoftware *CycDesigN* zur Erstellung optimaler Gitterpläne zu verwenden. Mit diesem Planungswerkzeug lässt sich auch klären, ob unter bestimmten Voraussetzungen (Versuchsgliederzahl, Anzahl Wiederholungen) ein Lateinisches Rechteck als Zeilen-Spalten-Anlage oder ein Alpha-Gitter zu bevorzugen ist. Die Entscheidung trifft man dann auf der Basis des Effizienzfaktors. Sind nur zwei oder drei Wiederholungen – aus welchen Gründen auch immer – möglich, wird das Alpha-Gitter wohl immer das Mittel der Wahl sein. Weitere Details entnehme man z. B. dem Lehrbuch von John und Williams (1995).

Neben der hier gezeigten Interblockschätzung gibt es auch noch die Intrablockschätzung. Diese geht – im Gegensatz zur Interblockschätzung – von festen Blockeffekten (innerhalb der Wiederholungen) aus. Für (größere) Feldversuche dürfte aber eine Intrablockschätzung weniger effizient sein. Nur wenn die Varianzkomponente *block(group)* gegenüber der Restvarianz sehr groß ist (wie es beim hier verrechneten Dreisatzgitter ausnahmsweise in Ansätzen der Fall ist), führen die Inter- und Intrablockschätzung zu ähnlichen Ergebnissen. Im Allgemeinen verdient die Interblockschätzung den Vorzug.

Bei den demonstrierten Beispielen wurden mit *PROC MIXED* immer zwei verschiedene Mittelwerttests angewendet. Dies geschah, weil *PROC LATTICE* nur den (multiplen) t-Test (hier als *LSD* bezeichnet) anbietet und ein Vergleich mit dem Ergebnis von *PROC MIXED* das Ziel war. Der t-Test ist aber nur vertretbar, wenn man eine sehr begrenzte Anzahl an Mittelwertvergleichen geplant hat (z. B. die besten drei untereinander). Hat man vor, eine größere Anzahl von Vergleichen durchzuführen, ist der (gemittelte) Tukey-Kramer-Test auf jeden Fall die bessere Alternative. Versuchsergebnisse sollte man immer nur mit einem (vorher gut überlegten) Mittelwerttest darstellen; auch reicht für gewöhnlich die Angabe auf dem Signifikanzniveau von $\alpha = 0{,}05$ aus.

Beim Lateinischen Rechteck (s. Kapitel 27) wurden die Ergebnisse schließlich mit *PROC TABULATE* zu einer ansprechenden Tabelle zusammengestellt. Dies könnte man bei diesen Beispielen ebenso machen; die dort gezeigte Vorgehensweise kann übernommen werden.

Ein wissenschaftlicher Versuch muss mindestens zwei Bedingungen genügen: Randomisation und Wiederholungen. Alle bisher behandelten Versuchsanlagen erfüllen diese (und weitere) Kriterien. In der Pflanzenzüchtung kann man beim Testen vieler Genotypen in den frühen Generationen das Prinzip „Wiederholungen für alle Prüfglieder" schon wegen fehlenden Saat- oder Pflanzgutes oft nicht erfüllen – vom großen Prüfungsaufwand ganz abgesehen. Traditionell hilft sich der Pflanzenzüchter durch Anlage von Prüfungen mit Standards (Vergleichssorten) in gewissen Abständen, zwischen denen dann die eigentlichen Prüfglieder einmalig angelegt werden. Am Verhalten der neuen Genotypen im Vergleich zu den Standards erfolgt dann der weitere Selektionsprozess. Je kleiner der Abstand zwischen den benachbarten Standards ist, umso sicherer fallen richtige Entscheidungen aus, weil dann die Bodenvariabilität weniger ins Gewicht fällt; allerdings steigt damit auch der Prüfungsaufwand. Eine gängige Auswertungsmethode war in der Vergangenheit, den Ertrag oder andere gemessene Merkmale der neuen Genotypen relativ zu den Standards zu erfassen. Eine solche Auswertung ist nicht ganz unproblematisch, denn der Maßstab ändert sich laufend. Ergeben die benachbarten Standards z. B. im Mittel 50 dt/ha, dann muss ein neuer Genotyp 51,5 dt/ha ergeben, um den Standards um 3 % überlegen zu sein. Auf einem Niveau von 80 dt/ha, erfordern aber 3 % Überlegenheit einen Mehrertrag des Genotyps von 2,4 dt/ha. Wenn dann zum Schluss alle Genotypen mit ihren Relativerträgen verglichen werden, fließen bodenbedingte Effekte in den Leistungsvergleich mit ein; wissenschaftlichen Ansprüchen genügt eine solche Vorgehensweise nicht.

Die Statistik bietet ein Prüfverfahren an, das solche Verzerrungen vermeidet und darüber hinaus weitere Parameter für die Bewertung der Prüfglieder zur Verfügung stellt. Voraussetzung ist, dass eine solche Zuchtgartenanlage in Blöcke bestimmter Größe eingeteilt wird, die jeweils alle Standards (mindestens) einmal enthalten, darüber hinaus aber

---

Zusätzliche Information ist in der Online-Version dieses Kapitels (doi:10.1007/978-3-642-54506-1_29) enthalten.

mit neuen Genotypen ergänzt werden. Angenommen, es sollen 100 neue Genotypen mit 3 Standards in Blöcken mit ca. 12 Versuchsgliedern geprüft werden, dann befinden sich in jedem Block die 3 Standards und 9 Genotypen. Der Versuch besteht dann aus 10 Blöcken mit je $3+9=12$ Versuchsgliedern und einem 11. Block mit $3+10=13$ Versuchsgliedern; insgesamt benötigt der Versuch 133 Parzellen.

Es handelt sich also um Versuche, die hinsichtlich der Standards vollständige Blockanlagen und unter Berücksichtigung der in jedem Block zusätzlich auftretenden Genotypen unbalancierte Blockanlagen sind. Im Englischen werden solche Anlagen etwas ungenau als *augmented randomized complete-block designs* genannt; sie wurden von Federer (1956) eingeführt. Im Endeffekt erfüllen nur die Standards das unabdingbare Prinzip *Wiederholungen*, mit der Folge, dass die Wechselwirkung Blöcke*Standards den Fehler des Versuchs bilden und das Verhalten der Standards in den Blöcken zur Korrektur der Genotypen verwendet wird (Intrablockschätzung).

Es können zwei mathematische Modelle für die Datenanalyse herangezogen werden:

$$y_{ij} = \mu + \alpha_i + \delta_j + \varepsilon_{ij} \tag{29.1}$$

$$y_{ij} = \mu + \alpha_i + c_j + x_k(c_j) + \varepsilon_{ijk} \tag{29.2}$$

wobei y_{ij} in Gl. (29.1) für den j-ten Prüfgliedeffekt δ im i-ten Block α, μ für das Versuchsmittel und ε_{ij} für den Restfehler stehen. In Gl. (29.2) werden die Prüfgliedeffekte getrennt für die Standards (c) und für die Genotypen innerhalb der Standards (x(c)) geschätzt. In beiden Fällen handelt es sich um Fixmodelle, d. h. abgesehen vom Restfehler werden nicht nur die Prüfgliedeffekte sondern auch die Blockeffekte als feste Einflussgrößen verstanden; F-Tests zu den Prüfgliedern sind sinnvoll. Es findet eine Intrablockschätzung statt. Damit eine Fehlervarianz berechnet werden kann, müssen mindestens zwei Standards in den Blöcken vertreten sein. Sind solche Versuche – wie bei Gitteranlagen – in Wiederholungen und Blöcke strukturiert, ist eine Interblockschätzung mit zufälligen Wiederholungs- und Blockeffekten möglich. Solche *augmented balanced incomplete block designs* gibt es auch und sind bei Wolfinger et al. (1997) beschrieben, sollen hier aber nicht näher behandelt werden.

Als Beispiel einer Zuchtgartenanlage im obigen Sinne wird auf den von Scott und Milliken (1993) beschriebenen Fall zurückgegriffen, mit gewissen Ergänzungen bei der Datenaufbereitung und -auswertung. Es handelt sich um einen Sojabohnenversuch mit vier Standards und 17 neuen Genotypen, wobei der ausgewertete Ertrag ohne Dimensionsangabe dokumentiert ist. Die Auswertung kann mit **PROC GLM** erfolgen; möglich ist aber auch **PROC MIXED**.

Programm

```
DATA a;
TITLE1 'Zuchtgartenanlage mit Standards und nichtwiederholten
Prüfgliedern';
TITLE2 'Beispiel von Scott & Milliken,Crop Sci, 33, S. 865-867 (1993)';
INPUT nr name$ block ertrag @@;
DATALINES;
1 Std_01 1 4098 2 Std_02 1 4020 3 Std_03 1 4440 4 Std_04 1 3860 5 Sta_01
1 2169 6 Sta_02 1 3250 7 Sta_03 1 3807 8 Sta_04 1 4068 9 Sta_05 1 3871
10 Sta_06 1 3838 1 Std_01 2 4060 2 Std_02 2 4414 3 Std_03 2 3835 4 Std_04
2 3865 11 Sta_07 2 4244 12 Sta_08 2 3290 13 Sta_09 2 3019 14 Sta_10 2
3506 15 Sta_11 2 4384 16 Sta_12 2 4148 1 Std_01 3 4283 1 Std_01§ 3 3952 2
Std_02 3 3571 3 Std_03 3 4154 4 Std_04 3 3674 17 Sta_13 3 4167 18 Sta_14
3 4023 19 Sta_15 3 2435 20 Sta_16 3 4595 21 Sta_17 3 3957
;
RUN;
PROC PRINT; RUN; /* Eine Möglichkeit der Datenkontolle */
PROC TABULATE; /* Eine weitere Möglichkeit der Datenkontrolle */
CLASS nr name block;
VAR ertrag;
TABLE nr*name,block*ertrag*F=6.0;
KEYLABEL Sum='  ';
RUN;
DATA b; /* Endgültige Aufbereitung des Datensatzes*/
SET a;
IF name='Std_01§' THEN name='Std_01';
stamm=name; IF nr <5 THEN stamm=0;
standard=name; IF nr >4 THEN standard=0;
RUN;
PROC GLM DATA=b;
TITLE3 'Keine Differenzierung zwischen Standards und weiteren
Prüfgliedern';
CLASS block name;
MODEL ertrag = block name/SS3;
LSMEANS name;
RUN;
PROC GLM DATA=b;
TITLE3 'Differenzierung zwischen Standards und weiteren Prüfgliedern';
CLASS block stamm standard;;
MODEL ertrag = block standard stamm(standard)/SS3;
LSMEANS standard stamm(standard);
RUN;
PROC MIXED DATA=b; /* Entspricht 1. GLM */
TITLE3 'Keine Differenzierung zwischen Standards und weiteren
Prüfgliedern';
CLASS block name;
MODEL ertrag = block name;
LSMEANS name;
RUN;
PROC MIXED DATA=b; /* Entspricht 2. GLM */
TITLE3 'Differenzierung zwischen Standards und weiteren Prüfgliedern';
CLASS block stamm standard;
MODEL ertrag = block standard stamm(standard);
LSMEANS standard stamm(standard);
RUN;
QUIT;
```

Eine Überprüfung der eingelesenen Daten im *DATA a* findet mit *PROC PRINT* statt. Noch etwas übersichtlicher ist die Datenkontrolle mittels *PROC TABULATE*. Der weitere und endgültige Datensatz *DATA b* ist nur deshalb erforderlich, weil im Block 3 der Standard 01 zweimal angelegt wurde (einmal als S*td_01* und ein weiteres Mal als *Std_01ß*) und diese Differenzierung für die weitere Analyse beseitigt werden muss. Außerdem sollen auch die Prüfglieder getrennt nach Standards und Stämmen (bisher als *Genotypen* bezeichnet) ausgewertet werden; diese Aufgabe erledigen die zwei letzten Zeilen im *DATA b*.

Der folgende erste Aufruf von *PROC GLM* setzt das o. a. Modell (29.1) um. Es handelt sich um ein schlichtes Varianzanalysemodell für eine einfaktorielle Blockanlage. Mit Option *SS3* werden nur die Summenquadrate des Typs III berechnet, weil unbalancierte Blöcke vorliegen (s. Kapitel 4). Das Merkmal *name* steht für die Standards und die Stämme. Mit *LSMEANS name* werden die adjustierten Mittelwerte angefordert.

Der zweite Aufruf von *PROC GLM* ist auf (29.2) abgestellt. Statt *name* werden die Variablen *standard* und *stamm* verwendet, wobei die Varianz der Stämme innerhalb der Standards berechnet werden soll („genesteter" Parameter). Auch *LSMEANS* muss entsprechend definiert werden.

Beide Varianzmodelle können auch mit *PROC MIXED* ausgewertet werden. Damit soll nur gezeigt werden, dass hier die Option *SS3* gegenstandslos ist und bei fehlender *RANDOM*-Anweisung *MIXED* auch das reine Fixmodell rechnet. *MIXED* benutzt statt Summenquadrate die (restricted) Maximum-Likelihood-Methode (REML) und dokumentiert für alle fixen Effekte die gleichen F-Tests wie *GLM*. Auch die *LSMEANS* von *MIXED* sind äquivalent, obwohl sie nach einem anderen Ansatz berechnet wurden (Piepho und Spilke 1999).

Ausgabe

Mit Hilfe von *PROC TABULATE* kann die Dateneingabe noch leichter als mit der Ausgabe von *PROC PRINT* (hier nicht dargestellt) überprüft werden (Tab. 29.1). Man erkennt leicht, dass die drei Blöcke alle Standards enthalten, Block 3 den Standard_01 sogar zweimal, und jedem Block zusätzlich 6 bzw. 5 Zuchtstämme zugeordnet sind. Was nicht zu erkennen ist, jedoch klar sein sollte: Mindestens die Standards müssen randomisiert im Block verteilt sein. Wenn die Nummerierung der Stämme zufallsgemäß vorgenommen wurde, ist nichts gegen die fortlaufende Zuordnung der Stämme in den Blöcken einzuwenden; andernfalls wären auch diese zu randomisieren.

Die erste Auswertungsvariante (1. *GLM*) unterscheidet nicht zwischen Standards und Zuchtstämmen (Tab. 29.2). Das Modell ist mit 22 FG und Pr > F = 0,0180 signifikant, wobei nach Auftrennung in *block* und *name* nur noch die Prüfglieder mit Pr > F = 0,0146 signifikant sind. Es folgen die adjustierten Mittelwerte (*LSMEANS*). Bei den Stämmen 01–17 ist die Richtung der Korrektur leicht nachzuvollziehen. Wie in Tab. 29.1 grob abzuschätzen ist, schneiden im Block 1 die Standards leicht überdurchschnittlich ab; deswegen wurden die Stämme 01–06 leicht nach unten korrigiert (um 87). Auch im Block 2

Tab. 29.1 Auflistung der
Daten

Die Prozedur PROC TABULATE

		block		
		1	2	3
		ertrag	ertrag	ertrag
nr	name			
1	Std_01	4098	4060	4283
	Std_01§	.	.	3952
2	Std_02	4020	4414	3571
3	Std_03	4440	3835	4154
4	Std_04	3860	3865	3674
5	Sta_01	2169	.	.
6	Sta_02	3250	.	.
7	Sta_03	3807	.	.
8	Sta_04	4068	.	.
9	Sta_05	3871	.	.
10	Sta_06	3838	.	.
11	Sta_07	.	4244	.
12	Sta_08	.	3290	.
13	Sta_09	.	3019	.
14	Sta_10	.	3506	.
15	Sta_11	.	4384	.
16	Sta_12	.	4148	.
17	Sta_13	.	.	4167
18	Sta_14	.	.	4023
19	Sta_15	.	.	2435
20	Sta_16	.	.	4595
21	Sta_17	.	.	3957

Tab. 29.2 Keine Differenzierung zwischen Standards und weiteren Prüfgliedern

```
                              Die Prozedur GLM
Abhängige Variable: ertrag
                                Summe der      Mittleres
     Quelle              DF      Quadrate        Quadrat   F-Statistik   Pr > F
     Modell              22   8251831.959     375083.271          4.99   0.0180
     Error                7    526639.407      75234.201
     Corrected Total     29   8778471.367

                  R-Quadrat    Koeff.var   Wurzel MSE   ertrag Mittelwert
                   0.940008     7.155540    274.2885            3833.233

                                            Mittleres
     Quelle              DF    Typ III SS     Quadrat   F-Statistik   Pr > F
     block                2     93068.676    46534.338         0.62   0.5658
     name                20   8127146.893   406357.345         5.40   0.0146
```

```
                       Least Squares Means
                              ertrag
                 name         LSMEAN
                 Sta_01    2082.18519
                 Sta_02    3163.18519
                 Sta_03    3720.18519
                 Sta_04    3981.18519
                 Sta_05    3784.18519
                 Sta_06    3751.18519
                 Sta_07    4218.18519
                 Sta_08    3264.18519
                 Sta_09    2993.18519
                 Sta_10    3480.18519
                 Sta_11    4358.18519
                 Sta_12    4122.18519
                 Sta_13    4279.62963
                 Sta_14    4135.62963
                 Sta_15    2547.62963
                 Sta_16    4707.62963
                 Sta_17    4069.62963
                 Std_01    4126.40741
                 Std_02    4001.66667
                 Std_03    4143.00000
                 Std_04    3799.66667
```

verzeichnen die Standards leicht überdurchschnittliche Leistungen, weshalb die Stämme 07–12 ebenfalls etwas im Ertrag reduziert wurden (um 26). Dagegen fallen die Erträge der Standards im Block 3 insgesamt unterdurchschnittlich aus, daher wurden die Stämme 13–17 entsprechend mit einem Aufschlag versehen (um 113). Die Auf- und Abschläge ergeben insgesamt Null. Will man diese Korrekturen im Einzelnen nachvollziehen, hätte man im Programm in der Zeile *MODEL* am Schluss nach *SS3* noch *SOLUTION* setzen müssen. Dann wird im Output nach der Varianzanalyse noch die Zusammensetzung der Schätzwerte im Einzelnen ausgewiesen. Beispielsweise ergibt sich der *LSMEAN*-Wert für Stamm 01 aus

$$3687,037 + (199,444 + 138,444 + 0)/3 + (-1717,4815) = 2082,185$$

(Schätzwerte: Konstante + (block_1 + block_2 + block_3)/3 + Sta_01).

Tab. 29.3 Differenzierung zwischen Standards und weiteren Prüfgliedern mit PROC GLM

Die Prozedur GLM

Abhängige Variable: ertrag

Quelle	DF	Summe der Quadrate	Mittleres Quadrat	F-Statistik	Pr > F
Modell	22	8251831.959	375083.271	4.99	0.0180
Error	7	526639.407	75234.201		
Corrected Total	29	8778471.367			

R-Quadrat	Koeff.var	Wurzel MSE	ertrag Mittelwert
0.940008	7.155540	274.2885	3833.233

Quelle	DF	Typ III SS	Mittleres Quadrat	F-Statistik	Pr > F
block	2	93068.676	46534.338	0.62	0.5658
standard	4	1062245.418	265561.354	3.53	0.0700
stamm(standard)	16	7160469.103	447529.319	5.95	0.0117

Least Squares Means

standard	ertrag LSMEAN
0	3685.78649
Std_01	4126.40741
Std_02	4001.66667
Std_03	4143.00000
Std_04	3799.66667

stamm	standard	ertrag LSMEAN
Sta_01	0	2082.18519
Sta_02	0	3163.18519
Sta_03	0	3720.18519
Sta_04	0	3981.18519
Sta_05	0	3784.18519
Sta_06	0	3751.18519
Sta_07	0	4218.18519
Sta_08	0	3264.18519
Sta_09	0	2993.18519
Sta_10	0	3480.18519
Sta_11	0	4358.18519
Sta_12	0	4122.18519
Sta_13	0	4279.62963
Sta_14	0	4135.62963
Sta_15	0	2547.62963
Sta_16	0	4707.62963
Sta_17	0	4069.62963
0	Std_01	4126.40741
0	Std_02	4001.66667
0	Std_03	4143.00000
0	Std_04	3799.66667

Bei den Standards 02 bis 04 finden keine Korrekturen statt, weil sie in allen drei Blöcken einmal vorkommen und deshalb kein Grund zur Korrektur besteht. Da Standard 01 zweimal im Block 3 (mit unterschiedlichem Ergebnis) geprüft wurde, wird korrigiert.

Bei Differenzierung in Standards und Stämme ergeben sich die in Tab. 29.3 zusammengestellten Resultate. Man sieht jetzt, dass sich die Standards mit einem Pr>F-Wert von 0,0700 und die Stämme mit Pr>F=0,0117 unterscheiden. Die vier *DF* (=Freiheitsgrade) für die vier Standards erklären sich mit dem Umstand, dass mit *stamm(standard)*

Tab. 29.4 Differenzierung zwischen Standards und weiteren Prüfgliedern mit PROC MIXED

```
                              Die Prozedur MIXED

                        Typ 3 Tests der festen Effekte
                         Zähler              Nenner
            Effekt       Freiheitsgrade      Freiheitsgrade    F-Statistik    Pr > F
            block             2                   7               0.62        0.5658
            standard          4                   7               3.53        0.0700
            stamm(standard)  16                   7               5.95        0.0117

                              Kleinste-Quadrate-Mittelwerte
Effekt            stamm   standard   Schätzwert   Standardfehler    DF    t-Wert    Pr > |t|
standard                     0        3685.79        66.8140        7     55.16     <.0001
standard          Std_01              4126.41       139.66          7     29.55     <.0001
standard          Std_02              4001.67       158.36          7     25.27     <.0001
standard          Std_03              4143.00       158.36          7     26.16     <.0001
standard          Std_04              3799.67       158.36          7     23.99     <.0001
stamm(standard)   Sta_01     0        2082.19       295.68          7      7.04     0.0002
stamm(standard)   Sta_02     0        3163.19       295.68          7     10.70     <.0001
stamm(standard)   Sta_03     0        3720.19       295.68          7     12.58     <.0001
stamm(standard)   Sta_04     0        3981.19       295.68          7     13.46     <.0001
stamm(standard)   Sta_05     0        3784.19       295.68          7     12.80     <.0001
stamm(standard)   Sta_06     0        3751.19       295.68          7     12.69     <.0001
stamm(standard)   Sta_07     0        4218.19       295.68          7     14.27     <.0001
stamm(standard)   Sta_08     0        3264.19       295.68          7     11.04     <.0001
stamm(standard)   Sta_09     0        2993.19       295.68          7     10.12     <.0001
stamm(standard)   Sta_10     0        3480.19       295.68          7     11.77     <.0001
stamm(standard)   Sta_11     0        4358.19       295.68          7     14.74     <.0001
stamm(standard)   Sta_12     0        4122.19       295.68          7     13.94     <.0001
stamm(standard)   Sta_13     0        4279.63       293.90          7     14.56     <.0001
stamm(standard)   Sta_14     0        4135.63       293.90          7     14.07     <.0001
stamm(standard)   Sta_15     0        2547.63       293.90          7      8.67     <.0001
stamm(standard)   Sta_16     0        4707.63       293.90          7     16.02     <.0001
stamm(standard)   Sta_17     0        4069.63       293.90          7     13.85     <.0001
stamm(standard)             0  Std_01 4126.41       139.66          7     29.55     <.0001
stamm(standard)             0  Std_02 4001.67       158.36          7     25.27     <.0001
stamm(standard)             0  Std_03 4143.00       158.36          7     26.16     <.0001
stamm(standard)             0  Std_04 3799.67       158.36          7     23.99     <.0001
```

eine fünfte Stufe für *standard* zu berücksichtigen ist. Die *LSMEANS* sind völlig identisch mit jenen in Tab. 29.2; lediglich wird in der ersten Zeile der Mittelwert aller Stämme mit LSMEAN = 3685,787649 zusätzlich ausgewiesen. Dass die Standards zweimal dargestellt werden – am Anfang und Ende der Auflistung – ist eine Folge der Modellbildung: ... *standard stamm(standard)*.

Tabelle 29.4 beschränkt sich auf das Ergebnis des zweiten Aufrufs von *PROC MIXED*, mit Differenzierung zwischen Standards und Stämmen. Vergleicht man die Ergebnisse der Varianzanalyse und der geschätzten Mittelwerte mit den Angaben in Tab. 29.3, so stellt man völlige Übereinstimmung fest. *MIXED* liefert jedoch zusätzlich noch die Standard-fehler. Man erkennt vier verschiedene Standardfehler: für den Mittelwert aller Stämme (66,81), den Standard 01 (139,66), die Standards 2–4 (158,36) und für die einzelnen Stämme (295,68). Die zusätzlich aufgeführten t-Werte prüfen die Nullhypothese für die Schätzwerte ($\hat{y} = 0$), die natürlich in allen Fällen abgelehnt wird.

Man könnte auch hier im Programm in der *MODEL*-Zeile die Option *SOLUTION* setzen, um die einzelnen Schätzkomponenten zu erhalten.

Für welche Prozedur – *GLM* oder *MIXED* – und welche Modellgleichung – (29.1) oder (29.2) man sich letztlich entscheidet, hängt von der Fragestellung ab. Legt man Wert auf die Kenntnis der einzelnen Standardfehler, ist *PROC MIXED* sehr praktisch. Eine differenzierte Auswertung nach Standards und neuen Genotypen (Stämme) liefern *GLM* und *MIXED* in gleicher Weise. Will man möglichst wenig Output und ist man nur an den *LSMEANS* interessiert, ist *PROC GLM* in Form des Modells (29.1) sicherlich der einfachste SAS-Code.

Weitere Hinweise

Das hier aufbereitete Beispiel wurde nach verschiedenen Versionen verrechnet, so dass das Programm relativ umfangreich ausfiel. Legt man sich auf eine bestimmte Version fest, werden nur wenige Programmzeilen benötigt. In der Züchtungspraxis ist die Einbindung derartig berechneter adjustierter Ertragswerte in das Merkmalstableau für den gesamten Selektionsprozess ein weiteres Anliegen, das programmtechnisch leicht lösbar ist. Auch die automatische Übertragung der Ergebnisse in eine EXCEL-Tabelle ist problemlos möglich.

Scott und Milliken (1993) haben für diesen Datensatz einen Programm-Code verwendet, in dem *block* zunächst als RANDOM ausgewiesen wird. Sie weisen darauf hin, dass *block* auch als fix gesetzt werden kann (und damit in der *MODEL*-Zeile mit erscheint). Sie verwenden das Fixmodell dann auch für die Korrektur der Erträge (*LSMEANS*). Da der Versuch nur in Blöcke gegliedert ist, gibt es auch keinen Grund, das Fixmodell in Frage zu stellen. Im Übrigen führen nur unter dieser Prämisse in diesem Versuch *PROC GLM* und *PROC MIXED* zu gleichen (adjustierten) *LSMEANS*-Ergebnissen, weil die Varianzkomponente *block* negativ ausfällt (s. Kapitel 7).

Dem aufmerksamen Leser mag aufgefallen sein, dass bei diesem Versuchstyp *LSMEANS* ohne einen Mittelwerttest aufgerufen wird. Mittelwerttests sind auch hier möglich – sowohl im Zusammenhang mit *PROC GLM* als auch mit *PROC MIXED* – wenngleich erwartungsgemäß aufgrund der wenigen Freiheitsgrade für den Versuchsfehler große Grenzdifferenzen anfallen und wohl eher für Enttäuschung sorgen. Es ist jedoch nicht Ziel eines „augmented design", präzise Mittelwertvergleiche vorzunehmen. Viel wichtiger ist, in frühen Generationen den Genotyp in der Summe seiner zahlreichen Eigenschaften auf unverzerrter Basis, auch im Vergleich mit den verwendeten Standards, einschätzen zu können. Soweit Boniturskalen verwendet werden, ist die Gefahr verzerrter Bewertungen ohnehin geringer. Bei bodenabhängigen stetigen Merkmalen, wie z. B. beim Ertrag, ist das Hilfsmittel der Berechnung adjustierter Ergebnisse auf Basis einer Intrablockschätzung jedoch ein Fortschritt gegenüber der früheren Auswertungsmethodik. Die Berechnung von Grenzdifferenzen ist aber nicht die Zielsetzung einer Zuchtgartenanlage für junges Zuchtmaterial. Nur wenn dieser Versuchstyp aus vielleicht arbeitstechnischen Gründen auch für älteres Zuchtmaterial verwendet wird, kann man Grenzdifferenzen in Erwägung ziehen. Sie sind dann allerdings mehr eine Warnung, bestehende Differenzen zwischen Mittelwerten nicht zu überschätzen, weil einfach diese Versuchsanlage per se ungenauer ist als eine Anlage mit Wiederholungen und unvollständigen Blöcken.

Wie eingangs erwähnt, sind Zuchtgartenanlagen mit nichtwiederholten Prüfgliedern umso genauer, je öfter die Standards im Versuch folgen. Mit der Häufigkeit der Standards schwindet aber auch die versuchstechnische Effizienz gegenüber den komplett wiederholt angelegten Prüfgliedern. Sofern genügend Saat- bzw. Pflanzgut verfügbar ist, sollte eine zweifach wiederholte Gitteranlage, wie im Kapitel 28 beschrieben, die Alternative sein. Man möge bedenken, dass z. B. der in der Einleitung beschriebene Fall von 100 Zuchtstämmen auch mit einem Zweisatzgitter gelöst werden kann, das „nur" 200 Parzellen benötigt, jedoch wesentlich genauer ist.

Schließlich wäre noch auf eine „neue Generation" von augmented designs, die sog. p-rep designs, hinzuweisen, die für Versuchsserien interessant sind. Bei diesem Versuchstyp können die Standards entfallen. An jedem Standort wird nur eine bestimmte (immer andere) Teilmenge des Materials wiederholt (z. B. zweifach) geprüft, so dass mit der Auswertung über die Umwelten eine Ausbalancierung der insgesamt wiederholt geprüften Zuchtstämme stattfindet. Solche Versuchsanlagen sind bei Williams et al. (2011) beschrieben und können inzwischen auch mit CycDesigN erzeugt werden (Quelle s. Kapitel 27).

Modelle der zweifaktoriellen Varianzanalyse

Wird in einem Experiment die Abhängigkeit eines Beobachtungsmerkmals von zwei Einflussfaktoren untersucht, spricht man von einem zweifaktoriellen Versuch, der dann mittels zweifaktorieller Varianzanalyse ausgewertet werden kann. Ein solcher Versuch liefert, wenn kreuzklassifizierte Daten vorliegen, nicht nur Informationen über den Einfluss beider Faktoren (Hauptwirkungen), sondern auch über deren sog. Wechselwirkungen. Wechselwirkungen (Interaktionen) beschreiben die gegenseitige Abhängigkeit der Faktoren und sind gerade in der pflanzenbaulichen Forschung von Bedeutung.

Liegt für die Faktorkombinationen die gleiche Anzahl von Wiederholungen vor, spricht man von einem *balancierten* Versuch, bei ungleicher Wiederholungszahl von einem *unbalancierten*. Letzterer erfordert wesentlich mehr Aufwand bei der „händischen" Auswertung; bei computergestützter Auswertung spielt dies aber keine Rolle. Von größerer Bedeutung ist dagegen die Modellfrage. Je nachdem, ob beide Faktoren als *fix* (Modell I) oder *zufällig* (Modell II) zu verstehen sind, ergeben sich Konsequenzen für die Auswertung. Es gibt auch das *gemischte Modell* (Modell III), bei dem einer der beiden Faktoren als *fix* bzw. *zufällig* zu verstehen ist.

Für das genannte Versuchsproblem kann folgendes lineares Gleichungsmodell unterstellt werden, wobei je nach Ausgangslage der o. g. Modellvarianten die Varianzanalyse unterschiedlich zu handhaben ist:

$$y_{ijk} = \mu + \alpha_i + \beta_j + (\alpha\beta)_{ij} + \varepsilon_{ijk}$$

Der Effekt $(\alpha\beta)_{ij}$ beschreibt hier die Wechselwirkung der Faktoren α und β. Die Indizes i und j stehen für die jeweiligen Faktorstufen, k für die Wiederholungen, μ für das Versuchsmittel und y_{ijk} für die Ausprägung der Beobachtungsvariable im Einzelfall.

Zusätzliche Information ist in der Online-Version dieses Kapitels (doi:10.1007/978-3-642-54506-1_30) enthalten.

© Springer-Verlag Berlin Heidelberg 2015
M. Munzert, *Landwirtschaftliche und gartenbauliche Versuche mit SAS,*
Springer-Lehrbuch, DOI 10.1007/978-3-642-54506-1_30

Es gibt auch den Spezialfall eines zweifaktoriellen Versuches ohne Wiederholungen. Hier können evtl. existierende Wechselwirkungen nicht vom Versuchsfehler getrennt werden und das Modell reduziert sich auf

$$y_{ij} = \mu + \alpha_i + \beta_j + \varepsilon_{ij}$$

Auf diesen Fall wird im Folgenden nicht weiter eingegangen. Dagegen werden die Modelle I-III mit Wechselwirkungen anhand eines kleinen Beispiels erklärt, das Dufner et al. (2002, S. 241) verwenden und auch ausführlich theoretisch untermauern. Es handelt sich um einen Fütterungsversuch mit Ratten, denen zum Basisfutter drei verschiedene Vitaminzusätze (1. Faktor, V1–V3) in zwei verschiedenen Darreichungsformen (2. Faktor, pelletiert und gemahlen) angeboten wurden. Die $3 * 2 = 6$ Kombinationen wurden an 12 Ratten verabreicht, so dass ein vollrandomisierter Versuch mit zwei Wiederholungen vorliegt. Die zwei Ratten je Kombination wurden zufällig auf die sechs Tiergruppen verteilt. Beobachtet wurde der Gewichtszuwachs (Dimensionsangabe unbekannt). Die Auswertungsprozedur **GLM** wird auf alle drei Modelle, **VARCOMP** auf Modell II und **MIXED** auf Modell III angewendet.

Vorweg sei noch vermerkt, dass das Beispiel eigentlich nur für ein Fixmodell taugt. Sowohl die drei Vitaminpräparate wie auch die zwei Darreichungsformen wurden ganz bewusst für das Experiment ausgewählt und sind demzufolge fixe Faktoren. Es macht auch kaum Sinn, die Bedeutung der Vitaminpräparate mittels drei Vertreter abschätzen zu wollen (Varianzkomponenten!). Das Beispiel wird trotzdem auch für ein zufälliges und gemischtes Modell herangezogen, um formal die Vorgehensweise aufzeigen zu können. Es ergeben sich nämlich z. T. deutliche Unterschiede bei den statistischen Tests.

Programm

```
DATA a;
TITLE1 'Modelle der zweifaktoriellen Varianzanalyse';
TITLE2 'Beispiel aus Schumacher (2004), S. 64-73';
INPUT vit$ form$ zuwachs @@;
DATALINES;
v1 pell 13 v1 pell 15 v1 gem 14 v1 gem 18
v2 pell 15 v2 pell 21 v2 gem 27 v2 gem 29
v3 pell 14 v3 pell 18 v3 gem 25 v3 gem 31
;
PROC GLM;
TITLE3 'Fixmodell: Beide Faktoren = fix';
CLASS vit form;
MODEL zuwachs=vit form vit*form;
MEANS vit form/TUKEY;
LSMEANS vit*form/SLICE=form;
LSMEANS vit*form/SLICE=vit;
MEANS vit*form;
RUN;
PROC GLM;
TITLE3 'Zufälliges Modell: Beide Faktoren = zufällig';
CLASS vit form;
MODEL zuwachs=vit form vit*form;
RANDOM vit form vit*form/TEST;
RUN;
PROC VARCOMP METHOD=REML;
TITLE3 'Varianzkomponentenschätzung zum zufälligen Modell';
CLASS vit form;
MODEL zuwachs=vit form vit*form;
RUN;
PROC GLM;
TITLE3 'Gemischtes Modell: vit = zufällig, form = fix';
CLASS vit form;
MODEL zuwachs=vit form vit*form;
RANDOM vit vit*form/TEST;
RUN;
PROC MIXED NOBOUND;
TITLE3 'Gemischtes Modell: vit = zufällig, form = fix;
Mittelwertberechnung';
CLASS vit form;
MODEL zuwachs=form/DDFM=KR;
RANDOM vit vit*form;
LSMEANS form/ADJUST=TUKEY;
RUN;QUIT;
```

Nach dem Einlesen der Daten wird mit *PROC GLM* das Fixmodell gerechnet. Unter *CLASS* werden die beiden Faktoren aufgerufen. In der *MODEL*-Zeile erscheint, mit Ausnahme von μ und ε_{ijk}, die immer automatisch hinzugefügt werden, das Varianzmodell in der SAS-Syntax. Da bei einem Fixmodell die Mittelwerte interessieren und balancierte Daten vorliegen (gleiche Wiederholungszahl für alle Faktorkombinationen), folgt *MEANS* für die Mittelwerte der Haupteffekte *vit* und *form* mit anschließendem *TUKEY*-Test. Es sollen aber auch noch spezielle F-Tests auf der Ebene *form* bzw. *vit* durchgeführt werden,

um Hinweise zu bekommen, ob spezielle Wechselwirkungseffekte vorliegen; dazu benötigt man *LSMEANS vit*form/SLICE = form* bzw. in der nächsten Zeile *SLICE = vit.*
Schließlich werden noch die Kombinationsmittelwerte mit *MEANS berechnet.*

Beim Modell II (alle Faktoren = random) geht es um eine reine Varianzkomponen-
tenschätzung. *PROC GLM* liefert hierfür aber nur die (richtigen) F-Tests. Zusätzlich zu
CLASS und *MODEL* folgt eine *RANDOM*-Zeile, in der sämtliche zufälligen Terme der
Modellgleichung nochmals angegeben werden müssen. Mit der Option *TEST* erzeugt die
Prozedur die Grundlage für die Ableitung der richtigen F-Tests für das zufällige Modell
und den Ausdruck dieser Tests. Die Varianzkomponenten berechnet dagegen *PROC VAR-
COMP.* Hier werden alle Modellkomponenten voreingestellt als zufällig interpretiert.

Auch das gemischte Modell (Modell III) kann bei diesem balancierten zweifaktoriellen Fall mit nur einem Fehlerterm von *PROC GLM* gelöst werden. Da hier beispielhaft
der Faktor *form* als fix gesetzt wurde, erscheinen in der *RANDOM*-Zeile nur noch *vit*
und *vit*form* als zufällige Terme des linearen Modells. Obwohl hier die Mittelwerte von
form auch mit der *MEANS*-Funktion von *GLM* berechnet und verglichen werden können, gewöhnen wir uns gleich an, Mittelwerte bei gemischten Modellen immer mit *PROC
MIXED* und dem Statement *LSMEANS* aufzurufen, da nur diese Prozedur stets die richtigen Tests für die fixen Faktoren oder Faktorkombinationen zur Verfügung stellt. Bei
dieser Prozedur erscheinen in der *MODEL*-Zeile alle fixen und in der *RANDOM*-Zeile
alle zufälligen Komponenten des Varianzmodells. Mittelwerte werden hier anschließend
mit *LSMEANS* angefordert und Mittelwerttests mit *ADJUST = .* Die Option *NOBOUND*
in der Prozedurzeile ist bei balancierten Datensätzen grundsätzlich empfehlenswert, da
bei Auftreten negativer Varianzkomponenten sonst mit *GLM* nicht übereinstimmende F-
Tests erzeugt werden (im Datensatz allerdings nicht der Fall). *NOBOUND* unterbindet das
Setzen negativer Varianzkomponenten auf Null, was bei *REML*-Schätzungen (restricted-
maximum-likelihood) sonst der Fall und bei *MIXED* die Voreinstellung ist.

Ausgabe

Das Beispiel, als Fixmodell verrechnet, ergibt die in den Tab. 30.1 und 30.3 zusammengestellten Ergebnisse. Wie Tab. 30.1 zeigt, ist das Modell insgesamt mit $Pr > F = 0,0105$
signifikant und auch das Bestimmtheitsmaß von 87,719 % spricht für einen „ordentlichen"
Versuch. Der Variationskoeffizient (Streuung der Einzelwerte) und die Standardabweichung betragen 15,27 % bzw. 3,055 (Dimension leider unbekannt). Bei beiden Faktoren
muss die Nullhypothese abgelehnt werden, denn die F-Werte für *vit* und für *form* haben
Überschreitungswahrscheinlichkeiten von $< 0,05$. Dagegen besagt der globale F-Test für
die Wechselwirkung *vit*form* mit $F = 3,00$ und $Pr > F = 0,1250$, dass hier die Nullhypothese
nicht abzulehnen ist. Diese ANOVAs nach Typ I SS und Typ III SS unterscheiden sich
nicht, weil ein balancierter Versuch vorliegt.

Tab. 30.1 Zweifaktorielle Varianzanalyse, beide Faktoren = fix

```
                                Die Prozedur GLM

Abhängige Variable:zuwachs
                                Summe der       Mittleres
     Quelle               DF      Quadrate        Quadrat    F-Statistik    Pr > F
     Modell                5   400.0000000     80.0000000           8.57    0.0105
     Error                 6    56.0000000      9.3333333
     Corrected Total      11   456.0000000

             R-Quadrat    Koeff.var    Wurzel MSE    zuwachs Mittelwert
              0.877193     15.27525      3.055050              20.00000

                                                  Mittleres
     Quelle               DF     Typ I SS          Quadrat    F-Statistik    Pr > F
     vit                   2  152.0000000      76.0000000           8.14    0.0195
     form                  1  192.0000000     192.0000000          20.57    0.0040
     vit*form              2   56.0000000      28.0000000           3.00    0.1250
                                                  Mittleres
     Quelle               DF    Typ III SS         Quadrat    F-Statistik    Pr > F
     vit                   2  152.0000000      76.0000000           8.14    0.0195
     form                  1  192.0000000     192.0000000          20.57    0.0040
     vit*form              2   56.0000000      28.0000000           3.00    0.1250
```

Tab. 30.2 Sinnvolle Mittelwertvergleiche beim zweifaktoriellen Versuch

Wirkung von[a]	Signifikanz A*B	Sinnvoller Vergleich
A	Ja	AB-Mittelwerte auf gleicher B-Stufe
A	Nein	A-Mittelwerte
B	Ja	AB-Mittelwerte auf gleicher A-Stufe
B	Nein	B-Mittelwerte
A*B	Ja/nein	Beliebige AB-Mittelwerte

[a] sofern F-Test Signifikanz anzeigt

Das Ergebnis dieser Varianzanalyse – signifikante Hauptwirkungen und keine signifikante Wechselwirkung – „berechtigt" grundsätzlich zu Mittelwerttests auf der Ebene der Hauptwirkungen, denn es gilt für zweifaktorielle Versuche (mit Faktoren A und B) die in Tab. 30.2 beschriebene Vorgehensweise:

Deshalb wurden im Programm die Mittelwerte von *vit* und von *form* mit dem Tukey-Test auf Unterscheidbarkeit ihrer Stufen untersucht; das Ergebnis befindet sich in Tab. 30.3. Danach besteht keine signifikante Differenz zwischen *v1 und v2*; beide Präparate unterscheiden sich jedoch signifikant von *v3*. *Die gemahlene* Darreichungsform schneidet signifikant besser als die *pelletierte* ab. Ein Mittelwertest für *form* wäre nicht notwendig gewesen, da bei nur zwei Mittelwerten jeder Test zum gleichen Ergebnis wie der F-Test führt.

Eigentlich ist damit die Versuchsfrage erschöpfend beantwortet. Da jedoch die Wechselwirkung *vit*form* die Signifikanzschranke von $\alpha = 5\%$ nicht gravierend verfehlte, wurden im Programm noch spezielle (ebenfalls globale) F-Tests mit der Option *SLICE* angefordert. Unter der Überschrift *vit*form Effekt Sliced by form* wird für die Darreichungsform

Tab. 30.3 Zweifaktorielle Varianzanalyse, Fortsetzung zu Tab. 30.1

```
                        Die Prozedur GLM

   Tukey-Test der Studentisierten Spannweite (HSD) für zuwachs
      Alpha                                              0.05
      Freiheitsgrade des Fehlers                            6
      Mittlerer quadratischer Fehler                  9.333333
      Kritischer Wert der Studentisierten Spannweite  4.33920
      Kleinste signifikante Differenz                  6.6282
Mittelwerte mit demselben Buchstaben sind nicht signifikant verschieden.
      Tukey Gruppierung     Mittelwert      N    vit
                       A       23.000        4    v2
                       A       22.000        4    v3
                       B       15.000        4    v1

      Alpha                                              0.05
      Freiheitsgrade des Fehlers                            6
      Mittlerer quadratischer Fehler                  9.333333
      Kritischer Wert der Studentisierten Spannweite  3.46046
      Kleinste signifikante Differenz                  4.3159
Mittelwerte mit demselben Buchstaben sind nicht signifikant verschieden.
      Tukey Gruppierung     Mittelwert      N    form
                       A       24.000        6    gem
                       B       16.000        6    pell

          vit*form Effekt Sliced by form for zuwachs
                   Summe der      Mittleres
   form      DF    Quadrate       Quadrat     F-Statistik    Pr > F
   gem       2     192.000000     96.000000      10.29       0.0115
   pell      2      16.000000      8.000000       0.86       0.4705

          vit*form Effekt Sliced by vit for zuwachs
                   Summe der      Mittleres
   vit       DF    Quadrate       Quadrat     F-Statistik    Pr > F
   v1        1      4.000000       4.000000       0.43       0.5370
   v2        1    100.000000     100.000000      10.71       0.0170
   v3        1    144.000000     144.000000      15.43       0.0077

                              ----------zuwachs----------
Ausprägung von   Ausprägung von                              Std.
vit              form             N      Mittelwert      abweichung
v1               gem              2     16.0000000      2.82842712
v1               pell             2     14.0000000      1.41421356
v2               gem              2     28.0000000      1.41421356
v2               pell             2     18.0000000      4.24264069
v3               gem              2     28.0000000      4.24264069
v3               pell             2     16.0000000      2.82842712
```

gem ein F-Wert von 10,29 mit Pr>F=0,0115 und für *pell* von 0,86 mit Pr>F=0,4705 ausgewiesen. Das bedeutet, dass der festgestellte signifikante F-Wert für *form* in erster Linie auf die Vergleiche der Vitaminpräparate im gemahlenen Zustand zurückzuführen ist. Andererseits zeigt die F-Statistik von *vit*form Effekt Sliced by vit*, dass bei *v1* kein signifikanter Unterschied zwischen beiden Darreichungsformen besteht, dagegen schon bei den Präparaten *v2 und v3*. Auf beiden Vergleichsebenen lassen die anschließend ausgedruckten Kombinationsmittelwerte diese Schlussfolgerungen plausibel erscheinen. Mit der *SLICE*-Funktion kann man also die F-Wert-Analyse noch weiter vertiefen. Sie bietet sich bei vorliegender signifikanter oder knapp signifikanter Wechselwirkung an.

Wird der Versuch als zufälliges Modell (Modell II) verstanden, so ergeben sich die in Tab. 30.4 aufgeführten Ergebnisse. Die Summen- und mittleren Quadrate sind die gleichen wie beim Fix-Modell, die daneben stehende F-Statistik ist jedoch ungültig und wurde deshalb durchgestrichen. Die richtigen F-Tests ergeben sich aufgrund der Zusammensetzung der Erwartungswerte der mittleren Quadrate, welche die Zeile *RANDOM ..../ Test* im Programm liefert. Danach ist schlüssig, dass die Faktoren *vit* und *form* gegen die Wechselwirkung *vit*form* getestet werden müssen, während die Wechselwirkung selbst zum Versuchsfehler (*Error*) ins Verhältnis gesetzt wird. Die daraus resultierenden F-Tests werden anschließend dokumentiert. Wie sich zeigt, ist keine der drei Varianzkomponenten signifikant. Die Varianzkomponenten selbst liefert nicht *PROC GLM* sondern *PROC VARCOMP* unter der Spalte *Schätzwert* (Tab. 30.4 unten). Beliebt ist auch, diese Varianzkomponenten relativ (in %) anzugeben, so dass in diesem Falle auf *vit* 20,7 %, auf *form* 47,1 % und auf die Wechselwirkung sowie den Versuchsfehler jeweils 16,1 % entfallen. Wie die F-Tests aber gezeigt haben, kann bei keiner Varianzkomponente die Nullhypothese ($\sigma^2_a = 0$; $\sigma^2_b = 0$; $\sigma^2_{ab} = 0$) abgelehnt werden; insofern ist diesen Unterschieden keine große Bedeutung beizumessen. Immerhin darf man aber mit aller Vorsicht sagen, dass die Darreichungsform der Vitamine wichtiger zu sein scheint als die Vitamine selbst. Nochmals sei bemerkt, dass die Voraussetzungen für ein zufälliges Modell bei diesem Beispiel eigentlich nicht gegeben sind und somit das Ergebnis nur formale Bedeutung hat.

Beim gemischten Modell wurde der Faktor *vit* als zufällig und der Faktor *form* als fix verstanden. Damit besteht die Wechselwirkung *vit*form* aus einem zufälligen und fixen Faktor und sie geht als zufällig ins Modell ein. Das Ergebnis von *PROC GLM* findet sich in Tab. 30.5.

Auch hier liefert *PROC GLM* schematisch die Erklärung für die erwarteten mittleren Quadrate, aus denen sich die richtigen F-Tests ergeben. Es fällt auf, dass trotz des definierten gemischten Modells die F-Tests analog zum zufälligen Modell durchgeführt werden. Für den fixen Faktor *form* und die zufällige Wechselwirkung *vit*form* sind diese F-Tests unstrittig. Geteilter Meinung kann man dagegen beim F-Test zum zufälligen Faktor *vit* sein. SAS unterstellt dabei unabhängige Wechselwirkungen (keine Summenbedingungen an die Wechselwirkungen). Es gibt aber auch den Fall mit abhängigen Wechselwirkungen, der in vielen Lehrbüchern (z. B. Sachs (1978), Rasch (1983), Munzert (1992)) unterstellt wird; unter dieser Voraussetzung ist der Restfehler die richtige Testgröße für *vit*. In

Tab. 30.4 Zweifaktorielle Varianzanalyse, beide Faktoren = zufällig

```
                                    Die Prozedur GLM

Abhängige Variable: zuwachs
                                 Summe der      Mittleres
    Quelle              DF        Quadrate        Quadrat    F-Statistik    Pr > F
    Modell               5     400.0000000     80.0000000           8.57    0.0105
    Error                6      56.0000000      9.3333333
    Corrected Total     11     456.0000000

               R-Quadrat      Koeff.var     Wurzel MSE     zuwachs Mittelwert
               0.877193       15.27525       3.055050                20.00000

                                                        Mittleres
    Quelle              DF        Typ I SS         Quadrat    F-Statistik    Pr > F
    vit                  2     152.0000000     76.0000000           8.14    0.0195
    form                 1     192.0000000    192.0000000          20.57    0.0040
    vit*form             2      56.0000000     28.0000000           3.00    0.1250
                                                        Mittleres
    Quelle              DF      Typ III SS         Quadrat    F-Statistik    Pr > F
    vit                  2     152.0000000     76.0000000           8.14    0.0195
    form                 1     192.0000000    192.0000000           0.57    0.0040
    vit*form             2      56.0000000     28.0000000           3.00    0.1250

        Source                    Typ III Erwartetes mittleres Quadrat
        vit                       Var(Error) + 2 Var(vit*form) + 4 Var(vit)
        form                      Var(Error) + 2 Var(vit*form) + 6 Var(form)
        vit*form                  Var(Error) + 2 Var(vit*form)

              Hypothesetests zu Varianzanalyse für zufälliges Modell
Abhängige Variable: zuwachs
                                                        Mittleres
    Quelle              DF      Typ III SS         Quadrat    F-Statistik    Pr > F
    vit                  2     152.000000      76.000000            2.71    0.2692
    form                 1     192.000000     192.000000            6.86    0.1201
    Error: MS(vit*form)  2      56.000000      28.000000

                                                        Mittleres
    Quelle              DF      Typ III SS         Quadrat    F-Statistik    Pr > F
    vit*form             2      56.000000      28.000000            3.00    0.1250
    Error: MS(Error)     6      56.000000       9.333333

                              Die Prozedur VARCOMP

                                REML-Schätzwerte
                       Varianzkomponente     Schätzwert
                       Var(vit)                12.00000
                       Var(form)               27.33333
                       Var(vit*form)            9.33333
                       Var(Error)               9.33333
```

Tab. 30.5 wurden daher vom Autor an zwei Stellen drei Fragezeichen (???) gesetzt, um darauf hinzuweisen, dass beide F-Tests für den zufälligen Faktor *vit* richtig sein können, je nachdem welche Anforderungen an die Wechselwirkung gestellt werden. Da bei diesem gemischten Modell aber eigentlich nur der (richtige) F-Test für den fixen Faktor *form* benötigt wird und dieser von *GLM* mit F = 6,86 und Pr > F = 0,1201 angegeben wird, interessiert diese Unsicherheit beim F-Test für den zufälligen Faktor nicht weiter.

Tab. 30.5 Gemischtes Modell (*vit* = zufällig, *form* = fix), mit PROC GLM

```
                                  Die Prozedur GLM

Abhängige Variable: zuwachs
                                   Summe der      Mittleres
    Quelle                   DF     Quadrate       Quadrat    F-Statistik   Pr > F
    Modell                    5   400.0000000    80.0000000         8.57    0.0105
    Error                     6    56.0000000     9.3333333
    Corrected Total          11   456.0000000

                    R-Quadrat    Koeff.var    Wurzel MSE    zuwachs Mittelwert
                     0.877193     15.27525      3.055050             20.00000

                                                 Mittleres
    Quelle                   DF    Typ I SS       Quadrat    F-Statistik   Pr > F
    vit                       2  152.0000000    76.0000000         8.14    0.0195
    form                      1  192.0000000   192.0000000        20.57    0.0040
    vit*form                  2   56.0000000    28.0000000         3.00    0.1250

                                                 Mittleres
    Quelle                   DF   Typ III SS      Quadrat    F-Statistik   Pr > F
    vit                       2  152.0000000    76.0000000    ??? 8.14     0.0195
    form                      1  192.0000000   192.0000000        20.57    0.0040
    vit*form                  2   56.0000000    28.0000000         3.00    0.1250

              Source              Typ III Erwartetes mittleres Quadrat
              vit                 Var(Error) + 2 Var(vit*form) + 4 Var(vit)
              form                Var(Error) + 2 Var(vit*form) + Q(form)
              vit*form            Var(Error) + 2 Var(vit*form)

            Hypothesetests zu Varianzanalyse für gemischtes Modell
Abhängige Variable: zuwachs
                                                 Mittleres
    Quelle                   DF   Typ III SS      Quadrat    F-Statistik   Pr > F
    vit                       2  152.000000    76.000000     ??? 2.71     0.2692
    form                      1  192.000000   192.000000         6.86     0.1201
    Error: MS(vit*form)       2   56.000000    28.000000

                                                 Mittleres
    Quelle                   DF   Typ III SS      Quadrat    F-Statistik   Pr > F
    vit*form                  2   56.000000    28.000000          3.00    0.1250
    Error: MS(Error)          6   56.000000     9.333333
```

Deshalb liegt das Hauptaugenmerk des gemischten Modells beim Ergebnis von *PROC MIXED*, dargestellt in Tab. 30.6. Auch diese Prozedur liefert den richtigen F-Test für *form*. Zuvor werden die Varianzkomponenten für *vit*, *vit*form* und *Residual* angegeben. Der t-Test zu den beiden Mittelwerten von *form* ist weniger interessant, da hier nur die Hypothesen $\mu_1 = 0$ bzw. $\mu_2 = 0$ getestet werden und diese natürlich abzulehnen sind. Wichtig ist jedoch die Bewertung der Differenz beider Mittelwerte (8,0000). Diese hat einen Standardfehler von 3,055 und einen t-Wert von 2,62 mit Pr>t=0,1201. Auch der Tukey-Kramer-Test kommt zum gleichen Ergebnis (*ADj P = 0,1201*), da ja nur zwei Mittelwerte vorliegen. Überhaupt hätte es in diesem Falle keines Mittelwerttests bedurft, da schon der F-Test bei nur zwei Mittelwerten erschöpfend Auskunft gibt.

Die *NOBOUND*-Option von *MIXED* wäre auch nicht erforderlich gewesen, da alle Schätzwerte für die Kovarianzparameter>0 betragen. Man sollte sich aber bei balancier-

Tab. 30.6 Gemischtes Modell (*vit* = zufällig, *form* = fix), mit PROC MIXED

```
                        Die Prozedur MIXED

                        Modellinformationen
           Datei                         WORK.A
           Abhängige Variable            zuwachs
           Kovarianzstruktur             Variance Components
           Estimation Method             REML
           Residual Variance Method      Profile
           Feste-Effekte-SE-Methode      Kenward-Roger
           Degrees of Freedom Method     Kenward-Roger

                    Covariance Parameter
                         Estimates
                  Kov.Parm        Schätzwert
                  vit              12.0000
                  vit*form          9.3333
                  Residual          9.3333

                Typ 3 Tests der festen Effekte
                    Zähler              Nenner
        Effekt   Freiheitsgrade    Freiheitsgrade   F-Statistik   Pr > F
         form          1                  2             6.86       0.1201

                   Kleinste-Quadrate-Mittelwerte
     Effekt   form   Schätzwert   Standardfehler   DF   t-Wert   Pr > |t|
     form     gem    24.0000         2.9439        3.3    8.15     0.0027
     form     pell   16.0000         2.9439        3.3    5.43     0.0095

               Differenzen Kleinste-Quadrate-Mittelwerte
Effekt  form  _form  Schätzwert  Standardfehler  DF  t-Wert  Pr > |t|  Korrektur     Adj P
form    gem   pell    8.0000        3.0551        2    2.62    0.1201  Tukey-Kramer  0.1201
```

ten gemischten Modellen angewöhnen, immer *NOBOUND* zu setzen, vor allem bei den später noch zu behandelnden komplizierten Versuchsanlagen (Piepho und Spilke 1999). Auch die *MODEL*-Option *DDFM = KR* ist eine gute Standardmaßnahme, da mit der Kenward-Roger-Approximation für die Berechnung der Freiheitsgrade, besser als mit der früher verwendeten Satterthwaite-Option, auch bei sehr geringer Anzahl an FG im Nenner gültige Tests möglich sind.

Festzuhalten bleibt, dass beim gemischten Modell die Differenz *gemahlen – pelletiert* anders als beim Fixmodell nicht mehr signifikant ist. Dies ist eine Folge der zwar nicht signifikanten (Pr > 0,05), aber doch vorhandenen Wechselwirkungen *vit*form*, die bei diesem Modell als Restfehler verwendet werden müssen.

Weitere Hinweise

Mit diesem Fallbeispiel sollte in die Problematik von festen, zufälligen und gemischten Modellen eingeführt werden. Der Einfachheit halber wurde der zweifaktorielle Fall verwendet. Er ist natürlich auf drei- und noch höher faktorielle Versuche übertragbar, mit allerdings dann noch weiteren Schwierigkeiten, die ggf. in den folgenden Beispielen noch behandelt werden.

Gemischte Modelle spielen vor allem bei der Auswertung von Versuchsserien eine Rolle. Auf diese spezielle Problematik wird in späteren Beispielen noch näher eingegangen. Auch bestimmte balancierte oder unbalancierte Versuchsanlagen, wie die Spaltanlage oder die Streifenanlage, müssen mit *PROC MIXED* ausgewertet werden, um zu richtigen Mittelwerttests zu kommen. Eine gute Übersicht zur Analyse balancierter gemischter Modelle mit *PROC MIXED* geben Piepho und Spilke (1999).

Im landwirtschaftlichen Versuchswesen werden zweifaktorielle Versuche i. d. R. in Form einer Block-, Spalt- oder Streifenanlage angelegt. Jeder Anlagetyp hat seine Vor- und Nachteile. *Blockanlagen* sind dann geboten, wenn die Kombination beider Faktoren problemlos im Block möglich ist; beide Faktoren und ihre Wechselwirkung werden dann mit einem gemeinsamen Fehler und somit mit derselben Genauigkeit getestet, was vorteilhaft sein kann. Erfordert einer der Faktoren aus technischen oder pflanzenbaulichen Gründen größere Teilstücke (Parzellen), dann ist die *Spaltanlage* die Methode der Wahl, allerdings zum Preis von zwei Versuchsfehlern; die Großteilstücke werden ungenauer als die Kleinteilstücke und die Wechselwirkung beider Faktoren geprüft. Damit werden auch die Mittelwertvergleiche erschwert (was allerdings dank Computer nicht mehr ins Gewicht fällt). Können beide Faktoren nur streifenweise angelegt werden, bietet sich die *Streifenanlage* an, die jedoch wegen drei zu berücksichtigender Fehler noch komplizierter in der Auswertung ist. Hier ist in Kauf zu nehmen ist, dass die beiden Hauptwirkungen ungenauer als die Wechselwirkung geprüft werden.

Die unterschiedliche Konfiguration dieser drei Anlagetypen wird in Abb. 31.1 mit zwei Stufen im ersten Faktor und vier Stufen im zweiten Faktor sowie vier Blöcken (jeweils in den Zeilen) aufgezeigt. Die erste Ziffer der zweistelligen Zahlen bezeichnet jeweils die Stufe des ersten, die zweite Ziffer die Stufe des zweiten Faktors. Die Blocknummern befinden sich in Klammern.

Zusätzliche Information ist in der Online-Version dieses Kapitels (doi:10.1007/978-3-642-54506-1_31) enthalten.

(4)	21	11	14	23	24	13	12	22
(3)	13	24	12	22	14	21	11	23
(2)	22	14	21	11	23	12	24	13
(1)	11	12	13	14	21	22	23	24

a Blockanlage: In jedem Block sind die acht Faktorkombinationen zufällig verteilt.

(4)	12	13	14	11	22	23	21	24
(3)	24	21	22	21	14	11	12	13
(2)	22	24	21	23	13	11	14	12
(1)	11	12	13	14	21	22	23	24

b Spaltanlage: In jedem Block sind die zwei Stufen des Großteilstückfaktors (dicker Trennungsstrich) und in jedem Großteilstück die vier Stufen des Kleinteilstückfaktors zufällig verteilt.

(1)
21	22	23	24
11	12	13	14

(2)
22	24	23	21
12	14	13	11

(3)
13	14	11	12
23	24	21	22

(4)
11	13	12	14
21	23	22	24

c Streifenanlage: Die Randomisation ist weiter eingeschränkt:die waagrechten und senkrechten Streifen in jedem Block sind randomisiert.

Abb. 31.1 Schema einer zweifaktoriellen Block-, Spalt- und Streifenanlage

Programm

```
* Programm für Versuchspläne zu zweifaktoriellen Block,- Spalt- und
Streifenanlagen';
PROC PLAN SEED=310572; * Oder andere 5-7-stellige Zufallszahl;
TITLE1 'Versuchsplan für eine zweifaktorielle Blockanlage';
TITLE2 'Plan für 4 Blöcke, 2 Sorten = A und B und 4 Bestandesdichten
= 30, 40, 50, 60 Tsd. Pfl./ha';
FACTORS block=4 ORDERED sorte_dichte=8/NOPRINT;
OUTPUT OUT = block_plan sorte_dichte CVALS = ('A30' 'A40' 'A50' 'A60'
'B30' 'B40' 'B50' 'B60'); *Wenn nummerische Stufenbezeichnungen,
dann ... NVALS =(11 12 13 14 21 22 23 24);
RUN;
PROC TRANSPOSE DATA=block_plan OUT=block_plan_fertig(DROP=_NAME_);
BY block;
VAR sorte_dichte;
RUN;
PROC PRINT DATA=block_plan_fertig NOOBS;
RUN; QUIT;


PROC PLAN SEED=685319; *Oder andere 5-7-stellige Zufallszahl;
TITLE1 'Versuchsplan für eine zweifaktorielle Spaltanlage';
TITLE2 'Plan für 3 Blöcke, A=2 Großparzellen (1, 2) und B=4
Kleinparzellen (1-4)';
FACTORS Block=3 ORDERED A=2 RANDOM B=4 RANDOM/NOPRINT;
OUTPUT OUT=spalt_a_b;
RUN;
DATA spalt_plan_a_b(DROP=A B);
SET spalt_a_b;
A_B=A*10+B;
RUN;
PROC TRANSPOSE DATA=spalt_plan_a_b
OUT=spalt_plan_a_b_fertig(DROP=_NAME_);
BY Block;
VAR A_B;
RUN;
PROC PRINT DATA=spalt_plan_a_b_fertig NOOBS;
RUN; QUIT;


PROC PLAN SEED=843192; *Oder andere 5-7-stellige Zufallszahl;
TITLE1 'Versuchsplan für eine zweifaktorielle Streifenanlage';
TITLE2 'Plan für 3 Blöcke, A=3 Streifen und B=4 Streifen';
FACTORS Block=3 ORDERED A=3 RANDOM B=4 RANDOM AxB=12 ORDERED/NOPRINT;
OUTPUT OUT=streifen_axb AxB NVALS=(11 12 13 14 21 22 23 24 31 32 33 34);
RUN;
DATA streifen_plan_axb;
SET streifen_axb;
AxB=A*10+B;
RUN;
PROC TABULATE DATA=streifen_plan_axb ORDER=DATA;
BY Block;
CLASS A B;
VAR AxB;
TABLE A,B*AxB*MEAN*F=7.0/RTS=20;
KEYLABEL MEAN=' ';
LABEL A='A=Düngung' B='B=Pflanzenschutz'; *anpassen oder weglassen;
RUN; QUIT;
```

Obwohl diese Anlagetypen auch leicht von Hand zu erstellen sind – man beachte nur die genannten Randomisationsregeln – kann vorstehendes Programm verwendet werden, um ganz sicher zu gehen, einen gültigen Plan zu haben. Die Schlüsselprozedur in allen drei Fällen ist **PROC PLAN**. **PROC TRANSPOSE** und **PROC TABULATE** werden ergänzend herangezogen.

In der Regel ist geklärt, welcher Anlagetyp für die Versuchsfrage günstig ist. Deshalb sollte man vor dem Programmstart die jeweils zwei nicht betroffenen Fälle mit den Kommentaranweisungen /* und */inaktivieren. Hier sollen jedoch alle drei Anlagepläne demonstriert werden, weshalb keine Programmeinschränkung erfolgt. Auf eine nähere Besprechung der Programmzeilen wird verzichtet, da *PROC PLAN* in den Kapiteln 25 und 26 schon erläutert wurde und auch die übrigen Programmteile sich leicht erschließen.

Ausgabe

In Tab. 31.1 wird ein randomisierter Plan für eine zweifaktorielle Blockanlage mit zwei Sorten, vier Bestandesdichtestufen und vier Blöcke gezeigt. Den Spaltenüberschriften *COL1* bis *COL8* kann entnommen werden, dass der Versuchsplan bei direkter Übertragung aufs Feld acht Parzellenbreiten umfasst; ansonsten haben diese Spaltenüberschriften keine weitere Bedeutung. Natürlich könnte man den Versuch auch nur halb so breit anlegen, indem man für einen Block zwei Zeilen verwendet und in die erste Zeile jeweils die Kombinationen von *COL1* bis *COL4* und in die zweite Zeile jene von *COL5* bis *COL8* setzt. Wichtig ist nur, dass in jedem Block alle Kombinationen zufällig verteilt einmal vorkommen. Auch für zweifaktorielle Versuche gilt, dass die Bodenunterschiede innerhalb der Blöcke möglichst gering sein sollten was durch die Platzierung der Blöcke am Feld sicherzustellen ist.

Bei der in Tab. 31.2 dargestellten Spaltanlage mit drei Wiederholungen (Blöcke) ist leicht zu erkennen, dass in den Spalten *COL1–4* bzw. *COL5–8* jeweils eine einheitliche 1. Ziffer vorliegt; vier Kleinparzellen bilden somit eine Großparzelle. Die Kleinparzellen (2. Ziffer der Zahl) sind wiederum in die Großparzellen „hineinrandomisiert". Somit sind alle Randomisationsmöglichkeiten unter den Bedingungen dieser Anlagemethode ausgeschöpft, denn auch die Großparzellen sind zufällig im Block verteilt (bei nur zwei Stufen sind die Verteilungsmöglichkeiten allerdings gering).

Tab. 31.1 Versuchsplan für eine zweifaktorielle Blockanlage

Die Prozeduren PLAN, TRANSPOSE und PRINT

Plan für 4 Blöcke, 2 Sorten = A und B und 4 Bestandesdichten = 30, 40, 50, 60 Tsd. Pfl./ha

block	COL1	COL2	COL3	COL4	COL5	COL6	COL7	COL8
1	A40	A60	A30	B60	A50	B50	B40	B30
2	B40	A30	B30	A40	A60	B50	B60	A50
3	B30	B50	A40	B60	A30	A60	A50	B40
4	B50	A60	B30	A30	A40	B60	B40	A50

Tab. 31.2 Versuchsplan für eine zweifaktorielle Spaltanlage

```
              Die Prozeduren PLAN, TRANSPOSE und PRINT

Plan für 3 Blöcke, A=2 Großparzellen (1, 2) und B=4 Kleinparzellen (1-4)

         Block   COL1   COL2   COL3   COL4   COL5   COL6   COL7   COL8
           1      11     12     14     13     24     23     21     22
           2      22     23     24     21     11     14     12     13
           3      24     21     23     22     12     11     13     14
```

Bei einer Streifenanlage (Tab. 31.3) muss jeder Block mit einer eigenen Tabelle dargestellt werden. Wie man sieht, verfügen sowohl die Zeilen (Faktor A) wie auch die Spalten
(Faktor B) jeweils über die gleiche Ziffer an der ersten bzw. zweiten Stelle. Beide Randomisationsmöglichkeiten für eine Spaltanlage sind damit vollzogen.

Weitere Hinweise

Auf das Problem der Blockgröße sei auch an dieser Stelle hingewiesen. Mit der Zahl der
Stufen eines Faktors steigt zwangsläufig auch die Blockgröße und damit die Gefahr inho-
mogener Verhältnisse im Block. „Versuchsdisziplin" ist deshalb bei der Planung angesagt.

Zweifaktorielle Versuche lassen sich unter bestimmten Bedingungen auch als Lateinisches Quadrat oder Lateinisches Rechteck anlegen, die i. d. R. etwas genauere Ergebnisse
als Blockanlagen liefern. Auf diese Sonderfälle wird hier nicht eingegangen; Beispiele
finden sich z. B. bei Bätz et al. (1987).

Es wird dringend davon abgeraten, zweifaktorielle Versuche ohne Wiederholungen
(Blöcke) anzulegen, weil in diesem Falle keine Wechselwirkungen zwischen den Faktoren, die gerade im pflanzenbaulichen Versuchswesen interessant sind, überprüft werden
können. Streifenanlagen werden manchmal ohne „echte" Wiederholungen angelegt und
stattdessen wiederholte Probenahmen innerhalb der (Lang-)Parzelle vorgenommen. Auch
damit lassen sich Wechselwirkungen nicht erfassen. Versuche ohne echte Wiederholungen
sollten lediglich als Demonstrationsanlagen verwendet werden, um einen zuvor mittels
wissenschaftlicher Versuche (mit Wiederholungen) erarbeiteten Sachverhalt aufzuzeigen.
Es ist allenfalls möglich, Versuche ohne Wiederholungen an mehreren Orten (und Jahren)
– sog. Streuversuche – gemeinsam auszuwerten; ortsspezifische Aussagen sind dann freilich nicht möglich.

Tab. 31.3 Versuchsplan für eine zweifaktorielle Streifenanlage

```
Die Prozeduren PLAN und TABULATE

Plan für 3 Blöcke, A=3 Streifen und B=4 Streifen
```
----------------------------------- Block=1 -----------------------------------

	B=Pflanzenschutz			
	1	3	4	2
	AxB	AxB	AxB	AxB
A=Düngung				
3	31	33	34	32
1	11	13	14	12
2	21	23	24	22

----------------------------------- Block=2 -----------------------------------

	B=Pflanzenschutz			
	1	2	3	4
	AxB	AxB	AxB	AxB
A=Düngung				
2	21	22	23	24
3	31	32	33	34
1	11	12	13	14

----------------------------------- Block=3 -----------------------------------

	B=Pflanzenschutz			
	1	4	2	3
	AxB	AxB	AxB	AxB
A=Düngung				
2	21	24	22	23
3	31	34	32	33
1	11	14	12	13

Auswertung zweifaktorieller Block-, Spalt- und Streifenanlagen

32

Bei der Auswertung zweifaktorieller Versuche ist der verwendete Versuchsplan zu beachten. Wie im Kapitel 31 schon angesprochen, fallen bei einer Blockanlage ein, bei einer Spaltanlage zwei und bei einer Streifenanlage drei Versuchsfehler an. Entsprechend lauten die Varianzmodelle wie folgt:

Blockanlage: $\quad y_{iju} = \mu + w_u + \alpha_i + \beta_j + (\alpha\beta)_{ij} + \underline{\varepsilon}_{iju}$

Spaltanlage: $\quad y_{iju} = \mu + w_u + \alpha_i + \underline{\varepsilon}_{iu} + \beta_j + (\alpha\beta)_{ij} + \underline{\varepsilon}_{iju}$

Streifenanlage: $y_{iju} = \mu + w_u + \alpha_i + \underline{\varepsilon}_{iu} + \beta_j + \underline{\varepsilon}_{ju} + (\alpha\beta)_{ij} + \underline{\varepsilon}_{iju}$

Bei der Blockanlage werden also beide Hauptwirkungen (Symbole α, β) und deren Wechselwirkung $(\alpha\beta)$ gegen den Restfehler $(\underline{\varepsilon}_{iju})$ getestet. Dagegen ist bei der Spaltanlage der Term $\underline{\varepsilon}_{iu}$ der zuständige Fehler für den Faktor A, während der dem Faktor A untergeordnete Faktor B und die Wechselwirkung beider Faktoren mit dem Restfehler getestet werden. Bei der Streifenanlage liegen zwei gleichrangige Faktoren vor, weshalb beide Faktoren einen separaten Fehler zugewiesen bekommen ($\underline{\varepsilon}_{iu}$ bzw. $\underline{\varepsilon}_{ju}$) und die Wechselwirkung ebenfalls gegen einen eigenen Fehler, nämlich den Restfehler, getestet wird. Formal handelt es sich bei $\underline{\varepsilon}_{iu}$ und $\underline{\varepsilon}_{ju}$ um Wechselwirkungen mit dem Block (w); sie sind letztlich Anteile von $\underline{\varepsilon}_{iju}$.

Der Blockanlage wird hier ein Fixmodell unterstellt, weil Block und beide Faktoren (und damit auch die Wechselwirkung) mit ausgewählten Stufen untersucht werden sollen.

Zusätzliche Information ist in der Online-Version dieses Kapitels (doi:10.1007/978-3-642-54506-1_32) enthalten.

M. Munzert, *Landwirtschaftliche und gartenbauliche Versuche mit SAS*,
Springer-Lehrbuch, DOI 10.1007/978-3-642-54506-1_32

Spalt- und Streifenanlagen sind dagegen als quasi gemischte Modelle zu verstehen: Block, die Hauptwirkungen (und deren Wechselwirkung) haben wiederum den Status von fix, die zusätzlichen Fehler der Spalt- und Streifenanlage dagegen von zufällig. Soweit nur ein F-Test verlangt wird, liefert *PROC GLM* dazu die richtigen Ergebnisse. Im Falle der Blockanlage erzeugt *GLM* auch die gewünschten und korrekten Grenzdifferenzen, weil stets nur ein Fehler zu berücksichtigen ist. Die gleiche Prozedur scheitert aber bei Spalt- und Streifenanlagen in Bezug auf korrekte Mittelwerttests, sobald für AB-Mittelwerte Grenzdifferenzen berechnet werden sollen, weil sich hier die Standardfehler und Freiheitsgrade auf relativ komplizierte Weise aus mehreren Fehlerquellen zusammensetzen. Diese Aufgabe kann nur **PROC MIXED** lösen; die Prozedur kann aber ebenso Blockanlagen auswerten. Das vorliegende Programm baut deshalb für alle drei Anlagetypen auf *PROC MIXED* auf.

In der Regel zielen mehrfaktorielle Versuche auf Mittelwertvergleiche ab. Welche Mittelwertvergleiche sinnvoll sind, hängt vom Ergebnis des F-Tests ab. Liegt im zweifaktoriellen Fall eine signifikante Wechselwirkung zwischen beiden Faktoren vor, dann sollten A-Mittelwerte immer nur auf gleicher B-Stufe und B-Mittelwerte stets nur auf gleicher A-Stufe verglichen werden (vorausgesetzt A und B waren ebenfalls jeweils signifikant). Sind nur die Haupteffekte A und B signifikant, dann kann man bedenkenlos deren Mittelwerte ohne Einschränkung vergleichen. AB-Mittelwerte wird man dann (uneingeschränkt) miteinander vergleichen, wenn diese Varianzursache im Gegensatz zu jener der Haupteffekte signifikant ist (Bätz et al. 1982, S. 124). Obwohl diese Regeln leicht zu befolgen sind, wurden diese auch im Programm umgesetzt, um dem Anwender Sicherheit für sinnvolle Mittelwertvergleiche zu bieten.

Als Auswertungsbeispiel wird der bei Munzert (1992) beschriebene Fall eines Weißkrautversuchs mit zwei PK-Düngungsstufen und vier Sorten sowie drei Wiederholungen (Blöcke) verwendet. Die Auswertung als Block-, Spalt- oder Streifenanlage beschränkt sich auf Varianz- und Mittelwertanalysen, da der quantitative Faktor „PK-Düngung" nur in zwei Stufen vertreten ist und Regressionsanalysen (nur Linearität wäre überprüfbar) hier kaum Sinn machen. Im nächsten Beispiel (Kapitel 33) wird jedoch auch dieser Fall behandelt.

Programm

```
*TITLE 'Auswertung zweifaktorieller Block-, Spalt- und Streifenanlagen';
DATA a;
TITLE1 'Weißkrautversuch, 2 Düngungsstufen, 4 Sorten';
TITLE2 'Zeifaktorielle Spaltanlage'; /* Anlagetyp angeben! */
TITLE3 'Beispiel aus Munzert (1992), Seite 93 - 97';
INPUT block A B wert @@;
dtha=wert/13.35*100; /* Umrechnung von kg/Parzelle in dt/ha */
DATALINES;
1 1 1 138.2 2 1 1 130.5 3 1 1 133.9
1 2 1 140.4 2 2 1 138.0 3 2 1 132.1
1 1 2 129.3 2 1 2 131.6 3 1 2 133.0
1 2 2 131.8 2 2 2 128.7 3 2 2 134.6
1 1 3 147.8 2 1 3 149.2 3 1 3 142.3
1 2 3 153.2 2 2 3 151.9 3 2 3 148.4
1 1 4 113.3 2 1 4 119.1 3 1 4 110.5
1 2 4 123.6 2 2 4 120.8 3 2 4 119.2
;
*PROC PRINT; RUN; /* Aktivieren für Einlesekontrolle! */
PROC FORMAT; /* Legende für Faktorenstufen */
VALUE A_fmt 1='100/150 kg PK' 2='150/250 kg PK';
VALUE B_fmt 1='Sorte A' 2='Sorte B' 3='Sorte C' 4='Sorte D';
RUN;
PROC MIXED NOBOUND;/* Achtung: Bei Spalt- und Streifenanlage
die zutreffende RANDOM-Anweisung aktivieren! */
TITLE4 'Varianz- und Mittelwertanalyse';
CLASS a b block;
MODEL dtha = block a b a*b/DDFM=KR; /* Blockanlage, alle RANDOM-Zeilen
inaktivieren! */
RANDOM block*a; /* Spaltanlage, a=Haupteinheit, b=Untereinheit */
*RANDOM block*a block*b; /* Streifenanlage */
LSMEANS a b a*b/DIFF CL ALPHA=0.05;
ODS OUTPUT CLASSLEVELS=info_2;
ODS OUTPUT TESTS3=f_test_2;
ODS OUTPUT LSMEANS=mittelw_2;
ODS OUTPUT DIFFS=diff_mittelw_2;
RUN;
%INCLUDE 'D:\Munzert\Documents\Eigene Dateien\Anwendungen SAS
\Programme\modul_mi_vergl_2fak.sas';
PROC TABULATE DATA=j_2;
TITLE4 'Mittelwerte';
CLASS A B;
VAR estimate;
TABLE B ALL,(A ALL)*estimate*MEAN*F=8.1/RTS=25
BOX='Sinnvolle Mittelwertvergleiche und GD siehe nächste Tabelle';
FORMAT A a_fmt. B b_fmt.;
KEYLABEL ALL='Mittel' MEAN=' ';
LABEL A='A=PK-Düngung' B='B=Sorten' Estimate='dt/ha';
RUN;
DATA sinnv_vgl_2;
SET i_2;
IF sinnvollerVergleich='nein' THEN DELETE;
RUN;
PROC TABULATE DATA=sinnv_vgl_2;
TITLE4 'Grenzdifferenzen für die sinnvollen Mittelwertvergleiche';
TITLE5 'Interpretiere z.B.:';
TITLE6 'A: Mittelwerte von Faktor A';
TITLE7 'AB: AB-Mittelwerte; AB_A: AB-Mittelwerte auf gleicher A-Stufe';
CLASS _NAME_;
```

```
VAR gd_Tukey gd_tT;
TABLE _NAME_,(gd_Tukey gd_tT)*MEAN*F=7.2/BOX='Auf Tabelle davor anwen-
den';
LABEL _NAME_='Sinnvolle Vergleiche' gd_Tukey='GD5%-Tukey' gd_tT='GD5%-t-
Test';
KEYLABEL MEAN='  ';
RUN;
QUIT;
```

******* Nachfolgend Dokumentation von Macro modul_mi_vergl_2fak.sas *******

```
*TITLE 'Modul für Mittelwertvergleiche bei 2-fakt. Versuchen';
DATA anzahl_2;
SET info_2;
DROP Values;
IF Class='block' THEN DELETE;
PROC TRANSPOSE DATA=anzahl_2 OUT=anzahl_x_2;
RUN;
DATA neu_2;
SET anzahl_x_2;
IF _NAME_='Class' THEN DELETE;
A=COL1; B=COL2;
AB=COL1*COL2;
AB_A=COL1;
AB_B=COL2;
DROP COL1-COL2;
RUN;
PROC TRANSPOSE DATA=neu_2 OUT=anzahl_xx_2;
RUN;
DATA k_wert_2;
SET anzahl_xx_2;
RENAME Levels=k;
RUN;
PROC PRINT DATA=f_test_2;
TITLE4 'F-Test der fixen Effekte';
RUN;
DATA b_2;
SET f_test_2;
IF Effect ne 'block';
KEEP ProbF;
RUN;
PROC TRANSPOSE DATA=b_2 OUT=c_2;;
VAR ProbF;
RUN;
DATA d_2;
SET c_2;
RENAME COL1=ProbF_A COL2=ProbF_B COL3=ProbF_AB;
DROP _NAME_ _LABEL_; RUN;
DATA e_2;
SET d_2;
gd=.;
A='nein'; B='nein'; AB_A='nein'; AB_B='nein'; AB='nein';
IF ProbF_A <0.05 & ProbF_AB <0.05 THEN A_B='ja';   /* 1 */
IF ProbF_A <0.05 & ProbF_AB >0.05 THEN A='ja';   /* 2 */
IF ProbF_B <0.05 & ProbF_AB <0.05 THEN AB_A='ja';   /* 3 */
IF ProbF_B <0.05 & ProbF_AB >0.05 THEN B='ja';   /* 4 */
IF ProbF_AB <0.05 THEN AB='ja';   /* 5 */
RUN;
PROC TRANSPOSE DATA=e_2 OUT=f_2;
VAR A B AB_A AB_B AB;
RUN;
```

```
PROC SORT DATA=f_2;
BY _NAME_;
RUN;
DATA h_2;
LENGTH _NAME_ $ 8;
SET diff_mittelw_2;
IF Effect='A' THEN _NAME_='A';
IF Effect='B' THEN _NAME_='B';
IF Effect='A*B' & A ne _A & B ne _B THEN _NAME_='AB';
IF Effect='A*B' & A = _A THEN _NAME_='AB_A';
IF Effect='A*B' & B = _B THEN _NAME_='AB_B';
RUN;
PROC SORT DATA=h_2;
BY _NAME_;
RUN;
PROC SORT DATA=k_wert_2;
BY _NAME_;
RUN;
DATA diff_mi_neu_2;
MERGE h_2 k_wert_2;
BY _NAME_;
prob=1-ALPHA;
gd_Tukey=(PROBMC("RANGE",.,prob,DF,k))*STDERR/SQRT(2);/* Tukey-Test */
gd_tT=(Upper - Lower)/2; /* t-Test */
DROP tValue Probt prob;
RUN;
PROC PRINT DATA=diff_mi_neu_2;RUN;
PROC MEANS DATA=diff_mi_neu_2 NOPRINT;
BY _NAME_;
VAR gd_Tukey gd_tT;
OUTPUT OUT = gd_mittelw_2 MEAN=;
RUN;
DATA i_2;
MERGE f_2 gd_mittelw_2;
BY _NAME_;
RENAME COL1=SinnvollerVergleich;
DROP _TYPE_ _FREQ_;
RUN;
PROC PRINT DATA=i_2;
TITLE4 'Sinnvolle Mittelwertvergleiche und Grenzdifferenzen';
RUN;
DATA j_2;
SET mittelw_2;
IF Effect ne 'A*B' THEN DELETE;
KEEP a b Estimate;
RUN;
```

Man beachte, dass bereits beim Einlesen der Daten die Umrechnung von kg/Parzelle in dt/ha erfolgt. Werden nicht umrechnungsbedürftige Zahlen eingelesen, deaktiviert man diese Zeile und ändert in der *MODEL*-Zeile von *MIXED* die Variable *dtha* entsprechend. Auch die *LABEL*-Anweisung für *Estimate* in der ersten *TABULATE* wäre noch anzupassen. *PROC FORMAT* steht nur deshalb gleich nach den eingelesenen Daten, weil hier neben den Eingaben der Tabellenüberschriften auch gleich die Stufenbezeichnungen für die spätere Mittelwerttabelle definiert werden können.

Das Herzstück des Programms ist *PROC MIXED*. Die Prozedur sollte immer mit der Option *NOBOUND* aufgerufen werden, da negative Varianzkomponenten (wie bei diesem Datensatz) auftreten können und in diesem Falle keine korrekten F-Tests möglich sind. (Näheres s. Piepho und Spilke 1999). Auch die Option *DDFM = KR* sollte stets beibehalten werden, weil die Kenward-Roger Approximation für die Bestimmung der Freiheitsgrade in bestimmten Fällen geeigneter ist als die früher übliche Satterthwaite-Methode. In der *MODEL*-Zeile werden alle fixen Modellkomponenten eingegeben, während in den folgenden *RANDOM*-Anweisungen die zusätzlichen Fehler des Modells stehen (den Restfehler berücksichtigt das Programm automatisch). Im Falle einer Blockanlage sind beide *RANDOM*-Anweisungen mit * zu inaktivieren. Soll aber eine Spaltanlage verrechnet werden (wie hier voreingestellt), gilt der erste *RANDOM*-Befehl und der zweite ist mit * deaktiviert. Im Falle einer Streifenanlage ist umgekehrt zu verfahren. Bei *LSMEANS* werden alle drei Mittelwerttypen (*a b a*b*) aufgerufen und die Optionen *DIFF CL* und *ALPHA* = ... sorgen dafür, dass die Differenzen der Mittelwerte und deren Konfidenzgrenzen auf der Basis des mit *ALPHA* angegebenen Signifikanzniveau (voreingestellt auf 5%) erzeugt werden. Spezielle Grenzdifferenzen werden an dieser Stelle nicht aufgerufen; sie werden an anderer Stelle im Zusammenhang mit der Ermittlung der sinnvollen Mittelwertvergleiche berechnet (Makro *%INCLUDE* ...). Schließlich folgen noch vier *ODS OUTPUT*-Zeilen; sie bilden jeweils Dateien, die für das Makro benötigt werden.

Das Makro (*%INCLUDE* mit Pfadbeschreibung) wird im obigen Programm nach der Zeile *QUIT* dokumentiert und befindet sich als eigene Datei am Ende aller Programme (*modul_mi_vergl_2fak.sas*). Es wird auch für andere Programme noch benötigt. Am Modul sollten keine Änderungen vorgenommen werden; es ist jedoch auf die korrekte Pfadbeschreibung zu achten. Inhaltlich ist das Modul auf die Berechnung aller möglichen Grenzdifferenzen nach Tukey und t-Test sowie auf die Benennung der „sinnvollen Mittelwertvergleiche" abgestellt. Ab Programmzeile *PROC TABULATE DATA = j_2* werden die vom Modul berechneten Zwischenergebnisse in eine lesbare Form gebracht. Hier können dann die weiteren Tabellenüberschriften und *LABEL*-Anweisungen angepasst werden.

Es bestehen folgende Steuerungsmöglichkeiten am Programm:

- Evtl. Umrechnung der Eingabedaten in eine gewünschte andere Dimension.
- Verrechnung als Blockanlage (beide *RANDOM*-Zeilen deaktivieren), als Spaltanlage (zweite *RANDOM-Zeile deaktivieren*) oder als Streifenanlage (erste *RANDOM*-Zeile deaktivieren).
- Wahl des Signifikanzniveaus für die Grenzdifferenzen (in *MIXED*, Zeile *LSMEANS*, Option *ALPHA* = ...); Voreinstellung ist 5%.

Damit die Outputs korrekt beschriftet werden, sind die folgenden Statements anzupassen:

- Aussagekräftige Bezeichnungen für *TITLE1* bis *TITLE3*.
- Stufenbezeichnungen bei *VALUE* in *PROC FORMAT*.
- Zutreffende *LABEL*-Bezeichnungen für die 1. *PROC TABULATE*.
- Ggf. das Signifikanzniveau in der *LABEL*-Zeile der 2. *PROC TABULATE* anpassen.

Ausgabe

Im Navigationsfenster werden drei *PRINT*- und zwei *TABULATE*-Outputs angekündigt. Diese werden im Folgenden, mit Ausnahme der zweiten *PRINT*-Tabelle, für den Fall einer Spaltanlage kurz besprochen (Tab. 32.1 bis 32.4).

Der F-Test zur Spaltanlage besagt, dass nur signifikante Hauptwirkungen (A und B) vorliegen (Spalte *ProbF* von Tab. 32.1). Damit steht schon fest, dass sich die sinnvollen Mittelwertvergleiche auf diese Effekte beschränken. In Tab. 32.2 wird dies in der Spalte „Sinnvoller Vergleich" auch bestätigt. Dort finden sich der Vollständigkeit halber die (korrekten) Grenzdifferenzen für alle fünf möglichen Fälle.

Die entscheidenden Informationen für die Spaltanlage liefern die beiden *TABULATE*-Ergebnisse in den Tab. 32.3 und 32.4. Die Grenzdifferenz nach Tukey für Faktor A ist mit 26,52 dt/ha auf die beiden A-Mittelwerte 985,5 und 1012,9 und jene in Höhe von 42,86 dt/ha für Faktor B auf die Mittelwertreihe 1015,1 … 882,0 anzuwenden. Analoges gilt für die Grenzdifferenz nach t-Test.

Die in Tab. 32.2 angegebenen weiteren GD wären – sofern sie sich als sinnvoll herausgestellt hätten – wie folgt anzuwenden:

- GD für AB (66,17) auf sämtliche „inneren" Mittelwerte der Tabelle, also auf die acht Mittelwerte 1005,2 … 907,9.

Tab. 32.1 Varianzanalyse zur zweifaktoriellen Spaltanlage (Weißkrautversuch)

```
                    Die Prozedur MIXED

       Beispiel aus Munzert (1992), Seite 93 - 97
             F-Test der fixen Effekte
                     Num      Den
Beob.    Effect      DF       DF      FValue     ProbF
  1      block       2        2        4.45     0.1835
  2      A           1        2       19.86     0.0468
  3      B           3       12       87.97     <.0001
  4      A*B         3       12        1.05     0.4074
```

Tab. 32.2 Sinnvolle Mittelwertvergleiche und Grenzdifferenzen?

```
              modul_mi_vergl_2fak.sas

     Weißkrautversuch, 2 Düngungsstufen, 4 Sorten
        Beispiel aus Munzert (1992), Seite 93 - 97
                     Sinnvoller
Beob.    _NAME_      Vergleich    gd_Tukey    gd_tT
  1      A           ja           26.5174    26.5174
  2      AB          nein         66.1736    40.1986
  3      AB_A        nein         44.4859    44.4859
  4      AB_B        nein         54.4937    40.1986
  5      B           ja           42.8630    31.4563
```

Tab. 32.3 Mittelwerte zum Weißkrautversuch
```
                    Die Prozedur TABULATE
```

Sinnvolle Mittelwertvergleiche und GD siehe nächste Tabelle	A=PK-Düngung		
	100/150 kg PK	150/250 kg PK	Mittel
	dt/ha	dt/ha	dt/ha
B=Sorten			
Sorte A	1005.2	1025.0	1015.1
Sorte B	983.5	986.5	985.0
Sorte C	1096.9	1132.3	1114.6
Sorte D	856.2	907.9	882.0
Mittel	985.5	1012.9	999.2

Tab. 32.4 Grenzdifferenzen für die sinnvollen Mittelwertvergleiche zu Tab. 32.3.
```
                  Die Prozedur TABULATE

                   Interpretiere z.B.:
              A: Mittelwerte von Faktor A
   AB: AB-Mittelwerte; AB_A: AB-Mittelwerte auf gleicher A-Stufe
```

Auf Tabelle davor anwenden	GD5%- Tukey	GD5%-t- Test
Sinnvolle Vergleiche		
A	26.52	26.52
B	42.86	31.46

- GD für AB_A (44,49) auf die AB-Mittelwerte auf gleicher Stufe von A, also auf die Mittelwerte 1005,2 … 856,2 bzw. auf 1025,0 … 907,9.
- GD für AB_B (54,49) auf die AB-Mittelwerte auf gleicher Stufe von B, also auf die Mittelwerte 1005,9… 10025,0 bzw. 983,5 … 986,5 usw.

Wendet man das Programm mit dem gleichen Datensatz auch auf eine Block- und Streifenanlage an, dann ergeben sich die nachfolgend dargestellten Kennwerte (Tab. 32.5). Es

Tab. 32.5 Vergleich von statistischen Kennwerten des Weißkrautversuchs, verrechnet als Block-, Spalt- und Streifenanlage

Kriterium	Ursache	Blockanlage	Spaltanlage	Streifenanlage
ProbF	A	0,014	0,047	0,047
	AB	0,363	0,407	0,303
	B	<0,01	<0,01	<0,01
Sinnvoller Vergleich	A	ja	ja	ja
	AB	nein	nein	nein
	AB_A	nein	nein	nein
	AB_B	nein	nein	nein
	B	ja	ja	ja
$GD_{5\% \text{ Tukey}}$	A	20,9	26,5	26,5
	AB	68,7	66,2	72,7
	AB_A	41,8	44,5	45,0
	AB_B	56,6	54,5	51,7
	B	40,0	42,9	40,4
$GD_{5\% \text{ t-Test}}$	A	20,9	26,5	26,5
	AB	41,8	40,2	43,3
	AB_A	41,8	44,5	45,0
	AB_B	41,8	40,2	37,1
	B	29,5	31,5	40,4

liegen auch bei diesen Konstellationen nur signifikante Haupteffekte vor, während die Grenzdifferenzen zum Teil etwas höher als bei der Blockanlage ausfallen. Dieser Vergleich soll jedoch nicht als grundsätzliche Bewertung der Anlagetypen verstanden werden, da die „wahren" Versuchsfehler nur bei tatsächlicher Umsetzung dieser Versuchspläne vor Ort zu erfassen sind. Es kann sein, dass eine Streifenanlage letztlich für bestimmte Vergleiche genauere Ergebnisse als eine Block- oder Spaltanlage liefert, weil bei ihr der „technische Fehler" bei der Versuchsdurchführung geringer ausfällt. Bei der Entscheidung für einen Anlagetyp sollten beide Aspekte, die technische Ausführbarkeit eines Versuchsplans und die Folgen für die Fehlerstatistik bedacht werden.

Weitere Hinweise

Es muss noch einmal betont werden, dass die Tab. 32.5 nicht als Grundlage für die Suche nach der optimalen Auswertungsmethode verstanden werden darf. Auszuwerten ist nach dem vorliegenden Versuchsplan! Auch die im Programm angebotenen Alternativen für die Block-, Spalt- und Streifenanlage dürfen nicht „spekulativ" genutzt werden, etwa nach dem Motto, „mit welchem Auswertungsmodell erziele ich bei diesem Datensatz die kleinsten Grenzdifferenzen?"

Die hier nicht dargestellte zweite *PRINT*-Ausgabe (Datei *WORK.DIFF_MI_NEU*) enthält Basisdaten für die Berechnung der Grenzdifferenzen, wird aber eigentlich nicht für die Ergebnisinterpretation benötigt.

Es empfiehlt sich, die Grenzdifferenz nach Tukey (auf Basis $\alpha = 5\%$) zu bevorzugen, weil dieser Test das vorgegebene Signifikanzniveau voll ausschöpft, d. h. keinen Vergleich mit einer höheren Irrtumswahrscheinlichkeit als vereinbart zulässt. Es muss allerdings darauf hingewiesen werden, dass bei unbalancierten Daten (ungleiche Wiederholungen) mit „Tukey-Test" der (approximative) Tukey-Kramer-Test gemeint ist, der sowohl bei *GLM* als auch *MIXED* herangezogen wird und das multiple Niveau α nicht voll nutzt, aber eine gute Lösung ist. Näheres hierzu siehe Dufner et al. (2002, S. 214–215). Wenn man α exakt ausschöpfen will, kann man mit *ADJUST = SIM* operieren (Edwards-Berry-Verfahren).

Das Programm kann ohne Änderungen auch für unbalancierte Datensätze verwendet werden. Die Mittelwerttests sind dann, wie gesagt, zwar approximativ, aber gültig.

Das Prinzip der zweifaktoriellen Streifenanlage ist auch auf einfaktorielle Versuche mit mehrjährigen Kulturen oder mehreren Ernten (z. B. Schnitten) anwendbar. Die Jahresernte wird dann zum zweiten Faktor. Auf dieses Problem wird im Kapitel 38 noch eingegangen, dort im Rahmen einer zweifaktoriellen Spaltanlage, die mehrmals im Jahr beerntet wird.

Vorbemerkung: Die hier vorgestellte Auswertungsmethode ist eine Erweiterung des einfaktoriellen Falles, wie er im Kapitel 25 beschrieben wurde. Man sollte sich zunächst mit jenem Beispiel vertraut machen.

Wenn in einem zweifaktoriellen Versuch ein Faktor quantitativ definiert ist, dann bietet sich auch eine Regressionsanalyse an, um den funktionalen Zusammenhang zwischen der Zielgröße und diesem quantitativen Faktor zu untersuchen. Ein typischer Fall ist ein Düngungsversuch, kombiniert mit einem Sortenfaktor. Es handelt sich hierbei um ein fixes Regressionsmodell (Modell I), weil auch die Düngungsstufen gezielt ausgewählt wurden und *innerhalb* dieses Untersuchungsbereiches geklärt werden soll, wie sich z. B. mit steigendem (oder sinkendem) Nährstoffangebot der Ertrag ändert.

Hierbei liegt ein dreifaches Problem vor. Zum einen können die mitgeprüften Sorten aufgrund ihres unterschiedlichen Ertragsniveaus die Regression erheblich stören, so dass der eigentliche Düngungseffekt nur sehr verzerrt zum Tragen kommt; der Sortenfaktor ist deshalb im Modell zu berücksichtigen. Die Lösung besteht in einer Kovarianzanalyse im Sinne einer „bereinigten Regressionsanalyse". Das weitere Vorgehen hängt dann davon ab, wie die Wechselwirkung zwischen Prüffaktor (Sorte) und der Kovariate (hier: Düngung) als Regressor zu bewerten ist. Schließlich ist immer zu klären, ob lineare oder nichtlineare Beziehungen vorliegen; letztere sind gerade in Düngungsversuchen oder Versuchen mit anderen Intensitätsfaktoren die Regel.

Diese Komplexität des Beziehungsgeflechts zwischen Regressor und Regressand zwingt, ähnlich wie im einfaktoriellen Fall, zu einer schrittweisen Vorgehensweise, die am folgenden Beispiel aufgezeigt werden soll. Es handelt sich um einen zweifaktoriellen Kartoffelversuch, in dem die Beziehung zwischen der Bestandesdichte (vier Abstufungen) und den beobachteten Merkmalen Knollenertrag, Stärkegehalt und Stärkeertrag untersucht

Zusätzliche Information ist in der Online-Version dieses Kapitels (doi:10.1007/978-3-642-54506-1_33) enthalten.

© Springer-Verlag Berlin Heidelberg 2015

M. Munzert, *Landwirtschaftliche und gartenbauliche Versuche mit SAS,*

Springer-Lehrbuch, DOI 10.1007/978-3-642-54506-1_33

wurde. Im Versuch befanden sich außerdem zwei Sorten in Prüfung. Es ist aber auch zu berücksichtigen, mit welcher Anlagemethode die Daten gewonnen wurden, also ob mit einer Block-, Spalt- oder Streifenanlage, um nur die gängigen Anlagemethoden zu nennen.

Die Aufgabe wird am besten mit den Prozeduren **MIXED** und **GLM** gelöst; eine grafische Darstellung der gefundenen bestangepassten Regression sollte nicht fehlen.

Programm

```
TITLE1 'Regressionsanalysen zu zweifaktoriellen Versuchen';
DATA a;
DO block = 1 TO 4;
DO dichte = 30 TO 60 BY 10;
DO sorte = 'A', 'B';
INPUT ertrag staerke @@;
IF dichte = 30 THEN dtha = ertrag/14.52*100;
ELSE IF dichte= 40 THEN dtha = ertrag/14.85*100;
ELSE IF dichte= 50 THEN dtha = ertrag/15.39*100;
ELSE IF dichte= 60 THEN dtha = ertrag/15.18*100;
stae_dtha=dtha*staerke/100;
guetetest=dichte;
DROP ertrag;
OUTPUT;
END; END; END;
DATALINES;
61.3 18.7 64.4 16.6 65.7 18.9 67.2 16.9 67.5 18.5 70.9 16.5
67.8 19.0 68.9 16.3 61.5 19.1 63.8 17.5 64.9 19.0 68.4 17.6
68.7 19.0 70.0 17.0 67.1 18.5 69.3 16.8 62.1 18.3 63.2 16.1
65.1 18.7 67.7 16.6 68.1 17.9 70.9 16.9 67.2 18.7 69.8 17.0
61.5 18.6 63.4 17.1 64.5 19.3 67.5 17.9 67.9 19.4 69.8 17.4
66.4 18.7 69.2 16.8
;
PROC PRINT; /*Nur zur Einlesekontrolle */
TITLE2 'Auflistung der Ergebnisse';
RUN;
/* Bei PROC MIXED je nach Anlagemethode die betreffende RANDOM-Zeile
aktivieren bzw.
deaktieren und in CLASS- und MODEL-Zeile die Variablennamen eintragen */
PROC MIXED NOBOUND;/* Bei MODEL-Zeile vor dem =-Zeichen das gewünschte
Merkmal einsetzen */
TITLE2 'Anlagekonforme Untersuchung auf Signifikanz der Wechselwirkung';
CLASS block dichte sorte;
MODEL dtha = block sorte dichte dichte*sorte/DDFM=KR; /* bei Blockanlage
alle RANDOM-Zeilen inaktivieren! */
RANDOM block*dichte; /* Spaltanlage, Dichte = Haupteinheit, Sorte =
Untereinheit */
*RANDOM block*dichte block*sorte; /* Streifenanlage */
RUN;
PROC GLM;
TITLE2 'Auffinden des optimalen Regressionsmodells (R-Quadrat
überschätzt)';
CLASS block sorte guetetest;
*MODEL dtha stae_dtha = block sorte dichte guetetest;* Test auf lineare
Regression;
MODEL dtha stae_dtha = block sorte dichte dichte*dichte guetetest;* Test
auf quadratische Regression;
*MODEL dtha stae_dtha = block sorte dichte dichte*dichte
dichte*dichte*dichte guetetest;* Test auf kubische Regression;
RUN;
PROC GLM DATA=a;
TITLE2 'Regressionsparameter (R-Quadrat negieren)';
CLASS sorte;
MODEL dtha stae_dtha = sorte dichte dichte*dichte/SOLUTION; *Modell
aufgrund vorheriger GLM anpassen;
RUN;
PROC GLM DATA=a;
TITLE2 'Endgültige Regressionsgleichung mit Schätzparametern';
CLASS block sorte;
MODEL dtha stae_dtha = block sorte dichte dichte*dichte/SOLUTION P CLM;
```

```
*Modell aufgrund vorheriger GLM anpassen;
ESTIMATE 'Konstante Sorte A' INTERCEPT 1 Sorte 1;
RUN;
ODS GRAPHICS ON;
PROC GLM DATA=a;
TITLE2 'Grafische Darstellung der Regression';
CLASS sorte ;
MODEL dtha stae_dtha = sorte dichte dichte*dichte;
RUN;
ODS GRAPHICS OFF;
QUIT;
```

Das Einlesen der Daten erfolgt hier mit Hilfe von drei *DO*-Schleifen. Da die *Input*-Zeile nur die Beobachtungsmerkmale *ertrag* und *staerke* (Stärkegehalt) ankündigt, müssen die Klassenmerkmale *block, sorte* und *dichte* vom Programm erzeugt werden. Das Merkmal *dichte* wird in 1000er Einheiten und zudem im 10er Schritt definiert (*BY 10*), was bei der späteren Interpretation der Ergebnisse zu beachten ist. Die nach *DATALINES* eingegebenen Parzellenerträge stammen aufgrund unterschiedlicher Abstände in der Reihe von unterschiedlichen Parzellengrößen, die rechnerisch ausgeglichen werden sollten. Planungsgrundlage waren ein für alle Bestandesdichten einheitlicher Reihenabstand von 75 cm, 4 Reihen pro Parzelle und eine Parzellengröße von ca. 15 m². Daraus ergeben sich bei Stufe 30.000 Pfl./ha 11 Pflanzen pro Reihe mit 44 cm Abstand in der Reihe und 14,52 m² Parzellengröße, für die weiteren Stufen 15 Pfl. (33 cm) und 14,85 m² bzw. 19 Pfl. (27 cm) und 15,39 m² sowie 23 Pfl. (22 cm) und 15,18 m². Um die erfassten kg-Erträge pro Parzelle in dt/ha umzurechnen, wurden nach der *INPUT*-Zeile entsprechende *IF*- bzw. *IF-ELSE*-Anweisungen eingefügt. Im weiteren Programm wird der Ertrag als *dtha* bezeichnet und die Hilfsvariable *ertrag* mit einer *DROP*-Anweisung aus dem Datensatz entfernt. Aus den Merkmalen *staerke* und *dtha* lässt sich schließlich leicht der Stärkeertrag pro ha berechnen. Das Merkmal *guetetest* entspricht dem Merkmal *dichte* und wird für die Prüfung auf Anpassungsmangel der Regression benötigt. Ganz wichtig sind die drei *END*-Befehle nach *OUTPUT*, die die *DO*-Befehle abschließen. Bei diesem etwas komplizierten, aber effektiven Einleseprinzip ist es immer ratsam, sich das Ergebnis auflisten zu lassen und auf Richtigkeit zu überprüfen; diese Aufgabe erfüllt *PROC PRINT*.

Mit *PROC MIXED* wird zunächst – unter Berücksichtigung der Anlagemethode – geklärt, ob eine signifikante Wechselwirkung (Interaktion) zwischen beiden Versuchsfaktoren (hier *dichte* und *sorte*) besteht, denn eine solche hätte Konsequenzen für die weitere Auswertung. Die Prozedur sieht drei Anlagemethoden vor: Block-, Spalt- und Streifenanlage; eine davon muss aktiviert sein. Bei *MIXED* kann für diese Zwecke – anders als bei *GLM* – immer nur ein Merkmal in der *MODEL*-Zeile verrechnet werden.

Die folgenden beiden *GLM* gelten für den Fall, dass keine signifikanten Wechselwirkungen vorliegen, was für diesen Versuch zutrifft. Bei signifikanten Wechselwirkungen wäre sortenspezifisch vorzugehen (s. „Weitere Hinweise").

Mit dem ersten Aufruf von *PROC GLM* wird für die Merkmale das optimale Regressionsmodell ermittelt. Es sind dafür drei *MODEL*-Zeilen für das lineare bis kubische Modell vorgesehen. Mit Polynomen noch höheren Grades ist zumindest im pflanzenbaulichen Bereich nicht zu rechnen; sie könnten aber leicht ergänzt werden. Der „künstliche" Faktor *guetetest* erscheint unter *CLASS* und *MODEL* und dient der Bewertung des Modells. Dadurch wird allerdings das Bestimmtheitsmaß für die Regression überschätzt. Der Blockfaktor sollte aber mitgeführt werden, damit der Anpassungsmangel gegen den blockbereinigten Versuchsfehler getestet werden kann.

Mit dem zweiten Aufruf von *PROC GLM* werden nun die Regressionsgleichungen für das gefundene optimale Modell mit der Option *SOLUTION* ermittelt. Die Einflussgrößen *block* und *guetetest* wurden entfernt, da blockspezifische Regressionskonstanten nicht interessieren und der Anpassungsmangel geklärt ist. Auf die Schätzung der Regressionskoeffizienten hat dies keinen Einfluss.

Ziel der 3. *PROC GLM* ist die Berechnung des korrekten Bestimmtheitsmaßes und der prognostizierten (geschätzten) Beobachtungswerte mit ihrem Vertrauensintervall. Hier muss *block* wieder ins Modell aufgenommen werden. Die Optionen *P* und *CLM* bedingen die Schätzungen. Mit der *ESTIMATE*-Schätzung wird nur zum Vergleich die Regressionskonstante für die Sorte A berechnet.

Die letzte *GLM* dient lediglich der Erzeugung der Regressionsgrafik je Merkmal.

Ausgabe

Die Auswertung beginnt mit einer Varianzanalyse, um zu klären, ob signifikante Wechselwirkungseffekte zwischen beiden Versuchsfaktoren vorliegen. Dafür wurde *PROC MIXED* verwendet, da diese Prozedur auf einfachste Weise sowohl einer Block-, Spalt- als auch Streifenanlage gerecht wird. Exemplarisch wurde für dieses Beispiel die Spaltanlage gewählt. Wie Tab. 33.1 zu entnehmen ist, liegen hoch signifikante Sorteneffekte bei allen drei Merkmalen vor. Die Bestandesdichte (*dichte*) ist beim Knollenertrag (*dtha*) und Stärkeertrag (*stae_dtha*) von hoch signifikantem Einfluss, nicht jedoch beim Stärkegehalt (*staerke*). Eine signifikante Wechselwirkung liegt bei keinem Merkmal vor. Daraus sind folgende Schlüsse zu ziehen:

- Beim Merkmal *staerke* erübrigt sich eine Regressionsanalyse, denn eine gesicherte Abhängigkeit zwischen dem Stärkegehalt und der Bestandesdichte besteht nicht.
- Knollenertrag und Stärkeertrag stehen unter hoch signifikantem Einfluss der Bestandesdichte und der Sorte. Da eine Wechselwirkung zwischen beiden Faktoren zu verneinen ist, bietet sich eine Regressionsanalyse mit *sorte* an, d. h. es wird eine gemeinsame Regressionsgleichung erstellt, die sich nur hinsichtlich der Regressionskonstante (Abstand zwischen den Regressionslinien bzw. -kurven) unterscheidet. Im Falle einer signifikanten Wechselwirkung müsste eine sortenspezifische Regression gerechnet werden.

Mit der folgenden *PROC GLM* wird die Beziehung zwischen den Zielvariablen und der Bestandesdichte geklärt. Das Modell wurde so gesteuert, dass *dichte* keine *CLASS*-Variable, sondern eine (quantitativ abgestufte) Einflussvariable ist, dafür aber mit *guetetest* eine zu-

Tab. 33.1 Anlagekonforme Untersuchung auf Signifikanz der Wechselwirkung (Spaltanlage)

```
                                    Die Prozedur MIXED

Abhängige Variable:  dtha
                              Typ 3 Tests der festen Effekte
                                  Zähler          Nenner
          Effekt          Freiheitsgrade  Freiheitsgrade   F-Statistik    Pr > F
          block                    3               9            10.48     0.0027
          sorte                    1              12           120.32     <.0001
          dichte                   3               9           345.59     <.0001
          dichte*sorte             3              12             0.33     0.8004

Abhängige Variable: staerke
                              Typ 3 Tests der festen Effekte
                                  Zähler          Nenner
          Effekt          Freiheitsgrade  Freiheitsgrade   F-Statistik    Pr > F
          block                    3               9             4.36     0.0371
          sorte                    1              12           289.05     <.0001
          dichte                   3               9             1.53     0.2728
          dichte*sorte             3              12             0.34     0.7999

Abhängige Variable: stae_dtha
                              Typ 3 Tests der festen Effekte
                                  Zähler          Nenner
          Effekt          Freiheitsgrade  Freiheitsgrade   F-Statistik    Pr > F
          block                    3               9             3.04     0.0855
          sorte                    1              12            68.57     <.0001
          dichte                   3               9             8.29     0.0059
          dichte*sorte             3              12             0.40     0.7562
```

sätzliche, *dichte* inhaltlich adäquate *CLASS*-Variable definiert wurde. In Tab. 33.2 ist das Ergebnis für den Knollenertrag zusammengefasst. Das Modell hat sieben Freiheitsgrade (*DF*), die sich aus drei für *block*, einen für *sorte* (da zwei Sorten in Prüfung) und drei für die Regression (bei vier Bestandesdichten) zusammensetzen.

Beim linearen Ansatz entfällt ein *DF* auf *dichte*, somit verbleiben für den Rest der Regression, der von *guetetest* erfasst wird, noch zwei *DF*. Die lineare Komponente *dichte* ist zwar hoch signifikant, da aber *guetetest* ebenfalls hochsignifikant ist, befriedigt dieses lineare Modell nicht.

Im mittleren Teil von Tab. 33.2 befindet sich das Ergebnis des quadratischen Modells. Nach wie vor ist die lineare Komponente *dichte* hoch signifikant, aber auch *dichte*dichte* erfasst einen hoch signifikanten Anteil der Regression, während *guetetest* – jetzt nur noch über 1 *DF* verfügend – mit $Pr > F = 0,0634$ die 5 %-Signifkanzschranke verfehlt. Somit kann das quadratische Modell als gut angepasst beurteilt werden.

Aktiviert man im Programm das kubische Modell, erhält man exakt für *dichte*dichte*dichte* den Varianzanteil von *guetetest* des quadratischen Modells. Nur wenn man für diese Regressionskomponente eine Signifikanz < 10 % akzeptiert, kann man dieses Modell zur Erklärung des Zusammenhangs zwischen Bestandesdichte und Knollenertrag heranziehen. Ein Polynom noch höheren Grades kann bei vier Bestandesdichten mangels Freiheitsgraden nicht überprüft werden. Dies ist übrigens u. a. der Grund, weshalb für „glaubwürdige" Regressionen möglichst eine größere Anzahl von Abstufungen (mit gleichen Distanzen!) im gewünschten Untersuchungsbereich vorgesehen werden sollten. Das

Tab. 33.2 Auffinden des optimalen Regressionsmodells (R^2 überschätzt), Knollenertrag

Die Prozedur GLM

Abhängige Variable: dtha

Quelle	DF	Summe der Quadrate	Mittleres Quadrat	F-Statistik	Pr > F
Modell	7	3791.217395	541.602485	58.31	<.0001
Error	24	222.908632	9.287860		
Corrected Total	31	4014.126028			

R-Quadrat	Koeff.var	Wurzel MSE	dtha Mittelwert
0.944469	0.685776	3.047599	444.4016

Lineares Modell

Quelle	DF	Typ I SS	Mittleres Quadrat	F-Statistik	Pr > F
block	3	55.200050	18.400017	1.98	0.1437
sorte	1	1916.154542	1916.154542	206.31	<.0001
dichte	1	1276.312747	1276.312747	137.42	<.0001
guetetest	2	543.550056	271.775028	29.26	<.0001

Quadratisches Modell

Quelle	DF	Typ I SS	Mittleres Quadrat	F-Statistik	Pr > F
block	3	55.200050	18.400017	1.98	0.1437
sorte	1	1916.154542	1916.154542	206.31	<.0001
dichte	1	1276.312747	1276.312747	137.42	<.0001
dichte*dichte	1	508.373069	508.373069	54.74	<.0001
guetetest	1	35.176987	35.176987	3.79	0.0634

Kubisches Modell

Quelle	DF	Typ I SS	Mittleres Quadrat	F-Statistik	Pr > F
block	3	55.200050	18.400017	1.98	0.1437
sorte	1	1916.154542	1916.154542	206.31	<.0001
dichte	1	1276.312747	1276.312747	137.42	<.0001
dichte*dichte	1	508.373069	508.373069	54.74	<.0001
dichte*dichte*dichte	1	35.176987	35.176987	3.79	0.0634
guetetest	0	0.000000	.	.	.

ist vor allem dann sinnvoll, wenn man ein komplexeres Modell als das quadratische oder kubische erwartet. Allerdings wird man dann eher zu einem „echten" nichtlinearen Regressionsmodell greifen.

In Tab. 33.3 sind die entsprechenden Ergebnisse für den Stärkeertrag (*stae_dtha*) zusammengestellt. Auch hier erfüllt das Polynom 2. Grades (quadratisches Modell) die Anforderungen von $\alpha = 5\%$ für beide Regressionskomponenten. Auf die Darstellung des kubischen Modells wurde verzichtet, da schon gezeigt wurde, dass *guetetest* mit einem Freiheitsgrad und einer Irrtumswahrscheinlichkeit von 6,81 % *dichte*dichte*dichte* erklären würde. Stünden für *guetetest* mehr als ein *DF* noch zur Verfügung, würde man das kubische Modell auf jeden Fall testen, um die Signifikanz dieser Komponente zu überprüfen.

Da sich also herausgestellt hat, dass sich beide Merkmale gut an das quadratische Modell anpassen, werden im Programm mit der folgenden *PROC GLM* die entsprechenden Regressionsparameter berechnet (Tab. 33.4):

$$\text{Sorte A: dtha} = 350,99 - 15,48 + 4,152 * \text{dichte} - 0,03986 * \text{dichte}^2$$

$$\text{Sorte B: dtha} = 350,99 + 4,152 * \text{dichte} - 0,03986 * \text{dichte}^2$$

Tab. 33.3 Auffinden des optimalen Regressionsmodells (R^2 überschätzt), Stärkeertrag

Die Prozedur GLM

Abhängige Variable: stae_dtha

Quelle	DF	Summe der Quadrate	Mittleres Quadrat	F-Statistik	Pr > F
Modell	7	350.5900796	50.0842971	15.78	<.0001
Error	24	76.1523598	3.1730150		
Corrected Total	31	426.7424393			

R-Quadrat	Koeff.var	Wurzel MSE	stae_dtha Mittelwert
0.821550	2.247059	1.781296	79.27231

Lineares Modell

Quelle	DF	Typ I SS	Mittleres Quadrat	F-Statistik	Pr > F
block	3	32.1322006	10.7107335	3.38	0.0348
sorte	1	230.7818670	230.7818670	72.73	<.0001
dichte	1	28.3082088	28.3082088	8.92	0.0064
guetetest	2	59.3678032	29.6839016	9.36	0.0010

Quadratisches Modell

Quelle	DF	Typ I SS	Mittleres Quadrat	F-Statistik	Pr > F
block	3	32.1322006	10.7107335	3.38	0.0348
sorte	1	230.7818670	230.7818670	72.73	<.0001
dichte	1	28.3082088	28.3082088	8.92	0.0064
dichte*dichte	1	47.7872023	47.7872023	15.06	0.0007
guetetest	1	11.5806009	11.5806009	3.65	0.0681

$$\text{Sorte A: stae\_dtha} = 49{,}58 + 5{,}371 + 1{,}1839 * \text{dichte} - 0{,}0122 * \text{dichte}^2$$

$$\text{Sorte B: stae\_dtha} = 49{,}58 + 1{,}1839 * \text{dichte} - 0{,}0122 * \text{dichte}^2$$

Die Gleichungen gelten für den Untersuchungsbereich 30.000 bis 60.000 Pflanzen je ha. Man beachte, dass sich die Regressionskoeffizienten auf jeweils 1000 Pfl./ha beziehen. Die Regressionskoeffizienten sind die gleichen, wie wenn der Blockfaktor ins Modell mit aufgenommen worden wäre. Dagegen sind ihre Standardfehler und t-Werte wegen des unterdrückten Blockeffektes leicht verzerrt und sollten nicht verwendet werden. Ebenso sind die Bestimmtheitsmaße (R-Quadrat) noch nicht blockbereinigt.

In der Tab. 33.5 sind exemplarisch für das Merkmal *dtha* alle Regressionsparameter mit korrekter Statistik zusammengestellt. Das Bestimmtheitsmaß beträgt 0,9357 (und nicht wie in Tab. 33.4 angegeben 0,9219). Der Schätzwert für die Regressionskonstante der Sorte A - erstellt von *ESTIMATE* – entspricht mit 335,51 der Angabe in Tab. 33.4, denn dort war zu rechnen: 350,99 – 15,48 = 335,51. Der Betrag ergibt sich in Tab. 33.5 aus dem *Intercept*-Wert plus Mittelwert der vier *block*-Werte plus Wert von *sorte 1*. Auf gleiche Weise lässt sich die Konstante für Sorte B ableiten. Die Regressionskoeffizienten in Tab. 33.5 für *dichte* und *dichte*dichte* stimmen mit den entsprechenden Angaben in Tab. 33.4 überein. Die korrekten Standardfehler und t-Test entnehme man aber der Tab. 33.5 (z. B. Standardfehler für *dichte* = 0,5137 statt 0,5348 in Tab. 33.4).

Im unteren Teil der Tab. 33.5 sind für die ersten und letzten drei Beobachtungswerte die sich aus der Regression ergebenden Schätzwerte samt 95%-Vertrauensintervall angegeben. Sie können im Navigationsfenster unter *Predictions* aufgerufen werden Da die-

Tab. 33.4 Regressionsparameter zum Knollen- und Stärkeertrag (R^2, St.F., t überschätzt)

Die Prozedur GLM

Abhängige Variable: dtha

R-Quadrat	Koeff.var	Wurzel MSE	dtha Mittelwert
0.921954	0.752689	3.344962	444.4016

Parameter		Schätzwert	Standardfehler	t-Wert	Pr > |t|
Konstante		350.9902932 B	11.51464159	30.48	<.0001
sorte	A	-15.4764117 B	1.18262282	-13.09	<.0001
sorte	B	0.0000000 B	.	.	.
dichte		4.1520965	0.53480186	7.76	<.0001
dichte*dichte		-0.0398581	0.00591311	-6.74	<.0001

Abhängige Variable: stae_dtha

R-Quadrat	Koeff.var	Wurzel MSE	stae_dtha Mittelwert
0.719116	2.610033	2.069033	79.27231

Parameter		Schätzwert	Standardfehler	t-Wert	Pr > |t|
Konstante		49.58265540 B	7.12240469	6.96	<.0001
sorte	A	5.37100860 B	0.73151372	7.34	<.0001
sorte	B	0.00000000 B	.	.	.
dichte		1.18394955	0.33080277	3.58	0.0013
dichte*dichte		-0.01222027	0.00365757	-3.34	0.0024

Tab. 33.5 Endgültige Regressionsgleichung mit Schätzwerten und korrektem R^2, St.F. und t

Die Prozedur GLM

Abhängige Variable: dtha

R-Quadrat	Koeff.var	Wurzel MSE	dtha Mittelwert
0.935706	0.722997	3.213009	444.4016

Parameter	Schätzwert	Standardfehler	t-Wert	Pr > |t|
Konstante Sorte A	335.513882	11.0604061	30.33	<.0001

Parameter		Schätzwert	Standardfehler	t-Wert	Pr > |t|
Intercept		348.7261179 B	11.10407153	31.41	<.0001
block	1	2.9206291 B	1.60650434	1.82	0.0811
block	2	2.9096060 B	1.60650434	1.81	0.0822
block	3	3.2264664 B	1.60650434	2.01	0.0555
block	4	0.0000000 B	.	.	.
sorte	A	-15.4764117 B	1.13597011	-13.62	<.0001
sorte	B	0.0000000 B	.	.	.
dichte		4.1520965	0.51370473	8.08	<.0001
dichte*dichte		-0.0398581	0.00567985	-7.02	<.0001

				95% Konfidenzgrenzen für	
Beobachtung	Beobachtet	Prognostiziert	Residuum	Mittelwert vorhergesagter Wert	
1	422.17630854	424.86096533	-2.68465679	421.59392770	428.12800296
2	443.52617080	440.33737699	3.18879381	437.07033936	443.60441462
3	442.42424242	438.48128019	3.94296223	435.56853375	441.39402663
.	....	....	....	....	....
30	453.54126056	456.68576337	-3.14450281	453.77301693	459.59850981
31	437.41765481	438.88643809	-1.46878328	435.61940046	442.15347572
32	455.86297760	454.36284974	1.50012786	451.09581211	457.62988737

se Werte unter Berücksichtigung der Blockeffekte zustande kamen, sind sie gültig. Sie beschreiben als *CLM*-Werte den Fehlerbereich (Vertrauensband) der Regressionskurve. Will man auch die Konfidenzgrenzen für die Einzelwerte haben, muss im Programm die Option *CLI* gesetzt werden.

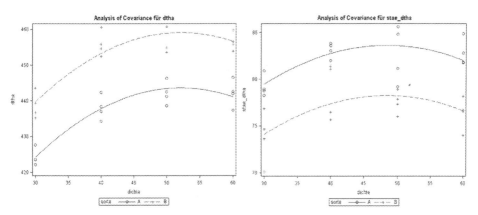

Abb. 33.1 Bestandesdichte und Knollen-(dtha) bzw. Stärkeertrag (stae_dtha)

Die von *ODS* mit der letzten *PROC GLM* erzeugten *ANCOVA Plots* sind in Abb. 33.1 stark verkleinert dargestellt. Sie vermitteln am anschaulichsten den nichtlinearen Verlauf der Beziehung.

Weitere Hinweise

Die hier gewählte Strategie – plankonforme Prüfung auf Wechselwirkung zwischen quantitativem und qualitativen Prüffaktor mit *PROC MIXED*, anschließend Ermittlung der Regression mit *PROC GLM*– ermöglicht die Erstellung von Regressionsgrafiken auf einfachstem Wege (*ODS*-Grafiken).

Wäre in diesem Versuch eine signifikante Wechselwirkung zwischen Sorte und Bestandesdichte festgestellt worden, hätte man eine sortenspezifische Analyse vornehmen und die Daten dann wie im Kapitel 25 einfaktoriell verrechnen müssen. Hier würde man dann *sorte* als *BY*-Variable einsetzen:

```
PROC SORT DATA=a;
BY sorte;
RUN;
PROC GLM DATA=a;
BY sorte;
CLASS block guetetest
MODEL dtha stae_dtha = block dichte guetetest;
usw.
```

Für jede Sorte wird dann eine eigene Regression berechnet. Die im Kapitel 23 unter „Weitere Hinweise" aufgezeigte Alternative, ein *GLM*-Modell mit Wechselwirkungseffekte zum Schätzen der sortenspezifischen Regressionsparameter zu verwenden, ist nicht zu empfehlen, da dann für jede Sorte das gleiche Polynom unterstellt wird, was nicht der Fall sein muss.

Ausdrücklich sei vermerkt, dass Regressionen immer mit den Einzelwerten des Versuchs und nicht mit Mittelwerten berechnet werden sollten. Auf Basis Mittelwerte erhält man zwar die gleichen Regressionsgleichungen, diese sind jedoch nur sehr unzulänglich auf ihre Güte (linear, quadratisch u.ä.) überprüfbar und weisen ein „geschöntes" (zu hohes) Bestimmtheitsmaß mit nicht korrekter Fehlerstatistik aus.

Die „Qualität" einer Regression hängt immer auch von der Zahl der Stufen des quantitativen Versuchsfaktors ab. Mit weniger als vier Stufen sollte man keine Versuche konzipieren, wenn Regressionen beabsichtigt sind, weil dann die Nichtlinearität einer Beziehung nur unzulänglich oder gar nicht zu überprüfen ist.

Das hier verwendete Beispiel beschränkt sich auf die Auswertung der rein pflanzenbaulichen Merkmale. Es könnte auch ökonomisch – unter Berücksichtigung der Pflanzgutkosten – ausgewertet werden, wie das im Kapitel 25 gezeigt wurde.

Liegen zwei quantitativ abgestufte Faktoren vor (z. B. Bestandesdichte und Düngung) und will man die signifikanten Wechselbeziehungen zwischen beiden Faktoren mit der Regression erfassen, muss ein multiples Modell mit evtl. polynomen Komponenten gerechnet werden. Ein solcher Fall wird im nächsten Kapitel behandelt.

Regressionsanalyse zu faktoriellen Versuchen mit mehreren quantitativen Faktoren

34

Im Kapitel 33 wurde an einem zweifaktoriellen Versuch gezeigt, wie man eine Regression mit einem quantitativen und qualitativen Faktor rechnet. Nun erweitern wir das Problem, indem wir ebenfalls von einem zweifaktoriellen Versuch (mit Blockbildung) ausgehen, jedoch beide Faktoren quantitativ definiert sind und nicht auszuschließen ist, dass auch nichtlineare Effekte sowie Wechselwirkungseffekte auftreten. Mit diesem Beispiel wird „das weite Feld" der „response surface regression" (Reaktions-Oberflächen-Regression) angesprochen, für die SAS eine eigene Prozedur (**PROC RSREG**) zur Verfügung stellt. Diese Prozedur wird hier in Kombination mit **PROC GLM** verwendet, um die Lösung noch zu verbessern und zu ergänzen.

Als Beispiel wird der bei Thomas (2006, S. 308) beschriebene Versuch verwendet. Es handelt sich um einen Weißkohlversuch mit drei Stickstoff- und zwei Bestandesdichten-Varianten. Beide x-Variablen werden mit dem Ertrag (t/ha) in Beziehung gesetzt.

Zusätzliche Information ist in der Online-Version dieses Kapitels (doi:10.1007/978-3-642-54506-1_34) enthalten.

Programm

```
TITLE1 'Faktorielle Versuche mit mehreren quantitativen Faktoren';
DATA a;
TITLE2 'Weißkohlversuch mit Steigerung der N-Düngung (*100 kg N/ha)
  und Bestandesdichte (*1000 Pfl./ha), Ertrag in t/ha';
TITLE3 'Beispiel aus Thomas 2006, Seite 308';
INPUT block stickst dichte ertrag @@;
DATALINES;
1 2.5 36 110   2 2.5 36 111   3 2.5 36 113   4 2.5 36 118
1 2.5 50 117   2 2.5 50 118   3 2.5 50 120   4 2.5 50 121
1 4.0 36 116   2 4.0 36 117   3 4.0 36 118   4 4.0 36 121
1 4.0 50 130   2 4.0 50 131   3 4.0 50 131   4 4.0 50 132
1 5.5 36 116   2 5.5 36 117   3 5.5 36 117   4 5.5 36 118
1 5.5 50 130   2 5.5 50 131   3 5.5 50 132   4 5.5 50 135
;
PROC RSREG;
MODEL ertrag = stickst dichte/LACKFIT;
RUN;
PROC GLM;/* Zum Vergleich mit PROC RSREG */
MODEL ertrag = stickst stickst*stickst dichte dichte*stickst/SOLUTION;
RUN;
PROC GLM; /* Endgültige Lösung */
CLASS block;
*ID stickst dichte;
MODEL ertrag = block stickst stickst*stickst dichte*stickst/SOLUTION P
CLM;
ESTIMATE 'MW-Konstante' INTERCEPT 1;
RUN;
QUIT;
```

Zu beachten ist, dass die Stickstoffdaten in der Einheit 100 kg N/ha und die Bestandesdichte in 1000 Pflanzen/ha eingelesen werden, entsprechend ist auch die Regressionsgleichung später zu interpretieren.

Mit *PROC RSREG* werden auf höchst einfache Weise alle möglichen linearen und quadratischen Modellkomponenten überprüft. Hierzu stehen in der *MODEL*-Zeile wie üblich vor dem Gleichheitszeichen die Zielvariable (*ertrag*) und auf der rechten Seite die quantitativen Faktoren (*stickst dichte*). Die Modelloption *LACKFIT* liefert den Anpassungstest zum vollständigen quadratischen Modell.

Der folgende Aufruf von *PROC GLM* dient nur Vergleichszwecken. Dagegen wird zum Schluss der Blockeffekt ins Modell mit aufgenommen, um zur korrekten Regressionsgleichung und zu exakten Konfidenzgrenzen für sämtliche Schätzwerte zu kommen. Das *ESTIMATE*-Statement erzeugt einen Mittelwert für die Regressionskonstante.

Ausgabe

Mit *PROC RSREG* erfolgt ein erster Überblick über die Modellsituation (Tab. 34.1). Danach liegt ein hohes Bestimmtheitsmaß (R-Quadrat) von 0,93 mit einem hoch signifikanten Modell, dessen lineare, quadratische und Interaktionseffekte (*Crossproduct*) ebenfalls

Tab. 34.1 Modellsituation bei mehreren quantitativen Faktoren

```
Weißkohlversuch mit Steigerung der N-Düngung (*100 kg N/ha) und Bestandesdichte
                        (*1000 Pfl./ha), Ertrag in t/ha
                     Beispiel aus Thomas 2006, Seite 308

                           The RSREG Procedure
                   Response Surface for Variable ertrag
                   Response Mean              121.666667
                   Root MSE                     2.156182
                   R-Quadrat                      0.9334
                   Coefficient of Variation       1.7722

                          Typ I Summe
Regression          DF    der Quadrate      R-Quadrat    F-Statistik    Pr > F
Linear              2       1059.666667       0.7995         113.96     <.0001
Quadratic           1         96.333333       0.0727          20.72     0.0002
Crossproduct        1         81.000000       0.0611          17.42     0.0005
Total Model         4       1237.000000       0.9334          66.52     <.0001

                          Summe der         Mittleres
Residuum            DF      Quadrate         Quadrat       F-Statistik    Pr > F
Lack of Fit         1        8.333333         8.333333          1.87      0.1877
Pure Error          18      80.000000         4.444444
Total Error         19      88.333333         4.649123

Parameter           DF    Schätzwert    Standardfehler    t-Wert    Pr > |t|
Intercept           1      84.992063       11.123980        7.64      <.0001
stickst             1       8.730159        4.002803        2.18      0.0420
dichte              1      -0.047619        0.214761       -0.22      0.8269
stickst*stickst     1      -1.888889        0.414958       -4.55      0.0002
dichte*stickst      1       0.214286        0.051338        4.17      0.0005
dichte*dichte       0              0               0          .          .
```

hoch signifikant sind. Im mittleren Tabellenteil wird der Modellfehler näher aufgeschlüsselt. *Lack of fit*, der Anpassungsmangel (Güte der Regression), ist mit *Pr > F = 0,1877* nicht signifikant, d. h. die Einzelkomponenten der Regressionsgleichung können den Ertrag gut erklären. *Pure Error* ist der vom Anpassungsmangel bereinigte Versuchsfehler und mit *SS = 80,00* sehr klein.

Bei der nachfolgenden *Parameter*-Schätzung fällt auf, dass die lineare Komponente *dichte* mit *Pr > F = 0,8269* nicht signifikant ist, während alle übrigen hoch signifikant sind. Eine quadratische Komponente von *dichte* konnte nicht geschätzt werden, weil im Versuch nur zwei Bestandesdichten geprüft wurden. Da eine signifikante Interaktion zwischen *dichte* und *stickst* besteht (*Pr > F = 0,005*), wird die nichtsignifikante lineare Komponente von *dichte* im Modell beibehalten, um im Sinne von Nelder (2000) ein „well-formed" Modell zu erhalten. Denn nur in diesem Fall ist das Modell invariant (unveränderlich) gegenüber linearen Transformationen der Einflussvariablen. Das ist das gleiche Prinzip, das im Kapitel 25 bei der Ermittlung der Regression für das Merkmal *reinertr_dtha* beachtet wurde.

Mit Tab. 34.2 wird gezeigt, dass *PROC GLM* die gleichen Ergebnisse liefert, wenn man deren Modell-Zeile entsprechend definiert. Die Vorteile von *RSREG* bestehen aber in der

Tab. 34.2 Adäquates Regressionsergebnis zu Tab. 34.1 mit PROC GLM

```
                              Die Prozedur GLM

Abhängige Variable: ertrag
                                     Summe der        Mittleres
     Quelle                 DF        Quadrate         Quadrat    F-Statistik    Pr > F
     Modell                  4     1237.000000      309.250000          66.52    <.0001
     Error                  19       88.333333        4.649123
     Corrected Total        23     1325.333333

                    R-Quadrat       Koeff.var      Wurzel MSE    ertrag Mittelwert
                    0.933350        1.772205        2.156182           121.6667

          Parameter                 Schätzwert    Standardfehler     t-Wert    Pr > |t|
          Konstante                84.99206349      11.12397960        7.64     <.0001
          stickst                   8.73015873       4.00280282        2.18     0.0420
          stickst*stickst          -1.88888889       0.41495751       -4.55     0.0002
          dichte                   -0.04761905       0.21476091       -0.22     0.8269
          stickst*dichte            0.21428571       0.05133768        4.17     0.0005
```

Bewertung des „Lack of Fit" und in der Ausgabe des aufbauenden Bestimmtheitsmaßes (R-Quadrat) von 0,7995 bis 0,93334 (Tab. 34.1, Typ I).

Bisher wurde die Versuchsanlage (Blockbildung), die bekanntlich den Versuchsfehler, die Schätzwerte der Parameter und deren t-Statistik tangiert, nicht berücksichtigt. Dies wurde im Programm mit der letzten *PROC GLM* nachgeholt und gleichzeitig – wie oben angekündigt – die nichtsignifikante lineare Komponente von *dichte* ins Modell mit aufgenommen. In Tab. 34.3 befindet sich das Ergebnis.

Man beachte, dass das Bestimmtheitsmaß nunmehr auf 0,980 (aufgerundet) angestiegen ist. Der lineare N-Effekt ist nun – wie die beiden übrigen Regressionskoeffizienten – hoch signifikant (*Pr > F = 0,0021*). Die zutreffende Regressionskonstante für die über die Blöcke gemittelte Regressionskurve wurde von der *ESTIMATE*-Anweisung berechnet und beträgt (wie in Tab. 34.2) 84,99. Dieser Wert errechnet sich aus den darunter stehenden Einzelwerten der Blöcke: $87,492 + (-4,333 - 3,333 - 2,333 + 0)/4 = 84,99$. Die endgültige Regressionsgleichung lautet somit:

$$\text{Ertrag in t/ha} = 84,99 + 8,730*N - 1,8889*N^2 - 0,048*D + 0,2143*N*D$$

(N = in 100 kg N/ha, D = in 1000 Pfl./ha).

Setzt man in diese Gleichung die Parzellenwerte des Datensatzes ein, erhält man die im unteren Teil von Tab. 34.3 auszugsweise aufgeführten prognostizierten Schätzwerte mit ihrem 95 %-Vertrauensintervall. Wie man leicht erkennen kann, liegen Beobachtungswert und Schätzwert sehr nahe beieinander und entsprechend eng sind auch die Vertrauensgrenzen.

Tab. 34.3 Regression unter Berücksichtigung der Blockeffekte

```
                                   Die Prozedur GLM

Abhängige Variable: ertrag

                 R-Quadrat      Koeff.var     Wurzel MSE    ertrag Mittelwert
                  0.980131       1.054439       1.282900          121.6667

        Parameter               Schätzwert   Standardfehler    t-Wert    Pr > |t|
        MW-Konstante            84.9920635      6.61862235      12.84      <.0001

        Parameter               Schätzwert   Standardfehler    t-Wert    Pr > |t|
        Intercept               87.49206349 B   6.63414584      13.19      <.0001
        block          1        -4.33333333 B   0.74068287      -5.85      <.0001
        block          2        -3.33333333 B   0.74068287      -4.50      0.0004
        block          3        -2.33333333 B   0.74068287      -3.15      0.0062
        block          4         0.00000000 B        .             .          .
        stickst                  8.73015873      2.38161532       3.67      0.0021
        stickst*stickst         -1.88888889      0.24689429      -7.65      <.0001
        dichte                  -0.04761905      0.12777993      -0.37      0.7143
        stickst*dichte           0.21428571      0.03054525       7.02      <.0001

                                                            95% Konfidenzgrenzen für
   Beobachtung   Beobachtet    Prognostiziert     Residuum   Mittelwert Vorhergesagter Wert
       1        110.00000000    110.75000000    -0.75000000   109.13149804      112.36850196
       2        111.00000000    111.75000000    -0.75000000   110.13149804      113.36850196
       3        113.00000000    112.75000000     0.25000000   111.13149804      114.36850196
       .        ............    ............    ..........   ............      ............
      22        131.00000000    131.58333333    -0.58333333   129.96483137      133.20183529
      23        132.00000000    132.58333333    -0.58333333   130.96483137      134.20183529
      24        135.00000000    134.91666667     0.08333333   133.29816471      136.53516863
```

Weitere Hinweise

Der Lehrbuchautor hat sich bei diesem Beispiel im Rahmen einer aufbauenden Regression mit 9 verschiedenen Regressionsmodellen beschäftigt und empfiehlt schließlich das Modell

$$\text{Ertrag} = a + N + D + N^2 + N*D$$

wobei er die beiden Bestandesdichten – die keinen signifikanten *linearen* Beitrag zum Modell leisten – auf der mittleren Düngungsstufe durch ein Prüfglied mit mittlerer Bestandesdichte ersetzt. Unter dieser Bedingung sind zwar alle Regressoren der obigen Gleichung signifikant, die Gleichung bildet aber den Datensatz nicht mehr im Originalzustand ab.

Aktiviert (* entfernen) man im Programm beim letzten Aufruf von *PROC GLM* die Zeile

```
ID stickst dichte;
```

werden für die einzelnen Schätzwerte auch die den Beobachtungen zugeordneten Stickstoff- und Bestandesdichtestufen angegeben.

Die Vorteile von *PROC RSREG* wären noch offenkundiger geworden, wenn beide quantitative Faktoren mindestens drei Abstufungen gehabt hätten und es ein Optimum gibt, das sich dann sehr einfach bestimmen lässt.

Die Prinzipien der zweifaktoriellen Versuchsanlage lassen sich auch auf den *dreifaktoriellen* Fall anwenden. Allerdings können Spalt- und Streifenanlage in verschiedenen Varianten angelegt werden, deren Konstruktionsregeln etwas komplizierter sind und am besten mit Hilfe dieses Programms umgesetzt werden.

Für die Blockanlage gilt das gleiche Prinzip wie im zweifaktoriellen Fall: Alle Faktorkombinationen kommen zufallsverteilt einmal im Block vor.

Sowohl für die Spalt- als auch Streifenanlage sind jeweils drei Konstellationen möglich, die auch bei Bätz et al. (1982) beschrieben sind:

- Spaltanlagen
  - Dreistufig: A = Haupteinheit, B = Mitteleinheit, C = Untereinheit (Typ A_B_C)
  - Zweistufig: A und B = Haupteinheit, C = Untereinheit (Typ A*B_C)
  - Zweistufig: A = Haupteinheit, B und C = Untereinheit (Typ A_B*C)
- Streifenanlagen
  - A = Blockanlage, B und C = Blockanlage; beide über Kreuz (Typ A*_(B*C))
  - A und B = Blockanlage, C = Blockanlage; beide über Kreuz (Typ A*B_(C*))
  - A = Blockanlage, B und C = Spaltanlage; beide über Kreuz (Typ A*_(B_C))

Für jeden Versuchstyp wird nachfolgend am Beispiel **einer** Wiederholung (Block) die Versuchsstruktur aufgezeigt, wobei A aus 3, B aus 2 und C aus 4 Stufen besteht und hier der Block bei den Spaltanlagen zweireihig geformt ist:

Zusätzliche Information ist in der Online-Version dieses Kapitels (doi:10.1007/978-3-642-54506-1_35) enthalten.

© Springer-Verlag Berlin Heidelberg 2015
M. Munzert, *Landwirtschaftliche und gartenbauliche Versuche mit SAS*,
Springer-Lehrbuch, DOI 10.1007/978-3-642-54506-1_35

Typ A_B_C:

A1	A1	A1	A1	A1	A1	A1	A1	A3	A3	A3	A3
B1	B1	B1	B1	B2	B2	B2	B2	B2	B2	B2	B2
C1	C4	C2	C3	C4	C3	C1	C2	C4	C1	C2	C3
A2	A2	A2	A2	A2	A2	A2	A2	A3	A3	A3	A3
B2	B2	B2	B2	B1	B1	B1	B1	B1	B1	B1	B1
C2	C4	C3	C1	C3	C1	C4	C2	C3	C2	C4	C1

Man beachte, dass A innerhalb des Blocks, B innerhalb von A und C innerhalb von B randomisiert sind. Damit ist die Randomisation gegenüber einer dreifaktoriellen Blockanlage zwar eingeschränkt, aber unter den Bedingungen einer dreistufigen Spaltanlage voll genutzt.

Typ A*B_C:

A3B2	A3B2	A3B2	A3B2	A1B2	A1B2	A1B2	A1B2	A2B2	A2B2	A2B2	A2B2
C1	C3	C4	C2	C3	C1	C2	C4	C2	C1	C4	C3
A2B1	A2B1	A2B1	A2B1	A3B1	A3B1	A3B1	A3B1	A1B1	A1B1	A1B1	A1B1
C4	C1	C2	C3	C1	C2	C4	C3	C2	C4	C1	C2

Hier fungieren die sechs Kombinationen von A und B (z. B. A2B1) randomisiert im Block als Haupteinheit und C randomisiert in jeder der Kombinationen als Untereinheit; die Spaltanlage ist damit zweistufig aufgebaut.

Typ A_B*C:

A1	A1	A1	A1	A1	A1	A1	A1	A2	A2	A2	A2
B2C3	B1C1	B2C2	B1C4	B1C3	B2C1	B1C4	B2C2	B1C3	B2C1	B1C4	B1C2
A3	A3	A3	A3	A3	A3	A3	A3	A2	A2	A2	A2
B1C2	B2C4	B1C1	B2C3	B1C2	B2C4	B2C3	B1C1	B2C4	B1C2	B2C1	B2C3

Die Haupteinheit A ist im Block und die acht BC-Kombinationen sind innerhalb jeder A-Einheit randomisiert. Damit liegt ebenfalls eine zweistufige Spaltanlage vor.

In allen drei Fällen kann der Block auch schmäler oder breiter konfiguriert werden. Die optimale Blockform hängt vom Bodengradienten des Feldes ab; wichtig ist, dass die Bodenunterschiede innerhalb des Blockes möglichst gering sind.

Typ A*_(B*C):

B*C	A3	A1	A2
12	312	112	212
23	323	123	223
22	322	122	222
21	321	121	221
11	311	111	211
13	313	113	213
14	314	114	214
24	324	124	224

Sowohl A als auch die Kombinationen B und C können als randomisierte Blockanlagen aufgefasst werden, die über Kreuz gelegt dann eine dreifaktorielle Streifenanlage ergeben.

Typ A*B_(C*):

A*B	C1	C3	C4	C2
11	111	113	114	112
22	221	223	224	222
32	321	323	324	322
21	211	213	214	212
12	121	123	124	122
31	311	313	314	212

Hier setzt sich die Streifenanlage aus einer zweifaktoriellen A*B-Blockanlage und einer einfaktoriellen Blockanlage für C zusammen.

Typ A*_(B_C):

A	B1				B2			
	C3	C4	C1	C2	C2	C4	C1	C3
1	113	114	111	112	122	124	121	123
2	213	214	211	212	222	224	221	223
3	313	314	311	312	322	324	321	323

A überlagert als randomisierte Blockanlage ei-ne randomisierte zweifaktorielle Streifen-anlage aus B und C.

Bei Streifenanlagen ergibt sich die Dimensionierung des Blockes immer aus Länge x Breite der Streifen. Es gilt aber auch hier, dass die Blöcke in sich möglichst homogene Bodenverhältnisse aufweisen sollten.

Eine Streifenanlage kommt immer dann in Frage, wenn eine Spaltanlage aus versuchs-technischen oder pflanzenbaulichen Gründen nicht möglich ist. Siehe hierzu die Ausführungen zu den zweifaktoriellen Spalt- bzw. Streifenanlagen. Welcher Typ von Spalt- bzw. Streifenanlage im konkreten Fall zu bevorzugen ist, hängt ebenfalls von den Rahmenbedingungen ab, aber auch von den Anforderungen an die Genauigkeit der Versuchsfaktoren bzw. deren Wechselwirkungen. Siehe hierzu die Ausführungen zum Kapitel 36.

Mit dem folgenden Programm können eine Blockanlage und die sechs beschriebenen Variationen der Spalt- bzw. Streifenanlagen realisiert werden. Benötigt werden für die Block- und Spaltanlagen die Prozeduren **PLAN, TRANSPOSE und PRINT**, für die Streifenanlagen **PLAN** und **TABULATE**. Man kann sich alle in einem Zug erzeugen lassen, aber auch durch Auskommentierung der nicht gewünschten Pläne nur einzelne anfordern.

Programm

```
* Versuchspläne für dreifaktorielle Versuche;
PROC PLAN SEED=732935;
TITLE1 'Dreifaktorielle Blockanlage';
TITLE2 'Plan für 3 Blöcke, 3 A-Stufen, 2 B-Stufen, 4 C-Stufen';
FACTORS block=3 ORDERED kombin=24/NOPRINT;
OUTPUT OUT=plan
kombin NVALS=(111 112 113 114 121 122 123 124
211 212 213 214 221 222 223 224 311 312 313 314 321 322 323 324);
RUN;
PROC TRANSPOSE DATA=plan OUT=endplan(DROP=_NAME_);
BY block;
VAR kombin;
RUN;
PROC PRINT DATA=endplan NOOBS;
RUN;


PROC PLAN SEED=685319; * Typ A_B_C;
TITLE1 'Dreistufige Spaltanlage, A=Haupteinheit, B=Mitteleinheit,
C=Untereinheit';
TITLE2 'Plan für 3 Blöcke, 3 A-Stufen, 2 B-Stufen und 4 C-Stufen';
FACTORS Block=3 ORDERED A=3 RANDOM B=2 RANDOM C=4 RANDOM/NOPRINT;
OUTPUT OUT=plan_a_b_c;
RUN;
DATA a_b_c(DROP=A B C);
SET plan_a_b_c;
A_B_C=A*100+B*10+C;
RUN;
PROC TRANSPOSE DATA=a_b_c OUT=endplan_a_b_c(DROP=_NAME_);
BY Block;
VAR A_B_C;
RUN;
PROC PRINT DATA=endplan_a_b_c NOOBS;
RUN;


PROC PLAN SEED=843192; * Typ A*B_C;
TITLE1 'Zweistufige Spaltanlage, A+B=Haupteiheit, C=Untereinheit';
TITLE2 'Plan für 3 Blöcke, 6 AxB-Stufen und 4 C-Stufen';
FACTORS Block=3 ORDERED AxB=6 RANDOM C=4 RANDOM/NOPRINT;
OUTPUT OUT=plan_axb_c AxB NVALS=(11 12 21 22 31 32);
RUN;
DATA axb_c(DROP=AXB C);
SET plan_axb_c;
AxB_C=AxB*10+C;
RUN;
PROC TRANSPOSE DATA=axb_c OUT=endplan_axb_c(DROP=_NAME_);
BY Block;
VAR AxB_C;
RUN;
PROC PRINT DATA=endplan_axb_c NOOBS;
RUN;


PROC PLAN SEED=672790; *Typ A_B*C;
TITLE1 'Zweistufige Spaltanlage, A=Haupteinheit, B+C=Untereinheit';
TITLE2 'Plan für 3 Blöcke, 3 A-Stufen und 8 BxC-Stufen';
FACTORS Block=3 ORDERED A=3 RANDOM BxC=8 RANDOM/NOPRINT;
OUTPUT OUT=plan_a_bxc BxC NVALS=(11 12 13 14 21 22 23 24);
RUN;
DATA a_bxc(DROP=A BxC);
SET plan_a_bxc;
A_BxC=A*100+BxC;
RUN;
```

```
PROC TRANSPOSE DATA=a_bxc OUT=endplan_a_bxc(DROP=_NAME_);
BY Block;
VAR A_BxC;
RUN;
PROC PRINT DATA=endplan_a_bxc NOOBS;
RUN;

PROC PLAN SEED=385201; *Typ A*_(B*C);
TITLE1 'Dreifaktorielle Streifenanlage, A=Blockanlage, B+C=Blockanlage';
TITLE2 'Plan für 3 Blöcke, 3 A-Stufen und 8 BxC-Stufen';
FACTORS Block=3 ORDERED A=3 RANDOM BxC=8 RANDOM/NOPRINT;
OUTPUT OUT=plan_ax_bxc bxc NVALS=(11 12 13 14 21 22 23 24);
RUN;
DATA ax_bxc;
SET plan_ax_bxc;
Ax_BxC=A*100+BxC; RUN;
PROC TABULATE DATA=ax_bxc ORDER=DATA;
BY Block;
CLASS A BxC;
VAR ax_bxc;
TABLE BxC,A*ax_bxc*MEAN*F=7.0/RTS=20;
KEYLABEL MEAN=' ';
LABEL ax_bxc='A*_B*C';
RUN;

PROC PLAN SEED=921684; * Typ A*B_(C*);
TITLE1 'Dreifaktorielle Streifenanlage, A+B=Blockanlage, C=Blockanlage';
TITLE2 'Plan für 3 Blöcke, 6 AxB-Stufen und 4 C-Stufen';
FACTORS Block=3 ORDERED AxB=6 RANDOM C=4 RANDOM/NOPRINT;
OUTPUT OUT=plan_ax_bxc axb NVALS=(11 12 21 22 31 32);
RUN;
DATA axb_c;
SET plan_ax_bxc;
AxB_C=AxB*10+C; RUN;
PROC TABULATE DATA=axb_c ORDER=DATA;
BY Block;
CLASS AxB C;
VAR axb_c;
TABLE AxB,C*axb_c*MEAN*F=7.0/RTS=20;
KEYLABEL MEAN=' ';
LABEL axb_c='A*B*_C';
RUN;

PROC PLAN SEED=793265; * Typ A*_(B_C);
TITLE1 'Dreifaktorielle Streifenanlage, A=Blockanlage,
B+C=Streifenanlage';
TITLE2 'Plan für 3 Blöcke, 3 A-Stufen, 2 B-Stufen und 4 C-Stufen';
FACTORS Block=3 ORDERED A=3 RANDOM B=2 RANDOM C=4 RANDOM/NOPRINT;
OUTPUT OUT=plan_ax_b_c; RUN;
DATA ax_b_c;
SET plan_ax_b_c;
B_C=B*10+C;
Ax_B_C=A*100+B_C; RUN;
PROC TABULATE DATA=ax_b_c ORDER=DATA;
BY Block;
CLASS A B_C;
VAR ax_b_c;
TABLE a,b_c*ax_b_c*MEAN*F=7.0/RTS=20;
KEYLABEL MEAN=' ';
LABEL ax_b_c='A*_B_C';
RUN; QUIT;
```

Zur Erzeugung eines Planes müssen unter *FACTORS* die Anzahl der Stufen und das Randomisationsprinzip angegeben werden. Blöcke werden stets als fix, also als *ORDERED* definiert. Die Option *RANDOM* sorgt dafür, dass die folgenden Faktoren hierarchisch randomisiert werden, also A innerhalb Block, B innerhalb A und C innerhalb B. Für die dreistufige Spaltanlage ist damit eigentlich schon der Plan korrekt konfiguriert. Damit dreistellige Parzellennummern entstehen, werden diese noch in einem folgenden *DATA*-Schritt aus den einzelnen Parzellenstufen gebildet und dann mit *PROC TRANSPOSE* wieder waagrecht aufgelistet.

Bei einer Blockanlage gibt es keine Hierarchien für die Faktoren. Deshalb definiert die Variable *kombin* die Zahl der Varianten eines Blockes und mit *NVALS* werden die numerischen Kombinationsbezeichnungen in Klammern vorgegeben. Statt dreistelliger Nummern können mit *CVALS* auch Charakternamen in Hochkomma eingetragen werden.

Setzt sich der Plan einer Spaltanlage u. a. aus einer zweifaktoriellen Blockanlage zusammen, muss in der Zeile *OUTPUT OUT* nach *NVALS* = in Klammern die aufsteigende Reihenfolge der Faktorkombination angegeben werden. Beispiel: A = 3 Stufen, B = 2 Stufen ergibt: *A*B NVALIS = (11 12 21 22 31 32)*.

Bei einer Streifenanlage muss anstelle von *PROC TRANSPOSE* die Prozedur *TABULATE* zur Erzeugung des endgültigen Plans eingesetzt werden.

Ausgabe

Führt man das Programm uneingeschränkt für alle sieben Planvarianten aus, erhält man vier *PRINT*-Ausgaben für die Block- und Spaltanlagen und drei *TABULATE*-Darstellungen für die Streifenanlagen. Jeweils ein solcher Versuchstyp wird nachfolgend erläutert.

In Tab. 35.1 ist beispielhaft die dritte *PRINT*-Ausgabe (zweistufige Spaltanlage mit zwei gleichwertigen Haupteinheiten (AxB) und einer Untereinheit (C)) aufgeführt (Typ A*B_C). Für jeden der drei Blöcke ist die Randomisation in einer Zeile dargestellt; nach *COL13* erfolgt für die 24 Faktorkombinationen ein Zeilenumbruch. Diese Randomisationsstruktur kann nun in einen Feldplan übertragen werden, wie es z. B. eingangs an einem Block gezeigt wurde. Die Spaltenbezeichnungen *COL1 ... COL24* werden dabei ignoriert (Tab. 35.1).

Tab. 35.1 Plan für eine zweistufige Spaltanalge, A + B = Haupteinheit, C = Untereinheit

```
                Die Prozeduren PLAN, TRANSPOSE und PRINT

              Plan für 3 Blöcke, 6 AxB-Stufen und 4 C-Stufen
```

Block	COL1	COL2	COL3	COL4	COL5	COL6	COL7	COL8	COL9	COL10	COL11	COL12	COL13
1	321	323	324	322	113	112	114	111	122	121	123	124	311
2	221	224	222	223	324	323	321	322	113	114	111	112	123
3	214	211	213	212	314	313	311	312	221	222	223	224	114

COL14	COL15	COL16	COL17	COL18	COL19	COL20	COL21	COL22	COL23	COL24
312	313	314	211	213	212	214	223	224	221	222
124	121	122	211	214	212	213	311	313	312	314
112	113	111	123	122	124	121	322	321	324	323

Tab. 35.2 Plan für eine dreifaktorielle Streifenanlage, A = Blockanlage, B + C = Spaltanlage

```
                        Die Prozeduren PLAN und TABULATE
              Plan für 3 Blöcke, 3 A-Stufen, 2 B-Stufen und 4 C-Stufen
------------------------------------------- Block=1 -------------------------------------------
```

		B_C						
	13	14	11	12	22	24	21	23
	A*_B_C	A*_B_C	A*_B_C	A*_B_C	A*_B_C	A*_B_C	A*_B_C	A*_B_C
A								
1	113	11	11	11	12	12	121	123
2	213	21	21	21	22	22	221	223
3	313	31	31	31	32	32	321	323

```
------------------------------------------- Block=2 -------------------------------------------
```

		B_C						
	22	21	24	23	12	11	13	14
	A*_B_C	A*_B_C	A*_B_C	A*_B_C	A*_B_C	A*_B_C	A*_B_C	A*_B_C
A								
2	222	221	224	223	212	211	213	214
3	322	321	324	323	312	311	313	314
1	122	121	124	123	112	111	113	114

```
------------------------------------------- Block=3 -------------------------------------------
```

		B_C						
	23	24	22	21	13	11	12	14
	A*_B_C	A*_B_C	A*_B_C	A*_B_C	A*_B_C	A*_B_C	A*_B_C	A*_B_C
A								
1	123	124	122	121	113	111	112	114
3	323	324	322	321	313	311	312	314
2	223	224	222	221	213	211	212	214

Stellvertretend für die Streifenanlagen sei der Typ A*_(B_C), letzte *TABULATE*-Ausgabe, hier dargestellt (Tab. 35.2). Damit die Streifenbildung erkennbar bleibt, sind die Faktorbezeichnungen als *CLASS*-Variable zusätzlich aufgeführt. Wie letztlich dieser randomisierte Strukturplan auf die konkrete Feldsituation zu übertragen ist, hängt von den örtlichen Gegebenheiten ab. Die streifenweise Versuchsdurchführung muss auf jeden Fall erhalten bleiben. Ob die Blöcke (= Wiederholungen) nebeneinander oder hintereinander zu liegen kommen, ist eine Frage der Praktikabilität und des Bodengradienten. Es könnten auch die drei Blöcke auf zwei oder drei verschiedenen Feldern angelegt werden.

Weitere Hinweise

Bezüglich weiterer Erklärungen zu *PROC PLAN* sei auf die Kapitel 26 und 31 verwiesen. Es wird ausdrücklich darauf aufmerksam gemacht, dass Spalt- und Streifenanlagen mit „echten" Wiederholungen angelegt werden müssen. „Unechte" Wiederholungen erfüllen nicht die Voraussetzungen für eine statistische Auswertung.

36

Auswertung dreifaktorieller Block-, Spalt- und Streifenanlagen

Mit diesem Programm können alle in Kapitel 35 beschriebenen dreifaktoriellen Versuche ausgewertet werden. Das Programm zeigt auch an, welche Mittelwertvergleiche aufgrund der F-Statistik sinnvoll sind und stellt ansprechende Mittelwerttabellen sowie die korrekten Grenzdifferenzen nach Tukey und t-Test zur Verfügung.

Das statistische Modell einer dreifaktoriellen Blockanlage (alle Faktoren = fix) basiert auf einem gemeinsamen Versuchsfehler und lautet:

$$y_{ijku} = \mu + w_u + \alpha_i + \beta_j + (\alpha\beta)_{ij} + \xi_k + (\alpha\xi)_{ik} + (\beta\xi)_{jk} + (\alpha\beta\xi)_{ijk} + \varepsilon_{ijku}$$

Die verschiedenen Typen von Spalt- und Streifenanlagen führen dagegen zu speziellen F-Tests, da verschiedene Versuchsfehler zu berücksichtigen sind. Unter Bezugnahme auf die in Kapitel 35 verwendeten Bezeichnungen für diese Versuchstypen gelten folgende Modellgleichungen:

Typ A_B_C: $\quad y_{ijku} = \mu + w_u + \alpha_i + \varepsilon_{iu} + \beta_j + (\alpha\beta)_{ij} + \varepsilon_{iju} + \xi_k + (\varepsilon\xi)_{ik} + (\beta\xi)_{jk} + (\alpha\beta\xi)_{ijk} + \varepsilon_{ijku}$

Typ A*B_C: $\quad y_{ijku} = \mu + w_u + \alpha_i + \beta_j + (-\beta)_{ij} + \varepsilon_{iju} + \xi_k + (\alpha\xi)_{ik} + (\beta\xi)_{jk} + (\alpha\beta\xi)_{ijk} + \varepsilon_{ijku}$

Typ A_B*C: $\quad y_{ijku} = \mu + w_u + \alpha_i + \varepsilon_{iu} + \beta_j + \xi_k + (\alpha\beta)_{ij} + (\alpha\xi)_{ik} + (\beta\xi)_{jk} + (\alpha\beta\xi)_{ijk} + \varepsilon_{ijku}$

Typ A*_(B*C): $\quad y_{ijku} = \mu + w_u + \alpha_i + \varepsilon_{iu} + \beta_j + \xi_k + (\beta\xi)_{jk} + \varepsilon_{jku} + (\alpha\beta)ij + (\alpha\xi)_{ik} + (\alpha\beta\xi)_{ijk} + \varepsilon_{ijku}$

Typ A*B_(C*): $\quad y_{ijku} = \mu + w_u + \alpha_i + \beta_j + (\alpha\beta)_{ij} + \varepsilon_{iju} + \xi_k + \varepsilon_{ku} + (\alpha\xi)_{ik} + (\beta\xi)_{jk} + (\alpha\beta\xi)_{ijk} + \varepsilon_{ijku}$

Typ A*_(B_C): $\quad y_{ijku} = \mu + w_u + \alpha_i + \varepsilon_{iu} + \beta_j + \varepsilon_{ju} + \xi_k + (\beta\xi)_{jk} + \varepsilon_{jku} + (\alpha\beta)_{ij} + \varepsilon_{iju} + (\alpha\xi)_{ik} + (\alpha\beta\xi)_{ijk} + \varepsilon_{ijku}$

Zusätzliche Information ist in der Online-Version dieses Kapitels (doi:10.1007/978-3-642-54506-1_36) enthalten.

Tab. 36.1 Freiheitsgrade des F-Tests eines dreifaktoriellen Versuchs mit drei A-, zwei B-, vier C-Stufen und drei Blöcken, ausgeführt mit verschiedenen Anlagemethoden

Ursache	FG des Zählers (F-Test)	Freiheitsgrade des Nenners (F-Test)						
		Block-anlage	Spaltanlage, Typ…			Streifenanlage, Typ…		
			A_B_C	A*B_C	A_B*C	A*_(B*C)	A*B_(C*)	A*_(B_C)
Block[w][a]	2	46	4	10	4	6,32[b]	5,4[b]	1[b]
A[α]	2	46	4	10	4	4	10	4
B[β]	1	46	6	10	42	14	10	2
C[ξ]	3	46	36	36	42	14	6	12
A*B[αβ]	2	46	6	10	42	28	10	4
A*C[αξ]	6	46	36	36	42	28	30	24
B*C[βξ]	3	46	36	36	42	14	30	12
A*B*C[αβξ]	6	46	36	36	42	28	30	24

[a] F-Test zu Block nicht relevant; [b] approximativ nach Kenward-Roger

Angenommen, ein Versuch bestehe aus drei A-Stufen, zwei B-Stufen, 4 C-Stufen und sei dreifach wiederholt (3 Blöcke), dann stehen für die F-Tests die in Tab. 36.1 aufgeführten Freiheitsgrade (FG) zur Verfügung.

Wie der Tabelle zu entnehmen ist, verfügt die Blockanlage über die größte Anzahl an Freiheitsgraden für den Nenner des F-Tests. Bei den übrigen Anlagemethoden fallen diese sehr unterschiedlich aus. Schon aus diesem Grunde sind unterschiedliche Versuchs-genauigkeiten für die einzelnen Faktoren und Faktorkombinationen zu erwarten. Aller-dings relativiert sich im Einzelfall die Bedeutung der Freiheitsgrade, je nachdem welche versuchstechnischen Bedingungen vorliegen. Wenn z. B. die Umstände für eine Streifen-anlage sprechen, sollte sie auch gewählt werden, weil sie voraussichtlich immer noch ein genaueres Ergebnis liefert als eine schlecht durchgeführte Spaltanlage.

Im Folgenden wird der Datensatz eines Winterweizenversuchs von Munzert (1992, S. 99), als Auswertungsbeispiel verwendet. Das Beispiel wird dort auf dreifaktorielle Block- und Spaltanlagen angewendet und hier zusätzlich auf die drei Typen von Strei-fenanlagen. Es handelt sich um die Faktoren N-Düngung (drei Stufen), Halmverkürzung (ohne und mit) und vier Sorten. Nur mit **PROC MIXED** ist die Aufgabe lösbar (für die Blockanlage genügt auch *GLM*).

Programm

```
TITLE1 'Auswertung dreifaktorieller Block-, Spalt- und Streifenanlagen';
DATA a;
TITLE2 'Beispiel aus Munzert (1992), S. 99, 102-105';
DO A = 1 TO 3;
DO B = 1 TO 2;
DO C = 1 TO 4;
DO block = 1 TO 3;
INPUT wert @@;
wert=wert*100/10; /* Transformation in dt/ha */
OUTPUT;
END; END; END; END;
DATALINES;
6.4 6.8 6.1 5.8 6.3 6.5 6.6 6.7 6.3 6.1 6.7 6.0
6.7 6.9 6.2 6.3 6.3 6.7 6.7 6.8 6.3 6.0 6.9 6.2
6.8 7.4 7.3 6.5 7.0 6.8 7.3 7.4 7.0 7.1 7.3 6.8
6.7 7.5 7.2 6.5 6.9 7.0 7.4 7.2 7.3 7.0 7.5 7.2
6.4 6.7 7.0 6.0 6.6 6.7 7.5 7.9 7.8 7.0 6.7 6.4
7.6 7.9 8.0 7.1 7.1 7.3 8.2 8.4 8.0 7.1 6.8 6.3
;
PROC PRINT; RUN; /* Nur zur Einlesekontrolle */
PROC FORMAT; /* Die Faktorstufen definieren! */
VALUE a_fmt 1='N-Stufe 1' 2='N-Stufe 2' 3='N-Stufe 3';
VALUE b_fmt 1='ohne Halmverk.' 2='mit Halmverk.';
VALUE c_fmt 1='Sorte 1' 2='Sorte 2' 3='Sorte 3' 4='Sorte 4';
RUN;
PROC MIXED NOBOUND;/* Achtung: die zutreffende RANDOM-Anweisung
aktivieren! Wenn alle RANDOM inaktiviert, rechnet Programm eine
Blockanlage */
TITLE3 'Dreistufige Spaltanlage';
TITLE4 'Varianz- und Mittelwertanalyse';
CLASS a b c block;
MODEL wert = block a|b|c/DDFM=KR; /* Bedeutung von a|b|c siehe Text */
RANDOM block*a block*a*b; /* Dreistufige Spaltanlage, a=HE, B=ME, C=UE;
Typ A_B_C */
*RANDOM block*a*b; /* Spaltanlage zweistufig, a und b sind
Haupteinheiten; Typ A*B_C */
*RANDOM block*a; /* Spaltanlage zweistufig, b und c sind Untereinheiten;
Typ A_B*C */
*RANDOM block*a block*b*c; /* Streifenanlage, a=Blockanlage,
b,c=Blockanlage; Typ A*_(B*C) */
*RANDOM block*a*b block*c; /* Streifenanlage, a,b=Blockanlage,
c=Blockanlage; Typ A*B_(C*) */
*RANDOM block*a block*b block*b*c block*a*b ; /* Streifenanlage,
a=Blockanlage, b,c=Spaltanlage; Typ A*_(B_C) */
LSMEANS a|b|c/DIFF CL ALPHA=0.05; /* Bedeutung von a|b|c siehe Text */
ODS OUTPUT CLASSLEVELS=info_3;
ODS OUTPUT TESTS3=f_test_3;
ODS OUTPUT LSMEANS=mittelw_3;
ODS OUTPUT DIFFS=diff_mittelw_3;
RUN;
```

```
%INCLUDE 'D:Munzert\Documents\Eigene Dateien\Anwendungen SAS
\Programme\modul_mi_vergl_3fak.sas';
PROC TABULATE DATA=j_3;
TITLE4 'Mittelwerte des Winterweizenversuchs';
CLASS A B C;
VAR estimate;
TABLE A*B A B ALL,(C ALL)*estimate*MEAN*F=10.2/RTS=32
BOX='Sinnvolle Mittelwertvergleiche und GD siehe nächste Tabelle';
FORMAT A a_fmt. B b_fmt. C c_fmt.;
KEYLABEL ALL='Mittel' MEAN='   ';
LABEL A='A=N-Stufen' B='B=Halmverk.' C='C=Sorten'
Estimate='dt/ha';
RUN;
DATA sinnv_vgl_3;
SET i_3;
IF sinnvollerVergleich='nein' THEN DELETE;
RUN;
PROC TABULATE DATA=sinnv_vgl_3;
TITLE4 'Grenzdifferenzen für die sinnvollen Mittelwertvergleiche';
TITLE5 'Interpretiere z.B.:';
TITLE6 'C: Mittelwerte von Faktor C';
TITLE7 'AB: AB-Mittelwerte; AB_A: AB-Mittelwerte auf gleicher A-Stufe';
TITLE8 'ABC_AvBC: ABC-Mittelwerte auf gleicher A-Stufe und verschiedenen
BC-Stufen';
CLASS _NAME_;
VAR gd_Tukey gd_tT;
TABLE _NAME_,(gd_Tukey gd_tT)*MEAN*F=9.2/BOX='Auf Tabelle davor
anwenden';
LABEL _NAME_='Sinnvolle Vergleiche' gd_Tukey='GD5%-Tukey' gd_tT='GD5%-t-
Test';
KEYLABEL MEAN='   ';
RUN;
QUIT;
```

Die Versuchsdaten werden in kg/10 m² eingelesen und nach der *INPUT*-Zeile sofort in dt/ ha transformiert. Mit *PROC FORMAT* werden den neutral bezeichneten Faktoren A, B, C ihre konkreten Stufenbezeichnungen zugewiesen, damit bei der späteren Ausgabe diese von *TABULATE* übernommen werden können. Ganz wichtig ist, dass *PROC MIXED* mit der Option *NOBOUND* aufgerufen wird, damit stets die „richtigen" F-Tests durchgeführt werden, weil diese wiederum die Grundlage für die Klärung der „sinnvollen Mittelwertvergleiche" sind. Die *MODEL*-Zeile gilt für sämtliche Anlagemethoden, wobei die Schreibweise a|b|c die Kurzform von a b c a*b a*c b*c und a*b*c ist. Die Option *DDFM = KR* steht für die Berechnung der Freiheitsgrade für den Nenner des F-Tests nach Kenward und Roger (1997). Diese Methode entspricht sehr häufig der Methode nach Satterthwaite, ist jedoch gerade für Spalt- und Streifenanlagen mit geringen Wiederholungszahlen im Fall fehlender Werte das bessere Verfahren. Nach der *MODEL*-Zeile folgen sechs *RANDOM*-Anweisungen für die verschiedenen Varianten der Spalt- und Streifenanlage. Nur eine davon darf aktiviert sein; mit dieser wird der gewünschte Anlagetyp verrechnet. Setzt man alle *RANDOM*-Zeilen mit einem * auf inaktiv, rechnet das Modell eine Blockanlage (mit einem gemeinsamen Versuchsfehler für alle Testgrößen).

Tab. 36.2 F-Test der dreistufigen Spaltanlage (A = HE, B = ME, C = UE), Winterweizen
Die Prozedur MIXED

Beispiel aus Munzert (1992)
Typ 3 Tests der festen Effekte

Effekt	Zähler Freiheitsgrade	Nenner Freiheitsgrade	F-Statistik	Pr > F
block	2	4	8.32	0.0376
A	2	4	62.34	0.0010
B	1	6	38.57	0.0008
A*B	2	6	15.20	0.0045
C	3	36	19.28	<.0001
A*C	6	36	5.94	0.0002
B*C	3	36	1.22	0.3182
A*B*C	6	36	1.65	0.1620

Ein wesentlicher Bestandteil des Programms ist das Makro für die (sinnvollen) Mittelwertvergleiche (*modul_mi_vergl_3fak.sas*), das mit *%INCLUDE* und dem entsprechenden Dateipfad aufgerufen wird. Es ist hier nicht explizit dokumentiert, kann jedoch nach dem Download der *Programme* eingesehen werden. Es fällt im Vergleich zum zweifaktoriellen Fall wesentlich umfangreicher aus und leistet insbesondere bei der Erkennung der sinnvollen Mittelwertvergleiche nützliche Dienste.

Neben der Eingabe zutreffender Überschriften, Stufenbezeichnungen und Tabellen-Labels in *PROC TABULATE*, bestehen folgende Steuerungsmöglichkeiten am Programm:

- Evtl. Umrechnung der Eingabedaten in eine gewünschte andere Dimension.
- Verrechnung als Blockanlage (alle *RANDOM*-Zeilen deaktivieren), als spezielle Spaltanlage (eine der ersten drei *RANDOM*-Zeilen aktivieren) oder als spezielle Streifenanlage (eine der letzten drei *RANDOM*-Zeilen aktivieren).
- Wahl des Signifikanzniveaus für die Grenzdifferenzen (in *MIXED*, Zeile *LSMEANS*, Option *ALPHA* =). Voreinstellung ist 5 %. Es werden die GDs nach Tukey und t-Test berechnet.

Ausgabe

Von den im Navigationsfenster angezeigten Ausgaben wird hier nur auf die zwei letzten *PRINT*- und die beiden *TABULATE*-Ausgaben eingegangen; aktiviert war die erste *RANDOM*-Zeile von *MIXED* (dreistufige Spaltanlage). In Tab. 36.2 ist das Ergebnis des F-Tests aufgeführt. Es erweisen sich die Haupteffekte A, B und C, aber auch die Wechselwirkungseffekte A*B und A*C, als signifikant (Pr > F < 0,05). Damit sind nur bestimmte, nämlich fünf Mittelwertvergleiche sinnvoll, die in Tab. 36.3 aufgeführt sind. Der Vollständigkeit halber werden dort auch die übrigen Fälle, also insgesamt 19, mit ihren Grenzdifferenzen genannt. Damit ist geklärt, wie die Mittelwerttabelle (Tab. 36.4) zu interpretieren

Tab. 36.3 Mittelwertvergleiche aufgrund F-Statistik in Tab. 36.2 und Grenzdifferenzen
modul_mi_vergl_3fak.sas

```
          Sinnvolle Mittelwertvergleiche und Grenzdifferenzen
                            Sinnvoller
Beob.      _NAME_           Vergleich     gd_Tukey       gd_tT
  1        A                  nein         2.63002      2.04886
  2        AB                 nein         3.33234      2.09658
  3        ABC                nein         8.28602      4.30922
  4        ABC_AB             nein         6.02596      4.53775
  5        ABC_AC             nein         4.18327      4.18327
  6        ABC_AvBC           nein         6.60956      4.18327
  7        ABC_BC             ja           5.18635      4.30922
  8        ABC_BvAC           ja           7.37608      4.30922
  9        ABC_CvAB           ja           6.37019      4.30922
 10        AB_A               ja           1.80088      1.80088
 11        AB_B               nein         2.60157      2.09658
 12        AC                 nein         5.45160      3.16233
 13        AC_A               ja           4.26099      3.20868
 14        AC_C               nein         3.81298      3.16233
 15        B                  nein         1.03974      1.03974
 16        BC                 nein         3.81603      2.41521
 17        BC_B               nein         3.47909      2.61987
 18        BC_C               nein         2.41521      2.41521
 19        C                  nein         2.46009      1.85253
```

ist. Die Tab. 36.5 ist ein Auszug von Tab. 36.3 und als Interpretationshilfe zur Mittelwerttabelle zu verstehen.

Folgende (sinnvollen) Mittelwertvergleiche können in Bezug auf Tab. 36.4 zur Beurteilung der Faktoreffekte vorgenommen werden, wobei hier die $GD_{5\% \text{ (Tukey)}}$ Verwendung
findet:

AB_A-Mittelwerte (GD 1,80): 63,58… 65,00; 70,58… 71,17; 68,92… 74,83. Ergebnis:
Nur auf der 3. N-Stufe wirkt sich die Halmverkürzung signifikant aus.

AC_A-Mittelwerte (GD 4,26): 65,17 … 63,17; 71,50 … 71,50; 72,67 … 67,17. Ergebnis: Auf N-Stufe 1 gibt es keine signifikanten Sortenunterschiede. Auf N-Stufe 2 schneiden die Sorten 1, 3 und 4 signifikant besser als Sorte 2 ab, wobei es zwischen ersteren
keine signifikanten Unterschiede gibt. Auf N-Stufe 3 ist Sorte 3 eindeutig (signifikant)
besser als alle übrigen Sorten.

ABC_BC-Mittelwerte (GD 5,19): 64,33 … 71,67 … 67,00; 66,00 … 71,33 … 78,33;
62,00 … 67,67 … 64,33; 64,33 … 68,00… 71,67; 65,33 … 72,33 … 77,33; 66,00 …
73,00 … 82,00; 62,67 … 70,67 … 67,00; 63,67 … 72,33 … 67,33. Ergebnis: Ohne Halmverkürzung haben die Sorten 1, 2 und 4 auf der N-Stufe 2 ihr Optimum, die Sorte 3 kann
aber auf N-Stufe 3 noch einmal fast signifikant zulegen. Mit Halmverkürzung erreichen
die Sorten 1–3 auf der 3. N-Stufe den Höchstertrag, dieser ist aber nur bei Sorte 1 und 3
signifikant höher gegenüber der 2. N-Stufe. Die Sorte 4 kann Halmverkürzung auf keiner
N-Stufe mit einem signifikanten Mehrertrag umsetzen.

ABC_BvAC-Mittelwerte (GD 7,38): 64,33 … 62,67 … 71,67 … 70,67 … 67,00 …
67,00; 66,00 … 63,67 … 71,33 … 72,33 … 78,33 … 67,33. Ergebnis: Sucht man nach der

Tab. 36.4 Mittelwerte des Winterweizenversuchs

Die Prozedur TABULATE

Sinnvolle Mittelwertvergleiche und GD siehe nächste Tabelle		C=Sorten				
		Sorte 1	Sorte 2	Sorte 3	Sorte 4	Mittel
		dt/ha	dt/ha	dt/ha	dt/ha	dt/ha
A=N-Stufen	B=Halmverk.					
N-Stufe 1	ohne Halmverk.	64.33	62.00	65.33	62.67	63.58
	mit Halmverk.	66.00	64.33	66.00	63.67	65.00
N-Stufe 2	ohne Halmverk.	71.67	67.67	72.33	70.67	70.58
	mit Halmverk.	71.33	68.00	73.00	72.33	71.17
N-Stufe 3	ohne Halmverk.	67.00	64.33	77.33	67.00	68.92
	mit Halmverk.	78.33	71.67	82.00	67.33	74.83
A=N-Stufen						
N-Stufe 1		65.17	63.17	65.67	63.17	64.29
N-Stufe 2		71.50	67.83	72.67	71.50	70.88
N-Stufe 3		72.67	68.00	79.67	67.17	71.87
B=Halmverk.						
ohne Halmverk.		67.67	64.67	71.67	66.78	67.69
mit Halmverk.		71.89	68.00	73.67	67.78	70.33
Mittel		69.78	66.33	72.67	67.28	69.01

Sorte, die ohne Halmverkürzung und unabhängig von der N-Düngung sich signifikant im Höchstertrag von den anderen Sorten unterscheidet, dann ist es die Sorte 3 auf N-Stufe 3. Bei Halmverkürzung erreicht auch Sorte 1 diese Bewertung, allerdings schneidet Sorte 3 immer noch etwas besser als Sorte 1 ab (der Unterschied ist aber nicht signifikant).

ABC_CvAB-Mittelwerte (GD 6,37): 64,33 … 78,33; 62,00 … 71,67; 65,33 … 82,00: 62,67 … 67,33. Ergebnis: Die Sorte 1 ist auf N-Stufe 3 und mit Halmverkürzung allen anderen Behandlungskombinationen signifikant überlegen. Bei der Sorte 2 verläuft die Optimumskurve wesentlich flacher. Die Sorte 3 setzt hohe N-Gaben (N-Stufe 3) sehr gut um, selbst bei unterlassener Halmverkürzung (hierin unterscheidet sich Sorte 3 von Sorte 1). Bei der Sorte 4 ist die N-Stufe 2 ohne Halmverkürzung angemessen, weil sie auch mit Halmverkürzung nur unwesentlich besser abschneidet.

Tab. 36.5 Grenzdifferenzen für die sinnvollen Mittelwertvergleiche zu Tab. 36.4

```
                    Die Prozedur TABULATE

                  Interpretiere z.B.:
              C: Mittelwerte von Faktor C
     AB: AB-Mittelwerte; AB_A: AB-Mittelwerte auf gleicher A-Stufe
ABC_AvBC: ABC-Mittelwerte auf gleicher A-Stufe und verschiedenen BC-Stufen
```

Auf Tabelle davor anwenden	GD5%-Tukey	GD5%-t-Test
Sinnvolle Vergleiche		
ABC_BC	5.19	4.31
ABC_BvAC	7.38	4.31
ABC_CvAB	6.37	4.31
AB_A	1.80	1.80
AC_A	4.26	3.21

Weitere Hinweise

Es gilt auch für dieses Programm: Fehlende Einzelwerte – und damit unbalancierte Versuche – sind unschädlich und werden varianzanalytisch wie auch bei den Mittelwerttests berücksichtigt.

Im Beispiel sind die N-Düngungsstufen nur qualitativ angegeben (N-Stufen 1–3). Besser wären quantitative Angaben gewesen (Angaben in kg N/ha). In diesem Falle könnte man, in Verbindung mit einer Kosten-Nutzen-Rechnung (Deckungsbeitrag!) unter Einbeziehung der Kosten für die Halmverkürzung, das sortenspezifische Optimum genauer bestimmen. Allerdings hätte man dann wenigstens vier N-Stufen zur besseren Abschätzung des Optimums vorsehen sollen.

Das Programm liefert automatisch die Grenzdifferenzen nach Tukey und t-Test. Man sollte sich bereits bei der Planung für einen der beiden Tests entscheiden und dann nur diesen verwenden. Der Tukey-Test verdient wegen der Einhaltung des vorgegebenen Signifikanzniveaus i.d.R. den Vorzug.

Faktorielle Versuche mit unvollständigen Blöcken

37

Ein Problem mehrfaktorieller Blockversuche ist oft die Blockgröße. Mit steigender Faktor- und Faktorstufenzahl steigt die Anzahl der Prüfglieder (Faktorkombinationen) im Block. Schon ein dreifaktorieller Versuch mit drei Stufen in jedem Faktor führt zu 27 Prüfgliedern im Block. Bei einer derartigen Blockgröße ist die erforderliche Bodenhomogenität innerhalb des Blockes oft nicht gegeben und der Versuchsfehler fällt entsprechend groß aus. Im einfaktoriellen Fall mit großer Stufenzahl sind Gitteranlagen, also Versuche in unvollständigen Blocks, eine gute Alternative zum (vollständigen) Blockversuch (s. Kapitel 28). Dieses Prinzip lässt sich auch auf mehrfaktorielle Versuche übertragen, indem man die Wiederholungen ebenfalls in unvollständige Blöcke unterteilt und bei der Zuordnung der Prüfglieder zum Block dafür sorgt, dass trotz Unvollständigkeit der Blöcke möglichst wenig Informationsverlust in Kauf genommen werden muss. Der Preis für die kleineren Blöcke ist nämlich, dass bestimmte Varianzursachen dann nicht mehr von der Blockvarianz getrennt werden können. Man spricht deshalb auch von *Vermengungsversuchen* oder *Koppelungsversuchen* (englisch: confounding).

Zusätzliche Information ist in der Online-Version dieses Kapitels (doi:10.1007/978-3-642-54506-1_37) enthalten.

Fall 1				Fall 2				Fall 3		
(2)	21	22		(2)	11	21		(2)	21	12
(1)	11	12		(1)	12	22		(1)	11	22
A vermengt				B vermengt				AB vermengt		

Abb. 37.1 Prinzip des Vermengens von Block- und Prüfeffekten. (Zahlen s. Text)

Das Prinzip des Vermengens sei an einem simplen Beispiel mit zwei Faktoren (A-Stufe = erste, B-Stufe = zweite Ziffer der zweistelligen Zahlen) und je zwei Stufen sowie zwei Blöcken (Zeilennummern in Klammern) erklärt (Abb. 37.1).

Da im Fall 1 in jedem Block nur Varianten mit der A-Stufe 1 bzw. 2 vertreten sind, kann man die Blockvarianz nicht mehr von der Varianz des Faktors A trennen. Im Fall 2 trifft dies auf B zu und im Fall 3 ist die Wechselwirkung A*B mit dem Blockeinfluss vermengt. Der jeweils „vermengte Effekt" ist also der Informationsverlust dieser Versuchsanlage, d. h. über diese Effekte kann keine Aussage getroffen werden.

Vermengungsversuche haben hauptsächlich für Versuchsfragen mit drei und mehr Faktoren Bedeutung. In solchen Fällen steht meistens schon fest, dass bestimmte Varianzursachen (meistens Wechselwirkungen) nicht signifikant sein werden oder man ist an Wechselwirkungen höchster Ordnung (z. B. A*B*C*D) nicht gerade interessiert, weil sie ohnehin schwierig zu interpretieren sind. Stellt man den Versuchsplan auf solche Vorüberlegungen ab, dann ist der tatsächliche Informationsverlust gering und man kann stattdessen mit einem präziseren Versuchsergebnis rechnen.

Die Erstellung von Plänen mit Vermengungscharakter ist kompliziert und man ist gut beraten, solche aus der Literatur zu übernehmen. Ein großes Angebot findet man bei Cochran und Cox (1957); Munzert (1992) hat für fünf besonders interessante Fälle (drei- bis vierfaktorielle Versuche) ebenfalls Pläne zusammengestellt. Bei den meisten Plänen gibt es Restriktionen hinsichtlich der Blockgröße und der Zahl der Wiederholungen, die zu beachten sind.

Bei der Auswertung vermengter Versuche treten keine Schwierigkeiten auf; es ist lediglich darauf zu achten, dass zwischen vollständigen Wiederholungen und unvollständigen Blöcken innerhalb der Wiederholung zu unterscheiden ist (so wie auch bei Gitteranlagen) und die mit dem Blockeinfluss vermengte(n) Varianzursache(n) nicht im Modell erscheinen.

Zur Demonstration dieses Versuchstyps wird ein Beispiel aus Cochran und Cox (1957, S. 189) verwendet (Tab. 37.1). Es handelt sich um ein Feldexperiment in Rothamsted aus

Tab. 37.1 Plan und Daten eines vierfaktoriellen Düngungsversuchs. (DNPK vermengt)

Wdh. 1	Block a	P = 45	K = 55	D = 53	NPK = 36	DNK = 41	DNP = 48	DPK = 55	N = 42
	Block b	DP = 50	NK = 44	DK = 43	PK = 51	DNPK = 44	Ohne = 58	DN = 41	NP = 50
Wdh. 2	Block a	NPK = 43	D = 42	P = 39	DNK = 34	N = 47	DNP = 52	K = 50	DPK = 44
	Block b	NK = 43	DP = 52	Ohne = 57	NP = 39	PK = 56	DK = 52	DNPK = 54	DN = 42

Indiziert ist jeweils die 2. Stufe eines Faktors. Gemessen wurde der Ertrag in pounds/Parzelle;
1 pound = ca. 0,45 kg; 1 cwt (hundredweight) = ca. 51 kg; 1 acre = ca. 4000 m²

dem Jahre 1936 mit Bohnen. Die Faktoren: D = Stallmist (ohne, 10 t/acre), N = Nitrokalk (ohne, 0,4 N cwt/acre), P = Superphosphat (ohne, 0,6 cwt P_2O_5/acre), K = Kalisalz (ohne, 1,0 cwt K_2O/acre). Die 16 Behandlungskombinationen wurden zweifach wiederholt geprüft, in zwei Blöcken zu acht Parzellen in jeder Wiederholung. Der folgende Plan war auf confounding der Wechselwirkung höchster Ordnung (D*N*P*K) ausgerichtet:

DNPK ist deshalb mit den Blockeffekten vermengt, weil in jedem a-Block nur mit D, N, P, K und mit DNP, DNK, DPK sowie NPK gedüngte, zufällig verteilte, Parzellen vorkommen. In jedem b-Block befinden sich dagegen nur Parzellen mit der Düngungsart DN, DP, NP, DK, NK, PK, DNPK und ohne Düngung.

Das statistische Model lautet hier in SAS-Notation:

$$\text{Ertrag} = \text{Wdh} + \text{Block(Wdh)} + D + N + P + K + DN + DP + DK + NP + NK + PK + DNP + DNK + DPK + NPK;$$

(*Block(Wdh)* erscheint bei PROC GLM zusätzlich und bei PROC MIXED nur als RANDOM-Anweisung).

Block(Wdh) – sprich: Block innerhalb Wiederholung – ist ein zufälliger Effekt und die Testgröße für Wdh. Der (zufällige) Restfehler, in dem auch DNPK mit enthalten ist, gilt für die übrigen Komponenten; er wird von SAS automatisch generiert und befindet sich deshalb nicht in obiger Gleichung.

Da die interessierenden Haupt- und Wechselwirkungseffekte einheitlich gegen den Restfehler getestet werden, kann **PROC GLM** die Aufgabe lösen. Mit **PROC MIXED** kann jedoch u. U. die Berechnung der Freiheitsgrade nach Kenward-Roger von Vorteil sein, weshalb auf diese Prozedur ausführlicher eingegangen wird. Mit **PROC TABULATE** und **PROC PRINT** erfolgt eine kompakte Darstellung der Mittelwerte und Grenzdifferenzen.

Programm

```
TITLE1 'Faktorieller Versuche mit unvollständigen Blöcken';
DATA a;
TITLE2 'Beispiel Cochran and Cox, S. 189';
INPUT wdh block $ D N P K ertrag @@;
DATALINES;
1 a 1 1 2 1 45   1 a 1 1 1 2 55   1 a 2 1 1 1 53   1 a 1 2 2 2 36
1 a 2 2 1 2 41   1 a 2 2 2 1 48   1 a 2 1 2 2 55   1 a 1 2 1 1 42
1 b 2 1 2 1 50   1 b 1 2 1 2 44   1 b 2 1 1 2 43   1 b 1 1 2 2 51
1 b 2 2 2 2 44   1 b 1 1 1 1 58   1 b 2 2 1 1 41   1 b 1 2 2 1 50
2 a 1 2 2 2 43   2 a 2 1 1 1 42   2 a 1 1 2 1 39   2 a 2 2 1 2 34
2 a 1 2 1 1 47   2 a 2 2 2 1 52   2 a 1 1 1 2 50   2 a 2 1 2 2 44
2 b 1 2 1 2 43   2 b 2 1 2 1 52   2 b 1 1 1 2 57   2 b 1 2 2 1 39
2 b 1 1 2 2 56   2 b 2 1 1 2 52   2 b 2 2 2 2 54   2 b 2 2 1 1 42
RUN;
*PROC PRINT; RUN; /* Für Datenkontrolle * entfernen */
PROC MIXED NOBOUN DDATA=a;
TITLE3 'Verrechnung mit PROC MIXED';
CLASS wdh block  D N P K;
MODEL ertrag = wdh d n p k d*n d*p n*p d*k n*k p*k d*n*p d*n*k d*p*k
n*p*k/ DDFM=KR;
RANDOM  block(wdh);
LSMEANS d n p k d*n d*p n*p d*k n*k p*k d*n*p d*n*k d*p*k n*p*k/DIFF CL;
ODS OUTPUT DIFFS=diff_mi;
ODS OUTPUT LSMEANS=mittelw;
RUN;
DATA tab_dnp tab_dnk tab_dpk tab_npk;
SET mittelw;
IF Effect='D*N*P' THEN OUTPUT tab_dnp;
IF Effect='D*N*K' THEN OUTPUT tab_dnk;
IF Effect='D*P*K' THEN OUTPUT tab_dpk;
IF Effect='N*P*K' THEN OUTPUT tab_npk;
RENAME N=N_Dg;
RUN;
PROC TABULATE DATA=tab_dnp; /* relevante tab_... einsetzen */
TITLE3 'Mittelwerttabelle';
CLASS D N_Dg P ;/* entsprechende Faktoren hier und bei TABLE einsetzen */
VAR Estimate;
TABLE D*N_Dg D N_Dg ALL,(P ALL)*Estimate*MEAN*F=7.2/RTS=15
BOX = 'GD von nächster "PRINT" übernehmen';
KEYLABEL ALL='Mittel'MEAN='  ';
LABEL Estimate='Pounds'; /* Bezeichnung einsetzen */
RUN;
DATA b;
SET diff_mi;
GD_tTest=(Upper -Lower)/2;
RUN;
PROC SORT DATA=b;
BY Effect;
RUN;
PROC MEANS DATA=b NOPRINT;
BY Effect;
VAR gd_tTest;
OUTPUT OUT=gd_mi MEAN=;
RUN;
PROC PRINT DATA=gd_mi;
VAR Effect GD_tTest;
RUN;
*Folgende GLM als Alternative zu MIXED;
PROC GLM DATA=a;
TITLE3 'Verrechnung mit PROC GLM';
CLASS wdh block D N P K;
MODEL ertrag = wdh block(wdh)  d n p k d*n d*p n*p d*k n*k p*k d*n*p
d*n*k d*p*k n*p*k;
RANDOM  block(wdh)/TEST;
LSMEANS d n p k d*n d*p n*p d*k n*k p*k d*n*p d*n*k d*p*k n*p*k/ADJUST=T
LINES;
RUN;
QUIT;
```

Da es sich um einen vierfaktoriellen Versuch mit Vermengung der Wechselwirkung höchster Ordnung (D*N*P*K) mit dem Blockeffekt handelt, wird im *Model*-Statement von *PROC MIXED* diese Komponente nicht aufgeführt. Die *RANDOM*-Zeile enthält nur den Fehler für *Wdh*, nämlich *block(wdh)*. Mit der folgenden *LSMEANS*-Zeile werden sämtliche möglichen Mittelwerte produziert und gleichzeitig mit *DIFF* und *CL* deren Differenzen und Konfidenzbereiche (*CL*). Da kein spezieller Mittelwerttest gefordert ist, bezieht sich *CL* auf den t-Test (Voreinstellung). Mit zwei *ODS OUTPUT* werden zwei Dateien gespeichert, die zum einen für *PROC TABULATE* und zum anderen für die Berechnung der Grenzdifferenzen benötigt werden.

Die Mittelwerte werden anschließend auf vier Einzeltabellen aufgeteilt (*DATA tab_dnp* usw.). *RENAME* (Umbenennung) von N in *N_Dg* ist notwendig, weil *N* ein Schlüsselwort von *Tabulate* ist und missverstanden werden würde. Welcher *DATA*-Set davon von *PROC TABULATE* benötigt wird, hängt vom Ergebnis des F-Tests ab, das zuvor von *MIXED* ausgewiesen wurde. Entsprechend ist auch *TABULATE* in den *CLASS*- und *TABLE*-Anweisungen zu formulieren. In diesem Beispiel erwiesen sich N und D*P als signifikant. Deshalb wird *tab_dnp* benötigt, und es sind die Faktoren D, N_Dg (für N) und P in *CLASS* sowie *TABLE* einzusetzen.

Der folgende *DATA b* bezieht den Output *diff_mi* von *MIXED* und berechnet daraus alle möglichen Grenzdifferenzen nach t-Test.

Alternativ kann auch *PROC GLM* verwendet werden. Das hat den Vorteil, dass die Mittelwertvergleiche mit Buchstabensymbolen durchgeführt werden können (Option *LINES*); diese Option steht für *MIXED*, Version 9.2, nicht zur Verfügung. Um komplette Mittelwerttabellen darzustellen, muss man aber wie bei *MIXED* auch über *TABULATE* gehen und die GD separat berechnen. Nur bei balancierten Datensätzen hat GLM einen gewissen Vorteil, weil man dann statt *LSMEANS* das Statement *MEANS* mit der Option *LSD* oder einen anderen Nicht-Range-Test aufrufen kann, der dann für die Hauptwirkungen (nicht aber für die Wechselwirkungen!) auch als Wert ausgedruckt wird.

Ausgabe

Klickt man im Navigationsfenster bei *Mixed* das Untermenü bei *Fit Statistics* oder bei *Type 3 Tests of Fixed Effects* an, dann wird das in Tab. 37.2 dargestellte Ergebnis des F-Tests angezeigt. Unter den Faktoren und Faktorkombinationen befinden sich nur zwei signifikante Effekte: N und D*P. Dieser Befund ist für die Beurteilung der Mittelwertdifferenzen wichtig. Man benötigt im Weiteren eine Mittelwerttabelle, bestehend aus den Faktoren D, N und P. Die Grundlage dafür ist die aus *MIXED* selektierte Teiltabelle *tab_dnp*, die nunmehr bei *PROC TABULATE* eingetragen wird. Nach nochmaligem Programmstart erscheint das Ergebnis von *TABULATE* in der in Tab. 37.3 gezeigten Form. Im nächsten Schritt sucht man sich in der von *PRINT* erzeugten Übersicht die relevanten GDs aus, d. s.

Tab. 37.2 F-Statistik zum Düngungsversuch

```
                   Die Prozedur MIXED

              Typ 3 Tests der festen Effekte
                Zähler          Nenner
Effekt     Freiheitsgrade   Freiheitsgrade   F-Statistik   Pr > F
wdh              1                2              0.05       0.8427
D                1               14              0.08       0.7783
N                1               14             13.40       0.0026
P                1               14              0.25       0.6232
K                1               14              0.19       0.6733
D*N              1               14              1.32       0.2701
D*P              1               14              9.97       0.0070
N*P              1               14              3.22       0.0944
D*K              1               14              0.25       0.6232
N*K              1               14              1.32       0.2701
P*K              1               14              1.01       0.3321
D*N*P            1               14              0.08       0.7783
D*N*K            1               14              0.42       0.5288
D*P*K            1               14              0.62       0.4430
N*P*K            1               14              1.32       0.2701
```

Tab. 37.3 Mittelwerte des Düngungsversuchs

Die Prozedur TABULATE

GD von nächster "PRINT" übernehmen		P		
		1	2	Mittel
		Pounds	Pounds	Pounds
D	N_Dg			
1	1	55.00	47.75	51.38
	2	44.00	42.00	43.00
2	1	47.50	50.25	48.87
	2	39.50	49.50	44.50
D				
1		49.50	44.88	47.19
2		43.50	49.88	46.69
N_Dg				
1		51.25	49.00	50.12
2		41.75	45.75	43.75
Mittel		46.50	47.38	46.94

Tab. 37.4 Grenzdifferenzen
(t-Test) zum Düngungsversuch

Die Prozedur PRINT

Beob.	Effect	GD_t Test
1	D	3.73555
2	D*K	5.28287
3	D*N	5.28287
4	D*N*K	7.47110
5	D*N*P	7.47110
6	D*P	5.28287
7	D*P*K	7.47110
8	K	3.73555
9	N	3.73555
10	N*K	5.28287
11	N*P	5.28287
12	N*P*K	7.47110
13	P	3.73555
14	P*K	5.28287

hier für N der Wert 3,74 und für D*P der Wert 5,28 (Tab. 37.4) Mit beiden Kennwerten kann man nun die Mittelwerte in Tab. 37.3 vergleichen, also für

- N_Dg1 − N_Dg2: 50,12 − 43,75; GD = 3,74
- D1P1 − D1P2: 49,50 − 44,88; D2P1 − D2P2: 43,50 − 49,88; GD jeweils 5,28

Die N-Düngung hat also den Ertrag signifikant reduziert (was schon der F-Test aussagt). Ohne Stallmist (D1) hat fehlende P-Düngung (P1) zu einem höheren (aber nicht signifikant höheren) Ertrag geführt, mit Stallmist (D2) und mit P-Gabe (P2) ergibt sich ein signifikanter Mehrertrag.

Vom Output von *PROC GLM* werden hier nur die Mittelwertvergleiche für N und DP gezeigt (der F-Test zu Typ III ist identisch mit jenem von *MIXED*). Tab. 37.5 zeigt die

Tab. 37.5 Mittelwertvergleiche mit Buchstabensymbolik

Die Prozedur GLM

```
             T Comparison Lines for Least Squares Means of N
        LS-means with the same letter are not significantly different.
                             ertrag          LSMEAN
                             LSMEAN   N       Anzahl Nr.
                        A    50.125   1          1
                        B    43.750   2          2

             T Comparison Lines for Least Squares Means of D*P
        LS-means with the same letter are not significantly different.
                             ertrag              LSMEAN
                             LSMEAN   D   P       Anzahl Nr.
                        A    49.875   2   2          4
                        A    49.500   1   1          1
                   B    A    44.875   1   2          2
                   B         43.500   2   1          3
```

NOTE: To ensure overall protection level, only probabilities associated with pre-planned
comparisons should be used.

Mittelwertvergleiche mit Buchstabensymbolik. Bei *Anzahl* handelt es sich um eine falsche Übersetzung des englischen Begriffs; er wurde hier auf „Nr." korrigiert. Man beachte auch die Fußnote zu D*P, die generell für den t-Test mit mehr als zwei zu vergleichenden Mittelwerten gilt.

Weitere Hinweise

Dieses Programm wurde speziell auf das verwendete Versuchsbeispiel zugeschnitten, insbesondere in Bezug auf die gewählten Variablennamen. Da aber bei anderen Versuchsplänen die Modellbildung ohnehin angepasst werden muss, wurde auf eine neutrale Faktorbezeichnung, etwa der Art A, B, C, D, verzichtet. Es dürfte keine Probleme bereiten, dieses Programm an eine spezielle Situation anzupassen.

Abschließend sei der Hinweis gestattet, dass Confounding im Versuchswesen bis heute noch vernachlässigt wird. In vielen polyfaktoriellen Versuchen wäre es vernünftiger, auf die Kenntnis der einen oder anderen Wechselwirkung zu verzichten, um dafür die übrigen Einflussgrößen präziser (kleinerer Versuchsfehler) untersuchen zu können. Allerdings ist Vermengen nur dann sinnvoll, wenn davon ausgegangen werden kann, dass die vermengte Interaktion klein und zu vernachlässigen ist.

Nicht wenige landwirtschaftliche Kulturen werden mehrmals im Jahr beerntet. Man denke nur an die ganze Palette der Futterpflanzen oder an bestimmte Sonderkulturen, wie Heil- und Gewürzpflanzen. Außerdem gibt es mehrjährige Kulturen, wie z. B. Hopfen oder Miscanthus, die ebenso mit stationären Versuchen mehrmals (über die Jahre) beerntet werden. In diesen Fällen kann man natürlich jede einzelne Ernte für sich auswerten oder man bildet ein zusätzliches Merkmal „Gesamtertrag", um ein Ergebnis von der Vegetationsperiode bzw. der Kulturdauer zu erhalten. Derartige Auswertungen liefern aber noch keine statistischen Aussagen über die Differenzen zwischen den Erntezeitpunkten und zu Wechselwirkungen mit den Versuchsfaktoren.

In der etwas älteren Literatur wird empfohlen, die in zeitlichen Abständen vorzunehmenden Ernten als einen weiteren Faktor zu verstehen, der den Versuch überlagert, so dass er wie eine Streifenanlage auszuwerten ist (Steel et al. 1997; Cochran und Cox 1957). Liegt also ein (stationärer) einfaktorieller Blockversuch vor, der mehrmals im Jahr oder über mehrere Jahre einmal im Jahr zu beernten ist, dann wird in der Auswertung wie bei einer zweifaktoriellen Streifenanlage vorgegangen, indem ein „virtueller" Faktor „Ernte" hinzukommt. Damit entsteht folgendes Varianzschema:

Zusätzliche Information ist in der Online-Version dieses Kapitels (doi:10.1007/978-3-642-54506-1_38) enthalten.

Ursache	FG	F-Test
Block	b-1	(gegen Fehler a)
Faktor A	a-1	gegen Fehler a
Fehler a	(b-1)(a-1)	
Ernte	e-1	gegen Fehler b
Fehler b	(b-1)(e-1)	
A*Ernte	(a-1)(e-1)	gegen Fehler c
Fehler c	(b-1)(a-1)(e-1)	

Hauptwirkung A (Versuchsfaktor), Ernte-Faktor und Wechselwirkung A*Ernte bekommen also jeweils einen eigenen Fehler zugewiesen.

Beim zweifaktoriellen „Grundversuch" wird diesem ebenfalls hinsichtlich der Teilernten (z. B. Schnitte) ein zusätzlicher Faktor nach dem Prinzip einer Streifenanlage hinzugefügt und es entsteht de facto ein dreifaktorieller Versuch. Je nachdem, ob der Versuch als Block-, Spalt- oder Streifenanlage angelegt ist, überlagert der Faktor Schnitt nach dem obigen Prinzip diese Faktoren. Das Varianzanalyseschema einer zweifaktoriellen Spaltanlage sieht dann wie folgt aus und ist auch bei Steel et al. (1997) dokumentiert:

Ursache	FG	F-Test	Bemerkungen
Block	r-1		
Faktor A	a-1	gegen Fehler a	(A = Haupteinheit)
Fehler a	(r-1)(a-1)		
Faktor B	b-1	gegen Fehler b	(B = Untereinheit)
A*B	(a-1)(b-1)	gegen Fehler b	
Fehler b	(r-1)a(b-1)		
Ernte C	c-1	gegen Fehler c	
Fehler c	(r-1)(c-1)		
A*C	(a-1)(c-1)	gegen Fehler d	
Fehler d	(r-1)(a-1)(c-1)		
B*C	(b-1)(c-1)	gegen Fehler e	
A*B*C	(a-1)(b-1)(c-1)	gegen Fehler e	
Fehler e	(r-1)a(b-1)(c-1)		= Restfehler

Im Falle einer mehrjährigen Kultur spricht man auch von einer „Spaltanlage in Raum und Zeit" (split plots in space and time).

Generell handelt es sich um Experimente mit Messwiederholungen (repeated measures), für die SAS u. a. im Rahmen von *PROC GLM* und *PROC MIXED* das Statement *REPEATED* mit verschiedenen Optionen zur Verfügung stellt. Wie Piepho et al. (2004) aufzeigen, hat dieser Ansatz Vorteile, weil er die Probleme der Varianzheterogenität und u. U. Heterogenität in den auftretenden Korrelationen zwischen den Beobachtungswerten besser zu lösen vermag. Beim folgenden Beispiel wird dennoch die oben gezeigte „klassische" Vorgehensweise gewählt, weil sie einfacher zu handhaben ist und weniger Modellwissen voraussetzt. Hinzu kommt, dass bei kurzen Zeitreihen (z. B. bei nur zwei oder drei

Schnitten) kompliziertere Modelle zu sehr ähnlichen oder sogar identischen Ergebnissen führen können wie die klassische Auswertung (Piepho und Eckl 2013).

An einem fiktiven Datenbeispiel für einen zweifaktoriellen Rotkleeversuch der als Spaltanlage angelegt war, soll die Vorgehensweise erklärt werden. Zwei Düngungsvarianten (ohne und mit PK-Düngung) bilden die Haupteinheiten und zwei Sorten (diploid, tetraploid) die Untereinheiten. Im Übrigen liegen vier Blöcke vor und der Versuch wurde dreimal beerntet (3 Schnitte). Untersucht wurde der Trockenmasseertrag, der hier in dt/ha erfasst wurde. Basis der Auswertung ist **PROC MIXED**, wobei auch die Makros *modul_mi_vergl_2fak.sas* und *modul_mi_vergl_3fak.sas* für die Mittelwertbeurteilung herangezogen werden.

Programm

```
*Versuche mit mehreren Ernten im Jahr oder mit mehrjährigen Kulturen';
TITLE1 'Dreischnittiger zweifakt. Rotkleeversuch als Spaltanlage';
DATA a;
INPUT block A B c1 c2 c3 @@;
tm_ges=c1+c2+c3;
DATALINES;
1 1 1 41 33 24  1 1 2 46 33 25  1 2 1 50 37 28
1 2 2 53 39 32  2 1 1 44 34 25  2 1 2 44 37 26
2 2 1 52 36 29  2 2 2 57 39 33  3 1 1 39 30 25
3 1 2 44 30 30  3 2 1 45 28 23  3 2 2 49 32 28
4 1 1 38 29 20  4 1 2 42 30 26  4 2 1 47 36 26
4 2 2 49 40 29
;
PROC FORMAT; /* Die Value-Anweisungen definieren! */
VALUE a_fmt 1='ohne' 2='80 P2O5+200 K2O/ha';
VALUE b_fmt 1='diploide Sorte' 2='tetraploide Sorte';
VALUE c_fmt 1='1.Schn.' 2='2.Schn.' 3='3.Schn.';
RUN;
PROC PRINT DATA=a;RUN; /* Für Datenkontrolle */
PROC MIXED DATA=a NOBOUND;
TITLE2 'Auswertung des Gesamtertrages (dt TM/ha)';
CLASS block A B;
MODEL tm_ges=block A B A*B/DDFM=KR;
RANDOM block*A;
LSMEANS A B A*B/DIFF ADJUST=TUKEY CL ALPHA=0.05;
ODS OUTPUT CLASSLEVELS=info_2;
ODS OUTPUT TESTS3=f_test_2;
ODS OUTPUT LSMEANS=mittelw_2;
ODS OUTPUT DIFFS=diff_mittelw_2;
RUN;
%INCLUDE 'D:\Munzert\Documents\Eigene Dateien\Anwendungen SAS\
Programme\Modul_mi_vergl_2fak.sas';
RUN;
```

```
PROC TABULATE DATA=j_2;
TITLE4 'Mittelwerte des Gesamtertrages';
CLASS A B;
VAR Estimate;    /* Evtl. bei F= ... die Spaltenbreite anpassen */
TABLE B ALL,(A ALL)*Estimate*MEAN*F=11.1/RTS=25
BOX='Sinnvolle Mittelwertvergleiche und GD s. nächste Tabelle';
FORMAT A a_fmt. B b_fmt.;
KEYLABEL ALL='Mittel' MEAN='  ';
LABEL A='A=Düngung' B='B=Sorten' Estimate='TM dt/ha';
RUN;
DATA sinnv_vgl_2;
SET i_2;
IF sinnvollerVergleich='nein' THEN DELETE;
RUN;
PROC TABULATE DATA=sinnv_vgl_2;
TITLE4 'Grenzdifferenzen für die sinnvollen Mittelwertvergleiche';
TITLE5 'Interpretiere z.B.:';
TITLE6 'A: Mittelwerte von Faktor A';
TITLE7 'AB: AB-Mittelwerte; AB_A: AB-Mittelwerte auf gleicher A-Stufe';
CLASS _NAME_;
VAR gd_Tukey gd_tT;
TABLE _NAME_,(gd_Tukey gd_tT)*MEAN*F=7.2/BOX='Auf Tabelle davor
anwenden';
LABEL _NAME_='Sinnvolle Vergleiche' gd_Tukey='GD5%-Tukey' gd_tT='GD5%-t-
Test';
KEYLABEL MEAN='  ';
RUN;
PROC SORT DATA=a; /* Beginn der Auswertung der Schnitte */
BY block A B;
RUN;
PROC TRANSPOSE DATA=a OUT=senkr_3 NAME=C PREFIX=tm_dtha;
VAR c1-c3;
BY block A B;
RUN;
DATA senkr_neu_3;
SET senkr_3;
IF C='c1' THEN Cx=1;
ELSE IF C='c2' THEN Cx=2;
ELSE IF C='c3' THEN Cx=3;
DROP C;
RENAME Cx=C;
RUN;
PROC MIXED NOBOUND DATA=senkr_neu_3;
TITLE2 'Auswertung der einzelnen Schnitte (Faktor C),dt TM/ha';
CLASS block A B C;
MODEL tm_dtha1=block A B A*B C A*C B*C A*B*C/DDFM=KR;
RANDOM block*A block*A*B block*C block*A*C;/* A u. B Spaltanlage */
LSMEANS A|B|C/DIFF ADJUST=TUKEY CL ALPHA=0.05;
ODS OUTPUT CLASSLEVELS=info_3;
ODS OUTPUT TESTS3=f_test_3;
ODS OUTPUT LSMEANS=mittelw_3;
ODS OUTPUT DIFFS=diff_mittelw_3;
RUN;
%INCLUDE 'D:\Munzert\Documents\Eigene Dateien\Anwendungen SAS\
Programme\Modul_mi_vergl_3fak.sas';
RUN;
PROC TABULATE DATA
TITLE4 'Mittelwerte des Rotkleeversuchs';
CLASS A B C;
VAR estimate;
TABLE A*B A B ALL,(C ALL)*estimate*MEAN*F=10.2/RTS=32
```

```
BOX='Sinnvolle Mittelwertvergleiche und GD siehe nächste Tabelle';
FORMAT A a_fmt. B b_fmt. C c_fmt.;
KEYLABEL ALL='Mittel' MEAN='   ';
LABEL A='A=Düngung' B='B=Sorten' C='C=Schnitt'
Estimate='TM dt/ha';
RUN;
DATA sinnv_vgl_3;
SET i_3;
IF sinnvollerVergleich='nein' THEN DELETE;
RUN;
PROC TABULATE DATA=sinnv_vgl_3;
TITLE4 'Grenzdifferenzen für die sinnvollen Mittelwertvergleiche';
TITLE5 'Interpretiere z.B.:';
TITLE6 'C: Mittelwerte von Faktor C';
TITLE7 'AB: AB-Mittelwerte; AB_A: AB-Mittelwerte auf gleicher A-Stufe';
TITLE8 'ABC_AvBC: ABC-Mittelwerte auf gleicher A-Stufe und verschiedenen
BC-Stufen';
CLASS _NAME_;
VAR gd_Tukey gd_tT;
TABLE _NAME_,(gd_Tukey gd_tT)*MEAN*F=7.2/BOX='Auf Tabelle davor
anwenden';
LABEL _NAME_='Sinnvolle Vergleiche' gd_Tukey='GD5%-Tukey' gd_tT='GD5%_t-
Test';
KEYLABEL MEAN='   ';
RUN;
QUIT
```

Wie am Programmanfang leicht zu erkennen, werden die drei Schnitte als verschiedene Beobachtungsvariable (*c1–c3*) eingelesen. Damit lässt sich mit einer Programmzeile aus den drei Schnitten der Gesamtertrag (*tm_ges*) als weiteres Merkmal berechnen. Mit *PROC FORMAT* werden die Stufen der drei Faktoren für die spätere Ausgabe von *PROC TABULATE* spezifiziert.

Die Auswertung beginnt mit *PROC MIXED*, wobei zunächst das Merkmal *tm_ges* auf die zweifaktorielle Spaltanlage (Düngung, Sorte) angewendet wird. Ziele sind der F-Test, die Berechnung der Mittelwerte und der Grenzdifferenzen. Die zu *MIXED* gehörenden Statements und Optionen wurden schon in früheren Programmbeispielen verwendet und bedürfen hier keiner näheren Erläuterung. Das anschließend mit *%INCLUDE…* aufgerufene Programmmodul (Makro) wurde bereits im Kapitel 32 zum Erkennen der sinnvollen Mittelwertvergleiche bei zweifaktoriellen Versuchen eingesetzt und und ist hier ebenfalls gut zu gebrauchen. Aus diesem Grund müssen die Faktoren als A, B, C benannt werden. Auch die beiden folgenden *PROC TABULATE* entsprechen der Vorgehensweise bei zweifaktoriellen Versuchen.

Der weitere Programmteil ab *PROC SORT DATA = a* dient der Auswertung der Schnitte (Faktor C). Damit *PROC TRANSPOSE* die Schnitterträge in senkrechte Position als Faktorvariable „Schnitte" bringen kann, muss nach *block dueng sorte* sortiert und ein neuer Datensatz, *senkr_neu_3, gebildet* werden. Die Modelldefinition einschließlich der *RANDOM*-Anweisung von *MIXED* entspricht der Auswertung einer zweifaktoriellen Spaltanlage mit überlagertem Schnittfaktor. Im *DATA senkr_neu* werden die bisherigen Schnittvariablen *c1, c2* und *c3* in eine einzige, neue Beobachtungsvariable, nämlich *tm_dtha1*, mit den numerischen Stufen 1–3 transformiert, damit später in *TABULATE* das Statement

Tab. 38.1 F-Statistik zum dreischnittigen zweifaktoriellen Versuch als Spaltanlage

Die Prozedur MIXED

Auswertung des Gesamtertrages (dt TM/ha)
F-Test der fixen Effekte

Beob.	Effect	Num DF	Den DF	FValue	ProbF
1	block	3	3	2.42	0.2432
2	A	1	3	14.75	0.0311
3	B	1	6	90.26	<.0001
4	A*B	1	6	2.37	0.1743

FORMAT … schnitt schnitt_fmt. wirksam werden kann. Die neue Beobachtungsvariable bei *MIXED* ist nunmehr *tm_dtha1*, der in der *MODEL*-Zeile wieder sämtliche fixen Effekte zugeordnet werden. In der *RANDOM*-Zeile stehen zusätzlich vier der fünf oben genannten Versuchsfehler, da der fünfte als Restfehler automatisch hinzugefügt wird. Zum Beispiel steht der Term *block*A*C* als Fehler für die Wechselwirkung A*C. Die weiteren Programmzeilen sind auf das Modul für dreifaktorielle Mittelwertvergleiche ausgerichtet, auf das die beiden *TABULATE* aufsetzen.

Ausgabe

Der F-Test der Varianzanalyse zum Merkmal „Gesamttrockenmasseertrag" kann dem *MIXED*-Ausgabemenü unter *Type 3 Tests of Fixed Effects* entnommen werden und ist in Tab. 38.1 wiedergegeben. Es zeigt sich, dass ein signifikanter (*ProbF* < 5 %) Düngungs-(A) und ein hoch signifikanter (*ProbF* < 1 %) Sorteneffekt (B) vorliegt, während für die Wechselwirkung die Nullhypothese bestätigt wird. Das bedeutet, dass in der von *TABU-LATE* erzeugten Mittelwerttabelle (Tab. 38.2) nur die Düngungs- und die Sortenmittel-

Tab. 38.2 Mittelwerte des Gesamtertrags

Die Prozedur TABULATE

Sinnvolle Mittelwertvergleiche und GD s. nächste Tabelle	A=Düngung		
	ohne	80 P2O5+200 K2O/ha	Mittel
	TM dt/ha	TM dt/ha	TM dt/ha
B=Sorten			
diploide Sorte	95.5	109.3	102.4
tetraploide Sorte	103.2	120.0	111.6
Mittel	99.4	114.6	107.0

Tab. 38.3 Grenzdifferenzen für die sinnvollen Mittelwertvergleiche

```
Die Prozedur TABULATE

Auswertung des Gesamtertrags (dt TM/ha)
          Interpretiere z.B.:
     A: Mittelwerte von Faktor A
AB: AB-Mittelwerte; AB_A: AB-Mittelwerte auf gleicher A-Stufe
```

Auf Tabelle davor anwenden	GD5%- Tukey	GD5%-t- Test
Sinnvolle Vergleiche		
A	12.64	12.64
B	2.38	2.38

Tab. 38.4 F-Statistik unter Berücksichtigung der einzelnen Schnitte (Faktor C)

```
Die Prozedur MIXED

        F-Test der fixen Effekte
```

Beob.	Effect	Num DF	Den DF	FValue	ProbF
1	block	3	3.37	2.19	0.2524
2	A	1	3	14.75	0.0311
3	B	1	6	90.26	<.0001
4	A*B	1	6	2.37	0.1743
5	C	2	6	215.67	<.0001
6	A*C	2	6	5.19	0.0491
7	B*C	2	12	1.73	0.2179
8	A*B*C	2	12	0.82	0.4630

werte verglichen werden sollten; die Kombinationsmittelwerte bieten keine weiteren sinn-vollen Vergleiche. Dazu verwendet man die von der zweiten *TABULATE* erzeugten und in Tab. 38.3 dargestellten Grenzdifferenzen. Wahlweise werden diese nach Tukey und t-Test (auf Basis $\alpha = 5\%$, s. Vorgabe in *MIXED*) angegeben, wobei dem Tukey-Test grundsätz-lich der Vorzug zu geben ist. Wie zu erwarten, sind die GD für *A* und *B* jeweils identisch, weil bei beiden Faktoren nur zwei Stufen vorliegen. Im Übrigen bedarf es bei $n = 2$ eigent-lich keines Mittelwerttests, weil der F-Test in diesem Falle (nur ein Mittelwertvergleich!) bereits erschöpfend Auskunft gibt.

Die Tab. 38.4, 38.5 und 38.6 dokumentieren die Auswertung unter Berücksichtigung der Einzelschnitte. Für *A, B* und *A*B* werden die gleichen F-Werte wie in Tab. 38.1 erzielt. Von besonderem Interesse ist, ob Düngung (A) und Schnitt (C) sowie Sorte (B) und Schnitt (C) in Wechselwirkung zueinander stehen. Der diesbezügliche F-Test für *A*C* in Tab. 38.4 bestätigt dies (*ProbF = 0,0491*), während *B*C* nicht signifikant ist (*ProbF = 0,2179*). Es unterscheiden sich aber auch die Schnitte (C) hoch signifikant (*ProbF < 0,0001*), was auf-

Tab. 38.5 Mittelwerte des dreischnittigen Versuchs

Die Prozedur TABULATE

Auswertung der einzelnen Schnitte (dt TM/ha)

Sinnvolle Mittelwertvergleiche und GD siehe nächste Tabelle		C=Schnitt			
		1.Schn.	2.Schn.	3.Schn.	Mittel
		TM dt/ha	TM dt/ha	TM dt/ha	TM dt/ha
A=Düngung	B=Sorten				
ohne	diploide Sorte	40.50	31.50	23.50	31.83
	tetraploide Sorte	44.00	32.50	26.75	34.42
80 P2O5+200 K2O/ha	diploide Sorte	48.50	34.25	26.50	36.42
	tetraploide Sorte	52.00	37.50	30.50	40.00
A=Düngung					
ohne		42.25	32.00	25.12	33.13
80 P2O5+200 K2O/ha		50.25	35.88	28.50	38.21
B=Sorten					
diploide Sorte		44.50	32.88	25.00	34.13
tetraploide Sorte		48.00	35.00	28.62	37.21
Mittel		46.25	33.94	26.81	35.67

Tab. 38.6 Grenzdifferenzen für die sinnvollen Mittelwertvergleiche zu Tab. 38.5

Die Prozedur TABULATE

Interpretiere z.B.:
C: Mittelwerte von Faktor C
AB: AB-Mittelwerte; AB_A: AB-Mittelwerte auf gleicher A-Stufe
ABC_AvBC: ABC-Mittelwerte auf gleicher A-Stufe und verschiedenen BC-Stufen

Auf Tabelle davor anwenden	GD5%- Tukey	GD5%_t- Test
Sinnvolle Vergleiche		
AC	6.40	4.00
AC_A	3.30	2.69
AC_C	3.95	3.95
B	0.79	0.79

grund der großen Ertragsunterschiede nicht weiter verwunderlich ist. Die Dreifachwechselwirkung ist zu vernachlässigen.

Die von der vorletzten *PROC TABULATE* erzeugte Tab. 38.5 weist alle Faktorkombinationen aus, sodass nun auch die Wechselwirkungseffekte mit den Schnitten (Faktor C) erkennbar sind. Die Gesamterträge der Schnitte wurden bereits mit den Tab. 38.2 und 38.3 berechnet bzw. statistisch beurteilt.

In Tab. 38.6 werden die Schlussfolgerungen aus der F-Test-Analyse hinsichtlich sinnvoller Mittelwertvergleiche gezogen. Danach können die beiden Sortenmittelwerte (B), die Schnittwirkung je Düngungsstufe (AC_A) und umgekehrt die Düngungseffekte je Schnitt (AC_C) sowie die Mittelwerte Düngung*Schnitt (AC) sinnvollerweise verglichen werden. Insbesondere wird man sich auf die Ertragsdifferenzen der Schnitte innerhalb einer Düngungsstufe (AC_A) bzw. der Düngungsstufen innerhalb eines Schnittes konzentrieren. Gemäß Tukey-Test differenzieren die Schnitte sowohl bei ohne als auch mit PK-Düngung signifikant (GD = 3,30 dt/ha TM). Beim 1. Schnitt ist der Düngungseffekt signifikant, beim 2. Schnitt verfehlt dieser die Signifikanzschranke von $\alpha = 5\%$ knapp, beim 3. Schnitt schon etwas deutlicher (GD = 3,95). (Vergleicht man die Mittelwerte mit der Grenzdifferenz nach t-Test, kommt man zum gleichen Ergebnis).

Weitere Hinweise

Wäre der Versuch als Blockanlage angelegt worden, müssten die *MODEL*-und *RANDOM*-Zeilen von *PROC MIXED* im Programmteil „Einzelschnittauswertung" wie folgt lauten:

```
MODEL tm_dtha1=block A B A*B C A*C B*C A*B*C/DDFM=KR;
RANDOM block(A B) block*C;
```

Im Falle einer Streifenanlage als Anlageprinzip ergäbe sich:

```
MODEL tm_dtha1=block A B A*B C A*C B*C A*B*C/DDFM=KR;
RANDOM block*A block*B block*A*B block*C block*A*C block*B*C;
```

Wie eingangs schon erwähnt, werden mehrjährige Kulturen nach den gleichen Prinzipien ausgewertet, indem das Jahr die Stellung von „Schnitt" einnimmt. Dabei wird unterstellt, dass das Jahr im Modell als „fix" gewertet wird, also die Mittelwerte der Jahre und die entsprechenden Wechselwirkungen interessieren. Eine andere Konstellation ergibt sich, wenn die Jahre als „zufällig" zu verstehen sind, also die Kultur soweit fest etabliert ist, dass Jahreseffekte nicht mehr vorwiegend entwicklungsbedingt zu interpretieren sind. In diesem Falle gelten dann die Regeln für die Auswertung von mehrjährigen Versuchsserien an einem Ort (s. Kapitel 39).

Für sichere Beratungsaussagen reicht in der Regel ein Einzelversuch nicht aus. Es ist nämlich keineswegs sicher, ob ein unter ganz bestimmten Bedingungen stattgefundener Versuch auch bei Wiederholung zu einem anderen Zeitpunkt oder an einem anderen Ort zu den gleichen oder ähnlichen Ergebnissen führt. Seriöse Schlussfolgerungen aus einem Experiment sollten daher immer auf Ergebnissen mehrerer Versuche unter weiteren Rahmenbedingungen beruhen, mit denen im Anwendungsfall zu rechnen ist. Man kann es auch statistisch ausdrücken: Ein Einzelversuch ist eine Stichprobe, die oft noch keinen ausreichend sicheren Schluss auf die Grundgesamtheit erlaubt. Treffsicherer ist eine Versuchsserie, also eine Reihe weiterer Versuche mit gleicher Fragestellung. Im pflanzenbaulich-züchterischen Bereich geht es um Jahres- und/oder Ortseinflüsse, die in einer Versuchsserie mit hinterfragt werden.

Im folgenden Beispiel soll zunächst der Umgang mit einfaktoriellen Blockversuchen in mehreren Versuchsjahren an einem Ort aufgezeigt werden. Die Kapitel 40 und 41 befassen sich mit mehrortigen zweifaktoriellen Versuchen in einem Jahr bzw. mit einfaktoriellen Versuchen in mehreren Jahren und Orten. Auch in den Kapiteln 42–45 geht es um Versuchsserien mit bestimmten weiteren Eigenschaften.

Werden mehrjährige Versuche an einem Ort statistisch ausgewertet, dann wird das Varianzanalysemodell um einen weiteren Faktor, dem Faktor „Jahr", erweitert, dessen mögliche Wechselwirkung zu dem/den Faktor/en des Einzelversuchs außerdem noch zu berücksichtigen ist. Allerdings sind hier „Jahr" und alle Wechselwirkungen mit diesem als „zufällig" (random) zu behandeln, was Auswirkungen auf die F-Tests und auch die Standardfehler der Mittelwerte hat. Der Grund ist einfach: Der Verlauf einer Jahreswitterung ist weder voraussehbar, noch kann er vom Versuchsansteller beeinflusst werden; er ist per se eine Zufallsgröße. Nur wenn im Nachhinein aus einer Versuchsserie bestimmte Jahre herausgegriffen und verglichen werden (z. B. ein „trockenes" mit einem „nassen" Jahr), wäre auch das Jahr ein „fixer" Ver-

---

Zusätzliche Information ist in der Online-Version dieses Kapitels (doi:10.1007/978-3-642-54506-1_39) enthalten.

suchsfaktor wie jeder andere Faktor mit ausgewählten Abstufungen. Auf die varianzanalytische Bedeutung von „fix" und „zufällig" wurde bereits im Kapitel 30 eingegangen.

Es wird das Lehrbuchbeispiel von Gomez und Gomez (1984) zu einem Blockversuch
mit sieben Reissorten in zwei Jahren verwendet. Die Verfasser beschränken sich auf die
Darstellung der Varianzanalyse und der Mittelwerte; hier soll jedoch auch die Berechnung
von Grenzdifferenzen aufgezeigt werden, wenngleich sie im Beispiel aufgrund nicht signifikanter Sortenunterschiede (F-Test) nicht sinnvoll ist.

Die Schlüsselprozedur für Versuchsserien ist immer **PROC MIXED**, ergänzend kommen noch *PROC MEANS* und *TABULATE* zum Einsatz.

Programm

```
TITLE1 'Mehrjährige Versuchsserie an einem Ort';
TITLE2 'Beispiel aus Gomez und Gomez (1984), S. 328 ff.';
DATA gomez1;
DO Jahr='Jahr 1', 'Jahr 2'; DO block = 1,2,3; DO Sorte =1 TO 7;
INPUT Ertrag @@; OUTPUT;
END; END; END;
DATALINES;
3.036 1.369 5.311 2.559 1.291 3.452 1.812 4.177 1.554 5.091 3.980 1.705
3.548 2.914
3.884 1.899 4.839 3.853 2.130 4.640 0.958 1.981 3.751 3.868 2.729 3.222
4.250 3.336
3.198 2.391 3.134 2.786 3.554 4.134 4.073 3.726 3.714 3.487 2.598 2.452
3.339 2.885
;
PROC PRINT;RUN;
PROC MIXED DATA=gomez NOBOUND; /* NOBOUND nur, wenn negative VK */
TITLE3 'Gemeinsame Varianzanalyse über Jahre';
CLASS Jahr block Sorte;
MODEL Ertrag = Sorte/DDFM=KR;
RANDOM Jahr block(Jahr) Jahr*Sorte;
*REPEATED/GROUP=Jahr; / Aktivieren, wenn keine homogene Fehlervarianz */
ODS OUTPUT LSMEANS=mittelw;
ODS OUTPUT DIFFS=diff_mittelw;
LSMEANS Sorte/PDIFF ADJUST=TUKEY CL;
RUN;
DATA gd; /* Für Berechnung der "mittleren" GD */
SET diff_mittelw;
gd_Tukey_5Proz=(AdjUpper - AdjLower)/2;
gd_tTest_5Proz=(Upper - Lower)/2;
RUN;
PROC MEANS DATA=gd MEAN MIN MAX;/* Erzeugung von gemittelten Grenzdiffe-
renzen */
TITLE3 'Grenzdifferenzen für die Sortenmittelwerte über Jahre';
VAR gd_Tukey_5Proz gd_tTest_5Proz;
RUN;
PROC TABULATE DATA=mittelw;
TITLE3 'Mittelwerte der Sorten';
CLASS Sorte;
VAR estimate;
TABLE Sorte ALL, estimate*MEAN*F=6.3/RTS=8;
LABEL estimate='t/ha';
KEYLABEL MEAN='   ' ALL='Mittel';
RUN;
QUIT;
```

Das Programm beginnt mit dem Einlesen der Versuchsdaten, wobei die Stufen von Jahr, Block und Sorte mittels dreier *DO*-Schleifen – beendet mit *END* – vom Programm erzeugt werden und nur die Erträge (in t/ha) nach *DATALINES* erfasst sind. Bei diesem sehr rationellen Einlesemodus empfiehlt es sich, mit *PROC PRINT* eine Einlesekontrolle vorzunehmen.

Im folgenden Programmteil liefert *PROC MIXED* ohne die (inaktivierte) Zeile **RE-PEATED/GROUP = JAHR* die korrekten Ergebnisse, wie sie auch im zugrunde liegenden Lehrbuch ausgewiesen werden. Man beachte aber auch den Kommentar zu *NOBOUND*. Diese Option ist nur notwendig, wenn – wie in diesem Falle – negative Varianzkomponenten auftreten. In der *RANDOM*-Anweisung stehen alle zufälligen Komponenten, wobei die Blockeffekte mit *block(Jahr)* gepoolt angefordert werden, weil die Blöcke ja nur je Versuch randomisiert sind. Die *ODS*-Ausgaben sind für die Berechnung der Grenzdifferenz bzw. der Mittelwerte notwendig.

Sollte sich bei der Einzelverrechnung der Versuche herausstellen, dass heterogene Fehlervarianzen vorliegen (Klärung siehe Ergebnisteil), ist bei *PROC MIXED* die oben erwähnte *REPEATED*-Zeile zu aktivieren (* entfernen). Auf diese Weise wird keine gemeinsame Fehlervarianz gerechnet, sondern es werden die Fehlervarianzen getrennt für beide Versuche geschätzt, was Bedeutung für die Schätzung der Mittelwerte und die Fehlerstatistik hat.

Ausgabe

Bei Versuchsserien sollte man also zunächst klären, ob homogene Versuchsfehler vorliegen. Im Lehrbuch von Gomez und Gomez (1984) geschieht dies, indem zunächst die Einzelversuche separat verrechnet werden. Dies könnte hier auch mit *PROC GLM* erfolgen und man erhielte, wie bei den Autoren, für das Jahr 1 ein $MQ_{Fehler} = 0{,}32965$ und für das Jahr 2 ein $MQ_{Fehler} = 0{,}40362$. Ein alte Regel besagt, man berechne aus beiden Werten den Quotienten, also den F-Wert, wobei man den größeren MQ-Wert in den Zähler schreibt, und vergleiche das Ergebnis mit der F-Tabelle, wobei eine zweiseitigen Fragestellung vorliegt (die größere Varianz steht im Zähler!). In unserem Falle ergibt sich also

$$F = \frac{MQ\,\text{größerer\,Fehler}}{MQ\,\text{kleiner\,Fehler}} = \frac{0{,}40362}{0{,}32965} = 1{,}22 \quad \text{mit } FG_1 \text{ und } FG_2 = 12.$$

Da hier die F-Schranke ($\alpha = 2{,}5\%$, zweiseitiger Test) bei 3,28 liegt, sind beide Fehler als homogen anzusehen und man kann einen gemeinsamen Versuchsfehler verwenden. Bei mehr als zwei Versuchen (Jahre) würde man den Vergleich mit den Versuchen (Jahren) mit der größten bzw. kleinsten Fehlervarianz anstellen.

Bei *PROC MIXED* klärt man diese Frage jedoch mit dem Likelihood-Ratio-Test. Wie im Programm vorgesehen, verrechnet man die Serie zunächst ohne die Zeile *REPEATED/ GROUP = Jahr* und notiert sich im Output den Wert unter

```
                        Anpassungsstatistiken
              -2 Res Log Likelihood              88.8
```

In einem zweiten Lauf aktiviert man die *REPEATED*-Zeile und erhält daraufhin

```
                        Anpassungsstatistiken
              -2 Res Log Likelihood              88.6
```

Der Likelihood-Ratio-Test besteht nun darin, dass man die Differenz zwischen 88,8 (Hypothese *homogen*) und 88,6 (Hypothese *heterogen*) ermittelt und das Ergebnis ($=0,2$) mit der Chi-Quadrattafel ($\alpha = 5\%$) bei FG$=n-1$ (hier also 2 Jahre $-1=1$) vergleicht. Laut Tabelle müsste die Differenz$>3,84$ betragen, um von heterogenen Fehlervarianzen auszugehen. Da dies nicht der Fall ist, wird also auch hier bestätigt, dass die Serie mit einem gemeinsamen Versuchsfehler verrechnet werden darf und somit die *REPEATED*-Zeile inaktiviert bleiben kann.

Vom weiteren Output interessiert jetzt die F-Statistik für *Sorte*, die in Tab. 39.1 aufgeführt ist. Demnach liegt keine signifikante Sortenvarianz vor (F$=1,24$; Pr$>$F$=0,4016$) und die in Tab. 39.2 aufgeführten Sortenmittelwerte mit ihrem Standardfehler begründen keine Sortenvergleiche. Das Programm ist aber auch auf die Berechnung von Grenzdifferenzen ausgerichtet, indem über *ODS OUTPUT DIFFS = diff_mittelw* auch die Vertrauensbereiche der Differenz von zwei Mittelwerten herangezogen und mittels *PROC MEANS* schließlich die Grenzdifferenzen nach t-Test und Tukey-Test berechnet werden (Tab. 39.3). Außerdem werden mittels *PROC TABULATE* die Mittelwerte nochmals ausgewiesen (hier nicht dargestellt). Beide angebotenen Grenzdifferenzen bestätigen, dass in keinem Falle gesicherte Ertragsunterschiede zwischen den Sorten bestehen. Die großen Grenzdifferenzen sind damit zu erklären, dass eigentlich eine signifikante Wechselwirkung zwischen Jahr und Sorte vorliegt (was man mittels PROC GLM beweisen könnte).

Tab. 39.1 F-Statistik zur Versuchsserie (Sorte=fix)

```
                    Die Prozedur MIXED
Mehrjährige Versuchsserie an einem Ort (Beispiel aus Gomez u. Gomez (1984)
                Typ 3 Tests der festen Effekte
                Zähler          Nenner
Effekt     Freiheitsgrade   Freiheitsgrade    F-Statistik    Pr > F
Sorte            6                6               1.24       0.4016
```

Tab. 39.2 Mittelwerte und Standardfehler der Sorten über Jahre

```
                    Die Prozedur MIXED
Mehrjährige Versuchsserie an einem Ort (Beispiel aus Gomez u. Gomez (1984)
           Effekt    Sorte    Schätzwert    Standardfehler
           Sorte       1        3.3337         0.6172
           Sorte       2        2.4463         0.6172
           Sorte       3        4.2883         0.6172
           Sorte       4        3.0842         0.6172
           Sorte       5        2.3923         0.6172
           Sorte       6        3.8938         0.6172
           Sorte       7        2.6630         0.6172
```

Tab. 39.3 Grenzdifferenzen für die Sortenmittelwerte über Jahre

```
                        Die Prozedur MEANS

    Variable        Mittelwert      Minimum         Maximum


    gd_Tukey_5Proz   3.8678104      3.8678104       3.8678104
    gd_tTest_5Proz   2.2703452      2.2703452       2.2703452
```

Da hier aber „Jahr" und „Jahr*Sorte" als „zufällig" im Modell gesetzt wurden, verbietet sich eine jahresspezifische Ertragsanalyse und die Mittelwerte aus beiden Jahren sind entsprechend „unsicher".

Weitere Hinweise

Gomez und Gomez (1984) kommentieren bei diesem Beispiel auch die jahresspezifischen Sortenmittelwerte und bilden daraufhin drei Sortengruppen aufgrund ihres Verhaltens in beiden Jahren. Diese Differenzierung ist aber sehr fragwürdig, da keineswegs sicher ist, ob sich in weiteren Versuchsjahren diese Gruppierung bestätigen würde. Im Übrigen kann zum Zeitpunkt einer Sortenentscheidung die Jahreswitterung nicht abgeschätzt werden, so dass eine witterungsspezifische Sortenempfehlung ohnehin obsolet ist. *PROC MIXED* stellt deshalb konsequenterweise auch nur für fixe Einflussfaktoren (Haupt- und Kombinationseffekte) Mittelwerte zur Verfügung.

Im Beispiel wurde die Vorgehensweise bei homogenen und heterogenen Fehlervarianzen der Einzelversuche gezeigt. Man kann aber auch auf die Klärung dieser Frage verzichten und grundsätzlich Heterogenität unterstellen, d. h. mit *REPEATED/GROUP = Jahr* rechnen. Liegt in einer Serie dennoch Homogenität vor, dann „verschenkt" man nicht allzu viel Information. So beträgt dann in unserem Beispiel der F-Wert für Sorten 1,15 (statt 1,24), der Standardfehler eines Mittelwertes 0,6199 (statt 0,6172) und die Grenzdifferenzen für Tukey 3,882 (statt 3,868) und für den t-Test 2,277 (statt 2,270). Auch die Mittelwerte differieren nur unwesentlich. Je weniger Heterogenität vorliegt, umso weniger unterscheiden sich die Ergebnisse beider Verrechnungsarten.

Es wird nochmals angemerkt, dass man Versuchsergebnisse stets nur mit einem Typ von Grenzdifferenzen veröffentlichen und diese Entscheidung möglichst schon vor Beginn der Auswertung treffen sollte. Je größer die Anzahl der zu vergleichenden Mittelwerte ist, umso mehr empfiehlt sich der Tukey-Test.

Einfaktorielle Blockversuche mit *Orte = zufällig* können mit dem gleichen Programm verrechnet werden. Es muss nur im Programm in allen Fällen statt „Jahr" „Ort" gesetzt werden. Bezüglich zweifaktorieller Versuche siehe Kapitel 40.

Bei Versuchen ohne Blockfaktor (aber mit Wiederholungen) entfallen in *PROC MIXED* unter *CLASS* der Aufruf von *block* und in der *Random*-Zeile die Varianzkomponente *block(Jahr)*. Da in diesem Beispiel Blockeffekte praktisch nicht auftreten, unterscheiden sich der F-Wert von Sorte und die Grenzdifferenzen vom Blockmodell nicht.

Im Unterschied zu mehrjährigen Versuchsserien an einem Ort (s. Kapitel 39) will man bei Versuchen an mehreren Orten mit gleicher Fragestellung in einem Jahr i.d.R. wissen, ob die Prüffaktoren (z. B. Düngung, Sorte) an allen Orten ähnliche oder signifikant unterschiedliche Ergebnisse bringen. Insbesondere interessieren eventuelle Wechselwirkungen zwischen den Orten und den Prüffaktoren. Die Orte sind deshalb meistens so platziert, dass sie innerhalb eines größeren Aussagebereiches (z. B. Bayern) bestimmte, nach Standorteigenschaften definierte Erzeugungsgebiete repräsentieren. Bei einer solchen geplanten Serie müssen nicht nur die Prüffaktoren, sondern auch der Faktor „Ort" als fix gewertet werden, denn schließlich hat man eine bewusste Standortwahl getroffen und man will eine ortsspezifische Mittelwertanalyse vornehmen. Nur wenn in einem Erzeugungsgebiet gleichen Charakters der Versuch an mehreren Orten angelegt wurde und man nur an den Mittelwerten der Prüffaktoren über Orte interessiert ist – die Orte sozusagen als weitere Wiederholungen zu betrachten sind – setzt man in der Varianzanalyse Orte als zufällig. Auch der Pflanzenzüchter kann sich auf den Standpunkt stellen, dass für ihn in erster Linie Sorten mit guten Ergebnissen über viele Umweltbedingungen hinweg bedeutsam und deshalb Mittelwertvergleiche nur im Mittel aller Orte relevant sind, also Ort = zufällig zu verstehen ist. Er hat allerdings mit der Berechnung der Ökostabilität seiner Genotypen noch bessere Möglichkeiten zur Bewertung seines Züchtungserfolges (Piepho 1999; Möhring und Piepho 2009).

In folgendem Beispiel wird eine bei Gomez und Gomez (1984) behandelte Versuchsserie nach dem Fixmodell mit 3 Orten, 6 N-Düngungsstufen, 2 Sorten und drei Blöcken als Spaltanlage nachvollzogen. Es handelt sich also um einen zweifaktoriellen Versuch an drei Orten in einem Jahr. Da zweifaktorielle Versuche oft auch als Blockanlage oder Streifenanlage durchgeführt werden, wurden zusätzlich zur Spaltanlage auch diese Anlagetypen wahlweise im Programm berücksichtigt. Außerdem wurde das Programm auch

Zusätzliche Information ist in der Online-Version dieses Kapitels (doi:10.1007/978-3-642-54506-1_40) enthalten.

auf die Berechnung von Grenzdifferenzen und die Darstellung der sinnvollen Mittelwertvergleiche – unter Benutzung des Moduls für dreifaktorielle Mittelwertvergleiche – ausgelegt, auf die im Lehrbuch nicht eingegangen wird. Die entscheidende Prozedur ist auch hier **MIXED**; für die grafische Darstellung der N-Effekte wurde die *ODS*-Funktionalität von **PROC GLM** genutzt, während die Tabellen wie immer von **PROC TABULATE** erzeugt werden.

Programm

```
TITLE1 'Mehrortige zweifaktorielle Versuchsserie in einem Jahr';
TITLE2 'Beispiel aus Gomez & Gomez 1984, S: 339-350';
DATA gomez_2;
/* A, B, C immer in Großbuchstaben! A=Ort, B=1. Faktor, C=2. Faktor */
DO A = 1 TO 3; DO B = 1 TO 6; DO block = 1,2,3; DO C = 1 TO 2;
INPUT Ertrag @@; OUTPUT;
END; END; END; END;
*INPUT A B C block ertrag @@; /* A, B, C immer in Großbuchstaben! */
DATALINES;
1979 5301 1511 1883 3664 3571 4572 5655 4340 5100 4132 5385
5630 6339 6780 6622 4933 6332 7153 8108 6504 8583 6326 7637
7223 7530 7107 7097 6051 6667 7239 7853 6829 7105 5874 7443
3617 3447 3580 3560 3939 3516 6065 5905 5463 5969 5435 6026
6092 5322 6571 5883 6084 6489 5916 6513 6982 6556 7145 7853
7191 8153 6109 7208 7967 6685 5805 7290 6890 6564 7113 7401
4320 4891 4068 2577 3856 4541 5862 6009 4626 6625 4913 5672
5136 6712 5836 6693 4898 6799 6336 6458 5456 6675 5663 6636
5571 5683 5854 6868 5533 5692 6765 6335 5263 6064 3910 5949
;
PROC  PRINT; RUN ; /* Nur zur Einlesekontrolle */
PROC FORMAT; /* Die Faktorstufen definieren; A muss Ort sein! */
VALUE A_fmt 1='Ort 1' 2='Ort 2' 3='Ort 3';
VALUE B_fmt 1='N1=0 kg N/ha' 2='N2=30 kg N/ha' 3='N3=60 kg N/ha'
4='N4=90 kg N/ha' 5='N5=120 kg N/ha' 6='N6=150 kg N/ha';
VALUE C_fmt 1='Sorte 1' 2='Sorte 2';
RUN;
PROC MIXED DATA=gomez_2 NOBOUND;
TITLE3 'Varianzanalyse zur Spaltanlage'; /* Versuchstyp eintragen */
CLASS A B C block;
MODEL ertrag = A|B|C/DDFM=KR;
*****************************************************************;
*RANDOM block(A)/SUBJECT=A; /* Einzelversuch = Blockanlage */
*REPEATED/GROUP=A; /*Aktivieren, wenn heterogene Fehlervarianzen */
*****************************************************************;
RANDOM block(A) block(A B)/SUBJECT=A;/* Einzelversuch = Spaltanlage
(B=HE, C=UE) */
*REPEATED/GROUP=A; /*Aktivieren, wenn heterogene Fehlervarianzen */
*****************************************************************;
*RANDOM block(A) block(A B) block(A C)/SUBJECT=A; /* Einzelversuch =
Streifenanlage */
*REPEATED/GROUP=A; /*Aktivieren, wenn heterogene Fehlervarianzen */
*****************************************************************;
LSMEANS A|B|C/DIFF CL ALPHA=0.05;
ODS OUTPUT CLASSLEVELS=info_3;
ODS OUTPUT TESTS3=f_test_3;
ODS OUTPUT LSMEANS=mittelw_3;
ODS OUTPUT DIFFS=diff_mittelw_3;
```

```
RUN;
%INCLUDE 'D:Munzert\Documents\Eigene Dateien\Anwendungen SAS
\Programme\modul_mi_vergl_3fak.sas';
PROC TABULATE DATA=j_3;
TITLE3 ' ';
TITLE4 'Mittelwerte des Reisversuchs';
CLASS A B C;
VAR estimate;
TABLE A*B A B ALL,(C ALL)*estimate*MEAN*F=10.2/RTS=32
BOX='Sinnvolle Mittelwertvergleiche und GD siehe nächste Tabelle';
FORMAT A a_fmt. B b_fmt. C c_fmt.;
KEYLABEL ALL='Mittel' MEAN='  ';
LABEL A='A=Orte' B='B=N-Düng.' C='C=Sorten'
Estimate='kg/ha';
RUN;
DATA sinnv_vgl_3;
SET i_3;
IF sinnvollerVergleich='nein' THEN DELETE;
RUN;
PROC TABULATE DATA=sinnv_vgl_3;
TITLE4 'Grenzdifferenzen für die sinnvollen Mittelwertvergleiche';
TITLE5 'Interpretiere z.B.:';
TITLE6 'C: Mittelwerte von Faktor C';
TITLE7 'AB: AB-Mittelwerte; AB_A: AB-Mittelwerte auf gleicher A-Stufe';
TITLE8 'ABC_AvBC: ABC-Mittelwerte auf gleicher A-Stufe und verschiedenen
BC-Stufen';
CLASS _NAME_;
VAR gd_Tukey gd_tT;
TABLE _NAME_,(gd_Tukey gd_tT)*MEAN*F=9.2/BOX='Auf Tabelle davor anwend.';
LABEL _NAME_= 'Sinnvolle Vergleiche' gd_Tukey='GD5%-Tukey' gd_tT= 'GD5% - t-
Test';
KEYLABEL MEAN='  ';
RUN;
DATA a;
SET gomez_2;
IF A=1; /* Für weitere Orte die Nr. anpassen */
IF B=1 THEN N=0;
ELSE IF B=2 THEN N=30;
ELSE IF B=3 THEN N=60;
ELSE IF B=4 THEN N=90;
ELSE IF B=5 THEN N=120;
ELSE IF B=6 THEN N=150;
RUN;
ODS GRAPHICS ON;
PROC GLM DATA=a;
TITLE3 ' '; TITLE4 ' '; TITLE5 ' '; TITLE6 ' '; TITLE7 ' '; TITLE8 ' ';
TITLE9 'Regression Ertrag - N-Düngung, Ort 1';
CLASS block C;
MODEL ertrag = block C N N*N/ SOLUTION; /* Für Grafik block und C weg */
RUN;
ODS GRAPHICS OFF;
QUIT;
```

Wie im Kapitel 39 werden die Daten mittels *DO ... END*-Schleifen eingelesen. Da im Programm das allgemein gültige Makro für dreifaktorielle Mittelwertvergleiche aufgerufen wird, müssen die Faktorbezeichnungen A, B, C für Ort bzw. 1. Faktor bzw. 2. Faktor verwendet werden. Diese werden dann mit dem folgenden Aufruf von *PROC FORMAT*

in verständliche Stufenbezeichnungen für die Tabellen fortgeschrieben. Mit dem anschließenden *PROC-MIXED*-Aufruf kann wahlweise eine Block-, Spalt- oder Streifenanlage,
und zwar auf Basis homogener oder heterogener Fehlervarianzen der Einzelversuche, verrechnet werden. Man gehe hier analog vor wie im Kapitel 39. Für alle Anlagetypen gilt
die gleiche *MODEL-Zeile*, anlagespezifisch sind nur die *RANDOM*-Zeilen formuliert. Die
Option *SUBJECT=A* sorgt dafür, dass die übrigen Faktoren (B und C) dem Faktor A
untergeordnet werden. Adäquate *RANDOM*-Anweisungen sind übrigens auch:

Blockanlage: `RANDOM block/SUBJECT=A;`
Spaltanlage: `RANDOM block block(B)/SUBJECT=A;`
Streifenanlage: `RANDOM block block(B) block(C)/SUBJECT=A;`

Die *ODS OUTPUT*s werden für das aufgerufene *modul_mi_vergl_3fak.sas* benötigt. Zwei
TABULATE sorgen für die Ausgabe der Mittelwerte und der Grenzdifferenzen nach Tu-
key- und t-Test. Zum Schluss werden mit *PROC GLM* die ortsspezifischen Regressionen
als Gleichung und in grafischer Form dargestellt. Man beachte den Hinweis im Programm
für die Erzeugung einer mittleren Regressionskurve.

Ausgabe

Im Folgenden beschränkt sich die Auswertung, wie bei Gomez und Gomez (1984) auch,
auf den Fall „Spaltanlage". Um Block- oder Streifenanlagen auszuwerten, aktiviere (*
entfernen) man lediglich die jeweilige(n) Zeile(n) und deaktiviere (* einfügen) die beiden
Zeilen für die anderen Anlagen.

Zunächst ist zu klären, ob homogene oder heterogene Fehlervarianzen vorliegen. Zu
diesem Zweck wird das Programm zweimal gestartet: einmal mit inaktivierter *REPEA-
TED*-Zeile (* davor) und dann mit aktivierter Zeile (* entfernen). Im ersten Fall erhält man
unter „Anpassungsstatistiken -2 Res Log Likelihood" von *MIXED* den Wert 1178,2, im
zweiten den Wert 1176,4. Die Differenz ist der χ^2-Wert und beträgt 1,8, mit $3-1=2$ FG. Da
dieser Wert gemäß χ^2-Tabelle einen *P*-Wert > 5 % attestiert, kann die Hypothese „homogene Fehlervarianz" nicht abgelehnt werden. Damit wird das Programm ein drittes Mal mit
inaktivierter *REPEATED*-Zeile gestartet und die weiteren Ergebnisse werden als gültig
anerkannt.

Die Analyse beginnt mit der Bewertung des F-Tests (Tab. 40.1). Wie leicht festzustellen ist, ergeben sich signifikante Haupteffekte für B (N-Düngung) und C (Sorten) sowie
signifikante Wechselwirkungen A*B (Ort*N) und A*C (Ort*Sorte). Damit ist die Grundlage geschaffen für die weitere Mittelwertanalyse, insbesondere für die sinnvollen Mittelwertvergleiche.

Die folgenden *MIXED*-Ausgaben können übergangen werden, weil alle darin enthal-
tenen wichtigen Informationen in den beiden *TABULATE*-Ausgaben zusammengestellt
werden. Davor werden in der zweiten *PRINT*-Ausgabe alle möglichen Grenzdifferenzen

Tab. 40.1 F-Statistik zur mehrortigen zweifaktoriellen Versuchsserie eines Jahres

Die Prozedur MIXED

Typ 3 Tests der festen Effekte

Effekt	Zähler Freiheitsgrade	Nenner Freiheitsgrade	F-Statistik	Pr > F
A	2	6	2.91	0.1311
B	5	30	59.31	<.0001
A*B	10	30	4.03	0.0014
C	1	36	25.01	<.0001
A*C	2	36	3.97	0.0277
B*C	5	36	0.61	0.6900
A*B*C	10	36	0.78	0.6507

Tab. 40.2 Grenzdifferenzen für die Mittelwertvergleiche der Versuchsserie

modul_mi_vergl_3fak.sas

Beob.	_NAME_	Sinnvoller Vergleich	gd_Tukey	gd_tT
1	A	nein	629.43	501.96
2	AB	nein	1552.67	838.23
3	ABC	nein	2178.01	1083.15
4	ABC_AB	nein	1011.62	1011.62
5	ABC_AC	nein	1549.97	1053.90
6	ABC_AvBC	nein	1789.55	1053.90
7	ABC_BC	nein	1300.59	1083.15
8	ABC_BvAC	ja	1591.74	1083.15
9	ABC_CvAB	ja	1968.14	1083.15
10	AB_A	ja	1192.94	800.99
11	AB_B	nein	1010.62	838.23
12	AC	nein	832.63	542.10
13	AC_A	ja	412.99	412.99
14	AC_C	nein	662.74	542.10
15	B	nein	688.74	462.45
16	BC	nein	1033.20	608.47
17	BC_B	nein	584.06	584.06
18	BC_C	nein	894.88	608.47
19	C	nein	238.44	238.44

nach Tukey und t-Test aufgelistet und gleichzeitig die aufgrund des F-Tests sinnvollen Mittelwertvergleiche (ja/nein) angegeben (Tab. 40.2). Aus dieser Übersicht werden alle „ja"-Zeilen extrahiert und in einer TABULATE-Tabelle nochmals aufgeführt (Tab. 40.3). Auf die Wiedergabe der Mittelwerttabelle, die mit einem weiteren *TABULATE*-Aufruf erzeugt wird, wird aus Platzgründen verzichtet.

Es sollten also nur alle Ort*N-Dg.*Sorte-Mittelwerte auf gleicher N-Stufe und verschiedenen Ort*Sorte-Stufen, desgleichen auf gleicher Sortenstufe und verschiedenen Ort*N-Dg.-Stufen, verglichen werden. Außerdem empfehlen sich Vergleiche auf der Ebene Ort*N-Dg. auf gleicher Ortsstufe und Ort*Sorte auf gleicher Ortsstufe. Die Grenzdifferenzen nach Tukey verdienen wegen der z. T. hohen Anzahl an Vergleichsmöglichkeiten den Vorzug.

Tab. 40.3 Grenzdifferenzen für die sinnvollen Mittelwertvergleiche

```
                         Die Prozedur TABULATE

                         Interpretiere z.B.:
                    C: Mittelwerte von Faktor C
        AB: AB-Mittelwerte; AB_A: AB-Mittelwerte auf gleicher A-Stufe
ABC_AvBC: ABC-Mittelwerte auf gleicher A-Stufe und verschiedenen BC-Stufen
```

Auf Tabelle davor anwenden	GD5%-Tukey	GD5%-t-Test
Sinnvolle Vergleiche		
ABC_BvAC	1591.74	1083.15
ABC_CvAB	1968.14	1083.15
AB_A	1192.94	800.99
AC_A	412.99	412.99

Im Lehrbuch ist auch noch eine Grafik mit Regressionskurven für die Hauptwirkung N-Düngung je Ort aufgeführt. Die Verfasser verwenden dafür die Totalsummen. Damit erzielt man zwar die korrekte Regressionsgleichung und -kurve, jedoch ein überschätztes Bestimmtheitsmaß (R^2). In Abb. 40.1 ist das Ergebnis auf Basis Einzelwerte für den Ort 1 dargestellt. Die Regressionsgleichung stimmt mit der Angabe im Lehrbuch überein, nicht jedoch der Wert $R^2 = 0,98$. Es müssen beim Bestimmtheitsmaß auch die Block- und Sor-

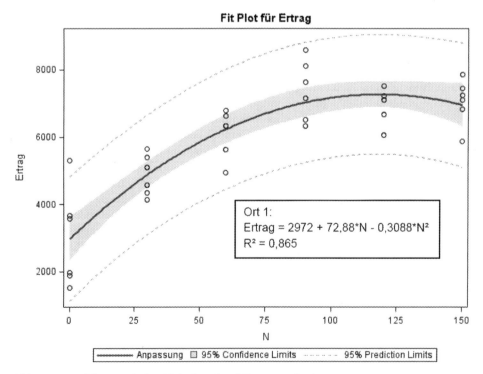

Abb. 40.1 Beziehung zwischen N-Aufwand und Ertrag am Ort 1

teneffekte berücksichtigt werden, wie das beim Aufruf der Prozedur *GLM* am Ende des Programms geschehen ist. Dann ergibt sich ein $R^2 = 0{,}8651$, der korrekte Wert für Ort 1. Für die Erstellung der Grafik gemäß Abb. 40.1 müssen jedoch in der *MODEL*-Zeile *block* und *C* entfernt werden.

Für die Orte 2 und 3 muss im Programm *IF A = 1* auf *IF A = 2* bzw. *3* gesetzt werden. Auf die Wiedergabe dieser Ergebnisse wird hier verzichtet.

Weitere Hinweise

Das Programm kann auch für zweifaktorielle Versuche mit Orte = zufällig verwendet werden. In diesem Falle lautet die *MODEL*-Zeile in *PROC MIXED*:

```
MODEL ertrag = B|C/DDFM=KR;
```

und die *RANDOM-Zeilen:*

Blockanlage: `RANDOM A A*B A*C block(A) /SUBJECT=A; /* Einzelversuch = Blockanlage */`

Spaltanlage: `RANDOM A A*B A*C block(A) block(A B) /SUBJECT=A;/* Einzelversuch = Spaltanlage (B=HE, C=UE) */`

Streifenanlage: `RANDOM A A*B A*C block(A) block(A B) block(A C)/SUBJECT=A; /* Einzelversuch = Streifenanlage */`

Die jeweilige *REPEATED*-Zeile bleibt unverändert. Zu ändern ist noch die *LSMEANS*-Zeile:

```
LSMEANS B|C/DIFF CL ALPHA= 0.05;
```

Der weitere Programmteil sollte bis auf die Befehle *RUN; QUIT;* gelöscht und die Informationen zu den Mittelwerten und Mittelwertdifferenzen den *MIXED*-Ausgaben entnommen werden. Man kann natürlich auch das Makro `'modul_mi_vergl_2fak.sas'` einbauen. Dann sind allerdings die Faktorbezeichnungen aufeinander abzustimmen, denn das Makro versteht unter A und B die beiden Versuchsfaktoren eines zweifaktoriellen Versuchs.

Bezüglich der Frage, ob homogene oder heterogene Fehlervarianzen vorliegen, führen die Lehrbuchautoren einen χ^2-Test, getrennt mit den Fehlern der Großparzellen (N-Düngung) und der Kleinparzellen (Sorten), durch. Darauf wurde hier zugunsten einer übersichtlichen Berücksichtigung von drei Anlagemethoden mit unterschiedlichen Fehlertermen verzichtet.

In den Kapiteln 39 und 40 lag immer nur ein übergeordneter Versuchsfaktor vor, entweder das Jahr oder der Ort. In der Versuchspraxis beinhalten aber Versuchsserien häufig beide Faktoren. Dabei kann der Ort sowohl als fixer als auch zufälliger Faktor verstanden werden, je nachdem ob die Fragestellung bewusst auf ortsspezifische Effekte (Ort = fix) ausgerichtet oder als „Versuchswiederholung" (Ort = zufällig) zu verstehen ist. Das Jahr nimmt grundsätzlich eine zufällige Position ein, es sei denn, man wählt die Jahre aufgrund bestimmter Eigenschaften aus.

Dem nachfolgend behandelten Beispiel aus Munzert (1992) liegen einfaktorielle Blockversuche in zwei Jahren und drei Orten mit vier Sorten zugrunde, wobei am Ort 3 in beiden Jahren mit vier Blöcken und an den übrigen Orten mit jeweils drei Blöcken geprüft wurde. Auf eine explizite Überprüfung der Einzelversuche auf Varianzhomogenität (s. Kapitel 39 und 40) wird verzichtet, weil sie nicht so einfach programmtechnisch umzusetzen ist und man an den Ergebnissen der Einzelversuche durchaus „mit Augenmaß" abschätzen kann, ob an einer solchen zu zweifeln ist. Wäre dies der Fall, sollte man aus dem Rahmen fallende Versuche – Gomez und Gomez (1984) nennen dafür Versuche mit einem Variationskoeffizienten >20 % – besser aus der Serie eliminieren. Im Übrigen wird im Kapitel 42 gezeigt, wie man durch Gewichtung der Mittelwerte das Problem einer evtl. Heterogenität entschärfen kann.

Derartige Versuchsserien können mittels zweier Strategien ausgewertet werden: Verrechnung der Einzelversuche in einem Schritt (Einschrittanalyse) oder zunächst Auswertung der Einzelversuche und Verwendung der Mittelwerte des Versuchsfaktors für die anschließende Serienauswertung (Zweischrittanalyse). Unter den Statistikern (s. z. B. Cochran und Cox 1957; Bätz et al. 1982; Piepho und Michel 2001) besteht Konsens, dass die Zweischrittanalyse aus mehreren Gründen die empfehlenswertere Methode ist. Das

---

Zusätzliche Information ist in der Online-Version dieses Kapitels (doi:10.1007/978-3-642-54506-1_41) enthalten.

© Springer-Verlag Berlin Heidelberg 2015
M. Munzert, *Landwirtschaftliche und gartenbauliche Versuche mit SAS*,
Springer-Lehrbuch, DOI 10.1007/978-3-642-54506-1_41

wichtigste Argument ist, auf diesem Wege Einzelversuche einer Serie mit unterschiedlicher Anlagemethode (z. B. Blockanlage, Gitteranlage) relativ problemlos auswerten zu können. Aber auch das Heterogenitätsproblem kann im Zweischrittverfahren entschärft werden, wie bereits oben erwähnt wurde. Und schließlich können große Versuchsserien auf Basis Mittelwerte mit wesentlich geringerem Ressourcenbedarf verrechnet werden; bei der Einschrittanalyse kann es zu unzumutbaren langen Rechenzeiten oder gar zum Programmabbruch kommen.

Das verwendete Lehrbuchbeispiel wird in den Varianten „Ort = zufällig" und „Ort = fix" verrechnet, wobei die Jahre stets als zufällig und die Sorten als fix betrachtet werden. In beiden Fällen berechnet das Programm Grenzdifferenzen. Bei „Ort = fix" werden auch die sinnvollen Mittelwertvergleiche ausgewiesen. **PROC MIXED** und das **Makro** *modul_mi_vgl_2fak.sas* stehen im Mittelpunkt.

Programm

```
TITLE1 'Einfaktorielle Versuchsserie über Jahre und Orte';
TITLE2 'Beispiel aus Munzert (1992), S. 115 ff.';
DATA einzeln;
INPUT jahr A block B ertrag @@;
DATALINES;
1 1 1 1 70.3 1 1 1 2 78.5 1 1 1 3 77.9 1 1 1 4 81.5 1 2 1 1 84.6
1 2 1 2 90.5 1 2 1 3 91.0 1 2 1 4 92.8 1 3 1 1 74.1 1 3 1 2 72.0
1 3 1 3 79.6 1 3 1 4 85.4 2 1 1 1 87.2 2 1 1 2 95.6 2 1 1 3 89.8
2 1 1 4 95.6 2 2 1 1 96.3 2 2 1 2 97.6 2 2 1 3 101.2 2 2 1 4 105.1
2 3 1 1 90.2 2 3 1 2 94.9 2 3 1 3 96.4 2 3 1 4 99.5 1 1 2 1 74.1
1 1 2 2 76.4 1 1 2 3 80.1 1 1 2 4 79.6 1 2 2 1 87.9 1 2 2 2 93.4
1 2 2 3 93.8 1 2 2 4 96.5 1 3 2 1 69.5 1 3 2 2 76.4 1 3 2 3 77.3
1 3 2 4 79.5 2 1 2 1 81.9 2 1 2 2 90.8 2 1 2 3 90.6 2 1 2 4 98.1
2 2 2 1 95.1 2 2 2 2 103.1 2 2 2 3 106.8 2 2 2 4 102.7 2 3 2 1 92.1
2 3 2 2 98.4 2 3 2 3 98.1 2 3 2 4 103.4 1 1 3 1 72.8 1 1 3 2 75.1
1 1 3 3 82.3 1 1 3 4 81.7 1 2 3 1 81.1 1 2 3 2 89.6 1 2 3 3 96.4
1 2 3 4 97.8 1 3 3 1 73.7 1 3 3 2 75.3 1 3 3 3 81.4 1 3 3 4 86.0
2 1 3 1 83.6 2 1 3 2 94.7 2 1 3 3 92.1 2 1 3 4 94.9 2 2 3 1 98.2
2 2 3 2 99.4 2 2 3 3 103.4 2 2 3 4 108.4 2 3 3 1 89.6 2 3 3 2 90.5
2 3 3 3 98.2 2 3 3 4 97.9 1 3 4 1 71.8 1 3 4 2 74.1 1 3 4 3 80.7
1 3 4 4 83.4 2 3 4 1 91.7 2 3 4 2 93.9 2 3 4 3 97.6 2 3 4 4 101.8
;
PROC PRINT; RUN; /* Aktivieren für Einlesekontrolle */
PROC FORMAT; /* Legende für Faktorenstufen */
VALUE A_fmt 1='Ort 1' 2='Ort 2' 3='Ort 3';
VALUE B_fmt 1='Sorte 1' 2='Sorte 2' 3='Sorte 3' 4='Sorte 4';
RUN;
PROC SORT DATA=einzeln;
BY jahr A;
PROC MIXED DATA=einzeln;
TITLE3 'Verrechnung der einzelnen Versuche';
FORMAT A A_fmt. B B_fmt.;
BY jahr A;
CLASS Jahr A B block;
MODEL ertrag = block B;
ODS OUTPUT LSMEANS = mittelw;
LSMEANS B;
RUN;
PROC PRINT DATA=mittelw;RUN;
PROC MIXED DATA=mittelw;
```

```
TITLE3 ' Verrechnung auf Basis Mittelwerte, Jahr und Ort = zufällig';
CLASS jahr A B;
MODEL Estimate = B/DDFM=KR;
RANDOM jahr A jahr*A jahr*B A*B;
ODS OUTPUT DIFFS = diff_mittelw;
LSMEANS B/ADJUST=TUKEY CL;
RUN;
DATA gd; /* Für Berechnung der Grenzdifferenzen */
SET diff_mittelw;
gd_Tukey_5Proz = (AdjUpper - AdjLower)/2;
gd_tTest_5Proz=(Upper - Lower)/2;
RUN;
PROC MEANS DATA=gd MEAN MIN MAX;/* Erzeugung von gemittelten
Grenzdifferenzen */
TITLE3 'Grenzdifferenzen für die Sortenmittelwerte, Jahr und Ort =
zufällig';
VAR gd_Tukey_5Proz gd_tTest_5Proz;
RUN;
PROC MIXED DATA=mittelw;
TITLE3 ' Verrechnung auf Basis Mittelwerte, nur Jahr = zufällig';
CLASS jahr A B;
MODEL Estimate = A|B/DDFM=KR ;
RANDOM jahr jahr*A jahr*B ;
LSMEANS A|B/ADJUST=TUKEY CL;
ODS OUTPUT CLASSLEVELS=info_2;
ODS OUTPUT TESTS3=f_test_2;
ODS OUTPUT LSMEANS=mittelw_2;
ODS OUTPUT DIFFS=diff_mittelw_2;
RUN;
%INCLUDE 'D:Munzert\Documents\Eigene Dateien\Anwendungen SAS
\Programme\modul_mi_vergl_2fak.sas';
PROC TABULATE DATA=j_2;
TITLE4 'Mittelwerte';
CLASS A B;
VAR estimate;
TABLE B ALL,(A ALL)*estimate*MEAN*F=8.1/RTS=25
BOX='Sinnvolle Mittelwertvergleiche und GD siehe nächste Tabelle';
FORMAT A A_fmt. B B_fmt.;
KEYLABEL ALL='Mittel' MEAN='   ';
LABEL A='A=Orte' B='B=Sorten' Estimate='dt/ha';
RUN;
DATA sinnv_vgl_2;
SET i_2;
IF sinnvollerVergleich='nein' THEN DELETE;
RUN;
PROC TABULATE DATA=sinnv_vgl_2;
TITLE4 'Grenzdifferenzen für die sinnvollen Mittelwertvergleiche, ';
TITLE5 'Interpretiere z.B.:';
TITLE6 'A: Mittelwerte von Faktor A';
TITLE7 'AB: AB-Mittelwerte; AB_A: AB-Mittelwerte auf gleicher A-Stufe';
CLASS _NAME_;
VAR gd_Tukey gd_tT;
TABLE _NAME_,(gd_Tukey gd_tT)*MEAN*F=7.2/BOX='Auf Tabelle davor
anwenden';
LABEL _NAME_='Sinnvolle Vergleiche' gd_Tukey='GD5%-Tukey' gd_tT='GD5%-t-
Test';
KEYLABEL MEAN='   ';
RUN;
QUIT;
```

Da der Datensatz aus einer unterschiedlichen Anzahl von Wiederholungen besteht, sind *DO ... END*-Schleifen für das Einlesen der Daten nicht so effizient; stattdessen erfolgt „normale" Datenerfassung nach *DATALINES*. Im Hinblick auf die Nutzung des Moduls für zweifaktorielle Mittelwertvergleiche muss der Ort mit der Bezeichnung „A" und die Sorte mit „B" codiert werden; die entsprechende Auflösung erfolgt mit der anschließenden *PROC FORMAT*. Für die nachfolgende Verrechnung der Einzelversuche ist die Sortierung der Daten mit *BY jahr A* wichtig. Das Statement *ODS OUTPUT LSMEANS = mittelw* in *PROC MIXED* sorgt für die Auflistung sämtlicher Mittelwerte, auf die in den beiden folgenden *MIXED*-Aufrufen (*DATA = mittelw*) zurückgegriffen wird. Man beachte, dass im Falle „Jahr und Ort = zufällig" in der *MODEL*-Zeile nur noch der Faktor B für die Sortenmittelwerte aus der *LSMEANS*-Datei der Einzelversuche steht. Diese Mittelwerte werden dann nochmals von *LSMEANS* ausgegeben, und *PROC MEANS* liefert anschließend mit der Datei *gd* die Grenzdifferenzen, die auf die Mittelwerte angewendet werden können. Im Falle von „Jahr = zufällig" (und damit Ort und Sorte = fix) muss in *MIXED* die *MODEL*-Zeile mit = *A B A*B* (oder: A|B) definiert werden, und nur noch *jahr jahr*A jahr*B* kommen in die *RANDOM*-Zeile. In beiden *MIXED*-Aufrufen bildet die Wechselwirkung *jahr*A*B* automatisch den Versuchsfehler, weshalb sie in der *RANDOM*-Zeile nicht erscheint (Verrechnung von Mittelwerten!).

Da in der letzten *MIXED* zweifaktorielle Mittelwerte anfielen, wurde das in früheren Beispielen schon verwendete Makro *modul_mi_vergl_2fak.sas* mit *%INCLUDE ...* aufgerufen, um sämtliche Grenzdifferenzen und die sinnvollen Mittelwertvergleiche angezeigt zu bekommen. Hier liefern dann schließlich zwei *TABULATE*-Aufrufe die übersichtlichen Informationen.

Vor dem Programmstart prüfe man alle *TITLE*-Zeilen auf Richtigkeit. Unter Umständen sind auch in den *VALUE*-Zeilen von *PROC FORMAT* und in der *LABEL*-Zeile von *TABULTE* die Bezeichnungen anzupassen. Selbstverständlich kann z. B. der Programmteil für „Jahr und Ort = zufällig" inaktiviert werden, um den Output zu reduzieren.

Ausgabe

In Tab. 41.1 sind die wesentlichen Ergebnisse für den Fall „Jahr und Ort = zufällig", in Tab. 41.2 jene für den Fall „nur Jahr = zufällig" zusammengestellt.

Wie in Tab. 41.1 am F-Test zu erkennen ist, bestehen hoch signifikante Sortenunterschiede. Dies bestätigen auch die Mittelwerttests, abgesehen von der Differenz zwischen den Sorten 3 und 4, die nach Tukey (α = 5 %) nicht signifikant ist. In der Tab. 41.2 signalisiert der F-Test nur für B (Sorten) Signifikanz; weder der Ortseinfluss noch die Wechselwirkung Ort*Sorte sind signifikant. Deshalb können die Sortenmittelwerte (über Jahre und Orte) bedenkenlos verglichen werden („sinnvolle Vergleiche"). Auf die Mittelwerttabelle übertragen, bedeutet dies, dass die rechte Tabellenspalte von Sorte 1 bis Sorte 4 für die Beratungsaussage zu verwenden ist und ortsspezifische Sortenempfehlungen nicht geboten sind.

Tab. 41.1 Verrechnung auf Basis Mittelwerte, Jahr und Ort = zufällig

```
                        Die Prozedur MIXED

                Typ 3 Tests der festen Effekte
                Zähler              Nenner
Effekt        Freiheitsgrade   Freiheitsgrade    F-Statistik    Pr > F
B                   3               6               48.31       0.0001

                    Kleinste-Quadrate-Mittelwerte
        Effekt    B          Schätzwert    Standardfehler
        B         Sorte 1     83.4792         7.8691
        B         Sorte 2     88.4069         7.8691
        B         Sorte 3     90.9653         7.8691
        B         Sorte 4     93.7431         7.8691
```

```
                        Die Prozedur MEANS
    Variable          Mittelwert         Minimum           Maximum

    gd_Tukey_5Proz     3.0728564        3.0728564         3.0728564
    gd_tTest_5Proz     2.1720496        2.1720496         2.1720496
```

Tab. 41.2 Verrechnung auf Basis Mittelwerte, nur Jahr = zufällig

```
                        Die Prozedur MIXED

                Typ 3 Tests der festen Effekte
                Zähler              Nenner
Effekt        Freiheitsgrade   Freiheitsgrade    F-Statistik    Pr > F
A                   2               2                9.51       0.0951
B                   3               9               57.51       <.0001
A*B                 6               9                1.19       0.3906

                    Die Prozedur TABULATE
```

Sinnvolle Mittelwertvergleiche und GD siehe nächste Tabelle	A=Orte			
	Ort 1	Ort 2	Ort 3	Mittel
	dt/ha	dt/ha	dt/ha	dt/ha
B=Sorten				
Sorte 1	78.3	90.5	81.6	83.5
Sorte 2	85.2	95.6	84.4	88.4
Sorte 3	85.5	98.8	88.7	91.0
Sorte 4	88.6	100.6	92.1	93.7
Mittel	84.4	96.4	86.7	89.1

```
    Grenzdifferenzen für die sinnvollen Mittelwertvergleiche
```

Auf Tabelle davor anwenden	GD5%-Tukey	GD5%-t-Test
Sinnvolle Vergleiche		
B	2,54	1,84

Weitere Hinweise

Dem aufmerksamen Leser wird nicht entgangen sein, dass die F-Testergebnisse nur zum Teil mit jenen bei Munzert (1992) übereinstimmen, was sich auch auf die Grenzdifferenzen auswirkt. Abgesehen von einem Druckfehler bei „Sorte" liegt der Grund in der Rechenmethode von *MIXED*. Die hier zugelassene Voreinstellung „Methode = REML" stellt negative Varianzkomponenten auf Null, was Folgen für die weitere statistische Verrechnung haben kann (wenn tatsächlich negative Komponenten auftreten). Will man dies vermeiden, müsste die Option *NOBOUND* gesetzt werden. Beide Methoden sind vertretbar. In dieser Programmsammlung wird konsequent bei der Verrechnung von Versuchsserien über Jahre und Orte die REML-Methode (restricted maximum likelihood) bevorzugt. Ein Grund ist, weil man damit Ressourcenproblemen von *PROC MIXED* aus dem Weg geht, die spätestens bei der Verrechnung zweifaktorieller Versuchsserien auftreten können. Allerdings steht mit dem SAS RELEASE 9.3, das diesem Buch nicht zugrunde liegt, mit *PROC HPMIXED* eine Prozedur zur Verfügung, die wesentlich effizienter als *MIXED* (und *GLIMMIX*) derartige große Datensätze verrechnen kann. Die gewissen Beschränkungen dieser Prozedur dürften bei Serienauswertungen dieser Art keine Rolle spielen.

Der hier verrechnete Versuch ist nur hinsichtlich der Anzahl der Blöcke (Wiederholungen) unbalanciert. Dies hatte weiter keine Auswirkungen auf die *LSMEANS* (identisch mit *MEAN*-Werten), da Ort 3 in beiden Jahren und bei allen 4 Sorten mit 4 Wiederholungen angelegt wurde. Echte Unbalanciertheit liegt vor, wenn einzelne Parzellen ausfallen oder das Sortenspektrum von Jahr zu Jahr oder von Ort zu Ort sich ändert. Dann ergeben sich adjustierte Mittelwerte und auch variierende Grenzdifferenzen, die in diesem Beispiel nicht angefallen sind (s. oben in Tab. 41.1: GD_Mittelwert = GD_Minimum = GD_Maximum).

Auf die Auswertung von Versuchsserien über Jahre und Orte mit „dynamischen" Sortimenten wird im Kapitel 45 eingegangen.

Einfaktorielle Versuchsserie über Jahre und Orte mit Gewichtung

42

Wertet man im Rahmen einer Zweischrittanalyse (s. Kapitel 41) eine Versuchsserie aus, dann gehen – wenn keine weiteren Vorkehrungen getroffen werden – alle Einzelversuche mit dem gleichen Gewicht ihres Versuchsfehlers in die Serie ein und man unterstellt (weitgehende) Varianzhomogenität. Bei der Einschrittanalyse passiert das Gleiche, es sei denn, es werden explizit heterogene Fehlervarianzen berücksichtigt (s. Kapitel 39 und 40). Man kann aber auch bei der Zweischrittanalyse den Einzelversuch mit dem Gewicht seines Versuchsfehlers in die Serie eingehen lassen, indem man die Mittelwerte mit unterschiedlichem Gewicht bei der Gesamtauswertung berücksichtigt. Damit wird den „guten" Versuchen mehr Einfluss auf das Gesamtergebnis verschafft. Der Effekt einer solchen Maßnahme soll am gleichen Datensatz wie im Kapitel 41 gezeigt werden. Auf die Bedeutung von „fix" und „zufällig" sowie die Verrechnung im Zweischrittverfahren wird hier nicht mehr eingegangen; dazu wurde alles Notwendige in den Kapiteln 39–41 gesagt.

Für die Gewichtung des einzelnen Versuchs wird nach einem Vorschlag von Piepho und Michel (2001) der Kehrwert des quadrierten Standardfehlers (der Mittelwerte) verwendet, also

$$gew = 1/s_F^2$$

Beträgt z. B. in einem Versuch der Standardfehler (s_F) 1,50 – er errechnet sich bekanntlich aus $\sqrt{MQFehler / n}$ – dann ergibt sich ein Gewichtungsfaktor (gew) von 0,4444. Bei einem anderen Versuch möge $s_F = 0,8$ betragen, dann geht dieser mit einem Gewicht von $1/0,8^2 = 1,5625$ in die weitere Verrechnung der Serie ein. Ungenauere Versuche werden also in ihrer Bedeutung für die Serie zurückgenommen. Damit findet sozusagen indirekt eine „Homogenisierung" der Versuchsfehler statt.

Zusätzliche Information ist in der Online-Version dieses Kapitels (doi:10.1007/978-3-642-54506-1_42) enthalten.

Die Gewichtung kann mit wenigen Befehlen innerhalb der Prozedur von **MIXED** vorgenommen werden. Das nachfolgende Programm unterscheidet sich daher nur wenig von jenem im Kapitel 41.

Programm

Im Programm sind die Zeilen mit ****...****; gekennzeichnet, die zusätzlich ins Programm im Kapitel 41 einzufügen sind. Außerdem wurde überall der Eindeutigkeit wegen der Dateiname *DATA = mittelw* auf *mittelw_gew* abgeändert. Letztlich geht es um vier zusätzliche Vorgaben: In *WEIGHT* wird die Gewichtungsvariable *gew* definiert. Die *RANDOM*-Zeile wird – was bei SAS sonst nicht notwendig ist – um den Versuchsfehler (= Wechselwirkung *jahr*A*B*) ergänzt. *REPEATED* sorgt dafür, dass *jahr*A*B* in diesem Sinne verstanden wird. Schließlich wird mit der *PARMS*-Zeile und der Option *EQCONS =* eine Gleichbehandlung aller Terme der Modellgleichung (7 bzw. 5) erzwungen.

```
TITLE1 'Einfakt. Versuchsserie über Jahre und Orte mit Gewichtung';
TITLE2 'Beispiel aus Munzert (1992), S. 115 ff.';
DATA einzeln;
INPUT jahr A block B ertrag @@;
DATALINES;
1 1 1 1 70.3 1 1 1 2 78.5 1 1 1 3 77.9 1 1 1 4 81.5
1 2 1 1 84.6 1 2 1 2 90.5 1 2 1 3 91.0 1 2 1 4 92.8
1 3 1 1 74.1 1 3 1 2 72.0 1 3 1 3 79.6 1 3 1 4 85.4
2 1 1 1 87.2 2 1 1 2 95.6 2 1 1 3 89.8 2 1 1 4 95.6
2 2 1 1 96.3 2 2 1 2 97.6 2 2 1 3 101.2 2 2 1 4 105.1
2 3 1 1 90.2 2 3 1 2 94.9 2 3 1 3 96.4 2 3 1 4 99.5
1 1 2 1 74.1 1 1 2 2 76.4 1 1 2 3 80.1 1 1 2 4 79.6
1 2 2 1 87.9 1 2 2 2 93.4 1 2 2 3 93.8 1 2 2 4 96.5
1 3 2 1 69.5 1 3 2 2 76.4 1 3 2 3 77.3 1 3 2 4 79.5
2 1 2 1 81.9 2 1 2 2 90.8 2 1 2 3 90.6 2 1 2 4 98.1
2 2 2 1 95.1 2 2 2 2 103.1 2 2 2 3 106.8 2 2 2 4 102.7
2 3 2 1 92.1 2 3 2 2 98.4 2 3 2 3 98.1 2 3 2 4 103.4
1 1 3 1 72.8 1 1 3 2 75.1 1 1 3 3 82.3 1 1 3 4 81.7
1 2 3 1 81.1 1 2 3 2 89.6 1 2 3 3 96.4 1 2 3 4 97.8
1 3 3 1 73.7 1 3 3 2 75.3 1 3 3 3 81.4 1 3 3 4 86.0
2 1 3 1 83.6 2 1 3 2 94.7 2 1 3 3 92.1 2 1 3 4 94.9
2 2 3 1 98.2 2 2 3 2 99.4 2 2 3 3 103.4 2 2 3 4 108.4
2 3 3 1 89.6 2 3 3 2 90.5 2 3 3 3 98.2 2 3 3 4 97.9
1 3 4 1 71.8 1 3 4 2 74.1 1 3 4 3 80.7 1 3 4 4 83.4
2 3 4 1 91.7 2 3 4 2 93.9 2 3 4 3 97.6 2 3 4 4 101.8
;
*PROC PRINT; RUN; /* Aktivieren für Einlesekontrolle */
PROC FORMAT; /* Legende für Faktorenstufen */
VALUE A_fmt 1='Ort 1' 2='Ort 2' 3='Ort 3';
VALUE B_fmt 1='Sorte 1' 2='Sorte 2' 3='Sorte 3' 4='Sorte 4';
```

```
RUN;
PROC SORT DATA=einzeln;
BY jahr A;
PROC MIXED DATA=einzeln;
TITLE3 'Verrechnung der einzelnen Versuche';
FORMAT A A_fmt. B B_fmt.;
BY jahr A;
CLASS Jahr A B block;
MODEL ertrag = block B;
ODS OUTPUT LSMEANS = mittelw;
LSMEANS B;
RUN;
DATA mittelw_gew;          ************************************;
SET mittelw;               ************************************;
gew=1/StdErr**2;           ************************************;
RUN;                       ************************************;
PROC PRINT DATA=mittelw_gew;RUN;
PROC MIXED DATA=mittelw_gew;
TITLE3 ' Verrechnung auf Basis Mittelwerte, Jahr und Ort = zufällig';
CLASS jahr A B;
MODEL Estimate = B;
WEIGHT gew;                ************************************;
RANDOM jahr A jahr*A jahr*B A*B jahr*A*B; ****** zusätzlich jahr*A*B;
REPEATED;                  ****************************;
PARMS (1) (1) (1) (1) (1) (1) (1)/EQCONS=7; *****************;
ODS OUTPUT DIFFS = diff_mittelw_gew;
LSMEANS B/ADJUST=TUKEY CL;
RUN;
DATA gd; /* Für Berechnung der Grenzdifferenzen */
SET diff_mittelw_gew;
gd_Tukey_5Proz = (AdjUpper - AdjLower)/2;
gd_tTest_5Proz=(Upper - Lower)/2;
RUN;
PROC MEANS DATA=gd MEAN MIN MAX;/* Erzeugung von gemittelten
Grenzdifferenzen */
TITLE3 'Grenzdifferenzen für die Sortenmittelwerte, Jahr und Ort =
zufällig';
VAR gd_Tukey_5Proz gd_tTest_5Proz;
RUN;
PROC MIXED DATA=mittelw_gew;
TITLE3 ' Verrechnung auf Basis Mittelwerte, nur Jahr = zufällig';
CLASS jahr A B;
MODEL Estimate = A|B ;
WEIGHT gew;                ************************************;
RANDOM jahr jahr*A jahr*B jahr*A*B; ***zusätzlich jahr*A*B*****;
REPEATED;                  ********************************;
PARMS (1) (1) (1) (1) (1)/EQCONS=5; *********************;
LSMEANS A|B/ADJUST=TUKEY CL;
RUN;
ODS OUTPUT CLASSLEVELS=info_2;
ODS OUTPUT TESTS3=f_test_2;
ODS OUTPUT LSMEANS=mittelw_2;
ODS OUTPUT DIFFS=diff_mittelw_2;
```

```
RUN;
%INCLUDE 'D:Munzert\Documents\Eigene Dateien\Anwendungen SAS
\Programme\modul_mi_vergl_2fak.sas';
PROC TABULATE DATA=j_2;
TITLE4 'Mittelwerte';
CLASS A B;
VAR estimate;
TABLE B ALL,(A ALL)*estimate*MEAN*F=8.1/RTS=25
BOX='Sinnvolle Mittelwertvergleiche und GD siehe nächste Tabelle';
FORMAT A A_fmt. B B_fmt.;
KEYLABEL ALL='Mittel' MEAN='  ';
LABEL A='A=Orte' B='B=Sorten' Estimate='dt/ha';
RUN;
DATA sinnv_vgl_2;
SET i_2;
IF sinnvollerVergleich='nein' THEN DELETE;
RUN;
PROC TABULATE DATA=sinnv_vgl_2;
TITLE4 'Grenzdifferenzen für die sinnvollen Mittelwertvergleiche';
TITLE5 'Interpretiere z.B.:';
TITLE6 'A: Mittelwerte von Faktor A';
TITLE7 'AB: AB-Mittelwerte; AB_A: AB-Mittelwerte auf gleicher A-Stufe';
CLASS _NAME_;
VAR gd_Tukey gd_tT;
TABLE _NAME_,(gd_Tukey gd_tT)*MEAN*F=7.2/BOX='Auf Tabelle davor
anwenden';
LABEL _NAME_='Sinnvolle Vergleiche' gd_Tukey='GD5%-Tukey' gd_tT='GD5%-t-
Test';
KEYLABEL MEAN='  ';
RUN;
QUIT;
```

Ausgabe

Die Darstellung der Ergebnisse erfolgt in gleicher Weise wie für das Beispiel in Kapitel 41 (Tab. 42.1 und 42.2). Vergleicht man die Ergebnisse, stellt man nur geringfügige Differenzen fest, sowohl beim Standardfehler wie bei den Mittelwerten. Die Abweichungen wirken sich praktisch erst ab der zweiten Stelle nach dem Komma auf das Ergebnis aus. Die Grenzdifferenzen nehmen allerdings in allen Fällen etwas gegenüber ohne Gewichtung zu. Das muss kein Nachteil sein, sondern ist eher das Ergebnis einer ernst genommenen Bedingung der Varianzanalyse: Homogenität der Fehlervarianzen.

Trotzdem würde man in diesem Falle auf eine Gewichtung verzichten, denn die Versuchsserie besteht aus Versuchen mit ausnahmslos geringen Versuchsfehlern. Würde man dem Programm noch einen Aufruf von *PROC GLM* für die Einzelversuche anfügen (mit *BY jahr A*), so erhielte man Variationskoeffizienten, die nur im Bereich von 1,64 % (Versuch im Jahr 2, Ort 3) bis 2,79 % (Versuch Jahr 1, Ort 2) schwanken. Dies sind extrem gute Werte (und liegen weit unter der „Schmerzgrenze" von ca. 20 %), so dass es keinen Grund für eine unterschiedliche Gewichtung der Versuche gibt.

Tab. 42.1 Versuchsserie über Jahre und Orte mit Gewichtung, Jahr und Ort = zufällig

```
                    Die Prozedur MIXED

                Verrechnung auf Basis Mittelwerte
                Typ 3 Tests der festen Effekte
                Zähler              Nenner
Effekt      Freiheitsgrade     Freiheitsgrade    F-Statistik    Pr > F
B                    3                   3           47.52       0.0050

                Kleinste-Quadrate-Mittelwerte
        Effekt    B          Schätzwert     Standardfehler
        B         Sorte 1      83.5914           7.8914
        B         Sorte 2      88.2289           7.8814
        B         Sorte 3      90.9655           7.8814
        B         Sorte 4      93.8017           7.8814

                    Die Prozedur MEANS
```

Variable	Mittelwert	Minimum	Maximum
gd_Tukey_5Proz	4.3032097	4.3032097	4.3032097
gd_tTest_5Proz	2.8378934	2.8378934	2.8378934

Tab. 42.2 Versuchsserie über Jahre und Orte mit Gewichtung, nur Jahr = zufällig

```
                    Die Prozedur MIXED

                Verrechnung auf Basis Mittelwerte
                Typ 3 Tests der festen Effekte
                Zähler              Nenner
Effekt      Freiheitsgrade     Freiheitsgrade    F-Statistik    Pr > F
A                    2                   2            9.32       0.0969
B                    3                   3           56.32       0.0039
A*B                  6                   6            1.20       0.4160

                    Die Prozedur TABULATE
```

Sinnvolle Mittelwertvergleiche und GD siehe nächste Tabelle	A=Orte			
	Ort 1	Ort 2	Ort 3	Mittel
	dt/ha	dt/ha	dt/ha	dt/ha
B=Sorten				
Sorte 1	78.4	90.5	81.6	83.5
Sorte 2	85.0	95.6	84.6	88.4
Sorte 3	85.6	98.8	88.6	91.0
Sorte 4	88.5	100.6	92.0	93.7
Mittel	84.4	96.4	86.7	89.2

Grenzdifferenzen für die sinnvollen Mittelwertvergleiche

Auf Tabelle davor anwenden	GD5%-Tukey	GD5%-t-Test
Sinnvolle Vergleiche		
B	3.94	2.60

Weitere Hinweise

Die Gewichtung der Versuche muss nicht nur eine Frage der Varianzhomogenität sein, sondern kann auch in Erwägung gezogen werden, wenn ganz bewusst bestimmte Versuche keinen so starken Einfluss auf das Gesamtergebnis haben sollen, weil sie z. B. aufgrund standörtlicher Gegebenheiten zu den übrigen Versuchen nicht so gut passen, aber dennoch nicht ganz übergangen werden sollen. In diesem Falle kann man den Mittelwerten (*LSME-ANS*) statt des Standardfehlers auch einen festzulegenden Gewichtungsfaktor zuordnen. Letztlich ist also sachlogisch zu entscheiden, ob und auf welche Weise Gewichtungsfaktoren in Frage kommen. Von Gewichtungsfaktoren sollte nur in wohl begründeten Fällen Gebrauch gemacht werden.

In der Praxis sind zweifaktorielle Versuchsserien häufig anzutreffen, vor allem, wenn es um Sortenversuche geht, die zusätzlich mit einem Intensitätsfaktor (z. B. N-Düngung oder N-Düngung kombiniert mit Pflanzenschutz) angelegt werden. Damit besteht die Möglichkeit, sortenspezifische Intensitätsansprüche herauszuarbeiten. Der Einzelversuch ist dann entweder als Spalt-, Streifen- oder Blockanlage konfiguriert, wie in den Kapiteln 31 und 32 gezeigt.

Es empfiehlt sich auch hier die Zweischrittanalyse: zunächst Auswertung der einzelnen Versuche gemäß Anlageplan und dann auf der Basis Mittelwerte die Auswertung der Serie über Jahre und Orte. Während beim Einzelversuch der Anlageplan im Varianzmodell sehr wohl von Bedeutung ist, spielt bei der Mittelwertverrechnung die ursprüngliche Anlagemethode keine Rolle mehr. Man kann zeigen – worauf hier verzichtet wird – dass Einschrittanalyse (Versuchsplan im Modell berücksichtigt) und Zweischrittanalyse (Versuchsplan nur bei der Einzelauswertung berücksichtigt) zum gleichen Ergebnis führen. Damit erlaubt der Weg über die Zweischrittanalyse auch unterschiedliche Anlagemethoden bei den Einzelversuchen, was beim Einschrittverfahren zumindest mit SAS nicht möglich ist. Das Modell für die Verrechnung der Mittelwerte lautet in SAS-Notation (Einzelversuch: A = 1. Faktor, B = 2. Faktor):

$$Y = Jahr \quad Ort \quad Jahr * Ort \quad A \quad B \quad A * B \quad Jahr * A \quad Jahr * B \quad Jahr * A * B \quad Ort * A$$
$$Ort * B \quad Jahr * Ort * A \quad Jahr * Ort * B \quad Ort * A * B;$$

(die Wechselwirkung Jahr * Ort * A * B bildet den Versuchsfehler und erscheint nicht im Modell).

Zusätzliche Information ist in der Online-Version dieses Kapitels (doi:10.1007/978-3-642-54506-1_43) enthalten.

In der pflanzenbaulichen Praxis dürfte das gemischte Modell in Form von Jahr = zufällig und Ort, A und B = fix von besonderem Interesse sein. Es trifft zu, wenn ortsspezifische
Aussagen gewünscht sind, also z. B. geklärt werden soll, welche Sorten für bestimmte
(repräsentative) Orte und in welcher Intensität empfohlen werden sollen. Der Pflanzenzüchter mag mehr am Modell Jahr und Ort = zufällig und A und B = fix interessiert sein;
auf dieser Basis kann er generelle überregionale Aussagen über seine Sorten und deren
Intensitätsansprüche treffen. Beide Modelle werden mit dem folgenden Beispiel eines Ge-
treideversuchs mit 3 Jahren, 4 Orten, 2 Behandlungen, 4 Sorten und 2 Wiederholungen
(Blöcke) demonstriert. Wie in den vorherigen Beispielen liefert das Programm Ergebnisse
bis hin zu den „sinnvollen Mittelwertvergleichen" einschließlich der Grenzdifferenzen.
Möglich machen dies **PROC MIXED** und die beiden **Makros** für Mittelwertvergleiche.

Programm

Das Programm ist praktisch eine Erweiterung des einfaktoriellen Falles im Kapitel 41.
Damit das Makro *modul_mi_vergl_3fak.sas* für die Berechnung der Grenzdifferenzen und
der sinnvollen Mittelwertvergleiche verwendet werden kann, wurden die Orte mit dem
Faktor „A" codiert. Dies ist dann wieder rückgängig zu machen, wenn das Programm den
Fall „Jahr und Ort = zufällig, Versuchsfaktoren A und B = fix" verarbeitet und in diesem
Zusammenhang das Makro *modul_mi_vergl_2fak.sas* aufruft. Auch *PROC FORMAT* ist
jeweils entsprechend anzupassen. Man beachte, dass bei der Verrechnung der Einzelver-
suche *MIXED* mit der Option *NOBOUND* verwendet wird, um evtl. Spalt- oder Streifen-
anlagen gerecht zu werden. Bei der anschließenden Verrechnung der Serie entfällt *NO-
BOUND* (Begründung s. Kapitel 41).
Abgesehen von der Anpassung der Titelzeilen 1–4 ist nur an folgenden Stellen die
Steuerung des Programms vorzunehmen:
DO ... END-Schleifen bzw. gesamten Dateneinlese-Modus ändern und *VALUE*-An-
gaben aktualisieren; bei 1. *PROC MIXED* die zutreffende Zeile für die Anlagemethode
aktivieren; die *LABEL*-Zeilen in der 1. und 3. *TABULATE* anpassen.

```
DATA a;
TITLE1 'Zweifaktorielle Versuchsserie über Jahre und Orte';
DO jahr = 1 TO 3; DO A = 1 TO 4; DO block = 1, 2; DO B = 1,2;
DO C = 1 TO 4;
INPUT ertrag @@; OUTPUT;
END; END; END; END; END;
DATALINES;
8.2 9.3 7.9 8.5 8.8 9.6 8.6 8.6 8.3 8.5 8.4 9.0 8.7 9.0 8.9 9.2
5.9 6.7 6.9 6.8 6.8 7.0 7.5 7.0 5.6 7.3 5.8 6.6 6.3 6.9 6.1 6.9
7.6 8.0 7.7 7.3 8.3 8.6 8.1 7.5 8.4 8.9 8.6 7.3 8.7 9.4 9.0 7.4
7.9 8.3 8.1 8.0 8.6 8.8 8.6 8.7 7.9 7.9 8.3 7.8 8.4 8.7 8.5 8.4
7.2 8.5 7.1 7.9 8.0 8.3 8.0 7.8 7.7 7.8 6.9 8.0 8.4 7.9 7.6 8.6
5.6 6.0 6.1 5.9 6.1 6.0 7.3 6.7 5.0 6.5 5.0 5.9 5.6 6.0 5.7 5.9
7.1 7.1 6.7 6.7 7.6 8.1 7.3 7.0 8.1 8.2 7.6 7.6 8.5 9.0 8.3 8.8
6.9 8.7 7.5 7.4 7.8 8.4 7.7 8.0 6.9 7.3 7.6 6.9 7.4 7.5 7.8 7.9
8.7 8.7 7.6 8.4 8.2 8.8 8.1 8.2 8.1 8.0 7.6 8.7 8.6 8.7 8.1 8.8
5.7 6.5 6.6 6.2 6.6 6.4 7.1 6.9 5.1 6.9 5.7 6.2 6.0 6.3 5.8 6.2
7.5 7.7 6.9 6.8 8.2 8.4 7.7 7.2 8.3 8.7 7.9 7.4 8.4 9.1 8.8 8.4
7.3 8.6 7.9 7.8 8.4 8.7 8.2 8.3 7.6 7.7 8.0 7.6 8.0 8.2 8.3 8.0
;
DATA b;
SET a;
ertrag=ertrag*100/10; /* Umrechnung von kg/10² in dt/ha */
RUN;
PROC PRINT;RUN;
PROC FORMAT; /* Legende für Faktorenstufen */
VALUE A_fmt 1='Ort 1' 2='Ort 2' 3='Ort 3' 4='Ort 4';
VALUE B_fmt 1='Ortsüblich N' 2='ortsüblich + 30 Kg N/ha';
VALUE C_fmt 1='Sorte 1' 2='Sorte 2' 3='Sorte 3' 4='Sorte 4';
RUN;
PROC SORT DATA=b;
BY jahr A;
PROC MIXED DATA=b NOBOUND;
TITLE2 'Verrechnung der Einzelorte (Methode: Spaltanlage)';
FORMAT A A_fmt. B B_fmt. C C_fmt.;
CLASS block B C;
BY Jahr A;
MODEL ertrag = block B|C/DDFM=KR;/* Bei Blockanlage beide RANDOM
inaktivieren */
RANDOM block*B; /* Bei Spaltanlage aktieren */
*RANDOM block*B block*C; /* Bei Streifenanlage aktivieren*/
LSMEANS B|C;
ODS OUTPUT LSMEANS = mittelw;
RUN;
DATA mittelw_neu_3;
SET mittelw;
IF Effect = 'B' OR Effect = 'C' THEN DELETE;
RUN;
PROC MIXED DATA=mittelw_neu_3;
TITLE2 'Verrechnung als Versuchsserie';
TITLE3 'Jahr = zufällig, Ort(=A), Faktor B und Faktor C = fix';
FORMAT A A_fmt. B B_fmt. C C_fmt.;
CLASS Jahr A B C;
MODEL Estimate = A|B|C/DDFM=KR;
RANDOM Jahr Jahr*A Jahr*B Jahr*C Jahr*A*B Jahr*A*C Jahr*B*C;
LSMEANS A|B|C/DIFF CL ALPHA=0.05; /* Bedeutung von A|B|C siehe Text */
ODS OUTPUT CLASSLEVELS=info_3;
ODS OUTPUT TESTS3=f_test_3;
ODS OUTPUT LSMEANS=mittelw_3;
ODS OUTPUT DIFFS=diff_mittelw_3;
RUN;
```

```
%INCLUDE 'D:Munzert\Documents\Eigene Dateien\Anwendungen SAS
\Programme\modul_mi_vergl_3fak.sas';
PROC TABULATE DATA=j_3;
TITLE4 'Mittelwerte des Winterweizenversuchs';
CLASS A B C;
VAR estimate;
TABLE A*B A B ALL,(C ALL)*estimate*MEAN*F=10.2/RTS=32
BOX='Sinnvolle Mittelwertvergleiche und GD siehe nächste Tabelle';
FORMAT A a_fmt. B b_fmt. C c_fmt.;
KEYLABEL ALL='Mittel' MEAN='  ';
LABEL A='A=Orte' B='B=N-Düngung.' C='C=Sorten' Estimate='dt/ha';
RUN;
DATA sinnv_vgl_3;
SET i_3;
IF sinnvollerVergleich='nein' THEN DELETE;
RUN;
PROC TABULATE DATA=sinnv_vgl_3;
TITLE4 'Grenzdifferenzen für die sinnvollen Mittelwertvergleiche';
TITLE5 'Interpretiere z.B.:';
TITLE6 'C: Mittelwerte von Faktor C';
TITLE7 'AB: AB-Mittelwerte; AB_A: AB-Mittelwerte auf gleicher A-Stufe';
TITLE8 'ABC_AvBC: ABC-Mittelwerte auf gleicher A-Stufe und verschiedenen
BC-Stufen';
CLASS _NAME_;
VAR gd_Tukey gd_tT;
TABLE _NAME_,(gd_Tukey gd_tT)*MEAN*F=9.2/BOX='Auf Tabelle davor anwen-
den';
LABEL _NAME_='Sinnvolle Vergleiche' gd_Tukey='GD5%-Tukey' gd_tT='GD5%-t-
Test';
KEYLABEL MEAN='  ';
RUN;
DATA mittelw_neu_2;
SET mittelw_neu_3;
RENAME A=Ort B=A C=B;
PROC FORMAT; /* Legende für Faktorenstufen */
VALUE A_fmt 1='Ortsüblich N' 2='ortsüblich + 30 Kg N/ha';
VALUE B_fmt 1='Sorte 1' 2='Sorte 2' 3='Sorte 3' 4='Sorte 4';
RUN;
PROC MIXED DATA=mittelw_neu_2;
TITLE2 'Verrechnung als Versuchsserie';
TITLE3 'Jahr und Ort = zufällig, Faktor A und Faktor B = fix';
FORMAT A A_fmt. B B_fmt.;
CLASS Jahr Ort A B;
MODEL Estimate = A|B/DDFM=KR;
RANDOM Jahr Ort Jahr*Ort Jahr*A Ort*A Jahr*B Ort*B Jahr*Ort*A
Jahr*Ort*B Ort*A*B;
LSMEANS A|B/DIFF CL ALPHA=0.05; /* Bedeutung von A|B| siehe Text */
ODS OUTPUT CLASSLEVELS=info_2;
ODS OUTPUT TESTS3=f_test_2;
ODS OUTPUT LSMEANS=mittelw_2;
ODS OUTPUT DIFFS=diff_mittelw_2;
RUN;
%INCLUDE 'D:Munzert\Documents\Eigene Dateien\Anwendungen SAS
\Programme\modul_mi_vergl_2fak.sas';
```

```
PROC TABULATE DATA=j_2;
TITLE4 'Mittelwerte des Winterweizenversuchs';
CLASS A B;
VAR estimate;
TABLE B ALL,(A ALL)*estimate*MEAN*F=10.2/RTS=32
BOX='Sinnvolle Mittelwertvergleiche und GD siehe nächste Tabelle';
FORMAT A A_fmt. B B_fmt.;
KEYLABEL ALL='Mittel' MEAN=' ';
LABEL A='A=N-Düngung.' B='B=Sorten' Estimate='dt/ha';
RUN;
DATA sinnv_vgl_2;
SET i_2;
IF sinnvollerVergleich='nein' THEN DELETE;
RUN;
PROC TABULATE DATA=sinnv_vgl_2;
TITLE4 'Grenzdifferenzen für die sinnvollen Mittelwertvergleiche';
TITLE5 'Interpretiere z.B.:';
TITLE6 'A: Mittelwerte von Faktor A';
TITLE7 'AB: AB-Mittelwerte; AB_A: AB-Mittelwerte auf gleicher A-Stufe';
CLASS _NAME_;
VAR gd_Tukey gd_tT;
TABLE _NAME_,(gd_Tukey gd_tT)*MEAN*F=9.2/BOX='Auf Tabelle davor anwen-
den';
LABEL _NAME_='Sinnvolle Vergleiche' gd_Tukey='GD5%-Tukey' gd_tT='GD5%-t-
Test';
KEYLABEL MEAN=' ';
RUN;
QUIT;
```

Ausgabe

Auf die Wiedergabe der 12 Einzelversuche wird hier verzichtet; sie sind im seitlichen Navigationsfenster unter dem ersten Aufruf von *MIXED* einsehbar. Man kann dort an den F-Tests leicht feststellen, dass einige Versuche weder signifikante Behandlungs- noch Sorteneffekte erkennen lassen. Trotzdem ergibt die Verrechnung der Versuchsserie für die fixen Faktoren durchweg signifikante Effekte, eine Bestätigung der Aussagekraft von Versuchsserien.

Die wesentlichen Ergebnisse für den Fall „Jahr = zufällig, Ort (= A), 1. Faktor (= B) und 2. Faktor (= C)" sind in den Tab. 43.1 und 43.2 aufgeführt. Die Wechselwirkung A*B, also Ort*N-Düngung, ist unter der Bedingung $\alpha = 5\%$ nicht signifikant, alle anderen Effekte dagegen sehr wohl. Damit ergeben sich vielfältige Interpretationsmöglichkeiten für die in Tab. 43.1 dargestellten Mittelwerte. Die Auflistung aller sinnvollen Mittelwertvergleiche (aufgrund des F-Tests) in Tab. 43.2 erleichtert diese Arbeit. Die zusätzlich angegebenen Grenzdifferenzen nach t-Test und Tukey-Test erlauben eine schnelle Bewertung der Mittelwertdifferenzen, wobei erneut darauf hingewiesen wird, dass man sich vorher immer auf einen GD-Typ festlegen sollte.

Beim Modell „Jahre und Orte = zufällig, N-Düngung und Sorte = fix" ist nur die Hauptwirkung „N-Düngung" (A) signifikant, während Sorte und Wechselwirkung gemäß F-Test

Tab. 43.1 Zweifaktorielle Versuchsserie über Jahre und Orte (Jahr = zufällig)

```
                    Die Prozedur MIXED

                    Typ 3 Tests der festen Effekte
                    Zähler              Nenner
        Effekt    Freiheitsgrade    Freiheitsgrade    F-Statistik    Pr > F
        A              3                  6             301.19       <.0001
        B              1                 32             174.23       <.0001
        A*B            3                 32               2.55       0.0733
        C              3                 24              29.15       <.0001
        A*C            9                 24              10.42       <.0001
        B*C            3                 32               5.33       0.0043
        A*B*C          9                 32               4.03       0.0016

                    Die Prozedur TABULATE
```

Sinnvolle Mittelwertvergleiche		C=Sorten				
		Sorte 1	Sorte 2	Sorte 3	Sorte 4	Mittel
A=Orte	**B=N-Düngung.**					
Ort 1	Ortsüblich N	80.33	84.67	75.83	84.17	81.25
	ortsüblich + 30 Kg N/ha	84.50	87.17	82.17	85.33	84.79
Ort 2	Ortsüblich N	54.83	67.00	60.17	62.67	61.17
	ortsüblich + 30 Kg N/ha	62.33	64.33	65.83	66.00	64.62
Ort 3	Ortsüblich N	78.33	81.17	75.67	71.83	76.75
	ortsüblich + 30 Kg N/ha	82.83	87.67	82.00	77.17	82.42
Ort 4	Ortsüblich N	74.17	80.83	79.17	75.83	77.50
	ortsüblich + 30 Kg N/ha	81.00	83.83	81.83	82.17	82.21
A=Orte						
Ort 1		82.42	85.92	79.00	84.75	83.02
Ort 2		58.58	65.67	63.00	64.33	62.90
Ort 3		80.58	84.42	78.83	74.50	79.58
Ort 4		77.58	82.33	80.50	79.00	79.85
B=N-Düngung.						
Ortsüblich N		71.92	78.42	72.71	73.62	74.17
ortsüblich + 30 Kg N/ha		77.67	80.75	77.96	77.67	78.51
Mittel		74.79	79.58	75.33	75.65	76.34

Tab. 43.2 Grenzdifferenzen zu den sinnvollen Mittelwertvergleichen in Tab. 43.1

```
                Die Prozedur TABLUTE
```

Auf Tabelle davor anwenden	GD5%-Tukey	GD5%-t-Test
Sinnvolle Vergleiche		
ABC	6.22	3.11
ABC_AB	3.93	2.97
ABC_AC	2.68	2.68
ABC_AvBC	4.68	2.97
ABC_BC	4.12	3.11
ABC_BvAC	5.59	3.11

nicht signifikant sind (Tab. 43.3). Daraus folgt, dass bei Mittelwertvergleichen das Augenmerk nur auf die A-Mittelwerte gelegt werden sollte; diese Aussage vermittelt auch der untere Teil der Tab. 43.3. Die wesentliche Erkenntnis bei diesem Verrechnungsmodell ist, dass die erhöhte N-Düngung bei allen Sorten gut verwertet wird. Ortseffekte können bei diesem Ansatz nicht geklärt werden; dafür ist das zuvor benutzte Modell zuständig.

Tab. 43.3 Zweifaktorielle Versuchsserie über Jahre und Orte (Jahr und Ort = zufällig)

Die Prozedur MIXED

Typ 3 Tests der festen Effekte

Effekt	Zähler Freiheitsgrade	Nenner Freiheitsgrade	F-Statistik	Pr > F
A	1	12	47.66	<.0001
B	3	9	2.80	0.1011
A*B	3	12	1.46	0.2749

Die Prozedur TABULATE

Sinnvolle Mittelwertvergleiche, und GD siehe nächste Tabelle	A=N-Düngung.		
	Ortsüblich, N	ortsüblich + 30 Kg N/ha	Mittel
	dt/ha	dt/ha	dt/ha
B=Sorten			
Sorte 1	71.92	77.67	74.79
Sorte 2	78.42	80.75	79.58
Sorte 3	72.71	77.96	75.33
Sorte 4	73.62	77.67	75.65
Mittel	74.17	78.51	76.34

‚Auf Tabelle davor anwenden	GD5%-Tukey	GD5%-t-Test
Sinnvolle Vergleiche		
A	1.37	1.37

Weitere Hinweise

Es empfiehlt sich, bei beiden Modellen einen Blick auf die Varianzkomponenten zu werfen (s. *Covariance Parameter Estimates*), um sich eine Vorstellung über deren Bedeutung zu machen.

Ein ausführliche Darstellung über die Auswertung von Versuchsserien mit zwei Prüffaktoren (mit vollständigen Blocks) liegt von Richter et al. (1999) vor. Auf eine ältere Arbeit von Utz (1971) zur Auswertung von zweifaktoriellen Spaltanlagen über Jahre und Orte sei ebenfalls noch hingewiesen.

Auch zweifaktorielle Versuchsserien können analog zum einfaktoriellen Fall (s. Kapitel 42) gewichtet verrechnet werden. Dem Programm im Kapitel 43 müssen lediglich wenige zusätzliche Zeilen hinzugefügt werden.

Es gelten auch hier die einführenden Bemerkungen zu den Kapiteln 42 und 43. Für die Gewichtung werden wiederum die Kehrwerte der quadrierten Standardfehler der Mittelwerte in den Einzelversuchen herangezogen. Um die Folgen der Gewichtung leichter abschätzen zu können, wird der Datensatz für Kapitel 43 wieder in Form einer Spaltanlage verwendet und die Ergebnisse werden in gleicher Form dargestellt. Für Spalt- und Streifenanlagen ist das Verfahren nicht optimal, worauf unter „Weitere Hinweise" noch eingegangen wird.

Zusätzliche Information ist in der Online-Version dieses Kapitels (doi:10.1007/978-3-642-54506-1_44) enthalten.

Programm

```
DATA a;
TITLE1 'Zweifaktorielle Versuchsserie über Jahre und Orte mit
Gewichtung' ;
DO jahr = 1 TO 3; DO A = 1 TO 4; DO block = 1, 2; DO B = 1,2;
DO C = 1 TO 4;
INPUT ertrag @@; OUTPUT;
END; END; END; END; END;
DATALINES;
8.2 9.3 7.9 8.5 8.8 9.6 8.6 8.6 8.3 8.5 8.4 9.0 8.7 9.0 8.9 9.2
5.9 6.7 6.9 6.8 6.8 7.0 7.5 7.0 5.6 7.3 5.8 6.6 6.3 6.9 6.1 6.9
7.6 8.0 7.7 7.3 8.3 8.6 8.1 7.5 8.4 8.9 8.6 7.3 8.7 9.4 9.0 7.4
7.9 8.3 8.1 8.0 8.6 8.8 8.6 8.7 7.9 7.9 8.3 7.8 8.4 8.7 8.5 8.4
7.2 8.5 7.1 7.9 8.0 8.3 8.0 7.8 7.7 7.8 6.9 8.0 8.4 7.9 7.6 8.6
5.6 6.0 6.1 5.9 6.1 6.0 7.3 6.7 5.0 6.8 5.0 5.9 5.6 6.0 5.7 5.9
7.1 7.1 6.7 6.7 7.6 8.1 7.3 7.0 8.1 8.2 7.6 7.6 8.5 9.0 8.3 8.8
6.9 8.7 7.5 7.4 7.8 8.4 7.7 8.0 6.9 7.3 7.7 6.9 7.4 7.5 7.8 7.9
8.7 8.7 7.6 8.4 8.2 8.8 8.1 8.2 8.1 8.0 7.6 8.7 8.6 8.7 8.1 8.8
5.7 6.5 6.6 6.2 6.6 6.4 7.1 6.9 5.1 6.9 5.7 6.2 6.0 6.3 5.8 6.2
7.5 7.7 6.9 6.8 8.2 8.4 7.7 7.2 8.3 8.8 7.9 7.4 8.4 9.1 8.8 8.4
7.3 8.6 7.9 7.8 8.4 8.7 8.2 8.3 7.6 7.7 8.0 7.6 8.0 8.2 8.3 8.0
;
DATA b;
SET a;
ertrag=ertrag*100/10; /* Umrechnung von kg/10² in dt/ha */
RUN;
PROC PRINT;RUN;
PROC FORMAT; /* Legende für Faktorenstufen */
VALUE A_fmt 1='Ort 1' 2='Ort 2' 3='Ort 3' 4='Ort 4';
VALUE B_fmt 1='Ortsüblich N' 2='ortsüblich + 30 Kg N/ha';
VALUE C_fmt 1='Sorte 1' 2='Sorte 2' 3='Sorte 3' 4='Sorte 4';
RUN;
PROC SORT DATA=b;
BY jahr A;
PROC MIXED DATA=b NOBOUND;
TITLE2 'Verrechnung der Einzelorte (Methode: Blockanlage)';
FORMAT A A_fmt. B B_fmt. C C_fmt.;
CLASS block B C;
BY Jahr A;
MODEL ertrag = block B|C/DDFM=KR;/* Bei Blockanlage beide RANDOM
inaktivieren */
RANDOM block*B; /* Bei Spaltanlage aktieren */
*RANDOM block*B block*C; /* Bei Streifenanlage aktivieren*/
LSMEANS B|C;
ODS OUTPUT LSMEANS = mittelw;
RUN;
DATA mittelw_gew_3;
SET mittelw;
IF Effect = 'B' OR Effect = 'C' THEN DELETE;
gew=1/StdErr**2;
RUN;
PROC MIXED DATA=mittelw_gew_3 ;
TITLE2 'Verrechnung als Versuchsserie';
TITLE3 'Jahr = zufällig, Ort(=A), Faktor B und Faktor C = fix';
FORMAT A A_fmt. B B_fmt. C C_fmt.;
CLASS Jahr A B C;
```

```
WEIGHT gew;
MODEL Estimate = A|B|C/DDFM=KR;
RANDOM Jahr Jahr*A Jahr*B Jahr*C Jahr*A*B Jahr*A*C Jahr*B*C Jahr*A*B*C ;
REPEATED;
PARMS (1) (1) (1) (1) (1) (1) (1) (1) (1)/EQCONS=9;
LSMEANS A|B|C/DIFF CL ALPHA=0.05;
ODS OUTPUT CLASSLEVELS=info_3;
ODS OUTPUT TESTS3=f_test_3;
ODS OUTPUT LSMEANS=mittelw_3;
ODS OUTPUT DIFFS=diff_mittelw_3;
RUN;
%INCLUDE 'D:Munzert\Documents\Eigene Dateien\Anwendungen SAS.
\Programme\modul_mi_vergl_3fak.sas';
PROC TABULATE DATA=j_3;
TITLE4 'Mittelwerte des Winterweizenversuchs';
CLASS A B C;
VAR estimate;
TABLE A*B A B ALL,(C ALL)*estimate*MEAN*F=10.2/RTS=32
BOX='Sinnvolle Mittelwertvergleiche und GD siehe nächste Tabelle';
FORMAT A a_fmt. B b_fmt. C c_fmt.;
KEYLABEL ALL='Mittel' MEAN='   ';
LABEL A='A=Orte' B='B=N-Düngung.' C='C=Sorten'
Estimate='dt/ha';
RUN;
DATA sinnv_vgl_3;
SET i_3;
IF sinnvollerVergleich='nein' THEN DELETE;
RUN;
PROC TABULATE DATA=sinnv_vgl_3;
TITLE4 'Grenzdifferenzen für die sinnvollen Mittelwertvergleiche';
TITLE5 'Interpretiere z.B.:';
TITLE6 'C: Mittelwerte von Faktor C';
TITLE7 'AB: AB-Mittelwerte; AB_A: AB-Mittelwerte auf gleicher A-Stufe';
TITLE8 'ABC_AvBC: ABC-Mittelwerte auf gleicher A-Stufe und verschiedenen
BC-Stufen';
CLASS _NAME_;
VAR gd_Tukey gd_tT;
TABLE _NAME_,(gd_Tukey gd_tT)*MEAN*F=9.2/BOX='Auf Tabelle davor anwenden';
LABEL _NAME_='Sinnvolle Vergleiche' gd_Tukey='GD5%-Tukey' gd_tT='GD5%-t-
Test';
KEYLABEL MEAN='   ';
RUN;
DATA mittelw_gew_2;
SET mittelw_gew_3;
RENAME A=Ort B=A C=B;
RUN;
PROC FORMAT; /* Legende für Faktorenstufen */
VALUE Ort_fmt 1='Ort 1' 2='Ort 2' 3='Ort 3' 4='Ort 4';
VALUE A_fmt 1='Ortsüblich N' 2='ortsüblich + 30 Kg N/ha';
VALUE B_fmt 1='Sorte 1' 2='Sorte 2' 3='Sorte 3' 4='Sorte 4';
RUN;
PROC MIXED DATA=mittelw_gew_2;
TITLE2 'Verrechnung als Versuchsserie';
TITLE3 'Jahr und Ort = zufällig, Faktor A und Faktor B = fix';
```

```
FORMAT Ort Ort_fmt. A A_fmt. B B_fmt.;
CLASS Jahr Ort A B;
WEIGHT gew;
MODEL Estimate = A|B/DDFM=KR;
RANDOM Jahr Ort Jahr*Ort Jahr*A Ort*A Jahr*B Ort*B Jahr*Ort*A
Jahr*Ort*B Ort*A*B Jahr*Ort*A*B;
REPEATED;
PARMS (1) (1) (1) (1) (1) (1) (1) (1) (1) (1) (1) (1)/EQCONS=12;
LSMEANS A|B/DIFF CL ALPHA=0.05; /* Bedeutung von A|B| siehe Text */
ODS OUTPUT CLASSLEVELS=info_2;
ODS OUTPUT TESTS3=f_test_2;
ODS OUTPUT LSMEANS=mittelw_2;
ODS OUTPUT DIFFS=diff_mittelw_2;
RUN;
%INCLUDE 'D:Munzert\Documents\Eigene Dateien\Anwendungen SAS
\Programme\modul_mi_vergl_2fak.sas';
PROC TABULATE DATA=j_2;
TITLE4 'Mittelwerte des Winterweizenversuchs';
CLASS A B;
VAR estimate;
TABLE B ALL,(A ALL)*estimate*MEAN*F=10.2/RTS=32
BOX='Sinnvolle Mittelwertvergleiche und GD siehe nächste Tabelle';
FORMAT A A_fmt. B B_fmt.;
KEYLABEL ALL='Mittel' MEAN='   ';
LABEL A='A=N-Düngung.' B='B=Sorten'
Estimate='dt/ha';
RUN;
DATA sinnv_vgl_2;
SET i_2;
IF sinnvollerVergleich='nein' THEN DELETE;
RUN;
PROC TABULATE DATA=sinnv_vgl_2;
TITLE4 'Grenzdifferenzen für die sinnvollen Mittelwertvergleiche';
TITLE5 'Interpretiere z.B.:';
TITLE6 'A: Mittelwerte von Faktor A';
TITLE7 'AB: AB-Mittelwerte; AB_A: AB-Mittelwerte auf gleicher A-Stufe';
CLASS _NAME_;
VAR gd_Tukey gd_tT;
TABLE _NAME_,(gd_Tukey gd_tT)*MEAN*F=9.2/BOX='Auf Tabelle davor
anwenden' ;
LABEL _NAME_='Sinnvolle Vergleiche' gd_Tukey='GD5%-Tukey' gd_tT='GD5%-t-
Test';
KEYLABEL MEAN='   ';
RUN;
QUIT;
```

Ausgabe

Vergleicht man die Tab. 44.1 mit Tab. 43.1, so stellt man zunächst beim F-Test erhebliche Differenzen fest. Ursache sind die durch die Gewichtung bedingten neuen Varianzkomponenten (s. *Covariance Parameter Estimates*) gemäß Methode REML, auf welcher die F-Teststatistik aufbaut. Allerdings hat dies letztlich „nur" zur Folge, dass die Wechselwirkungen B*C und A*B*C nicht mehr signifikant sind. Das bedeutet wiederum, dass es nunmehr andere „sinnvolle Mittelwertvergleiche" gibt (vgl. Tab. 44.2). Die Mittelwerte in Tab. 44.1 unterscheiden sich dagegen nur unwesentlich von Tab. 43.1. Die Gewichtung hat also mehr varianzstatistische Bedeutung.

Tab. 44.1 Zweifaktorielle Versuchsserie über Jahre und Orte mit Gewichtung (Jahr = zuf.)

Die Prozedur MIXED

Typ 3 Tests der festen Effekte

Effekt	Zähler Freiheitsgrade	Nenner Freiheitsgrade	F-Statistik	Pr > F
A	3	5.9	180.60	<.0001
B	1	64	99.10	<.0001
A*B	3	1	1.99	0.4702
C	3	37.8	15.91	<.0001
A*C	9	25.7	6.60	<.0001
B*C	3	1	1.78	0.4917
A*B*C	9	1	2.14	0.4883

Die Prozedur TABULATE

Sinnvolle Mittelwertvergleiche und GD siehe nächste Tabelle		C=Sorten				
		Sorte 1	Sorte 2	Sorte 3	Sorte 4	Mittel
		dt/ha	dt/ha	dt/ha	dt/ha	dt/ha
A=Orte	B=N-Düngung.					
Ort 1	Ortsüblich N	80.36	84.66	75.84	84.18	81.26
	ortsüblich + 30 Kg N/ha	84.49	87.18	82.17	85.33	84.79
Ort 2	Ortsüblich N	54.61	66.97	60.44	62.68	61.17
	ortsüblich + 30 Kg N/ha	62.46	64.40	65.46	65.94	64.57
Ort 3	Ortsüblich N	78.48	81.05	75.29	71.98	76.70
	ortsüblich + 30 Kg N/ha	82.91	87.78	81.96	77.93	82.64
Ort 4	Ortsüblich N	75.04	79.25	78.99	75.94	77.30
	ortsüblich + 30 Kg N/ha	81.38	84.54	82.23	82.23	82.59
Ort 1		82.42	85.92	79.00	84.75	83.03
Ort 2		58.54	65.69	62.95	64.31	62.87
Ort 3		80.70	84.41	78.62	74.96	79.67
Ort 4		78.21	81.89	80.61	79.08	79.95
B=N-Düngung.						
Ortsüblich N		72.12	77.98	72.64	73.69	74.11
ortsüblich + 30 Kg N/ha		77.81	80.97	77.95	77.86	78.65
Mittel		74 97	79 48	75 30	75 78	76.38

Tab. 44.2 Grenzdifferenzen zu den sinnvollen Mittelwertvergleichen in Tab. 44.1

Die Prozedur TABULATE

Auf Tabelle davor anwenden	GD5%-Tukey	GD5%-t-Test
Sinnvolle Vergleiche		
AC	5.59	3.08
AC_A	4.04	3.01
AC_C	4.09	3.08
B	0.91	0.91

Beim Modell „Jahr und Ort=zufällig, Faktoren A und B=fix" (s. Tab. 44.3) sind die Differenzen im F-Test wesentlich geringer, weshalb auch die GDs für Faktor A faktisch identisch sind. Ebenso zeigen die Mittelwerte praktisch keine Unterschiede.

Die gewichtete Verrechnung der Versuchsserie kann also bei mehrfaktoriellen Versuchsanlagen die statistischen Schlussfolgerungen erheblich beeinflussen. Umso sorgfältiger sollte man von dieser Möglichkeit Gebrauch machen.

Weitere Hinweise

Zum Thema „Gewichtung" siehe auch Piepho und Michel (2001). Bei Spaltanlagen besteht das Problem, dass bei jedem Einzelversuch die Mittelwerte auf gleicher Stufe des Großteilstückfaktors korreliert sind und diese Kovarianzen bei der Gewichtung mit den Kehrwerten der quadrierten Standardfehler nicht berücksichtigt werden. Möhring und Piepho (2009) stellen deshalb noch andere Gewichtungsverfahren vor, die dieses Problem umgehen. Entsprechendes gilt auch für Streifenanlagen. Auf diese Spezialfälle wurde hier nicht eingegangen, weil sie den Rahmen sprengen würden, zumal der Gewichtungseffekt oftmals nur schwach ausgeprägt ist.

Natürlich können auch dreifaktorielle Versuchsserien in analoger Weise verrechnet werden. Dies führt letztlich im zweiten Auswertungsschritt (Mittelwertanalyse) zu einem vierfaktoriellen Varianzmodell mit entsprechend längeren Rechenzeiten; u. U. steigt *PROC MIXED* mit dem Kommentar „Stopped because of too many likelihood evaluations" ganz aus der Verrechnung aus (im Log-Fenster kontrollieren!). In diesem Falle kann man sich bei der Prozedurbeschreibung unter *Details: Mixed Procedure, Computational Issues, Convergence Problems* Hilfe holen. Unter *PARMS* wird gezeigt, wie man durch Vorgabe von guten Startwerten für die Varianzkomponenten die Konvergenz erreichen kann. Außerdem kann man mit den Optionen *MAXITER*=die Zahl der maximalen Iterationen (Voreinstellung=50) und unter *MAXFUNC*=die maximale Zahl der Likelihood-

Tab. 44.3 Gleiche Versuchsserie wie in Tab. 44.1, Jahr und Ort = zufällig

Die Prozedur MIXED

Typ 3 Tests der festen Effekte

Effekt	Zähler Freiheitsgrade	Nenner Freiheitsgrade	F-Statistik	Pr > F
A	1	8.43	64.61	<.0001
B	3	8.93	2.64	0.1135
A*B	3	8.43	0.33	0.8070

Die Prozedur TABULATE

Sinnvolle Mittelwertvergleiche, und GD siehe nächste Tabelle	A=N-Düngung.		
	Ortsüblich N	ortsüblich + 30 Kg N/ha	Mittel
	dt/ha	dt/ha	dt/ha
B=Sorten			
,Sorte 1	72.30	77.86	75.08
,Sorte 2	77.52	81.47	79.50
,Sorte 3	72.75	77.90	75.33
Sorte 4	73.31	78.00	75.65
Mittel	73.97	78.81	76.39

,Auf Tabelle davor anwenden	GD5%- Tukey	GD5%-t- Test
Sinnvolle Vergleiche		
A	1.38	1.38

Berechnungen (Voreinstellung = 150) hochsetzen. Auch bei Piepho und Möhring (2011) findet man Hinweise zur Beschleunigung der Rechenzeit. Die sicherlich noch bessere Alternative ist freilich die in Kapitel 41 schon angesprochene *PROC HPMIXED*, sofern man über SAS 9.3 oder höher verfügt.

45

Große Bedeutung haben Versuchsserien im Landessortenversuchswesen. Hier ist es üblich, dass die jährlich neu zugelassenen Sorten in die Prüfungen mit aufgenommen werden. Der Prüfungszyklus dauert für gewöhnlich drei Jahre (abgesehen von wenigen ständig mitgeprüften Standards). Die Prüfsortimente bestehen somit aus ein-, zwei- und dreijährig geprüften Sorten. Die Orte sind dagegen meistens die gleichen, weil sie (auch aus organisatorischen Gründen) als repräsentativ für ein bestimmtes Erzeugungsgebiet ausgewählt wurden. Dennoch kann es auch hier einen Standortwechsel innerhalb des Erzeugungsgebietes geben. Der gesamte Datensatz ist somit stark unbalanciert – eine besondere statistische Herausforderung.

Den Pflanzenbauer interessieren an Landessortenversuchen hauptsächlich zwei Fragen: Welche Sortenpräferenzen ergeben sich für das jeweilige Erzeugungsgebiet, und gibt es Sorten, die für eine größere Region (z. B. Bayern) empfehlenswert sind? Dabei sollen auch die noch nicht „durchgeprüften" Sorten (ein- und zweijährige) möglichst unter vergleichbaren Bedingungen schon vorläufig bewertet werden.

Zusätzliche Information ist in der Online-Version dieses Kapitels (doi:10.1007/978-3-642-54506-1_45) enthalten.

M. Munzert, *Landwirtschaftliche und gartenbauliche Versuche mit SAS,*
Springer-Lehrbuch, DOI 10.1007/978-3-642-54506-1_45

Tab. 45.1 Struktur eines 3-jährigen Landessortenversuchs an 6–7 Orten mit jährlich 11–16 Sorten

Sor-ten	Orte in 2009							Orte in 2010						Orte in 2011						
	1	2	8	4	5	6	7	2	3	4	5	6	7	1	2	3	4	5	6	7
1	x	x	x	x	x	x	x	x	x	x	x	x	x	x	x	x	x	x	x	x
2	x	x	x	x	x	x	x	x	x	x	x	x	x	x	x	x	x	x	x	x
3	x	x	x	x	x	x	x	x	x	x	x	x	x	x	x	x	x	x	x	x
4	x	x	x	x	x	x	x	x	x	x	x	x	x							
5	x	x	x	x	x	x	x	x	x	x	x	x	x	x	x	x	x	x	x	x
6	x	x	x	x	x	x	x													
7	x	x	x	x	x	x	x	x	x	x	x	x	x							
8	x	x	x	x	x	x	x	x	x	x	x	x	x							
9	x	x	x	x	x	x	x													
10	.	x	x	x	x	x	x	x	x	x	x	x	x	x	x	x	x	x	x	x
11	x	x	x	x	x	x	.	x	x	x	x	x	x	x	x	x	x	x	x	x
12	x	x	x	x	x	x	x													
13								x	x	x	x	x	x	x	x	x	x	x	x	x
14								x	x	x	x	x	x	x	x	x	x	x	x	x
15								x	x	x	x	x	x	x	x	x	x	x	x	x
16								x	x	x	x	x	x							
17														x	x	x	x	x	x	x
18														x	x	x	x	x	x	x
19														x	x	x	x	x	x	x
20														x	x	x	x	x	x	x
21														x	x	x	x	x	x	x
22														x	x	x	x	x	x	x
23														x	x	x	x	x	x	x
Σ	11	12	12	12	12	12	11	13	13	13	13	13	13	16	16	16	16	16	16	16

Die statistische Vorgehensweise entspricht im Prinzip der schon behandelten Auswertung von (weitgehend balancierten) Versuchen über Jahre (s. Kapitel 39) bzw. Jahre und Orte (s. Kapitel 41). Man wertet auch hier zunächst den Einzelversuch gemäß Anlagemethode aus und verrechnet dann im zweiten Schritt die Mittelwerte als Versuchsserie. Allerdings ergibt sich ein Problem bei den Mittelwertvergleichen, auf das im Ergebnisteil eingegangen wird.

Ein probates Auswertungskonzept soll nachfolgend mit den Daten des bayerischen Landessortenversuchs zu Kartoffeln 2009–2011, Sortiment 207 (Speisesorten), aufgezeigt werden (Tab. 45.1).

Die Unbalanciertheit der Serie ist also nicht nur sortimentsbedingt. In 2009 fiel die Sorte 10 am Ort 1 und die Sorte 11 am Ort 7 aus. Auch bei den Orten gibt es „Unregelmäßigkeiten": 2010 fehlt der Ort 1 und 2009 wurde der Ort 3 im gleichen Erzeugungsgebiet durch Ort 8 ersetzt.

Im Sinne der obigen Fragestellungen steht somit eine dreijährige Auswertung je Ort (Erzeugungsgebiet) und eine Gesamtauswertung über Orte und Jahre an. Als Daten standen die adjustierten Sortenmittelwerte je Ort nach Auswertung der Einzelversuche als Alpha-Gitter zur Verfügung. Folgende Modelle in SAS-Notation von *PROC MIXED* können somit gerechnet werden:

- Dreijährig je Ort (Erzeugungsgebiet):
  MODEL ertrag = sorte/DDFM=KR;
  RANDOM jahr;
- Dreijährig über Orte und Jahre:
  MODEL ertrag=sorte/DDFM=KR;
  RANDOM *jahr ort jahr*ort jahr*sorte ort*sorte*;

Im ersten Fall erfolgt der F-Test für *sorte* mit *jahr*sorte*, im zweiten Fall mit *jahr*sorte +
ort*sorte − jahr*ort*sorte. DDFM=KR* fordert die approximative Berechnung der Freiheitsgrade für den Nenner des F-Tests an.

Im Hinblick auf eine korrekte Berechnung der Standardfehler und der *LSMEANS* kommt für die Auswertung nur **PROC MIXED** in Frage.

Programm

```
PROC IMPORT OUT= WORK.lsv_kart_207_209_2011
            DATAFILE= "D:\Munzert\Documents\Eigene Dateien\Anwendungen S
AS\Programme\LSV Kart 207 2009-2011.xlsx"
            DBMS=EXCEL REPLACE;
     RANGE="Tabelle1$";
     GETNAMES=YES;
     MIXED=NO;
     SCANTEXT=YES;
     USEDATE=YES;
     SCANTIME=YES;
RUN;
TITLE1 'Auswertung dynamischer Versuchsserien';
PROC FORMAT;
VALUE sorte_fmt 1='01=Agria (3)' 2='02=Krone (3)' 3='03=Jelly (3)'
4='04=Lolita (2)' 5='05=Ditta (3)' 6='06=Finessa (1)' 7='07=Bigrossa(2)'
8='08=Madeleine (2)' 9='09=Musica (1)' 10='10=Soraya (3)'
11='11=Birgit (3)' 12='12=Estrella (1)' 13='13=Cascada (2)'
14='14=Adelina (2)' 15='15=Concordia (1)' 16='16=Ventura (2)'
17='17=Belmonda (1)' 18='18=Cumbia (1)' 19='19=Megusta (1)'
20='20=Melina (1)' 21='21=Caprice (1)' 22='22=Salute (1)'
23='23=Troja (1)';
VALUE ort_fmt 1='1=Pulling' 2= '2=Feldkirchen'
3='3=Uttenkofen/Straßkirchen'
4='4=Eckendorf' 5='5=Raumetengrün' 6='6=Dürrenmungenau'
7='7=Hirblingen'; ;
PROC PRINT;RUN;
DATA a;
SET lsv_kart_207_209_2011;
IF ort = 8 THEN ort = 3;
RUN;
PROC SORT DATA=a;
BY ort;
RUN;
PROC MIXED DATA=a;
TITLE3 'Auswertung je Ort';
FORMAT sorte sorte_fmt.;
FORMAT ort ort_fmt.;
BY ort;
CLASS jahr sorte;
MODEL dtha = sorte/DDFM=KR;
RANDOM jahr;
ODS OUTPUT LSMEANS=mittelw_ort;
ODS OUTPUT DIFFS = diff_mittelw_ort;
LSMEANS sorte/DIFF CL;
RUN;
DATA gd_ort; /* Für Berechnung der Grenzdifferenzen */
SET diff_mittelw_ort;
gd_tTest_5Proz=(Upper - Lower)/2;
DROP Effect tValue Alpha Lower Upper;
RUN;
PROC PRINT DATA=gd_ort;RUN;
PROC MEANS DATA=gd_ort MEAN MIN MAX;/* Erzeugung von gemittelten
Grenzdifferenzen */
```

```
TITLE4 'Grenzdifferenzen für die Sortenmittelwerte, Jahr = zufällig';
BY ort;
VAR gd_tTest_5Proz;
RUN;
*********************************************************************;
PROC MIXED DATA=a;
TITLE2 'Landessortenversuche Kartoffeln 2009-2010, Sortiment 207';
TITLE3 'Auswertung über Jahre und Orte';
FORMAT sorte sorte_fmt.;
CLASS jahr ort sorte;
MODEL dtha = sorte/DDFM=KR;
RANDOM jahr ort jahr*ort jahr*sorte ort*sorte;
ODS OUTPUT LSMEANS = mittelw;
ODS OUTPUT DIFFS = diff_mittelw;
LSMEANS sorte/DIFF CL;
RUN;
DATA gd; /* Für Berechnung der Grenzdifferenzen */
SET diff_mittelw;
gd_tTest_5Proz=(Upper - Lower)/2;
DROP Effect tValue Alpha Lower Upper;
RUN;
PROC PRINT DATA=gd;RUN;
PROC MEANS DATA=gd MEAN MIN MAX;/* Erzeugung von gemittelten
Grenzdifferenzen */
TITLE4 'Grenzdifferenzen für die Sortenmittelwerte, Jahr und Ort =
zufällig';
VAR gd_tTest_5Proz;
RUN;
QUIT;
```

Wegen der Größe des Datensatzes wurden die Daten von einer EXCEL-Datei ins Programm importiert. Das Programm greift mit der Zeile *DATAFILE=* auf diese Datei zurück. Im Falle eines anderen Ordnersystems und Dateinamens muss dieser Pfadname entsprechend angepasst werden. Auch in der ersten Programmzeile ist dann anschließend nach *OUT=WORK.* der gewünschte SAS-Dateiname einzutragen. Im Übrigen wird auf das Kapitel das Kapitel 11 verwiesen, in dem das Importieren von EXCEL-Dateien erklärt wird.

Die folgende *PROC FORMAT* ist nicht zwingend, erleichtert aber die Übersicht bei den Ergebnissen. Den Sortenbezeichnungen wurde die Zahl der Prüfungsjahre in Klammern hinzugefügt, was die späteren Sortenvergleiche ebenfalls erleichtert. Der weitere Programmteil bis zur Kommentarzeile ******; betrifft die mehrjährige Auswertung je Ort. Anschließend folgt der Code für die Auswertung über Jahre und Orte. Für beide Programmteile werden Statements und Optionen verwendet, die von den vorausgegangenen Beispielen zu Versuchsserien schon bekannt sind. Bezüglich Modellbildung siehe obige Hinweise.

Tab. 45.2 Einzelortergebnisse (Beispiel Ort = 1), Jahr = zufällig

```
                            Die Prozedur MIXED

--------------------------------- Ort=1=Pulling ---------------------------------
                       Typ 3 Tests der festen Effekte
                     Zähler          Nenner
        Effekt    Freiheitsgrade  Freiheitsgrade   F-Statistik    Pr > F
        Sorte           21             4.01            6.08        0.0458

                        Kleinste-Quadrate-Mittelwerte
             Effekt    Sorte              Schätzwert    Standardfehler
             Sorte    01=Agria (3)          793.50         66.4003
             Sorte    02=Krone (3)          856.85         66.4003
             Sorte    03=Jelly (3)          921.85         66.4003
             Sorte    04=Lolita (2)         874.80         74.3864
             Sorte    05=Ditta (3)          844.80         66.4003
             Sorte    06=Finessa (1)        770.70         74.3864
             Sorte    07=Bigrossa (2)       750.90         74.3864
             Sorte    08=Madeleine (2)      764.60         74.3864
             Sorte    09=Musica (1)         853.10         74.3864
             Sorte    10=Soraya (3)         686.20         74.3864
             Sorte    11=Birgit (3)         870.65         66.4003
             Sorte    12=Estrella (1)       706.00         74.3864
             Sorte    13=Cascada (2)        864.40         74.3864
             Sorte    14=Adelina (2)        604.80         74.3864
             Sorte    15=Concordia (2)      868.30         74.3864
             Sorte    17=Belmonda (1)       887.00         74.3864
             Sorte    18=Cumbica (1)        553.50         74.3864
             Sorte    19=Megusta (1)        776.00         74.3864
             Sorte    20=Melina (1)         839.70         74.3864
             Sorte    21=Caprice (1)        647.70         74.3864
             Sorte    22=Salute (1)         900.70         74.3864
             Sorte    23=Troja (1)          814.50         74.3864

                          Die Prozedur MEANS
                Grenzdifferenzen für die Sortenmittelwerte
--------------------------------- Ort=1=Pulling ---------------------------------

                    Analysis Variable : gd_tTest_5Proz
            Mittelwert        Minimum          Maximum

            163.9092995     118.2620103      185.0101252
```

Ausgabe

Die in Tab. 45.2 dargestellten Ausschnitte vom umfangreichen Output der ersten *MIXED* stehen beispielhaft für den Ort 1 (Pulling). Dass im Nenner nur 4,01 FG stehen, erklärt sich aus zwei Tatsachen: Der Ort 1 fiel in 2010 ganz aus; es handelt sich also nur um eine zweijährige Versuchsserie. Außerdem war auch die Sorte 10 (Soraya) 2009 nicht vertreten; insofern liegt ein leicht unbalancierter Datensatz vor, der 4,01 FG impliziert. Die Testgröße für „Sorte" ist – wie oben gezeigt – die Wechselwirkung „Jahr*Sorte", also der Versuchsfehler. Dieser fällt relativ groß aus (was man auch an der Varianzkomponente *Residual* unter *Covariance Parameter Estimates* erkennen kann). Die wesentliche Wechselwirkung Jahr*Sorte bedeutet natürlich, dass die Prognose für das Sortenverhalten am Standort relativ unsicher ausfällt. Der F-Test für „Sorte" signalisiert deshalb gerade noch Signifikanz (Pr > F = 0,0458) und die Standardfehler für die Mittelwerte sind ebenfalls relativ groß; sie sind umso größer, je weniger Prüfjahre zur Verfügung stehen (auch die eigentlich zweijährig geprüften Sorten haben hier den gleichen Standardfehler wie die einjährig geprüften, weil das Jahr 2010 fehlt).

Immerhin ist mit F = 6,08 und Pr > F = 0,0458 der „Weg frei" für anschließende Mittelwertvergleiche. Sie sind in Tab. 45.2 nicht aufgeführt, können aber im *MIXED*-Menü unter *Differences of Least Squares Means* eingesehen werden. Noch übersichtlicher ist allerdings die folgende *PROC PRINT* mit der Datei *Work.GD_ORT*. Hier sind nur noch die wesentlichen Spalten für die Mittelwertvergleiche, ergänzt mit der Spalte *gd_tTest_5Proz*, aufgeführt. Wie man leicht feststellen kann, fallen die Grenzdifferenzen (GD) für alle möglichen Vergleiche sehr unterschiedlich und insgesamt sehr groß aus; sie wären noch größer im Falle des Tukey-Tests, auf den hier verzichtet wurde. Dies bedeutet letztlich, dass hier das sonst in den vorausgegangenen Beispielen praktizierte Verfahren der Berechnung von mittleren Grenzdifferenzen keinen Sinn macht. Die in Tab. 45.2 zum Schluss aufgeführten mittleren und MIN- und MAX-GD machen das noch einmal deutlich. Der Mittelwert (163,9) ist überhaupt nicht brauchbar. Der MIN-Wert (118,26) gilt für die Vergleiche der zweijährig geprüften Sorten untereinander (im Sortennamen mit „(3)" gekennzeichnet) und der MAX-Wert (185,0) für alle einjährig geprüften Sorten untereinander. Dazwischen liegen GD für Vergleiche zwischen mehr- und einjährig geprüften Sorten.

Die hier dokumentierten Grenzdifferenzen sollen eigentlich nur aufzeigen, in welchem „unsicheren Fahrwasser" sich der Sortenberater befindet, wenn er für einen Ort mit zweijährigen, sehr jahresspezifischen Ergebnissen Empfehlungen ausspricht. Die Jahreswitterung ist nicht vorhersagbar und so braucht es schon wesentlich mehr Jahre, um wenigstens auf der Basis „mittlerer" Witterungsbedingungen Aussagen zu treffen. Auch drei Prüfjahre sind meistens noch keine sichere Grundlage! Es sei ausdrücklich vermerkt, dass diese „schlechten Grenzdifferenzen" nichts mit der Verrechnung von Mittelwerten zu tun haben. Auch wenn die Verrechnung auf der Ebene der Parzellenwerte (also mit Wiederholungen und Gitteranlage) vorgenommen worden wäre, ergäben sich die völlig gleichen Standardfehler und Grenzdifferenzen.

Der wesentliche Vorteil der gemeinsamen Verrechnung ein- bis dreijähriger Sorten besteht nicht in der Bestimmung der Grenzdifferenzen, sondern in der Adjustierung der Mittelwerte auf einer vergleichbaren Basis. Während es bei den in allen Jahren vertretenen Sorten nichts zu korrigieren gibt, d. h. *LSMEANS = MEANS*, werden die unvollständig geprüften Sorten, insbesondere die einjährigen, entsprechend adjustiert, so dass alle Mittelwerte unmittelbar vergleichbar sind. Folgende Vergleiche mögen das verdeutlichen:

Sorte	Prüfjahre an Ort 1	MEANS	LSMEANS
Agria	2	793,5	793,5
Krone	2	856,85	856,85
Belmonda	1	944,7	887,0
Cumbica	1	611,2	553,5

Tab. 45.3 Auswertung über Jahre und Orte, Jahr = zufällig

```
                        Die Prozedur MIXED

                   Typ 3 Tests der festen Effekte
                   Zähler            Nenner
Effekt         Freiheitsgrade    Freiheitsgrade    F-Statistik    Pr > F
Sorte                22              16.5             2.97        0.0138


                    Kleinste-Quadrate-Mittelwerte
        Effekt     Sorte                Schätzwert      Standardfehler
        Sorte      01=Agria (3)           722.72          49.4045
        Sorte      02=Krone (3)           766.91          49.4045
        Sorte      03=Jelly (3)           795.01          49.4045
        Sorte      04=Lolita (2)          721.72          53.1053
        Sorte      05=Ditta (3)           693.45          49.4045
        Sorte      06=Finessa (1)         697.94          62.7179
        Sorte      07=Bigrossa (2)        705.46          53.1053
        Sorte      08=Madeleine (2)       657.21          53.1053
        Sorte      09=Musica (1)          712.18          62.7179
        Sorte      10=Soraya (3)          733.06          49.4872
        Sorte      11=Birgit (3)          751.67          49.4692
        Sorte      12=Estrella (1)        635.61          62.7179
        Sorte      13=Cascada (2)         764.49          53.1072
        Sorte      14=Adelina (2)         556.96          53.1072
        Sorte      15=Concordia (2)       687.12          53.1072
        Sorte      16=Ventura (1)         709.43          62.6714
        Sorte      17=Belmonda (1)        765.97          62.7145
        Sorte      18=Cumbia (1)          561.11          62.7145
        Sorte      19=Megusta (1)         661.04          62.7145
        Sorte      20=Melina (1)          704.78          62.7145
        Sorte      21=Caprice (1)         671.62          62.7145
        Sorte      22=Salute (1)          691.85          62.7145
        Sorte      23=Troja (1)           711.27          62.7145


                      Die Prozedur MEANS

            Grenzdifferenzen für die Sortenmittelwerte
                 Analysis Variable : gd_tTest_5Proz
          Mittelwert          Minimum          Maximum
        _____

         114.2451557        78.2794341       143.2218186
        _____
```

Die *LSMEANS*-Werte von Belmonda und Cumbica sind (Best-)Schätzungen für den Fall, dass auch diese Sorten zweijährig geprüft worden wären. Die Differenz zwischen *MEANS* und LSMEANS (jeweils $-57,7$) erklärt sich aufgrund des Verhaltens der mehrjährig geprüften Sorten.

In Tab. 45.3 ist in gleicher Weise das Sortenergebnis über alle Jahre und Orte dargestellt. Es entspricht somit dem bayerischen Ergebnis. Hier sind Jahre und Orte als zufällig gesetzt. Die Einstufung von „Orte = zufällig" kann man durchaus hinterfragen, nachdem es um „gesetzte" Orte geht (in jedem Jahr der gleiche Ort). Andererseits stehen die Orte repräsentativ für ein jeweiliges Erzeugungsgebiet, was wiederum einer „guten" (repräsentativen) Stichprobe für Bayern entspricht. Die Modellwahl mit „Ort = zufällig" kann man also vertreten, zumal es hier das Ziel ist, eine Sortenaussage pauschal für Bayern zu treffen.

Es fällt auf, dass der F-Test eindeutig für signifikante Sortenunterschiede spricht und sowohl die Standardfehler der Sortenmittelwerte („Schätzwert") und die Grenzdifferenzen geringer ausfallen. Dies ist das Ergebnis einer größeren Datenbasis. Dennoch gilt auch hier, dass eine mittlere Grenzdifferenz für alle Sortenvergleiche nicht vertretbar ist und man im Einzelfall auf die ebenfalls der nach *MIXED* folgenden *Print*-Ausgabe zur Datei *WORK.GD* zurückgreifen sollte.

Das Wertvolle an dieser Mittelwertstatistik ist wiederum die Vergleichbarkeit aller Sortenmittelwerte trotz unterschiedlicher Prüfdauer. Bei den dreijährig geprüften Sorten kann man von einem „endgültigen", bei den zweijährigen von einem „vorläufigen" und bei den einjährigen von einem „Trend" sprechen (alles auf der Basis einer bestmöglichen Schätzung).

Weitere Hinweise

Für dieses Beispiel standen keine Parzellenwerte, sondern nur die adjustierten Sortenmittelwerte der einzelnen Versuche zur Verfügung, so dass die „Qualität" der Einzelversuche, gemessen am Versuchsfehler, nicht überprüfbar war. Es versteht sich von selbst, dass „schlechte Versuche" besser aus der Serie eliminiert werden. Möglicherweise ist das Fehlen des Ortes 1 (Pulling) in 2010 die Folge einer solchen Überprüfung gewesen.

Auch waren die Standardfehler der Sortenmittelwerte der Einzelversuche nicht bekannt, so dass eine entsprechende Gewichtung entfällt. Liegen diese vor, kann analog zum Beispiel in Kapitel 42 verfahren werden. Allerdings sollte man sich eine Gewichtung gut überlegen; sie ist am ehesten noch bei stärker schwankenden Versuchsfehlern der Einzelversuche vertretbar.

Im Kapitel 41 wurde eine einfaktorielle Versuchsserie über Jahre und Orte auch in der Variante Orte = fix verrechnet. Dort kam es darauf an, mit einer kleineren Zahl von Sorten, die sich im Landessortenversuch schon bewährt haben mögen, auch ortsspezifische (gebietsspezifische) Aussagen zu treffen. Landessortenversuche haben wohl eher zunächst das Ziel, die gebietsübergreifende Eignung einer Sorte zu erkennen. Dem wird das Modell „Jahre und Orte = zufällig" gerecht. Man kann aber auch die Fragestellung ortsspezifisch ausrichten und dann „Ort = fix" setzen.

Es ist üblich, die Sortenergebnisse einer Serie relativ zum Gesamtmittel, u. U. auch zum Mittel von Vergleichssorten, darzustellen. Auf eine solche Verrechnung wurde in diesem Programm verzichtet. Sie ist aber mit einem gewissen zusätzlichen Programmieraufwand möglich.

Landessortenversuche werden oft auch zweifaktoriell durchgeführt, z. B. bei den Getreidearten mit einem zusätzlichen Intensitätsfaktor. Hier orientiere man sich an den Fallbeispielen in den Kapiteln 43 und 44, allerdings auch mit dem Unterschied, die Modelle auf eine mehrjährige Auswertung je Ort und eine solche über Jahre und Orte auszurichten.

Zum Thema „Auswertung von Landessortenversuchen" wird die Veröffentlichung von Piepho und Michel (2001) empfohlen. Dort wird u. a. auch gezeigt, wie man die Ergebnisse der Wertprüfungen des Bundessortenamtes als zusätzliche Informationsquelle mit einbeziehen kann. Eine spezielle Lösung für Serien über Jahr und Orte mit mehrjährigen und mehrschnittigen Futterpflanzen haben Piepho und Eckl (2013) vorgestellt.

Bei aller Bedeutung, die dem Ertrag in Sortenversuchen zukommt, sollte nicht vergessen werden, dass eine Sortenentscheidung noch von einer Vielzahl weiterer Merkmale abhängt. Insofern relativieren sich die in diesem Beispiel z. T. festgestellten großen Grenzdifferenzen.

Im pflanzenbaulichen Versuchswesen ist Kreuzklassifikation der Versuchsfaktoren die Regel. Die Faktoren stehen gleichberechtigt nebeneinander und jede Stufe des einen Faktors ist mit jeder Stufe des anderen Faktors kombiniert; somit können auch Wechselwirkungen zwischen den Faktoren überprüft werden. Es gibt jedoch auch den Fall, dass die Faktoren nicht „auf gleicher Höhe" zueinander stehen, sondern der eine Faktor dem anderen untergeordnet ist, also nach dem Muster: Auf jeder A-Stufe werden andere B-Stufen untersucht. In diesem Falle spricht man von einer hierarchischen Klassifikation, weil B innerhalb von A (Schreibweise: B(A)) geprüft wird. Die Überprüfung von Wechselwirkungen zwischen A und B verbietet sich dann. Hierarchische (geschachtelte) Versuchsanlagen kommen insbesondere in der Tier- und Pflanzenzüchtung vor, können aber auch in bestimmten Fällen im Pflanzenbau (z. B. bei Gewächshausversuchen) das Mittel der Wahl sein (s. hierzu auch Kapitel 47).

Auch bei hierarchischen Varianzanalysen können feste (alle Faktoren = fix), zufällige (alle Faktoren = random) und gemischte Modelle (z. B. A = random, B = fixed) gerechnet werden. Die entsprechenden Ableitungen für die Erwartungswerte sind in den Lehrbüchern zu finden und bedürfen hier keiner weiteren Erklärung, weil sie bei entsprechender Definition der Faktoren sowohl von *PROC GLM* als auch von *PROC MIXED* automatisch berücksichtigt werden. Im Folgenden wird ein Beispiel aus Rasch (1983) aufgegriffen, das dort nur nach dem zufälligen Modell (Modell II) ausgeführt wurde, hier jedoch auch nach dem Fixmodell verrechnet wird. Es bietet sich auch hier die Verwendung von **PROC MIXED** an, obwohl grundsätzlich auch *GLM*, im Falle von „alle oder einige Faktoren = zufällig" auch *PROC VARCOMP*, möglich ist. Das Beispiel von Rasch (1983, S. 180) stammt aus einer Mastleistungsprüfung mit den Nachkommen von 2 Ebern, die mit jeweils 3 (anderen) Sauen gepaart wurden und bei deren Nachkommen die Zahl der Masttage für ein bestimmtes Lebendgewicht festzustellen war. In der Syntax von SAS lautet daher das Modell

---

Zusätzliche Information ist in der Online-Version dieses Kapitels (doi:10.1007/978-3-642-54506-1_46) enthalten.

M. Munzert, *Landwirtschaftliche und gartenbauliche Versuche mit SAS,*
Springer-Lehrbuch, DOI 10.1007/978-3-642-54506-1_46

$$Masttage = Eber\ Sau(Eber)$$

Die Anzahl der geprüften Nachkommen (= Wiederholungen!) je Sau ist unterschiedlich, somit liegt ein unbalancierter Fall vor, der automatisch berücksichtigt wird.

Programm

```
TITLE1 'Hierarchische Varianzanalyse, Beispiel aus Rasch (1983), S.
180';
DATA a;
INPUT Eber Sau Tage @@;
DATALINES;
1 1 93 1 1 89 1 1 97 1 1 105 1 2 107 1 2 99 1 3 109 1 3 107 1 3 94 1 3
106 2 1 89 2 1 102 2 1 104 2 1 97 2 2 87 2 2 91 2 2 82 2 3 81 2 3 83 2 3
85 2 3 91
;
PROC PRINT DATA=a; RUN;
PROC MIXED DATA=a;
TITLE2 'Alle Faktoren = fix';
CLASS Eber Sau;
MODEL Tage = Eber Sau(Eber);
ODS OUTPUT LSMEANS=mittelw;
ODS OUTPUT DIFFS=diff_mittelw;
LSMEANS Eber Sau(Eber)/CL ADJUST=TUKEY;
RUN;
PROC TABULATE DATA=mittelw;
TITLE3 'Mittelwerte der Faktoren';
CLASS Eber Sau;
VAR Estimate;
TABLE Eber*Sau Eber,Estimate*MEAN/BOX = 'Grenzdifferenz s. PROC MEANS';
KEYLABEL MEAN='    ';
LABEL Estimate = 'Masttage';
DATA gd;
SET diff_mittelw;
gd_Tukey_5Proz=(AdjUpper - AdjLower)/2;
gd_tTest_5Proz=(Upper - Lower)/2;
RUN;
PROC SORT DATA=gd;
BY Effect;
RUN:
PROC MEANS DATA=gd MEAN MIN MAX;
TITLE4 'Grenzdifferenzen für Mittelwertvergleiche';
BY Effect;
VAR gd_Tukey_5Proz gd_tTest_5Proz;
RUN;
PROC MIXED DATA=a;
TITLE2 'Alle Faktoren = zufällig';
CLASS Eber Sau;
MODEL Tage = ;
RANDOM Eber Sau(Eber);
RUN;
QUIT;
```

Im ersten Schritt nach dem Einlesen der Daten wird mit *PROC MIXED* das Modell I (beide Faktoren=fix) unterstellt (bei Rasch (1983) nicht ausgeführt). Hier zielt die Varianzanalyse auf Mittelwertvergleiche mit entsprechenden Grenzdifferenzen ab. In der *Model*-Zeile befinden sich daher beide Faktoren in hierarchischer Ordnung; eine *RANDOM*-Anweisung entfällt und der zufällige Versuchsfehler wird auch hier automatisch hinzugefügt. Für den späteren Aufruf von *TABULATE* und *DATA b* werden zwei *ODS*-Auflistungen vorgehalten und mit *LSMEANS* die Mittelwerte der Eber und Sauen innerhalb Eber mit den Optionen *CL* (Konfidenzgrenzen) und *TUKEY* (Tukey-Test, zusätzlich zum t-Test!) initiiert. Die Konfiguration von *PROC TABULATE* führt zu Mittelwerten je Sau und Eber und je Eber. Die von *PROC MEANS* zur Verfügung gestellten Grenzdifferenzen (α=5 %) nach t-Test und Tukey-Test nehmen auf diese Mittelwerte Bezug.

Ganz am Schluss wird noch das Modell II (alle Faktoren=zufällig) verrechnet. Hier stehen beide Varianzursachen im *RANDOM*-Statement. Die Berechnung von *LSMEANS* macht hier keinen Sinn und würde von *MIXED* nicht akzeptiert werden (Programmabbruch). Bei Rasch (1983) erfolgt (nach der klassischen Methode) eine ANOVA-Schätzung. Sein Ergebnis ist nachvollziehbar, wenn man in der *PROC*-Zeile noch *METHOD=TYPE1* setzt. Im Programm wird jedoch die vorteilhaftere (und voreingestellte) REML-Methode verwendet, die gerade bei unbalancierten Daten zu bevorzugen ist.

Ausgabe

Bei der Verrechnung als Fixmodell gilt der erste Blick dem Ergebnis des F-Tests (Tab. 46.1). Sowohl der Einfluss der Eber als auch der Sauen ist signifikant. Deshalb sind die von *TABULATE* gelieferten Mittelwerte von Interesse. Wie die von *MEANS* zur Verfügung gestellten Grenzdifferenzen zeigen, differieren die Mittelwerte der beiden Eber signifikant, während ein signifikanter Sauenunterschied, gemessen an der mittleren Grenzdifferenz nach Tukey (Wert $^-$15,18) nur zum Teil festzustellen ist. Diese gemittelte Maßzahl kann aufgrund der Unbalanciertheit des Versuchs bei einzelnen Vergleichen zu Fehlschlüssen führen, was *Minimum-Maximum*-Angaben besagen. In diesem Fall ist man also gut beraten, im *MIXED*-Output *Differences of Least Square Means* nach der spezifischen Grenzdifferenz zu suchen, die sich aus der Differenz (*AdjUpper – AdjLower*)/2 ergibt. Beispielsweise lautet diese für den Vergleich Eber 1, Sau 3 mit Eber 2, Sau 3 13,79; die Differenz von 104 – 85 = 19 ist also signifikant (was allerdings auch die mittlere GD für Tukey bestätigt). Arbeitet man mit dem t-Test, ist das Problem der spezifischen GD von geringerer Bedeutung (wobei dann das generelle Problem des multiplen t-Tests ansteht), wie schon die *Minimum-/Maximum*-Angaben zeigen. Man ist gut beraten, im Zweifelsfall im *MIXED*-Output unter *Differences of Least Square Means* die spezifische GD aus (*AdjUpper – AdjLower*)/2 zu berechnen.

Tab. 46.1 Hierarchische Varianzanalyse (alle Faktoren = fix)

Die Prozedur MIXED

Typ 3 Tests der festen Effekte

Effekt	Zähler Freiheitsgrade	Nenner Freiheitsgrade	F-Statistik	Pr > F
Eber	1	15	16.81	0.0009
Sau(Eber)	4	15	3.69	0.0278

Prozedur TABULATE: Mittelwerte der Faktoren

Grenzdifferenz	PROC MEANS	Masttage
Eber	Sau	
1	1	96.00
	2	103.00
	3	104.00
2	1	98.00
	2	86.67
	3	85.00
Eber		
1		101.00
2		89.89

Prozedur MEANS: Grenzdifferenzen für Mittelwertvergleiche

Variable	Effekt=Eber Mittelwert	Minimum	Maximum
gd_Tukey_5Proz	5.7755545	5.7755545	5.7755545
gd_tTest_5Proz	5.7755545	5.7755545	5.7755545

Variable	Effekt=Sau(Eber) Mittelwert	Minimum	Maximum
gd_Tukey_5Proz	15.1816069	13.7927106	17.8063129
gd_tTest_5Proz	9.9597249	9.0485549	11.6816342

Das Ergebnis nach Modell II ist in Tab. 46.2 dargestellt. Hier ist allerdings anzumerken, worauf auch Rasch (1983) hinweist, dass man bei einer Eber-Mastleistungsprüfung mit zwei Ebern keine zufällige Stichprobenauswahl für Eber treffen kann, das Modell also unsinnig ist und das Beispiel nur der Demonstration des Rechengangs dienen soll.

Tab. 46.2 Hierarchische
Varianzanalyse, beide Fak-
toren = zufällig (Beispiel in
Tab. 46.1)

```
        Die Prozedur MIXED

     Covariance Parameter
          Estimates
Kov.Parm       Schätzwert
Eber              46.8434
Sau(Eber)         26.1800
Residual          35.7670
```

Ziel ist hier die Berechnung der Varianzkomponenten, die unter *Covariance Parameter Estimates* ausgewiesen werden. Man kann diese auch in Prozent ausdrücken, indem man die drei Werte aufaddiert (= 100 %) und für Eber somit einen Varianzanteil von 43 %, für die Sauen innerhalb der Eber von 24 % und einen Rest von 33 % feststellt. Der Restanteil ist die Variation innerhalb der Vollgeschwister-Nachkommen, die weder den Ebern noch den Sauen zugeordnet werden kann. Die ANOVA-TYP-I-Schätzung ergibt 34 bzw. 27 bzw. 39 % (nicht im Programm enthalten).

Weitere Hinweise

Die hierarchische Varianzanalyse wurde hier an einem zweifaktoriellen Fall aufgezeigt. Selbstverständlich können auch höher faktorielle Versuche nach dem gleichen Prinzip ausgewertet werden. Ein dreifaktorieller hierarchischer Versuch mit dem Ordnungsprinzip A über B, B über C wird mit *PROC MIXED* wie folgt modelliert:

```
Modell I:  MODEL y = A  B(A)  C(A B); /* eine RANDOM-Zeile entfällt */
Modell II: MODEL y = ;
RANDOM A  B(A)  C(A B);
```

Es gibt aber auch gemischte Modelle, bei denen kreuz- und hierarchisch klassifizierte Faktoren vorkommen. Beispiel: A, B und C kreuzklassifiziert, D dagegen A und B untergeordnet. Die Varianzursachen werden dann wie folgt definiert:

```
A  B  C  A*B  A*C  B*C  A*B*C  D(A B); /* Der Rest setzt sich automatisch
aus C*D(A B) zusammen */
```

Alle zufälligen Faktoren und evtl. zufällige Faktoren vor der Klammer stehen dann in der *RANDOM*-Zeile.

Eine teilweise hierarchische Datenstruktur liegt auch bei beiden Beispielen im folgenden Kapitel 47 vor, allerdings mit anderer Bedeutung und deshalb auch etwas anderer Modellbildung.

Im Kapitel 46 wurde die Varianzanalyse bei hierarchisch strukturierten Daten erläutert. Ein Spezialfall der hierarchischen Varianzanalyse in Bezug auf verschiedene Versuchsfehler sind Versuche mit Mehrfachmessungen an der kleinsten Einheit (Objekt) des Experiments, also z. B. an der Parzelle oder einem Gefäß im Gewächshaus. Die Methode der Mehrfachmessungen wird manchmal gewählt, wenn die vollständige Ermittlung des Merkmals am Objekt zu aufwändig wäre und man davon ausgeht, dass Stichproben an diesem auch genügen. Ein klassischer Fall im Feldversuchswesen ist die Bestimmung der Auflaufquote der Sorten. Die gesamte Parzelle auszuzählen, ist ein großer Aufwand. Stattdessen beschränkt man sich oft auf das Auszählen von z. B. drei 1 m langen Teilstrecken in der Parzelle einer Reihenkultur. Oder man will die Halmlänge zu einem bestimmten Zeitpunkt ermitteln und beschränkt sich auf die Messung der Bestandeshöhe an wenigen (zufällig ausgewählten) Stellen in der Parzelle. In einem Gewächshausversuch könnte aber auch Interesse an der Variabilität zwischen den Einzelpflanzen bestehen, die in einer typischen Produktionseinheit (z. B. Gefäß) erzeugt werden. Dahinter könnte die Frage stehen, ob die Einheitlichkeit der Pflanzen im Gefäß bei gegebener Gefäßgröße befriedigt.

Bei beiden Szenarien liegt ein besonderer statistischer Fall vor: Die Versuche verfügen über zwei Fehlerarten, einem experimentellen und dem Probenahmefehler, wobei letzterer dem ersteren untergeordnet ist; die Fehler stehen also in hierarchischer Beziehung zueinander.

Geht es nur um die Verwendung des richtigen Fehlerterms für die Durchführung der F-Tests und eines Mittelwerttests, kann man sich im Falle eines balancierten (oder weitgehend balancierten) Datensatzes sehr einfach aus der Affäre ziehen, indem man den Mittelwert oder die Gesamtsumme (bei völlig balancierten Daten) aus den Probenahmen bildet

Zusätzliche Information ist in der Online-Version dieses Kapitels (doi:10.1007/978-3-642-54506-1_47) enthalten.

M. Munzert, *Landwirtschaftliche und gartenbauliche Versuche mit SAS,*
Springer-Lehrbuch, DOI 10.1007/978-3-642-54506-1_47

Tab. 47.1 Struktur und Daten einer Untersuchung in drei Gebieten mit zwei bis drei Werken

Gebiete	A			B			C	
Werke	I	II	III	I	II	III	I	II
Werte	6	6; 8	6; 7; 8	5; 7	6; 7	6	7	7; 9

und mit diesem Wert die weitere Verrechnung mit Hilfe eines versuchsplankonformen Programms vornimmt. Damit erhält man dann nicht nur die korrekten F- und Mittelwerttests, auch die sonstigen verfügbaren Programmfunktionen (z. B. Anzeige der sinnvollen Mittelwertvergleiche) können voll genutzt werden. Diese Mittelwerte können leicht mit *PROC SORT* und *PROC MEANS* erzeugt werden. Wenn allerdings extreme Unbalanciertheit vorliegt oder man wissen will, wie experimenteller und Probenahmefehler einzuschätzen sind, müssen beide Fehler explizit berechnet und dann auch situationsbezogen verwendet werden. Am einfachsten lässt sich dieses Problem mit **PROC MIXED** lösen, wenngleich auch *PROC GLM* dafür meistens geeignet ist.

Die Problematik soll an zwei Beispielen aufgezeigt werden. Im ersten Fall handelt es sich um einen Feldversuch als Lateinisches Quadrat, bei dem die Zahl der aufgelaufenen Pflanzen je Parzelle durch Auszählen von drei Messstrecken in der Parzelle ermittelt wurde. Bis auf die Wiederholungen innerhalb der Parzelle sind die Daten aus Block, Säule und Faktor kreuzklassifiziert; nur die Probenahmen innerhalb der Parzelle sind diesen untergeordnet.

Im zweiten Fall wird ein bei Steel and Torrie (1980, S. 161), beschriebener extrem unbalancierter Versuch verrechnet, der zudem einen außergewöhnlichen experimentellen Fehler aufweist. Hier wurden in drei Gebieten (areas) mit zwei bis drei Werken (plants) eine bis drei (nicht näher beschriebene) Messungen an einem Produkt vorgenommen (Tab. 47.1). Es handelt sich also sowohl hinsichtlich *Werke* als auch *Werte* um unbalancierte Daten. Die Versuchsfrage lautet, ob sich die drei Gebiete signifikant unterscheiden. Wechselwirkungen zu den Werken entfallen, weil in jedem Gebiet andere Werke zur Verfügung standen. Es liegen zwei Versuchsfehler vor, ein experimenteller und ein Probenahmefehler. Das Schema der Varianzanalyse lautet demnach:

Ursache	FG	F-Test (bei balancierten Daten!)
Gebiete	2	$MQ_{Gebiete}/MQ_{experim.\ Fehler}$
Werke(Gebiete)[a] = experim. Fehler	5	$MQ_{experim.\ Fehler}/MQ_{Probenfehler}$
Werte(Werke)[b] = Probenfehler	6	$MQ_{Probenfehler}$
Total	13	

[a] sprich: Werke innerhalb der Gebiete
[b] sprich: Werte innerhalb der Werke

Warum der experimentelle Fehler hier einen besonderen Status einnimmt, mit Folgen für den F-Test (und anschließende Mittelwerttests), wird bei den Ergebnissen erläutert.

Programm

```
TITLE1 'Varianzanalyse bei Mehrfachmessungen am Objekt';
DATA a;
TITLE2 'Beispiel: Varianzkomponente für experimenentellen Fehler >0';
TITLE3 'Lateinisches Quadrat, Merkmal: Anzahl aufgelaufene Pflanzen';
INPUT block saeule sorte @@;
DO reihe = 1 TO 3;
INPUT Anzahl @@; OUTPUT;
END;
DATALINES;
1 1 1 16 19 18 2 1 4 11 17 15 3 1 3 20 22 19 4 1 2 21 20 18
1 2 2 21 20 19 2 2 3 21 25 21 3 2 4 13 13 17 4 2 1 18 18 15
1 3 3 23 18 22 2 3 1 20 23 20 3 3 2 21 18 22 4 3 4 16 18 15
1 4 4 18 21 17 2 4 2 23 22 24 3 4 1 20 21 22 4 4 3 20 18 12
;
PROC PRINT DATA=a;RUN;
PROC MIXED DATA=a; /*bzw. METHOD=TYPE1 einfügen; s. Programmbeschr. */
CLASS block saeule Sorte;
MODEL Anzahl = block saeule sorte/DDFM=KR;
RANDOM sorte(block saeule);
ODS OUTPUT DIFFS = diff_mittelw_a;
LSMEANS Sorte/ADJUST=TUKEY CL;
RUN;
PROC SORT DATA = diff_mittelw_a;
BY Effect;
RUN;
DATA gd_a;
SET diff_mittelw_a;
gd_Tukey_5Proz=(AdjUpper - AdjLower)/2;
gd_tTest_5Proz=(Upper - Lower)/2;
RUN;
PROC MEANS DATA=gd_a MEAN MIN MAX;
BY Effect;
TITLE4 'Grenzdifferenzen für Mittelwertvergleiche';
VAR gd_Tukey_5Proz gd_tTest_5Proz;
RUN;
/*********************************************************************/
DATA b;
TITLE2 'Beispiel: Varianzkomponente für experimenentellen Fehler = 0';
TITLE3 'Beispiel aus Steel u. Torrie (1980), S. 161';
INPUT A$ P$ Wert @@;
DATALINES;
A I 6 A II 6 A II 8 A III 6 A III 7 A III 8
B I 5 B I 7 B II 6 B II 7 B III 6 C I 7 C II 7 C II 9
;
PROC PRINT DATA=b; RUN;
PROC MIXED DATA=b; /* Beachte Hinweise in Programmbeschreibung */
CLASS A P;
MODEL Wert = A/DDFM=KR;
RANDOM P(A);
ODS OUTPUT DIFFS = diff_mittelw_b;
LSMEANS A/ADJUST=TUKEY CL;
RUN;
PROC SORT DATA = diff_mittelw_b;
BY Effect;
```

```
RUN;
DATA gd_b;
SET diff_mittelw_b;
gd_Tukey_5Proz=(AdjUpper - AdjLower)/2;
gd_tTest_5Proz=(Upper - Lower)/2;
RUN;
PROC MEANS DATA=gd_b MEAN MIN MAX;
BY Effect;
TITLE4 'Grenzdifferenzen für Mittelwertvergleiche';
VAR gd_Tukey_5Proz gd_tTest_5Proz;
RUN;
QUIT;
```

Der erste Datensatz (Lateinisches Quadrat mit Mehrfachmessung) wird unter *DATA a* eingelesen. Die anschließende *PROC MIXED* muss die Zeile *RANDOM sorte(block saeule)*
haben, damit für den folgenden Mittelwerttest unter *LSMEANS* der richtige (nämlich experimentelle) Fehler verwendet wird. Die über *DATA gd_a* und *PROC MEANS DATA=gd_a*
erzeugten Grenzdifferenzen ergeben sich aus den entsprechenden Konfidenzintervallen
in der Datei *diff_mittelw_a.* Damit ist die Auswertung dieses Lateinischen Quadrates mit
mehreren Einzelwerten einer Parzelle möglich, und das Ergebnis entspricht einer Auswertung mit gemittelten (oder aufsummierten) Einzelwerten; die *RANDOM*-Zeile würde
dann entfallen. Allerdings beantwortet dieser Ansatz dann nicht die Frage, wie experimenteller und Probenahmefehler („Probenfehler") einzuschätzen sind. Hierzu muss die
Auswertungsmethode von *PROC MIXED* von der *REML*-Methode (Voreinstellung!) auf
die klassische Auswertungsmethode „Typ 1 – Methode" umgestellt werden (wie sie auch
PROC GLM verwendet). Man erreicht das, indem man schreibt: *PROC MIXED DATA = a*
METHOD = TYPE1;.

Der zweite Datensatz unter *DATA = b* wird im Prinzip von *PROC MIXED* auf gleiche
Weise verrechnet. Hier sind die Werke innerhalb der Gebiete, also P(A), der experimentelle Fehler, und der Probenfehler ergibt sich wiederum aus den Mehrfachmessungen am
Produkt. Auch bei der Bewertung beider Fehlerarten muss man grundsätzlich wie beim
Datensatz *a* vorgehen; warum hier *METHOD = TYPE1* ausnahmsweise entfällt, wird bei
der Besprechung der Ergebnisse begründet. Für die weitere Berechnung der Mittelwerte
und Grenzdifferenzen wird der gleiche SAS-Code wie oben verwendet.

Ausgabe

Die in Tab. 47.2 zusammengestellten wesentlichen Ergebnisse für das Lateinische Quadrat
ohne die Option *METHOD=TYPE1* offenbaren folgenden Sachverhalt:

- Die Varianzkomponente für den experimentellen Fehler (=sorte(block*saeule)) beträgt
  2,7153 und ist damit >0. Der Probenfehler (Residual) ist stets >0, hier 4,4583.
- Die *Typ 3 Tests der festen Effekte* sind mit den hier nicht aufgeführten *Typ 1 Tests* identisch (balancierter Versuch!) und ergeben für den Sorteneffekt eine Überschreitungs-

Tab. 47.2 Beispiel mit experimentellem Fehler > 0

```
      Lateinisches Quadrat, Merkmal: Anzahl aufgelaufene Pflanzen

                          Die Prozedur MIXED
                Kov.Parm                  Schätzwert
                sorte(block*saeule)          2.7153
                Residual                     4.4583

                    Typ 3 Tests der festen Effekte
                       Zähler            Nenner
Effekt          Freiheitsgrade      Freiheitsgrade      F-Statistik     Pr > F
block                   3                  6                1.26       0.3684
saeule                  3                  6                0.79       0.5439
sorte                   3                  6                4.37       0.0592

                    Kleinste-Quadrate-Mittelwerte
            Effekt    sorte    Schätzwert     Standardfehler
            sorte       1       19.1667          1.0249
            sorte       2       20.7500          1.0249
            sorte       3       20.0833          1.0249
            sorte       4       15.9167          1.0249

        Grenzdifferenzen für Mittelwertvergleiche
        ------------------ Effekt=sorte --------------

                          Die Prozedur MEANS
    Variable            Mittelwert        Minimum          Maximum

    gd_Tukey_5Proz       5.0173258        5.0173258       5.0173258
    gd_tTest_5Proz       3.5464984        3.5464984       3.5464984
```

wahrscheinlichkeit von $Pr > F = 0{,}0592$. Da die übliche Schranke $\alpha = 5\%$ überschritten ist, könnte man auf Mittelwertvergleiche verzichten und konstatieren: keine signifikanten Mittelwertdifferenzen. Bei einer solchen knappen Überschreitung kann man natürlich mit einer der zur Verfügung gestellten Grenzdifferenzen trotzdem Vergleiche anstellen. Mittels t-Test unterscheiden sich die Sorten 2 und 3 von 4; der Tukey-Test negiert in allen Fällen Signifikanzen.

In Tab. 47.3 befindet sich die Varianzanalyse nach Typ 1, nachdem in einem weiteren Programmlauf $METHOD = TYPE1$ gesetzt wurde. Hier ist zusätzlich der F-Test für den experimentellen Fehler aufgeführt. Er ergibt sich aus $MQ_{sorte(block*saeule)}/MQ_{Residual}$. Der F-Wert von 2,83 mit $Pr > F = 0{,}0253$ besagt, dass der Fehler des Lateinischen Quadrats signifikant größer als der Probenfehler ist. Damit lässt sich schlussfolgern, dass die Versuchsgenauigkeit in erster Linie von der Anlagemethode bestimmt wird und die Parzellenbeprobung ausreichend war. Es versteht sich von selbst, dass die Mittelwerte und Grenzdifferenzen bei diesem Programmlauf gleich ausfallen.

Tab. 47.3 Beispiel mit experimentellem Fehler >0, $METHOD = TYPE1$ (s. Text)

```
Lateinisches Quadrat, Merkmal: Anzahl aufgelaufene Pflanzen

                       Die Prozedur MIXED

                       Typ 1 Varianzanalyse

         Quelle                  F-Statistik      Pr > F

         block                       1.26         0.3684

         saeule                      0.79         0.5439

         sorte                       4.37         0.0592

         sorte(block*saeule)         2.83         0.0253

         Residuen                       .            .


              Covariance Parameter Estimates
           Kov.Parm                  Schätzwert

           sorte(block*saeule)          2.7153

           Residual                     4.4583
```

Tab. 47.4 Beispiel mit experimentellem Fehler <0, Daten von Tab. 47.1

```
                       Die Prozedur MIXED

                    Covariance Parameter
                          Estimates
                   Kov.Parm      Schätzwert
                   P(A)                   0
                   Residual          0.9364

                 Typ 3 Tests der festen Effekte
                    Zähler           Nenner
      Effekt     Freiheitsgrade   Freiheitsgrade      F-Statistik    Pr > F
      A                2               11                 2.17       0.1610

                 Kleinste - Quadrate - Mittelwerte
           Effekt    A    Schätzwert   Standardfehler       DF
           A         A       6.8333        0.3950           11
           A         B       6.2000        0.4328           11
           A         C       7.6667        0.5587           11

           Grenzdifferenzen für Mittelwertvergleiche
------------------------------ Effekt=A --------------------------------------
                    Die Prozedur MEANS
           Variable       Mittelwert       Minimum        Maximum

           gd_Tukey_5Proz   1.7797411     1.5825576      1.9086363
           gd_tTest_5Proz   1.4503485     1.2896596      1.5553880
```

Im zweiten Beispiel (Tab. 47.4) ist festzustellen, dass die unter *Covariance Parameter Estimates* ausgewiesene Varianzkomponente für den experimentellen Fehler ($P(A)$) auf 0 gesetzt wurde, weil sie negativ ausfällt (den genauen Wert erfährt man, wenn *MIXED* mit *NOBOUND* gestartet wird). Da $P(A)$ der Fehlerterm für A ist und damit für einen F-Test nicht zur Verfügung steht, bildet *MIXED* einen neuen, gemeinsamen Fehler mit dem Restfehler (*Residual*), der dann – wie am o. a. Varianzschema leicht nachzuvollziehen ist – 11 Freiheitsgrade (*DF*) hat. Diese Vorgehensweise empfehlen auch Steel and Torrie (1980) bei diesem Beispiel. Mit *PROC GLM* wäre diese Lösung nicht möglich, weil hier zusammengesetzte Fehler nicht vorgesehen sind und deshalb auch die Schätzung der Standardfehler und der Grenzdifferenzen nicht korrekt ausfällt.

Damit erübrigt sich ein spezieller F-Test für den experimentellen Fehler (kein Programmlauf mit *METHOD=TYPE1*). Der F-Test zu A (=Gebiete) signalisiert keine signifikanten Unterschiede, was sowohl an den Schätzwerten (Mittelwerte) wie auch den Grenzdifferenzen nachzuvollziehen ist. Die starke Unbalanciertheit des Versuchs manifestiert sich an den unterschiedlichen Standardfehlern der Mittelwerte und den Minimum-/Maximum-Grenzdifferenzen.

Weitere Hinweise

Mit beiden Beispielen sollte gezeigt werden, dass man mit *PROC MIXED* immer auf der richtigen Seite ist, während *PROC GLM* nur bei balancierten Daten und im Falle positiver Varianzkomponenten für den experimentellen Fehler adäquate Ergebnisse liefert (bei etwas umständlicherer Programmsteuerung). Es ist aber noch einmal darauf hinzuweisen, dass mit der Mittelung (oder Summierung) der Einzelwerte die F-Tests, Mittelwerttests und Grenzdifferenzen in jedem Falle korrekt ausgeführt bzw. berechnet werden. Diese Vorgehensweise empfiehlt sich insbesondere bei mehrfaktoriellen Versuchen, weil die hierfür zur Verfügung stehenden Programme noch weitere gut nutzbare Funktionalitäten aufweisen. Allerdings sollte der Datensatz möglichst vollständig balanciert sein, weil die Objektmittelwerte nur dann hinreichend vergleichbar sind. Bei extrem unbalancierten Versuchen ist die Einzelverrechnung mit *PROC MIXED* alternativlos.

Für die hier demonstrierte Differenzierung in experimentellen Fehler und Restfehler wurden einfaktorielle Versuche verwendet. Selbstverständlich ist die Methode auch auf den mehrfaktoriellen (kreuzklassifizierten oder hierarchischen) Fall anwendbar. Es ist lediglich darauf zu achten, dass der bzw. die experimentelle(n) Fehler als *RANDOM* in der *MIXED*-Prozedur gesetzt werden.

Im Beispiel mit *DATA=a* wurden die Zählergebnisse unverändert verrechnet. Verständlicher wäre wohl eine Transformation in „% aufgelaufene Pflanzen" gewesen; diese kann man leicht unmittelbar im *DATA*-Set mittels einer Dreisatzrechnung vornehmen. Allerdings muss auf die besondere Problematik von Prozentwerten hingewiesen werden, auf die in den nächsten beiden Kapitel eingegangen wird.

Schließlich sei noch darauf hingewiesen, dass man das Beispiel „Gebiete (A) und Werke (P)" auch zweifaktoriell verstehen kann, wenn man wissen will, ob es auch signifikante Unterschiede zwischen den Werken innerhalb der Gebiete gibt. Ein experimenteller Fehler entfällt damit und es liegt ein klassischer Fall einer zweifaktoriellen hierarchischen Varianzanalyse vor, der wie folgt zu lösen ist:

```
PROC MIXED DATA=b;
CLASS A P;
MODEL Wert = A P(A)/DDFM=KR;
ODS OUTPUT DIFFS = diff_mittelw_b;
LSMEANS A P(A)/ADJUST=TUKEY CL;
RUN;
PROC SORT DATA = diff_mittelw_b;
BY Effect;
RUN;
DATA gd_b;
SET diff_mittelw_b;
gd_Tukey_5Proz=(AdjUpper - AdjLower)/2;
gd_tTest_5Proz=(Upper - Lower)/2;
RUN;
PROC MEANS DATA=gd_b MEAN MIN MAX;
BY Effect;
TITLE4 'Grenzdifferenzen für Mittelwertvergleiche';
VAR gd_Tukey_5Proz gd_tTest_5Proz;
RUN;
```

Ergebnis: Sowohl A als auch P(A) erweisen sich als nicht signifikant; Mittelwertvergleiche und Grenzdifferenzen sind insofern obsolet.

Unter diskreten Prozentbonituren versteht man den aus Häufigkeiten ermittelten Prozent-satz eines Merkmals (z. B. Prozent befallener/infizierter Pflanzen, Prozent beschädigter Knollen). Das Ergebnis ist immer eine ganz bestimmte Zahl (z. B. 5 von 20 untersuchten Pflanzen = 25 %), daher „diskrete Prozentbonitur". Es gibt auch den Fall der kontinuier-lichen (stetigen) Prozentbonituren, auf den im Kapitel 49 eingegangen wird.

Die theoretischen Grundlagen für die Verrechnung von Prozentbonituren sind bei Pie-pho (1998) ausführlich beschrieben. Hier sollen nur die wichtigsten Aspekte herausge-stellt werden.

Zumindest bei diskreten Prozentwerten kann von keinem additiven Modell – wie bei der üblichen Varianzanalyse – ausgegangen werden. Da ein Befallswert maximal den Wert 100 (%) annehmen kann, ist additives Verhalten der Effekte nicht zu erwarten. Beispiel: Zwei Sorten mögen für eine Krankheit unterschiedlich anfällig sein. Unter ungünstigen Infektionsbedingungen liege bei der Sorte A ein Befallsgrad von 40 %, bei der Sorte B von 70 % vor. An anderer Stelle im Versuch, unter günstiger Infektionslage, betrage der Befall von Sorte A 80 %. Nach dem additiven Modell wäre dann bei der Sorte B ein Befall von 110 % zu erwarten, was aber, da nur 100 % möglich ist, nicht der Fall sein kann. Die Ad-ditivität kann jedoch durch eine Logit-Transformation (s. Kapitel 61 und 62) hergestellt werden, mit dem Effekt, dass die Wahrscheinlichkeiten immer im Bereich zwischen 0 und 100 % liegen („Link-Funktion").

Damit für die Verrechnung der Daten die Maximum-Likelihood-Methode angewendet werden kann, muss die Verteilungsfunktion bekannt sein. Bei Befallswerten ist die Bino-mialverteilung naheliegend. Sie impliziert auch, dass die Varianzen nicht homogen sind. Damit ist auch die Beziehung zwischen Erwartungswert und Varianz hergestellt.

Zusätzliche Information ist in der Online-Version dieses Kapitels (doi:10.1007/978-3-642-54506-1_48) enthalten.

Es ist außerdem das Phänomen der *Überdispersion* zu beachten. Es ist dann existent, wenn die Varianz größer ist, als nach dem Modell zu erwarten wäre. Der Grund ist, dass innerhalb eines Blocks auch mit einem Parzellenfehler aufgrund von z. B. Bodenunterschieden zu rechnen ist. Ins Modell sollte daher auch ein sog. Überdispersionsparameter aufgenommen werden, der mit Hilfe der Pearson-Chi-Quadrat-Statistik geschätzt wird.

Solange im Versuch nur eine Zufallskomponente im Modell zu berücksichtigen ist (und damit ein fixes Modell vorliegt), z. B. bei einer Blockanlage, kann ein solches logistisches Modell nach einem GLM ausgewertet werden. Hierfür kann man **PROC GENMOD** verwenden. Für diskrete Prozentzahlen eines Datensatzes mit fixen und zufälligen Faktoren – die damit mehrere Zufallskomponenten im Modell bedingen – ist **PROC GLIMMIX** zuständig. Beide Prozeduren haben den großen Vorteil, dass die Voraussetzungen für „normale GLMs", Varianzhomogenität und Normalverteilung, entfallen. Additivität wird durch die Logit-Transformation hergestellt. Ein weiterer Vorteil ist die ähnliche Handhabung wie bei *PROC GLM* bzw. *MIXED*.

Im Folgenden wird je ein Beispiel mit einer bzw. mehreren Zufallskomponenten verrechnet. Die Beispiele stammen aus Piepho (1998), wobei dort eine ältere Version von *GENMOD* verwendet wurde und statt der damals noch nicht verfügbaren *PROC GLIMMIX* ein Makro (*%GLIMMIX)* zum Einsatz kam. Die Outputs stimmen überein und liefern z. T. noch ergänzende Angaben. Im ersten Beispiel geht es um einen zweifaktoriellen Mohrrübenversuch, in dem der Fliegenbefall von 16 Sorten nach zwei Insektizidbehandlungen untersucht wurde. Beim zweiten Versuch wurde eine Zuckerrübenversuchsserie über 7 Orte und 5 Sorten hinsichtlich der festgestellten Bestandesdichten ausgewertet.

Programm

Beim ersten Datensatz (*DATA = mohr*) werden Häufigkeiten eines zweifaktoriellen Blockversuchs eingelesen: y steht für die Anzahl befallener Mohrrüben, m für die Gesamtzahl der ausgewerteten Rüben einer Parzelle. Gleichzeitig wird mit *prozent = y/m*100* der Prozentwert

```
TITLE1 'Auswertung von diskreten Prozentzahlen';
DATA mohr;
TITLE2 'Beispiel aus Piepho (1998), S. 27 - 31';
TITLE3 'MODELL mit einer Zufallskomponente';
DO sorte = 1 TO 16; DO insek = 1 TO 2; DO block = 1 TO 3;
INPUT m y @@; prozent=y/m*100; OUTPUT;
END; END; END;
DATALINES;
53 44 48 42 51 27 60 16 52  9 54 26 48 24 42 35 52 45 44 13 48 20 53 16
49  8 49 16 50 16 52  4 51  6 43 12 51  4 42  5 46 12 52 15 56 10 48  6
52 11 51 13 44 15 51  4 43  6 46  9 50 15 49  5 50  7 51  1 49  8 54  3
52 18 47 13 47  7 52  2 52  4 52  6 47  5 49 15 50  8 56  6 50  4 42  6
52 11 45  6 51  5 54  3 51  8 53  3 51  0 39 10 48 14 50  3 50  0 51 10
52  6 46  4 37 10 52  1 38  7 48  4 52  0 55  4 40  1 50  1 50  3 45  1
45 14 43 18 40  4 51  4 46  7 45  7 52  3 53 12 55  4 52  3 48  7 49 12
52 11 54  6 49  5 50  2 46  4 53 14 53  4 40  1 52  4 56  4 44  1 42  3
```

```
RUN;
PROC PRINT; RUN;
ODS GRAPHICS ON;
PROC GENMOD DATA=mohr PLOTS=RESCHI;
TITLE4 'Modell mit Interaktionen';
CLASS sorte insek block;
MODEL y/m = block insek|sorte/LINK=LOGIT DIST=BIN TYPE1 SCALE=PEARSON;
RUN;
ODS GRAPHICS OFF;
PROC GENMOD DATA=mohr;
TITLE4 'Eine Zufallskomponente, Modell ohne Interaktionen';
CLASS sorte insek block;
MODEL y/m = block insek sorte/LINK=LOGIT DIST=BIN TYPE1 SCALE=PEARSON;
LSMEANS insek sorte/DIFF ADJUST=TUKEY LINES;
RUN;
* * * * * * * * * * * * * * * * * * * * * * * * * * * * * * * * * * * * * * * * * * * * * * * * * * * * * * * * * * * * ;
DATA ifz;
TITLE2 'Beispiel aus Piepho (1998), S.32 - 33';
TITLE3 'MODELL mit mehreren Zufallskomponenten';
INPUT ort block @@;
IF ort=1 THEN m=237;IF ort=2 THEN m=237;IF ort=3 THEN m=400;IF ort=4
THEN m=237;
IF ort=5 THEN m=225;IF ort=6 THEN m=237;IF ort= 7 THEN m=480;
DO sorte=1 TO 5;INPUT y @@;prozent= y/m*100;OUTPUT; END;
DATALINES;
1 1 203 170 195 202 192 1 2 183 179 180 192 195 1 3 195 168 172 189 193
1 4 198 153 171 184 191 1 5 177 178 186 199 183 2 1 175 155 171 164 176
2 2 195 159 157 177 159 2 3 174 162 179 178 151 2 4 146 144 175 162
2 5 181 141 162 179 163 3 1 333 309 296 357 351 3 2 345 318 314 357 336
3 3 357 303 324 357 345 3 4 360 315 315 372 345 3 5 366 311 333 345 354
4 1 156 144 159 182 150 4 2 169 152 161 187 168 4 3 169 155 164 185 162
4 4 159 150 158 173 170 4 5 173 147 162 157 165 5 1 200 192 188 201 199
5 2 194 178 186 189 188 5 3 193 183 186 196 181 5 4 179 172 178 199 185
5 5 188 171 166 199 180 6 1 184 166 167 189 174 6 2 172 171 156 169 163
6 3 176 152 161 173 167 6 4 178 175 165 170 175 6 5 171 153 167 186 166
7 1 255 214 224 293 256 7 2 258 203 226 195 222 7 3 290 250 229 293 244
7 4 266 265 244 307 266
;
PROC PRINT DATA=ifz;RUN;
ODS GRAPHICS ON;
PROC GLIMMIX DATA=ifz PLOTS=PearsonPANEL;
CLASS ort sorte block;
MODEL y/m = sorte/CHISQ LINK=LOGIT DIST=BIN;
RANDOM ort block*ort sorte*ort;
RANDOM _RESIDUAL_ ;
LSMEANS sorte/DIFF LINES;
LSMEANS sorte/DIFF ADJUST=TUKEY LINES;
RUN;
ODS GRAPHICS OFF;
QUIT;
```

befallener Rüben berechnet. Dieses Merkmal wird für die statistische Auswertung nicht benötigt; man erhält die Werte bei der Ausgabe von *PROC PRINT* aufgelistet und kann sie bei der Präsentation der Ergebnisse gut gebrauchen (s. auch *Weitere Hinweise*). Die Zielvariable in der *MODEL*-Zeile von *GENMOD* ist in der sog. „events/trials"-Form definiert (Anzahl befallener Pflanzen dividiert durch Gesamtzahl der untersuchten Pflanzen). Nach dem Gleichheitszeichen folgen die Versuchseffekte (mit Wechselwirkung) und nach dem Schrägstrich die Optionen für die Logit-Transformation und Binomialverteilung. Hinzu kommen zwei weitere Schlüsselwörter: *TYPE1* bedingt eine Varianzanalyse des Typs 1, d. h. die Varianzen sind von der Reihenfolge der aufgenommenen Faktoren im Modell abhängig. *SCALE=PEARSON* schätzt den oben erwähnten Überdispersionsparameter. Mit *PLOTS=RESCHI* wird eine *ODS*-Grafik zu den Pearson-Residuals angefordert.

Da sich in diesem Beispiel zeigt, dass die Wechselwirkung *sorte*insek* unter diesen Bedingungen (Überdispersion ausgeschaltet!) nicht signifikant ist, wird *GENMOD* nochmals als Modell ohne Wechselwirkung aufgerufen und es wird jetzt ergänzend die *LSMEANS*-Statistik verlangt.

Nach der Zeile ******; folgt der zweite Datensatz (Zuckerrübenbeispiel), der für die einzelnen Orte unterschiedliche Stichprobengrößen (m) enthält. Beim folgenden Aufruf von *PROC GLIMMIX* sind *sorte* in der *MODEL*-Zeile als fixer und in der *RANDOM*-Zeile *ort* und alle Wechselwirkungen mit dem Ort als zufällig definiert. Damit liegt ein Versuch mit drei Zufallskomponenten vor. Die weitere *RANDOM*-Zeile mit *_RESIDUAL_* passt den Überdispersionsparameter an. Die Modell-Optionen sind (zusätzlich zum F-Test) auf den χ^2-Test, außerdem auch auf die Logit-Transformation und Binomialverteilung, abgestellt. Mit der *ODS*-Funktionalität wird das sog. Pearson-Panel erstellt, welches diagnostische Residuen-Plots umfasst, mit denen man prüfen kann, ob die Modellannahmen stimmen.

Ausgabe

In Tab. 48.1 findet sich das Ergebnis des ersten Aufrufs von *GENMOD* (mit Überdispesion). Wie die Likelihood-Ratio-Statistik (LR-Statistik) zeigt, ist die Wechselwirkung *sorte*insek* mit einer Devianz von 208,1402 sowohl nach F- als auch nach χ^2-Statistik nicht signifikant. Die Haupteffekte *insek* und *sorte* sind dagegen hoch signifikant. Die Devianz entspricht der Summe der Quadrate der Residuen einer Varianzanalyse; die Devianztabelle ist deshalb wie eine Varianzanalyse zu interpretieren. Die Pearson-Residuen sind schön gleichmäßig im Fehlerraum verteilt (Abb. 48.1). Daraus ist zu schließen, dass die *LINK*- und *DIST*-Optionen sehr gut geeignet sind, das Modell zu erklären. Allerdings sollte die Wechselwirkung *sorte*insek* aus dem Modell entfernt werden, weil sie unter Berücksichtigung der Überdispersion nicht signifikant ist (ohne *SCALE=PEARSON* ergäbe sich Signifikanz).

Tab. 48.1 Beispiel mit einer Zufallskomponente, Modell mit Interaktionen

```
          Beispiel aus Piepho (1998), S. 27 - 31 (Mohrrübenversuch)

                            Die Prozedur GENMOD
                       LR-Statistiken für Typ-1-Analyse
                        Zähler      Nenner                    Chi-
Quelle        Devianz   Freiheitsgr. Freiheitsgr. F-Statistik  Pr > F  Quadrat  Pr > ChiSq
Intercept     901.7047
block         885.3002       2           62           2.55     0.0862   5.10     0.0780
insek         794.6180       1           62          28.20    <.0001   28.20    <.0001
sorte         277.0534      15           62          10.73    <.0001  160.97    <.0001
sorte*insek   208.1402      15           62           1.43     0.1625   21.43    0.1235
```

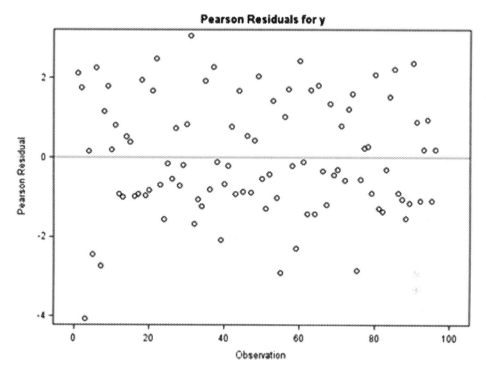

Abb. 48.1 Verteilung der Residuen im Mohrrübenversuch

Tab. 48.2 Beispiel mit einer Zufallskomponente, Modell ohne Interaktionen

```
            Beispiel aus Piepho (1998), S. 27 - 31 (Mohrrübenversuch)

                               Die Prozedur GENMOD
                          LR-Statistiken für Typ-1-Analyse
                               Zähler      Nenner                    Chi-
Quelle          Devianz   Freiheitsgr. Freiheitsgr. F-Statistik  Pr > F  Quadrat  Pr > ChiSq
Intercept       901.7047
block           885.3002        2           77          2.34     0.1036   4.67      0.0968
insek           794.6180        1           77         25.82     <.0001  25.82      <.0001
sorte           277.0534       15           77          9.82     <.0001 147.36      <.0001
```

Ohne Berücksichtigung der Wechselwirkung im Modell ergeben sich die gleichen Devianzwerte für *block, insek* und *sorte* (Tab. 48.2). Die Freiheitsgrade des Nenners erhöhen sich aber um jene der Wechselwirkung, nämlich um 15, weshalb sich leichte, aber keine substanzielle Veränderungen bei der F- und χ^2-Statistik ergeben.

Im Navigationsfenster kann man u. a. auch die LS-Means-Werte (Logits) und deren Mittelwertdifferenzen mit Buchstabensymbolik (Option *LINES*) aufrufen. Einem Leser solcher Versuchsergebnisse wird man natürlich stattdessen die realen Prozentwerte (Merkmal *prozent*), ergänzt durch die Buchstabensymbole, präsentieren. Dies ist leicht mittels zweier *PROC MEANS* (jeweils für *insek* und *sorte*), denen immer eine *PROC SORT* vo-

Tab. 48.3 Beispiel mit mehreren Zufallskomponenten

```
             Beispiel aus Piepho (1998), S.32 - 33 (Zuckerrübenversuch)

                          The GLIMMIX Procedure
                      Covariance Parameter Estimates
                  Kov.Parm        Schätzwert      Standardfehler
                  ort               0.2996            0.1756
                  ort*block         0.009182          0.004160
                  ort*sorte         0.006561          0.003850
                  Residual (VC)     1.7142            0.2280

                     Typ III Tests der festen Effekte
                  Zähler          Nenner
  Effekt     Freiheitsgrade   Freiheitsgrade   Chi-Quadrat   F-Statistik   Pr > ChiSq   Pr > F
  sorte           4                24             94.32         23.58        <.0001      <.0001

           Tukey-Kramer Grouping for sorte Least Squares Means (Alpha=0.05)
           LS-means with the same letter are not significantly different.
                         sorte      Schätzwert
                          4          1.2812            A
                          1          1.2019        B   A
                          5          1.0529        B   C
                          3          0.8764        D   C
                          2          0.7748        D
```

rangestellt wird, zu erreichen (im Programm nicht realisiert). Eine Alternative wird unter *Weitere Hinweise* gezeigt.

Das Resümee für diesen Mohrrübenversuch lautet: Beide Insektizidbehandlungen unterscheiden sich signifikant, bezüglich der Sorten unterscheiden sich die Sorten 2 und 1 nicht signifikant, beide jedoch gegenüber den restlichen Sorten signifikant. Unter den „restlichen Sorten" sind keine signifikanten Unterschiede festzustellen.

Die wesentlichen Ergebnisse des zweiten Versuchs (Zuckerrüben) befinden sich in Tab. 48.3. Unter *Covariance Parameter Estimates* sind die drei Zufallskomponenten (Varianzkomponenten) aufgeführt. Der Sorteneinfluss ist nach beiden Statistiken hoch signifikant. Damit empfiehlt sich ein Mittelwerttest, der hier auch auf Basis Tukey-Kramer durchgeführt wurde. Aus der Buchstabensymbolik geht hervor, dass die Differenzen zwischen den Mittelwerten sehr differenziert zu bewerten sind. Auch hier gilt: anstelle der Logit-Mittelwerte wird man die Prozentmittelwerte präsentieren. Die vier Grafiken (Abb. 48.2) bestätigen die Modellannahmen. Hier ist auch ersichtlich, dass 1 Beobachtungswert (Ort 7, Block 4, Sorte 4) eher als Ausreißer zu bewerten ist.

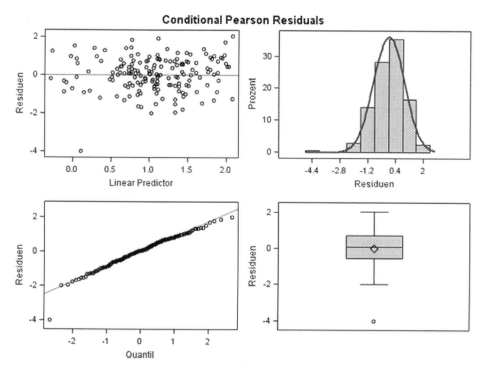

Abb. 48.2 Pearson-Statistik zum Zuckerrübenversuch

Weitere Hinweise

In beiden Fällen kann man zum Vergleich für das Merkmal *prozent* auch eine „normale" Varianzanalyse mit *GLM* bzw. *MIXED* durchführen; die Varianzheterogenität wird dann nicht berücksichtigt. Hierbei können auch die Prozent-Mittelwerte erzeugt werden. Die folgenden SAS-Codes sind dafür geeignet:

```
ODS GRAPHICS ON;
PROC GLM DATA=mohr PLOTS=DIAGNOSTICS;
TITLE4 'Zum Vergleich: Varianzanalyse der Prozentwerte (falsch)';
CLASS sorte insek block;
MODEL prozent = block sorte insek;
LSMEANS insek sorte/TDIFF ADJUST=TUKEY LINES;
RUN;
ODS GRAPHICS OFF;

ODS GRAPHICS ON;
PROC MIXED DATA=ifz ;
TITLE3 'PROC MIXED zum Vergleich (falsch)';
CLASS ort sorte block;

RANDOM ort block*ort sorte*ort;
LSMEANS sorte/DIFF ADJUST=TUKEY;
RUN;
ODS GRAPHICS OFF;
```

Man beachte insbesondere die Grafiken; sie machen deutlich, dass Prozentwerte dieses Typs so nicht verrechnet werden sollten.

Sowohl *PROC GENMOD* als auch *PROC GLIMMIX* sind noch auf viele andere Versuchssituationen anwendbar. Einzelheiten entnehme man den Prozedurbeschreibungen und den dort aufgeführten Beispielen.

Neben diskreten Prozentbonituren, die im Kapitel 48 behandelt wurden, gibt es im Versuchswesen auch stetige Prozentwerte. Typische Fälle sind z. B. der prozentuale Befall der Blattfläche mit einer Krankheit oder der Unkrautdeckungsgrad nach einer Herbizidbehandlung. Solche Bonituren haben stetigen (kontinuierlichen) Charakter, denn es ist jeder Wert zwischen 0 und 100 % möglich.

Für stetige Prozentzahlen können dieselbe Varianzfunktion und eine Quasi-Likelihood wie für diskrete Prozentwerte angenommen werden, obwohl stetige Prozente nicht binomial verteilt sind. Wie Piepho (1998) herausstellt, ist die Varianz im mittleren Prozentbereich am höchsten, dagegen ist sie umso geringer, je näher die Werte an 0 bzw. 100 % heranreichen. Dies ist auch die Eigenschaft der Varianzfunktion der Binomialverteilung, die man für einen Quasi-Likelihood-Ansatz nutzt. Der Überdispersionsparameter muss hier aber immer aus den Daten geschätzt werden.

Man kann hier ebenfalls die „event/trials"-Syntax bei der Modellbildung verwenden. Dafür müssen die Prozentwerte (y) in Dezimalform (z. B. für 11 % steht 0.11) eingelesen und m = 1 gesetzt werden. Alternativ kann auch der Prozentwert direkt verwendet werden, dann ist m = 100. Die Variable m ist hier also kein echter Zählwert, sondern fungiert nur als „Trickvariable" für den Modellansatz. Eine dritte Möglichkeit ist, einfach nur den dezimal geschriebenen Prozentwert als Zielvariable zu verwenden; m entfällt dann also ganz.

Auch bei stetigen Prozentzahlen kann bei einer Zufallskomponente **PROC GENMOD** und bei mehreren Komponenten **PROC GLIMMIX** verwendet werden. Man kann aber auch auf beide Fälle *GLIMMIX* anwenden, wie unter „Weitere Hinweise" kurz gezeigt wird. Es sollte aber immer eine Residuenanalyse stattfinden, um zu klären, ob die unterstellte Verteilungsfunktion zutrifft. Beide Prozeduren bieten auch andere Funktionen als

---

Zusätzliche Information ist in der Online-Version dieses Kapitels (doi:10.1007/978-3-642-54506-1_49) enthalten.

die binomiale an (s. Prozedurbeschreibungen unter *MODEL*); auch selbst definierte Varianzfunktionen sind möglich (s. „Weitere Hinweise").

Das folgende Versuchsbeispiel stammt von Piepho (1998). Es handelt sich um einen Unkrautbekämpfungsversuch mit vier Bekämpfungsmethoden und zwei Düngungsvarianten, ausgeführt als Streifenanlage. Piepho hat diesen Versuch mittels eines SAS-Makros ausgewertet, weil zum damaligen Zeitpunkt die *GLIMMIX*-Prozedur noch nicht zur Verfügung stand; die Ergebnisse sind aber identisch.

Programm

Beim Einlesen wird mit y der dezimale Prozentwert und die „künstliche" Variable m mit dem Wert 1 gebildet. Damit kann in *PROC GLIMMIX* in der *MODEL*-Zeile die Zielvariable in der „events/trials"-Syntax dargestellt werden, d. h. y/*m* in der *MODEL*-Zeile impliziert, dass es nur Prozentwerte zwischen 0 und 1 im Sinne der Dezimalschreibweise gibt. Die weitere Modellierung des Versuchs entspricht der Vorgehensweise bei *PROC MIXED*, wobei in der *MODEL*-Zeile nach dem Schrägstrich noch drei Optionen aufgerufen werden. *CHISQ* liefert zusätzlich zur (approximativen) F-Statistik eine χ^2-Teststatistik für alle fixen Modellparameter. Die *LINK*- und *DIST*-Aufrufe sind an sich entbehrlich, weil sie für die gewählte events/trials-Zielvariable so voreingestellt sind. *LINK=LOGIT* bedeutet, dass die Transformation auf das lineare Modell, den sog. linearen Prädiktor, angewendet wird und damit ein logistisches Modell vorliegt. Dies ist der wesentliche Unterschied zu einer ANOVA nach Datentransformation (z. B. Arcus-Sinus-Transformation). Damit kann bei Prozentzahlen dieses Typs das lineare additive Modell aufrechterhalten werden, weil sichergestellt wird, dass kein Effekt mehr als 100 % betragen kann. Mit *DIST=BIN* wird (anstelle der sonst üblichen Normalverteilung) die Binomialverteilung definiert, die hier aus oben besagten Gründen verwendet wird, obwohl die Daten nicht binomialverteilt sind.

Das Programm wurde hier auch für die Fälle Blockanlage und Spaltanlage vorbereitet; man muss nur die jeweilige *RANDOM*-Zeile aktivieren bzw. deaktivieren. *RANDOM _RESIDUAL_* ist aber als Überdispersionsparameter immer zu verwenden. Da bei diesem Beispiel nur der Faktor *beh* Signifikanz signalisiert, wurden bei *LSMEANS* auch nur dessen Mittelwerte aufgerufen. Wie von *PROC MIXED* her gewohnt, wird ein Mittelwerttest (hier der Tukey-Kramer-Test) angefordert, der mit *LINES* auch die Buchstabensymbolik für die Mittelwertvergleiche liefert. Die weitere Option *ILINK* sorgt für eine inverse Link-Transformation, so dass die *beh*-Mittelwerte auf der Prozentskala (in Dezimalform) zum Vergleich ausgewiesen werden.

Mit den *ODS*-Anweisungen und *PLOTS = PEARSONPANEL* werden zusätzlich Statistik-Grafiken angefordert. Solche Statistiken können übrigens auch mit *PROC MIXED* erzeugt werden, wenn man ebenfalls im Rahmen von *ODS GRAPHICS* in der *PROC*-Zeile *PLOTS = RESIDUALPANEL* oder *PLOTS = PEARSONPANEL* schreibt.

```
TITLE1 'Auswertung von stetigen Prozentzahlen';
DATA mais;
TITLE2 'Beispiel aus Piepho (1998), S. 35 - 36';
INPUT block$ @@;
DO beh=1 TO 4;
DO dueng=1 TO 2;
INPUT prozent @@; y=prozent/100; m=1;OUTPUT;
END; END;
DATALINES;
A 12.10  5.93  5.75  8.10 1.77 1.75 2.65 2.65
B 15.68 20.38  7.45  1.65 2.55 1.55 2.15 1.53
C 16.48 19.48 12.50  7.00 1.85 2.25 1.18 2.40
D 19.25 31.10  8.38 16.33 3.00 3.33 1.55 4.13
;
PROC PRINT DATA=Mais;RUN; /* Einlesekontrolle */
ODS GRAPHICS ON;
PROC GLIMMIX DATA=mais PLOTS=PEARSONPANEL;
CLASS beh block dueng;
/* Ohne RANDOM Auswertung als Blockanlage */
MODEL y/m = beh|dueng block/CHISQ LINK=LOGIT DIST=BIN;
RANDOM _RESIDUAL_; /* Überdispersionsparameter wird angepasst, steht im-
mer! */
*RANDOM block*beh; /* Bei Spaltanlage nur diese Zeile aktivieren */
RANDOM beh*block dueng*block; /* Bei Streifenanlage nur diese Zeile ak-
tivieren */
LSMEANS beh/DIFF ADJUST=TUKEY LINES ILINK;
RUN;
ODS GRAPHICS OFF;
QUIT;
```

Ausgabe

In Tab. 49.1 sind die wesentlichen Ergebnisse bei Unterstellung einer Streifenanlage zusammengefasst. Die Tests der festen Effekte bestätigen für die Unkrautbehandlungsmethoden signifikante Unterschiede. Anschließend werden die mit *LSMEANS* angeforderten Mittelwerte für *beh* samt Fehlerstatistik aufgelistet. Die Angaben unter *Schätzwert* sind die logit-transformierten Mittelwerte, auf die sich sämtliche Statistiken beziehen. Die Auflistung der Differenzen der Mittelwerte lässt klar erkennen, dass mit Ausnahme der Differenz zwischen *beh 3* und *beh 4* sämtliche Differenzen – und zwar sowohl nach t-Test als auch nach Tukey-Test (s. *Adj P*) – signifikant sind. Dies wird auch an der mit Buchstaben gekennzeichneten Mittelwertdarstellung deutlich. Man beachte auch die unterschiedlichen Standardfehler der Schätzwerte, eine Folge der Link-Funktion sowie der nicht konstanten Varianzfunktion.

In der Auflistung von *beh Least Squares Means* befinden sich unter *Mittelwert* die von *ILINK* rücktransformierten Prozentwerte mit ihrem Standardfehler. Damit können die Logit-Schätzwerte, die auch der folgenden „Differenz-Statistik" zugrunde liegen, leichter interpretiert werden.

Tab. 49.1 Auswertung von stetigen Prozentzahlen, zweifaktorielle Streifenanlage
Beispiel aus Piepho (1998), S. 35 - 36 (Maisversuch)

The GLIMMIX Procedure

Kov.Parm	Schätzwert	Standardfehler
beh*block	0.03029	0.05193
block*dueng	0.05466	0.06711
Residual (VC)	0.007834	0.003235

Typ III Tests der festen Effekte

Effekt	Zähler Freiheitsgrade	Nenner Freiheitsgrade	Chi-Quadrat	F-Statistik	Pr > ChiSq	Pr > F
beh	3	9	119.51	39.84	<.0001	<.0001
dueng	1	3	0.11	0.11	0.7373	0.7594
beh*dueng	3	9	1.44	0.48	0.6965	0.7045
block	3	3	6.36	2.12	0.0952	0.2763

beh Least Squares Means

beh	Schätzwert	Standardfehler	DF	t-Wert	Pr > |t|	Mittelwert	Standard Error Mean
1	-1.5922	0.1470	9	-10.83	<.0001	0.1691	0.02065
2	-2.4364	0.1667	9	-14.62	<.0001	0.08044	0.01233
3	-3.8144	0.2445	9	-15.60	<.0001	0.02158	0.005162
4	-3.8117	0.2460	9	-15.50	<.0001	0.02163	0.005206

Differences of beh Least Squares Means
Adjustment for Multiple Comparisons: Tukey-Kramer

beh	_beh	Schätzwert	Standardfehler	DF	t-Wert	Pr > |t|	Adj P
1	2	0.8443	0.1884	9	4.48	0.0015	0.0068
1	3	2.2222	0.2597	9	8.56	<.0001	<.0001
1	4	2.2195	0.2611	9	8.50	<.0001	<.0001
2	3	1.3780	0.2709	9	5.09	0.0007	0.0030
2	4	1.3753	0.2723	9	5.05	0.0007	0.0031
3	4	-0.00270	0.3255	9	-0.01	0.9936	1.0000

Tukey-Kramer Grouping for beh Least Squares Means (Alpha=0.05)
LS-means with the same letter are not significantly different.

beh	Schätzwert	
1	-1.5922	A
2	-2.4364	B
4	-3.8117	C
3	-3.8144	C

Die *ODS*-Befehle und die Option *PLOTS=PEARSONPANEL* erzeugen vier Grafiken zur Residuen-Statistik (Abb. 49.1). Man sieht sehr schön, dass die Residuen als Folge von *LINK=LOGIT* verhältnismäßig gleichmäßig im Fehlerraum (geplottet linearer Prädiktor gegen Pearson-Residuen, Grafik links oben) und auch noch befriedigend gleichmäßig um den Mittelwert 0 (Grafik rechts unten) verteilt sind. Zwei Werte weichen allerdings etwas davon ab. Ähnliches sagen die zwei übrigen Grafiken aus.

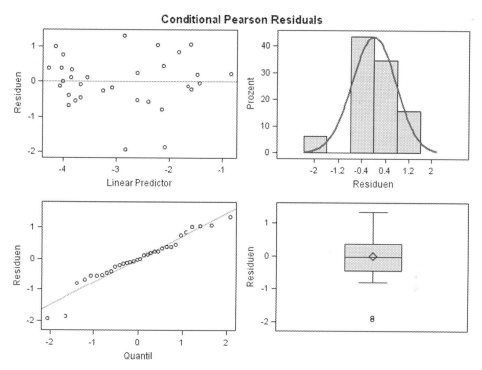

Abb. 49.1 Pearson-Residuen zum Maisversuch

Weitere Hinweise

Würde man den Versuch mit *PROC MIXED* und der Variable *prozent* auswerten, also die Voraussetzungen für die Varianzanalyse missachten, würden die F-Tests zwar zu den gleichen Schlussfolgerungen führen, nicht dagegen die Mittelwertvergleiche: Der Tukey-Test würde keine signifikanten Differenzen zwischen den Behandlungen 2 und 3 bzw. 2 und 4 anzeigen!

Mit *GLIMMIX* können alle Arten von Versuchsanlagen nach den Prinzipien von *MIXED* verrechnet werden. Für den zweifaktoriellen Fall sind ins Programm die Lösungen für die Block- und Spaltanlage bereits eingearbeitet worden. Bei noch höher faktoriellen Versuchen orientiere man sich am Beispiel im Kapitel 36 (Auswertung dreifaktorieller Block-, Spalt- und Streifenanlagen). Auch Gitteranlagen können analog verrechnet werden.

Ebenso sind Versuche mit Mittelwerten je Ort auswertbar. In der Programmbeschreibung bei SAS zu *PROC GLIMMIX* wird mit einem Beispiel (*Example 38.4 Quasi-likelihood Estimation for Proportions with Unknown Distribution*) ein Rhynchosporium-Versuch mit 9 Orten und Mittelwerten von 10 Sorten mit unbekannter Verteilung des Krankheitsbefalls (Prozent Blattfläche) ausgewertet. Es wird hier praktisch der zweite Schritt einer zweistufigen Serienauswertung demonstriert. Die Modellspezifikation lautet – leicht abgeändert gegenüber der Beschreibung bei SAS – zunächst:

```
ODS GRAPHICS ON;
PROC GLIMMIX DATA=rhyncho PLOTS=PearsonPanel;
TITLE1 'RHYNCHOSPORIUM-Versuch';
CLASS sorte ort ;
MODEL prozent= ort sorte/CHISQ LINK=logit dist=binomial;/* prozent in
Dezimalform, also z.B. 1% = 0.01! */
RANDOM _RESIDUAL_;
LSMEANS sorte/DIFF ADJUST=TUKEY LINES;
RUN;
ODS GRAPHICS OFF;
```

Das Ergebnis ist hier nicht befriedigend, weil die Residuen-Grafiken zeigen, dass bei diesem Datensatz (wegen des hohen Anteils sehr kleiner und sehr großer Prozentwerte) die Varianzfunktion der Binomialverteilung nicht gut passt und auch *RANDOM _RESIDUAL_* diesen Mangel nicht beheben kann. Besser fährt man mit folgendem Ansatz, der eine andere Varianzfunktion definiert:

```
ODS GRAPHICS ON;
PROC GLIMMIX DATA=rhyncho PLOTS=PearsonPanel;
TITLE1 'RHYNCHOSPORIUM-Versuch';
CLASS sorte ort ;
MODEL prozent= ort sorte/CHISQ LINK=logit;
_VARIANCE_ = _mu_**2*(1-_mu_)**2;
LSMEANS sorte/DIFF ADJUST=TUKEY LINES;
RUN;
ODS GRAPHICS OFF;
```

An der Prozedur wurden drei Änderungen vorgenommen: *DIST=BIN* entfällt, um die Verteilungsfrage offen zu lassen. Stattdessen wurde die Varianzfunktion (Beziehung zwischen Anteil und Varianz) mit der Variable *_VARIANCE_=_mu_**2*(1-_mu_)**2* definiert (*_mu_**2* ist der quadrierte Mittelwert = mittlerer Anteil; zum Vergleich: die Varianzfunktion der Binomialverteilung lautet *VARIANCE=_mu_*(1-_mu_)*). Damit kann aber auch *RANDOM _RESIDUAL_* entfallen. Unter diesen Bedingungen zeigt der Residuen-Plot die erwünschte prozentunabhängige und damit ziemlich gleichmäßige Verteilung der Versuchsfehler (Residuen) im Fehlerraum.

Dieses Rhynchosporium-Beispiel wurde von Piepho (1998) mittels *PROC GENMOD* mit dem gleichen Ergebnis auf relativ kompliziertem Wege ausgewertet.

Bezüglich weiterer statistischer Grundlagen zu *PROC GLIMMIX* sei auf die Prozedurbeschreibung von SAS oder auf die schon zitierte Arbeit von Piepho (1998) verwiesen.

GLIMMIX bietet auch noch andere Verteilungsfunktionen an (z. B. Poisson-Verteilung); Einzelheiten entnehme man ebenfalls der Prozedurbeschreibung unter dem *MODEL*-Statement und dem Schlüsselwort *DIST=*. Übrigens können mit *GLIMMIX* auch Regressionen gerechnet werden; Anregungen dazu findet man bei den Anwendungsbeispielen von SAS.

Für die varianzanalytische Verrechnung von Prozentangaben hat man früher Transformationen zur Erzielung von Normalität und Varianzgleichheit empfohlen, um anschließend die übliche Varianzanalyse durchzuführen. Bekannt sind die Winkeltransformation (arc sin $\sqrt{x/100}$), die Quadratwurzeltransformation ($\sqrt{x}$ oder $\sqrt{x+3/8}$) oder auch die logarithmische Transformation (log(x) oder log(x + 1)) (Sachs 1978). Solche Maßnahmen befriedigten nicht immer. Die hier mit *PROC GLIMMIX* (und auch *PROC GENMOD*) verwendeten weiter reichenden generalisierten Modelle sind oft der bessere Weg.

Ausdrücklich sei noch darauf hingewiesen, dass es auch stetige Prozentwerte gibt, die keiner Transformation bedürfen und wie andere (normalverteilte) Merkmale mit z. B. *PROC GLM* oder *PROC MIXED* verrechnet werden können. Die Transformation erübrigt sich, wenn die Werte in einem engen Bereich schwanken (und deshalb näherungsweise Normalverteilung der Fehler und vor allem Varianzhomogenität zu erwarten ist). Klassische Beispiele sind der TS-, Stärke- oder Zuckergehalt von Früchten.

Neben den mit den Beispielen 48 und 49 behandelten Prozentbonituren gibt es insbesondere im pflanzenbaulich-züchterischen Bereich noch ordinalskalierte Bonituren, mit denen meistens der mit quantitativen Merkmalen ermittelte Sachverhalt noch ergänzend beschrieben wird. Sie sind keinesfalls nebensächliche Prüfmerkmale, da sie oft wichtige Eigenschaften eines Versuchsobjektes, wie Jugendentwicklung, Standfestigkeit, Krankheits- und Schädlingsbefall einer Sorte, gut beschreiben, wenngleich sie bis zu einem gewissen Grad subjektiv erfasst wurden.

Nach internationaler Konvention unterliegen solche Bonituren einer Notenskala von 1–9 (Bundessortenamt 2000). Die Ausprägung einer Eigenschaft wird dabei wie folgt bewertet:

1 = fehlend oder sehr gering; 2 = sehr gering bis gering; 3 = gering; 4 = gering bis mittel; 5 = mittel; 6 = mittel bis stark; 7 = stark; 8 = stark bis sehr stark; 9 = sehr stark.

Eine zu bewertende Parzelle muss immer mit einer ganzen Note beurteilt werden. Aber auch nicht ganzzahlige Noten würden die Voraussetzungen für eine parametrische Varianzanalyse (Additivität, Varianzhomogenität, Normalverteilung, Unabhängigkeit) nicht erfüllen. Auch die nichtparametrische Varianzanalyse (Kruskal-Wallis-Test, Friedman-Test) ist nur sehr bedingt eine Alternative, da meistens viele Bindungen („ties") vorliegen und Prüfglieder mit weitgehend gleicher Bewertung in allen Wiederholungen eine statistische

Zusätzliche Information ist in der Online-Version dieses Kapitels (doi:10.1007/978-3-642-54506-1_50) enthalten.

Auswertung mehr oder weniger sinnlos machen. Eine Boniturnote nach einem Blick auf die Parzelle zu vergeben kann zwar eine zusätzliche wertvolle Information zum Versuchsergebnis sein, auf eine statistische Auswertung wurde aber bislang weitgehend verzichtet. Allenfalls wurden Häufigkeitsanalysen zu Versuchsserien vorgenommen. Allerdings hat Piepho (2002) gezeigt, dass mit der neuen SAS-Prozedur *NLMIXED* durchaus Auswertungsmöglichkeiten für ordinale Boniturskalen jeglicher Art bestehen. Die Prozedur ist aber kompliziert in der Anwendung und noch keineswegs in der landwirtschaftlichen Versuchspraxis angekommen.

Eine andere Situation liegt vor, wenn Boniturdaten auf der Basis eines sog. Schwellenwertmodells (mit vorgegebenen Schwellenwerten) gewonnen wurden. Die Idee dazu stammt von McCullach (1980) bzw. McCullach und Nelder (1989) und wurde von Piepho (1997a, b) in eine SAS-Lösung umgesetzt. Unter Schwellenwerten versteht man die Grenzen von logarithmisch definierten Boniturklassen, wie sie das Bundessortenamt (2000) für Krankheiten und Schädlinge vorgibt:

1 = 0%; 2 =>0-2%; 3 =>2-5%; 4 =>5-8%; 5 = >8-14%; 6 =>14-22%; 7 =>22-37%; 8 = >37-61%; 9 =>61-100%.

Hierbei wird von jeder Parzelle eine Stichprobe von Pflanzen untersucht und jede Einzelpflanze entsprechend ihres Befallsgrades der Boniturskala zugeordnet. Ermittelt wird also die Häufigkeit der Einstufung der Pflanzen in die einzelnen Boniturklassen. Die feinere Abstufung im unteren und die größere Abstufung im oberen Bereich ist eindeutiger als die verbale Vorgabe von „sehr gering" bis „sehr stark" und kommt auch dem menschlichen Auge auf Unterscheidbarkeit im Befallsgrad entgegen. Die Häufigkeitsverteilungen der Boniturwerte folgen einer multinomialen Verteilung. In Feldversuchen ist zwischen dem Parzellenfehler und dem Versuchsfehler zu unterscheiden. Näheres zum Schwellenwertmodell entnehme man Piepho (1997a).

Das folgende Beispiel stammt von Piepho (1997b) und wurde dort mit einem eigens entwickelten SAS-Makro ausgewertet. Seitdem SAS die Prozedur **GLIMMIX** zur Verfügung stellt, die bekanntlich in der Syntax große Ähnlichkeiten zu *PROC MIXED* aufweist, ist dieses Werkzeug die Methode der Wahl. Hervorzuheben ist noch, dass alle Arten von Versuchsanlagen, also auch solche mit festen und zufälligen Effekten (z. B. Spaltanlagen, Gitteranlagen) ausgewertet werden können. Im Beispiel liegt eine einfaktorielle Blockanlage mit sechs Rapssorten vor, die auf Befall mit Stängelfäule (*Phoma lingam*) mittels ca. 25 Pflanzen je Parzelle überprüft wurden.

Programm

```
DATA raps;
TITLE 'Stängelfäule: Rapsversuch mit sechs Sorten und vier Blöcken';
DO sorte = 'Sorte 1','Sorte 2','Sorte 3','Sorte 4','Sorte 5','Sorte 6';
DO block = 1 TO 4;
DO bonitur = 1 TO 9;
INPUT anzahl @@;
OUTPUT;
END;END;END;
DATALINES;
0 0 3  2 4 3  6 8 0    0 0 0  2 4 2  9 5 3
0 2 1  0 2 5 10 3 2    0 0 0  0 4 6  8 6 1
0 2 11 5 2 1  3 0 1    0 3 8  3 5 1  4 0 1
0 2 6  3 5 2  4 1 2    0 2 3  5 8 5  1 1 0
0 1 0  3 8 3  4 2 3    0 1 3  0 6 4  5 6 0
0 1 2  1 3 6  7 3 3    0 0 0  5 5 3  7 3 2
0 4 4  3 3 6  2 1 2    0 0 1  3 4 4  5 4 4
0 0 1  4 5 5  8 1 1    0 0 2  1 6 5  6 2 3
0 2 0  4 4 5  4 2 4    0 2 3  1 3 5  9 1 1
0 1 0  2 3 7  6 3 3    0 1 0  1 6 2 13 4 0
0 3 6  3 4 3  6 0 0    0 1 2  3 7 2  6 2 1
1 4 2  0 9 5  1 2 0    0 1 3  2 6 6  5 0 2
;
PROC PRINT; RUN;
PROC FREQ;
WEIGHT anzahl;
TABLE sorte*bonitur/NOPERCENT NOROW NOCOL;
RUN;
PROC GLIMMIX ORDER=DATA;
CLASS block sorte;
FREQ anzahl;
MODEL bonitur = block sorte/LINK=CUMPROBIT DIST=MULTI CHISQ S;
RANDOM block*sorte;
***Hilfszeile**Vergleich************1  2  3  4  5  6;
ESTIMATE 'Sorte 1 vs Sorte 2' sorte 1 -1,
         'Sorte 1 vs Sorte 3' sorte 1  0 -1,
         'Sorte 1 vs Sorte 4' sorte 1  0  0 -1,
         'Sorte 1 vs Sorte 5' sorte 1  0  0  0 -1,
         'Sorte 1 vs Sorte 6' sorte 1  0  0  0  0 -1,
         'Sorte 2 vs Sorte 3' sorte 0  1 -1,
         'Sorte 2 vs Sorte 4' sorte 0  1  0 -1,
         'Sorte 2 vs Sorte 5' sorte 0  1  0  0 -1,
         'Sorte 2 vs Sorte 6' sorte 0  1  0  0  0 -1,
         'Sorte 3 vs Sorte 4' sorte 0  0  1 -1,
         'Sorte 3 vs Sorte 5' sorte 0  0  1  0 -1,
         'Sorte 3 vs Sorte 6' sorte 0  0  1  0  0 -1,
         'Sorte 4 vs Sorte 5' sorte 0  0  0  1 -1,
         'Sorte 4 vs Sorte 6' sorte 0  0  0  1  0 -1,
         'Sorte 5 vs Sorte 6' sorte 0  0  0  0  1 -1/ADJUST=SIM;
RUN;
QUIT;
```

Mit den *DO*-Anweisungen werden die Klassenvariablen mit Namen kreiert. Die *INPUT*-Variable *anzahl* bezieht sich auf die nach *DATALINES* folgenden Häufigkeiten der beobachteten Boniturnoten (1–9); in jeder Zeile befinden sich die Ergebnisse von zwei Blöcken einer Sorte. *PROC PRINT* wurde für eine Auflistung der Einzelergebnisse hinzugefügt, während *PROC FREQ* eine Zweiwegetafel mit *sorte*bonitur* erzeugt; mit dieser kann man sich einen ersten Überblick über die Häufigkeitsverteilung der Boniturnoten verschaffen. Die eigentliche Auswertung beginnt mit *PROC GLIMMIX*. Die *CLASS*-Variablen *block* und *sorte* kündigen im Zusammenhang mit der *MODEL*-Zeile eine einfaktorielle Blockanlage an. Die *FREQ*-Variable *anzahl* gewichtet die Boniturnoten mit der Häufigkeit ihres Vorkommens. Ganz wichtig sind die Optionen in der *MODEL*-Zeile. *LINK = CUMPROBIT* spezifiziert die sog. Link-Funktion, hier die kumulative Probit-Funktion, die für die beobachtete ordinale Zielvariable (der eine nicht beobachtbare latente Zufallsvariable zugrunde liegt) eine symmetrische Normalverteilung sicherstellt. *DIST = MULTI* richtet das Modell auf multinomiale Verteilung der Zielvariable aus. *CHISQ* liefert zusätzlich zum voreingestellten F-Test (Type III) einen χ^2-Test und *S* (oder *SOLUTION*) erzeugt für die fixen Effekte die Schätzparameter. Mit *RANDOM block*sorte* wird der Parzellenfehler explizit als zufällig ausgewiesen. Den Stichprobenfehler für die 25 Pflanzen pro Parzelle impliziert die *MODEL*-Zeile. Im Prinzip liegt eine hierarchische Datenstruktur vor, wie sie im Kapitel 47 behandelt wurde. Man beachte also, dass eine Blockanlage als gemischtes lineares (!) Modell definiert und sowohl ein Parzellenfehler als auch ein Versuchsfehler berücksichtigt wird.

Das Hauptinteresse besteht an der Bewertung der Sortendifferenzen. Normalerweise verwendet man dafür die *LSMEANS*-Anweisung mit der Option *DIFF*. Für multinomiale Verteilungen steht aber diese Anweisung nicht zur Verfügung. Deshalb wurden im Programm die Einzelvergleiche als „Familie" in Form einer einzigen *ESTIMATE*-Anweisung aufgerufen. Jeder Einzelvergleich ist mit einem Komma getrennt. Auf diese Weise kann man mit der Option *ADJUST = SIM* (zusätzlich zum voreingestellten t-Test) ähnlich dem Tukey- oder Tukey-Kramer-Test den Simulations-Test anwenden, der das vorgegebene Niveau α (hier voreingestellt auf 5 %) voll ausschöpft (Tukey und Tukey-Kramer (für den unbalancierten Fall) sind für die *ESTIMATE*-Anweisung nicht verfügbar).

Ausgabe

Klickt man im Ergebnis-Navigator *FREQ: Häufigkeitskreuztabelle* an, erhält man einen ersten Eindruck von der Häufigkeitsverteilung der Boniturnoten für die sechs Sorten. Würde die Note 1 völlig unbesetzt sein, könnte man die Auswertung auf den Bereich 2–9 beschränken.

Tab. 50.1 F-Statistik zum Stängelfäuleversuch

The GLIMMIX Procedure

Typ III Tests der festen Effekte

Effekt	Zähler Freiheitsgrade	Nenner Freiheitsgrade	Chi-Quadrat	F-Statistik	Pr > ChiSq	Pr > F
block	3	15	8.94	2.98	0.0301	0.0649
sorte	5	15	69.46	13.89	<.0001	<.0001

Unter den von *GLIMMIX* erzeugten Statistiken interessieren zunächst die *TYPE III Tests for FIXED Effects* (Tab. 50.1). Die Blockeffekte bewegen sich (je nach Testmethode) knapp um die 5 %-Schranke. Dagegen bestätigen sowohl der χ^2- als auch der F-Test hoch signifikante Sorteneffekte. Deshalb sollten Einzelvergleiche zwischen den Sorten vorgenommen werden.

Die Einzelvergleiche ruft man im Navigator unter *ESTIMATES* auf (Tab. 50.2). Da es hier um einen umfassenden Sortenvergleich geht, sollten die in der Spalte *Adj P* angegebenen Überschreitungswahrscheinlichkeiten auf Basis Simulationstest herangezogen werden. Der ebenfalls angegebene t-Test kann bei dieser Vielzahl der Vergleiche das Niveau $\alpha = 5\%$ nicht halten, mit dem Ergebnis, dass der Simulationstest nur sieben, der t-Test neun signifikante Sortenunterschiede attestiert.

Sowohl die Tests zur Varianzanalyse (Tab. 50.1) als auch die Schätzwerte für die Mittelwertvergleiche einschließlich t-Statistik (Tab. 50.2) stimmen mit den Ergebnissen von Piepho (1997 und 1998) überein, der hierzu ein Makro verwendet hat. Ein versuchsbezogener Mittelwerttest (z. B. *ADJUST = SIM*) wird dort nicht angewendet.

Tab. 50.2 Sortenvergleiche mit dem Simulationstest

The GLIMMIX Procedure

Adjustment for Multiplicity: Simulated

Etikett	Schätzwert	Standardfehler	DF	t-Wert	Pr > |t|	Adj P
Sorte 1 vs Sorte 2	-1.0936	0.1541	15	-7.10	<.0001	<.0001
Sorte 1 vs Sorte 3	-0.2530	0.1512	15	-1.67	0.1149	0.5603
Sorte 1 vs Sorte 4	-0.3654	0.1512	15	-2.42	0.0289	0.2109
Sorte 1 vs Sorte 5	-0.2497	0.1505	15	-1.66	0.1179	0.5691
Sorte 1 vs Sorte 6	-0.8216	0.1533	15	-5.36	<.0001	0.0010
Sorte 2 vs Sorte 3	0.8406	0.1529	15	5.50	<.0001	0.0008
Sorte 2 vs Sorte 4	0.7282	0.1524	15	4.78	0.0002	0.0022
Sorte 2 vs Sorte 5	0.8439	0.1523	15	5.54	<.0001	0.0008
Sorte 2 vs Sorte 6	0.2720	0.1517	15	1.79	0.0932	0.4922
Sorte 3 vs Sorte 4	-0.1124	0.1510	15	-0.74	0.4680	0.9719
Sorte 3 vs Sorte 5	0.003323	0.1503	15	0.02	0.9827	1.0000
Sorte 3 vs Sorte 6	-0.5686	0.1524	15	-3.73	0.0020	0.0199
Sorte 4 vs Sorte 5	0.1157	0.1503	15	0.77	0.4532	0.9661
Sorte 4 vs Sorte 6	-0.4562	0.1520	15	-3.00	0.0090	0.0767
Sorte 5 vs Sorte 6	-0.5719	0.1517	15	-3.77	0.0019	0.0180

Weitere Hinweise

Die eben beschriebene Auswertungsmethode wird auch als IR-REML-Methode mit Berücksichtigung des Fehlers der Anlagemethode bezeichnet (iteratively reweighted restricted maximum likelihood method). Es gibt auch die IRLS-Methode (iteratively reweighted least squares method), bei der im Modell kein zufälliger Versuchsfehler (hier *block*sorte*) berücksichtigt wird, was für Feldversuche unrealistisch ist und im Ergebnis zu unterschätzten Standardfehlern führt. Liegen in einem Experiment nur feste Effekte vor, stimmen IR-REML und IRLS überein. Piepho (1997a) geht auf beide Verfahren ausführlich ein und empfiehlt bei vorhandenen zufälligen Fehlereffekten IR-REML.

Auch andere Versuchsanlagemethoden können nach der IR-REML-Methode leicht verrechnet werden. Für eine zweifaktorielle Spaltanlage (A = Haupteinheit) modelliert man im Rahmen von *GLIMMIX*:

```
MODEL bonitur = block A B A*B/LINK=CUMPROBIT DIST=MULTI CHISQ S;
RANDOM block*A block*A*B;
```

Für eine Versuchsserie in Blockanlage mit drei Jahren und 47 Roggensorten steht *sorte* als fester Effekt in der *MODEL*-Zeile und *jahr sorte*jahr block*jahr block*sorte*jahr* sind zufällige Effekte, aufgeführt nach *RANDOM* (Piepho 1997a).

Es können natürlich auch andere ordinale Bonitursysteme mit Schwellenwerten (z. B. Noten 1–3 oder Noten 1–5) auf gleiche Weise verrechnet werden.

Weitere Hintergrundinformationen zur *ESTIMATE*-Anweisung entnehme man den Kapiteln 51 und 52.

Nach einer Varianzanalyse folgen in der Regel Mittelwertvergleiche. Hierzu stellt SAS eine Vielzahl von Mittelwerttests zu ihren diversen Varianz-Prozeduren (z. B. *GLM, MIXED, GENMOD, GLIMMIX*) zur Verfügung, die als Option zum Statement *MEANS* bzw. *LSMEANS* angefordert werden können. Wählt man zusätzlich noch *LINES*, erhält man eine Auflistung der Mittelwerte mit Buchstabensymbolen, welche die Qualität der Mittelwertdifferenzen anzeigen. (Die *LSMESTIMATE*-Anweisung von *GLIMMIX* ist für komplizierte Mittelwertvergleiche in faktoriellen Versuchen besonders praktisch). Bei *PROC MIXED* gibt es diese Art der Darstellung nicht (zumindest nicht in SAS 9.2), es wurde aber an verschiedenen Fallbeispielen in dieser Programmsammlung gezeigt, wie man mit relativ geringem Programmieraufwand die entsprechende Grenzdifferenz darstellen kann.

Allen diesen standardmäßig angebotenen „Grenzdifferenzen" ist gemein, dass jeweils zwei Mittelwerte verglichen werden. Geprüft wird, ob die Nullhypothese für die Differenz angenommen wird oder abgelehnt werden muss. Man spricht hier ganz allgemein von *linearen Kontrasten*. Das System solcher linearer Kontraste beschränkt sich aber nicht allein auf Vergleiche zwischen zwei Mittelwerten, ein Kontrast liegt auch vor, wenn z. B. ein Mittelwert mit einem aus mehreren Mittelwerten bestehenden „Gruppen-Mittelwert" verglichen wird oder die Differenz zwischen zwei Mittelwertgruppen zu beurteilen ist. Auch im landwirtschaftlichen Versuchswesen besteht gelegentlich Interesse an derartigen Vergleichen. Ein typisches Beispiel ist der Vergleich von „unbehandelt" mit dem Mittel von zwei Präparaten, die sich nur in der Formulierung etwas unterscheiden.

SAS stellt für derartige Kontraste zwei Statements zur Verfügung, deren Steuerung etwas kompliziert ist und deshalb zunächst hier methodisch begründet wird. Die Nullhy-

---

Zusätzliche Information ist in der Online-Version dieses Kapitels (doi:10.1007/978-3-642-54506-1_51) enthalten.

© Springer-Verlag Berlin Heidelberg 2015
M. Munzert, *Landwirtschaftliche und gartenbauliche Versuche mit SAS,*
Springer-Lehrbuch, DOI 10.1007/978-3-642-54506-1_51

pothese von Kontrasten lässt sich in Form einer Gleichung darstellen, wobei im Folgenden von sechs Mittelwerten ($a_1 ... a_6$) eines einfaktoriellen (vollrandomisierten oder Block-) Versuchs ausgegangen wird:

Beispiel 1: Vergleich a_1 mit a_2: H_0: $a_1 = a_2$; oder: $a_1 - a_2 = 0$;

Beispiel 2: Vergleich a_1 mit $(a_2 + a_3)/2$: H_0: $a_1 = (a_2 + a_3)/2$; oder: $a_1 - 0,5a_2 - 0,5a_3 = 0$;
oder: $2a_1 - a_2 - a_3 = 0$;

Beispiel 3: Vergleich $(a_1 + a_2)/2$ mit $(a_3 + a_4)/2$: H_0: $(a_1 + a_2)/2 = (a_3 + a_4)/2$;
oder: $0,5a_1 + 0,5a_2 - 0,5a_3 - 0,5a_4 = 0$; oder: $a_1 + a_2 - a_3 - a_4 = 0$;

Beispiel 4: Vergleich $(a_2 + a_3)/2$ mit $(a_4 + a_5 + a_6)/3$: H_0: $(a_2 + a_3)/2 = (a_4 + a_5 + a_6)/3$;
oder: $0,5a_2 + 0,5a_3 - 0,33333a_4 - 0,33333a_5 - 0,33333a_6 = 0$;
oder: $1,5 a_2 + 1,5a_3 - a_4 - a_5 - a_6 = 0$;
oder: $3a_2 + 3a_3 - 2a_4 - 2a_5 - 2a_6 = 0$;

Diese Kontraste stellt man üblicherweise in Form eines Koeffizientenschemas dar:

		a_1	a_2	a_3	a_4	a_5	a_6
Beispiel 1 :		1	-1	0	0	0	0
Beispiel 2:		1	$-0,5$	$-0,5$	0	0	0
	Oder:	2	-1	-1	0	0	0
Beispiel 3:		0,5	0,5	$-0,5$	$-0,5$	0	0
	Oder:	1	1	-1	-1	0	0
Beispiel 4:		0	0,5	0,5	$-0,33333$	$-0,33333$	$-0,33333$
	Oder:	0	1,5	1,5	-1	-1	-1
	Oder:	0	3	3	-2	-2	-2

Es werden also lediglich die Koeffizienten (Konstanten) der einzelnen Mittelwerte zur Definition verwendet, wobei die Summe dieser Koeffizienten 0 betragen muss. Treten ungenaue (gerundete) Koeffizienten auf (z. B. 0,33...), sind mindestens 5 Stellen nach dem Komma anzugeben oder man multipliziert alle Koeffizienten mit einem Faktor, sodass ganzzahlige Koeffizienten entstehen:

$$1\ 0\ 0 - 0.33333 - 0.33333 - 0.33333 \text{ ist z. B. äquivalent } 3\ 0\ 0 - 1 - 1 - 1$$

Die Vorzeichen können auch in umgekehrter Reihenfolge gesetzt werden; für Beispiel 1 gilt also auch $-1\ 1\ 0\ 0\ 0\ 0$. SAS hält sich an diese Konvention und benötigt ebenfalls nur diese Koeffizienten für die Definition eines Kontrastes.

Alle SAS-Prozeduren, die eine Varianzanalyse und Mittelwertvergleiche anbieten, verfügen mit den Statements **CONTRAST** und **ESTIMATE** über diese Funktionalität, also z. B. die Prozeduren *GLM*, *MIXED*, *GLIMMIX* und *GENMOD*. Im folgenden Beispiel wird die Vorgehensweise an einem einfaktoriellen Blockversuch, verrechnet mit **PROC GLM**, aufgezeigt. Es handelt sich um einen Pflanzenschutzversuch mit 3 Blöcken und 6

Prüfgliedern: A=unbehandelt und B bis F sind 5 Präparate, wobei sich B und C sowie D, E und F nur in der Formulierung unterscheiden mögen.

Programm

```
TITLE1 'Besondere Mittelwertvergleiche - einfaktorielle Versuche';
DATA a;
INPUT block psm$ ertrag @@;
dtha=ertrag/14*100;
DATALINES;
1 A 6.3 1 B 9.7 1 C 10.6 1 D 10.7 1 E 11.1 1 F 11.4
2 C 11.2 2 E 11.6 2 A 6.9 2 F 11.8 2 B 10.5 2 D 11.4
3 F 11.7 3 B 10.8 3 E 11.4 3 C 10.8 3 A 6.5 3 D 11.2
;
PROC FORMAT;
VALUE $psm_fmt A='A=unbehandelt' B='B=PSM_1a' C='C=PSM_1b'
D='D=PSM_2a' E='E=PSM_2b' F='F=PSM_2c';
RUN;
PROC PRINT DATA=a;
RUN;
PROC GLM DATA=a ORDER=DATA;
FORMAT psm $psm_fmt.;
TITLE2 'Verwendung von CONTRAST und ESTIMATE';
CLASS block psm;
MODEL dtha = block psm;
LSMEANS psm/ADJUST=T LINES CL;
* Hilfszeile                    A    B    C      D        E         F;
CONTRAST 'A vs B'          psm 1   -1/E;
ESTIMATE 'A vs B'          psm 1   -1;
CONTRAST 'A vs (B+C)/2'    psm 1   -0.5 -0.5/E;
ESTIMATE 'A vs (B+C)/2'    psm 1   -0.5 -0.5;
CONTRAST 'A vs (D+E+F)/3'  psm 1    0    0   -0.33333 -0.33333  -0.33333/E;
ESTIMATE 'A vs (D+E+F)/3'  psm 1    0    0   -0.33333 -0.33333  -0.33333;
CONTRAST 'B+C vs D+E+F'    psm 0    0.5  0.5 -0.33333 -0.33333  -0.33333;
ESTIMATE 'B+C vs D+E+F'    psm 0    0.5  0.5 -0.33333 -0.33333  -0.33333/E;
RUN;
QUIT;
```

Mit *PROC FORMAT* wird klargestellt, was sich hinter den Prüfgliedbezeichnungen A bis F verbirgt. Da es sich bei diesen Bezeichnungen um eine alphanumerische Variable (psm$) handelt, muss auch die *VALUE*-Variable *psm* mit einem Dollarzeichen ($) beginnen. Mit der anschließenden *PROC PRINT* kann man die gewünschte Reihenfolge der Varianten überprüfen, auf die auch bei der späteren Kontrast-Bildung Bezug genommen wird (u. U. empfiehlt sich zuvor eine Sortierung der Daten mit *PROC SORT*). Da in der Zeile *PROC GLM* die Option *ORDER=DATA* gesetzt wurde, wird diese Reihenfolge auch weiterhin beibehalten (andernfalls erfolgt eine automatische Sortierung gemäß *PROC FORMAT*). Für die Berechnung der Kontraste ist die Zeile *LSMEANS* nicht erforderlich; sie dient hier nur für Vergleichszwecke.

Neu im Programm sind die Zeilen *CONTRAST* ... und *ESTIMATE* ... Sie sind mit einem Namen in Hochkomma beschrieben (maximal 20 Zeichen!). So bedeutet z. B. ‚A vs B' Vergleich der Variante A mit (versus) Variante B. Der Vergleich der Variante A mit dem Mittelwert der Varianten B und C ist mit ‚A vs (B+C)/2' gekennzeichnet. Es wird dann die Variable aufgerufen, auf die sich die Kontraste beziehen sollen, hier also *psm*. Anschließend werden die betreffenden Koeffizienten nach dem oben beschriebenen Prinzip aufgeführt. Optional kann nach einem Schrägstrich ein *E* angegeben werden; dieses bewirkt, dass das Koeffizientenschema ausgedruckt wird – eine zusätzliche Möglichkeit, die Eingabe noch einmal zu überprüfen. Es fällt auf, dass in den ersten vier Zeilen das Schema nicht vollständig ausgefüllt ist. Dies ist möglich, weil in allen Fällen bei der Liste der Kontrastkoeffizienten nur noch Nullen folgen würden; SAS ergänzt diese selbst. Zum Beispiel ist die Angabe $1 - 1$/E adäquat der Angabe $1 - 1\ 0\ 0\ 0\ 0$/E.

Wie leicht zu erkennen ist, werden *CONTRAST* und *ESTIMATE* in gleicher Weise gesteuert. Auf ihre unterschiedliche Bedeutung wird im Ergebnisteil eingegangen.

Ausgabe

In Tab. 51.1 sind zunächst die von *LSMEANS* erzeugten Mittelwerte aufgelistet. Es folgt dann für den Fall „A vs B" das Koeffizientenschema aufgrund der Option *E* dieses Kontrastes. Man sieht hier zur Bestätigung, dass der Faktor *block* von der Kontrastbildung nicht betroffen ist (nur 0), dagegen A und B wie gewünscht mit 1 bzw. -1 besetzt sind.

In der folgenden Zeilengruppe (*Kontrast*) für die Variable *dtha* sind die Ergebnisse der *CONTRAST*-Zeilen im Programm zusammengestellt. Kontraste haben immer 1 FG (*DF*) und liefern im Rahmen einer F-Statistik eine qualitative Aussage. Das Summenquadrat für A vs B beträgt 1085,799 und ergibt einen F-Wert von 621,87, der als hoch signifikant (Pr>F<0,0001) zu bewerten ist. Dieses Ergebnis besagt also, dass zwischen A=unbehandelt und B=PSM_1a ein hoch signifikanter Unterschied besteht. Auch für die weiteren drei berechneten Kontraste gilt diese Feststellung. Es unterscheiden sich also z. B. auch die gemittelten Mittelwerte von B und C gegenüber den gemittelten Mittelwerten von D, E und F mit einem F-Wert von 61,83 hoch signifikant (Pr>F<0,0001).

In der letzten Zeilengruppe (*Parameter*) sind die Ergebnisse von *ESTIMATE* aufgeführt. Hier werden quantitative Aussagen zu den Kontrasten getroffen. In der Spalte „Schätzwert" befinden sich die festgestellten Mittelwertdifferenzen und rechts daneben die dazugehörigen Standardfehler. Die Schätzwerte sind leicht überprüfbar. Bildet man z. B. aus der *LSMEANS*-Übersicht die Differenz aus A und B, so erhält man den Schätzwert $-26,90$ ($46,90 - 73,80 = -26,90$). Der Schätzwert von $-5,476$ für den letzten Kontrast ergibt sich gemäß Koeffizientenschema aus $(73,81 + 77,62)/2 - (79,29 + 81,19 + 83,10)/3 = -5,478$ dt/ha (mit Rundungsfehler!). Diese Differenzen werden mit dem t-Test auf Signifikanz getestet. Im ersten Fall ergibt sich ein t-Wert von $-24,94$, im letzten von $-7,86$. Beide t-Werte korrespondieren mit der F-Statistik der Kontrast-Tabelle, denn bekanntlich gilt für Hypothesentests dieser Art: $t = \sqrt{F}$. Für A vs B wurde ein F-Wert von 621,87 und für B+C vs D+E+F von 61,83 ermittelt. Die Wurzeln aus beiden Zahlen ergeben 24,93 bzw. 7,86.

Tab. 51.1 Statistik zum Pflanzenschutzversuch mit sechs Prüfgliedern

```
                              Die Prozedur GLM

                          Least Squares Means
               psm                    dtha LSMEAN      Anzahl
               A=unbehandelt          46.9047619          1
               B=PSM_1a               73.8095238          2
               C=PSM_1b               77.6190476          3
               D=PSM_2a               79.2857143          4
               E=PSM_2b               81.1904762          5
               F=PSM_2c               83.0952381          6

                     Koeffizienten für Kontrast A vs B
                                                    Zeile1
               Konstante                                0

               block      1                             0
               block      2                             0
               block      3                             0

                 psm      A=unbehandelt                 1
                 psm      B=PSM_1a                      -1
                 psm      C=PSM_1b                       0
                 psm      D=PSM_2a                       0
                 psm      E=PSM_2b                       0
                 psm      F=PSM_2c                       0
```

Abhängige Variable: dtha

Kontrast	DF	Kontrast SS	Mittleres Quadrat	F-Statistik	Pr > F
A vs B	1	1085.799320	1085.799320	621.87	<.0001
A vs (B+C)/2	1	1659.977324	1659.977324	950.71	<.0001
A vs (D+E+F)/3	1	2644.897959	2644.897959	1514.81	<.0001
B+C vs D+E+F	1	107.959184	107.959184	61.83	<.0001

Parameter	Schätzwert	Standardfehler	t-Wert	Pr > |t|
A vs B	-26.904762	1.07889812	-24.94	<.0001
A vs (B+C)/2	-28.8095238	0.93435318	-30.83	<.0001
A vs (D+E+F)/3	-34.2857333	0.88091663	-38.92	<.0001
B+C vs D+E+F	-5.4762095	0.69642575	-7.86	<.0001

Weitere Hinweise

Es sollte klar geworden sein, dass Kontraste nur ein zusätzliches Instrument zu den bekannten Mittelwerttests sind. Einfache Kontraste wie im Beispiel „A vs B" löst man einfacher mittels eines Mittelwerttests, zumal man dann gleich weitere Vergleiche beantwortet bekommt. „Komplizierte Kontraste" – hier als „besondere Mittelwertvergleiche" bezeichnet – können jedoch nur mit den Statements *CONTRAST* und/oder *ESTIMATE* gelöst werden. In bestimmten Versuchssituationen sind diese Instrumente auch sinnvoll, wie in diesem Beispiel beim Vergleich von Mittelwerten ähnlicher Präparate. Im Sortenversuchswesen kann auch der Mittelwert von mehreren Vergleichssorten als Basis für

Vergleiche mit den Prüfsorten sinnvoll sein. Man hüte sich jedoch vor sachlogisch nicht begründbaren komplizierten Kontrasten!

Wie gezeigt, liefert *CONTRAST* eine qualitative und *ESTIMATE* eine quantitative Aussage zum Kontrast. Letztlich ist die Antwort auf die Nullhypothese aber die gleiche. Insofern genügt eines von beiden Schlüsselwörtern für Mittelwertvergleiche, wobei *ESTIMATE* den Vorteil hat, dass zusätzlich auch ein Standardfehler zur geschätzten Differenz ausgewiesen wird.

Will man mehrere, auch komplizierte, Kontraste gemeinsam mit einem versuchsbezogenen, also die Pr > F-Werte adjustierenden Mittelwerttest statistisch bewerten, muss man sich der Prozedur *GLIMMIX* auf Basis Normalverteilung bedienen und mit einer einzigen *ESTIMATE*-Anweisung wie im Beispiel 38 vorgehen. Beispielsweise könnte man formulieren:

```
PROC GLIMMIX DATA=a ORDER=DATA;
CLASS block psm;
MODEL dtha = block psm/DIST=NORMAL;
ESTIMATE 'A vs (B+C)/2'   psm 1   -0.5 -0.5,
 'B vs (D+E+F)/3' psm 0   1   0   -0.33333 -0.33333   -0.33333,
 'C vs D+E+F/3'   psm 0   0   1   -0.33333 -0.33333   -0.33333/ADJUST=SIM;
RUN;
```

ADJUST=SIM steht für das Simulationsverfahren für paarweise multiple Vergleiche, das das α-Niveau voll ausschöpft und auch schon im Kapitel 50 angewandt wurde.

Die hier gezeigte Anwendung von *CONTRAST* und *ESTIMATE* bezieht sich auf einfaktorielle Versuche, die entweder vollrandomisierte oder randomisierte Blockanlagen sein können. Für mehrfaktorielle Versuche gelten zusätzliche Regeln, die im nächsten Fallbeispiel (Kapitel 52) aufgezeigt werden.

Es empfiehlt sich, zunächst das Kapitel 51 zu studieren. Dort finden sich methodische Erläuterungen und weitere Hinweise zu Kontrasten in Bezug auf „besondere Mittelwertvergleiche" bei einfaktoriellen Versuchen. Es wird hier nur noch auf die zusätzlichen Aspekte bei mehrfaktoriellen Versuchen eingegangen.

Soweit bei mehrfaktoriellen Versuchen Kontraste innerhalb einer Hauptwirkung überprüft werden sollen, ist analog wie im einfaktoriellen Fall vorzugehen. Nach der Definition des Faktors werden die Plus- und Minus-Koeffizienten eingegeben. Es sind aber auch Faktorkombinationen bei mehrfaktoriellen Versuchen kontrastierbar, für die zusätzliche Regeln gelten. Zum besseren Verständnis sei vom „Grundmodell" (ohne μ und ε_{ij}) eines zweifaktoriellen Versuchs ausgegangen:

$$\mu_{ij} = a_i + b_j + (ab)_{ij};$$
$$a_i = \text{i-ter Effekt des Faktors a,}$$
$$b_j = \text{j-ter Effekt des Faktors b,}$$
$$(ab)_{ij} = \text{Wechselwirkungseffekt.}$$

Dann gilt z. B. für Stufe 3 von b auf Stufe 1 von a:

$$\mu_{13} = a_1 + b_3 + (ab)_{13};$$

Im Falle der Stufe 3 von b auf Stufe 2 von a lautet die Gleichung:

$$\mu_{23} = a_2 + b_3 + (ab)_{23};$$

Zusätzliche Information ist in der Online-Version dieses Kapitels (doi:10.1007/978-3-642-54506-1_52) enthalten.

© Springer-Verlag Berlin Heidelberg 2015
M. Munzert, *Landwirtschaftliche und gartenbauliche Versuche mit SAS*,
Springer-Lehrbuch, DOI 10.1007/978-3-642-54506-1_52

Der Kontrast $\mu_{13} - \mu_{23}$ ergibt sich dann aus

$$\mu_{13} - \mu_{23} = a_1 + b_3 + (ab)_{13} - a_2 - b_3 - (ab)_{23};$$

Die Nullhypothese testet man somit wie folgt:

$$a_1 + b_3 + (ab)_{13} - a_2 - b_3 - (ab)_{23} = 0;$$

Hieraus ergibt sich folgendes Koeffizientenschema (a = 2 Stufen, b = 3 Stufen):

a_1	a_2	$(ab)_{11}$	$(ab)_{12}$	$(ab)_{13}$	$(ab)_{21}$	$(ab)_{22}$	$(ab)_{23}$
1	-1	0	0	1	0	0	-1

Derartige Kontraste können im Falle einer Blockanlage, bei der es nur einen Versuchsfehler gibt, im Rahmen einer *PROC GLM* gerechnet werden. Bei Spaltanlagen und Streifenanlagen fallen dagegen bekanntlich zwei bzw. drei Versuchsfehler an, die für eine Reihe von Kontrasten von Bedeutung sind. Es ist der große Vorteil von **PROC MIXED**, diese Fehlerstruktur berücksichtigen zu können. Wenn also das Varianzmodell an eine Spalt- oder Streifenanlage anzupassen ist, werden mit *PROC MIXED* automatisch auch die Nullhypothesen zu allen Kontrasten korrekt getestet. *MIXED* liefert aber auch für Blockanlagen korrekte Ergebnisse.

Zur weiteren Erläuterung der Berechnung von Kontrasten in zweifaktoriellen Versuchen wird das Fallbeispiel in Kapitel 32 nochmals aufgegriffen. Hierbei wird das dort dokumentierte Programm auf die Varianzanalyse reduziert und dann mit einigen Kontrasten ergänzt. Wie im Kapitel 51 gezeigt, kann man sich auf das Statement **ESTIMATE** beschränken, da **CONTRAST** in Bezug auf die Beantwortung der Nullhypothese zum selben Ergebnis führt. Zu *ESTIMATE* gibt es aber mit **LSMESTIMATE** eine gute Alternative, weil die Anweisung einfacher wird.

Programm

Die Einfügung von *PROC SORT* ins Programm stellt sicher, dass die Daten in der aufsteigenden Reihenfolge *block A B* in die Varianzanalyse von *PROC MIXED* eingehen. Dort wird mit der Option *ORDER=DATA* dieser Status nochmals festgehalten.

Wichtig für die Kontraste ist, dass in der *MODEL*-Zeile von *MIXED* die Option *DDFM = KR* (oder *DDFM = SATTERTH)* gesetzt wird; nur in diesem Falle werden korrekte Standardfehler und Freiheitsgrade für die Kontraste berechnet. Weitere Voraussetzung ist, dass eine plankonforme Varianzanalyse gerechnet wird. Das Programm ist auf eine zweifaktorielle Block- bzw. Spalt- bzw. Streifenanlage ausgerichtet, d. h. die entsprechende(n) *RANDOM*-Zeile(n) sind/ist zu aktivieren bzw. deaktivieren. Der Aufruf von *LSMEANS* mit der Option *DIFF* ist nicht zwingend, die daraus resultierenden Ergebnisse erlauben aber eine Plausibilitätsprüfung für die *ESTIMATE*-Ergebnisse.

```
TITLE1 'Besondere Mittelwertvergleiche - faktorielle Versuche';
DATA a;
TITLE1 'Weißkrautversuch, 2 Düngungsstufen, 4 Sorten';
TITLE2 'Zeifaktorielle ...........'; /* Anlagetyp angeben! */
TITLE3 'Beispiel aus Munzert (1992), Seite 93 - 97';
INPUT block A B wert @@;
dtha=wert/13.35*100; /* Umrechnung von kg/Parzelle in dt/ha */
DATALINES;
1 1 1 138.2 2 1 1 130.5 3 1 1 133.9 1 2 1 140.4 2 2 1 138.0 3 2 1 132.1
1 1 2 129.3 2 1 2 131.6 3 1 2 133.0 1 2 2 131.8 2 2 2 128.7 3 2 2 134.6
1 1 3 147.8 2 1 3 149.2 3 1 3 142.3 1 2 3 153.2 2 2 3 151.9 3 2 3 148.4
1 1 4 113.3 2 1 4 119.1 3 1 4 110.5 1 2 4 123.6 2 2 4 120.8 3 2 4 119.2
;
PROC FORMAT; /* Legende für Faktorenstufen */
VALUE A_fmt 1='100/150 kg PK' 2='150/250 kg PK';
VALUE B_fmt 1='Sorte A' 2='Sorte B' 3='Sorte C' 4='Sorte D';
RUN;
PROC SORT DATA=a;
BY block A B;
RUN;
PROC PRINT; RUN; /* Einlesekontrolle! */
PROC MIXED ORDER=DATA NOBOUND;/* Achtung: Bei Spalt- und Streifenanlage
die zutreffende RANDOM-Anweisung aktivieren! */
TITLE2 'Kontraste mit ESTIMATE und LSMESTIMATE';
FORMAT a a_fmt.;
FORMAT b b_fmt.;
CLASS a b block;
MODEL dtha = block a b a*b/DDFM=KR; /* Blockanlage, alle RANDOM-Zeilen
inaktivieren! */
*RANDOM block*a; /* Spaltanlage, a=Haupteinheit, b=Untereinheit */
*RANDOM block*a block*b; /* Streifenanlage */
LSMEANS a b a*b/DIFF CL ALPHA=0.05;
ESTIMATE 'B1 vs B4' b 1 0 0 -1/E;
ESTIMATE 'B1+B2 vs B3+B4' b 0.5 0.5 -0.5 -0.5/E;
ESTIMATE 'B1 vs B4 in A1' b 1 0 0 -1 a*b 1 0 0 -1 0 0 0 0/E;
ESTIMATE 'A1 vs A2 in B1' a 1 -1 a*b 1 0 0 0 -1 0 0 0/E;
ESTIMATE 'B2+B4 vs B1+B3 in A2' b -0.5 0.5 -0.5 0.5
         a*b 0 0 0 0 -0.5 0.5 -0.5 0.5/E;
ESTIMATE 'B2+B4 vs B1+B3 in A2' b -1 1 -1 1
         a*b 0 0 0 0 -1 1 -1 1/E DIVISOR=2;
*****************************************************************;
LSMESTIMATE b 'B1 vs B4' 1 0 0 -1/E;
LSMESTIMATE b 'B1+B2 vs B3+B4' 0.5 0.5 -0.5 -0.5/E;
LSMESTIMATE a*b 'B1 vs B4 in A1' 1 0 0 -1 0 0 0/E;
LSMESTIMATE a*b 'A1 vs A2 in B1' 1 0 0 0 -1 0 0 0/E;
LSMESTIMATE a*b 'B2+B4 vs B1+B3 in A2' 0 0 0 0 -0.5 0.5 -0.5 0.5/E;
LSMESTIMATE a*b 'B2+B4 vs B1+B3 in A2' 0 0 0 0 -1 1 -1 1/E DIVISOR=2;
RUN;
QUIT;
```

Im Programm werden zunächst sechs Kontraste mit *ESTIMATE* angefordert, wobei hier nicht auf die Sachlogik geachtet wurde, sondern nur verschiedene Situationen exemplarisch aufgezeigt werden sollen. Die ersten beiden *ESTIMATE* sind formuliert wie im Falle eines einfaktoriellen Versuches, d. h. es sind Vergleiche innerhalb eines Faktors (B); nach dem „Etikett" wird die Variable aufgerufen (b) und es folgen die Koeffizienten in gewohnter Weise. Beim dritten und vierten *ESTIMATE*-Aufruf werden Kontraste innerhalb einer A- bzw. B-Stufe gebildet. Damit kommen Effekte der Faktorkombinationen mit ins Spiel. Neben dem Haupteffekt *b* wird deshalb auch die Wechselwirkung *a*b* aufgerufen. Diese ist in acht Stufen gegliedert und es werden jeweils die betroffenen Stufen mit 1 bzw. -1 belegt. Man könnte in *a*b* die Nullen nach dem -1 auch weglassen, weil SAS diese automatisch ergänzt, wenn kein anderer Wert mehr folgt. Die beiden letzten *ESTI-MATE*-Anweisungen sind identisch; hier soll nur gezeigt werden, dass man hier auch die Option *DIVISOR* = setzen kann, um von ganzzahligen Koeffizienten zu Dezimalangaben zu kommen (gilt aber nicht für *CONTRAST*). In allen Fällen werden aufgrund der Option *E* die Koeffizientenschemata ausgedruckt – eine nochmalige Gelegenheit, die Definition der Kontraste zu überprüfen.

Die folgenden *LSMESTIMATE*-Statements fordern die gleichen Vergleiche wie *ESTI-MATE* an. Sind Faktorkombinationen zu vergleichen, muss nur diese Kombination mit den einschlägigen Koeffizienten aufgerufen werden. Die Bezeichnung steht vor dem „Etikett" und die Koeffizienten folgen diesem.

Ausgabe

In Tab. 52.1 sind die von der ersten und fünften *ESTIMATE*-Definition übernommenen Koeffizientenschemata protokolliert. Diese Übersichten erhält man, wenn man im seitlichen Ergebnisfenster die Menüpunkte *Koeffizienten für ...* anklickt. Im Falle von „B1 vs B4" fällt auf, dass zusätzlich zur Angabe im Programm auch in den Zeilen für *a*b* Koeffizienten mit 0,5 bzw. $-0,5$ eingetragen sind. SAS nimmt diese Modellergänzungen automatisch vor, weil natürlich in den Summeneffekten von B1 und B4 auch die Wechselwirkungen mit enthalten sind. Ansonsten bestätigen diese Protokolle die Etikettangaben im Programm.

Tabelle 52.2 enthält die *ESTIMATE*-Ergebnisse für die drei Anlagemethoden (Blockanlage, Spaltanlage, Streifenanlage) zusammengestellt. Man erhält diese Ergebnisse, wenn für jede Anlagemethode (*RANDOM*-Zeilen aktivieren bzw. deaktivieren!) ein Programmlauf vorgenommen wird. Wie leicht zu erkennen ist, sind die Schätzwerte (Differenzen zwischen den Mittelwerten) immer gleich, die Standardfehler und Freiheitsgrade (des Nenners) dieser Differenzen unterscheiden sich jedoch. Bei der Blockanlage gibt es nur einen Versuchsfehler, weshalb einheitlich 14 *DF* ausgewiesen werden. Bei der Spalt- und Streifenanlage differieren z. T. die gemäß Varianzmodell nach Kenward-Roger (Schlüsselwort *KR*) berechneten Freiheitsgrade und Standardfehler. Daraus resultieren angepasste t-Werte und Überschreitungswahrscheinlichkeiten (Pr>|t|).

Die Plausibilität dieser Kontraste kann man an den Schätzwerten leicht überprüfen, indem man die (hier nicht aufgelisteten) *Differences of Least Squares Means*) im Ergebnis-Editor aufruft. Man findet dort z. B. für die Blockanlage in der vierten Zeile den Vergleich für Sorte A mit Sorte D auf Düngungsstufe 2 (=B1 vs B4 in A2) mit dem Schätzwert 133,08 und die weiteren statistischen Kenndaten, wie sie in Tab. 51.2 aufgeführt sind. Auf gleiche Weise kann man die Ergebnisse der dritten und vierten *ESTIMATE* in der Gesamt-

Tab. 52.1 Koeffizientenschemata für zwei Kontraste

Die Prozedur MIXED

Koeffizienten für B1 vs B4

Effekt	A	B	block	Zeile1
A	150/250 kg PK			
B		Sorte A		1
B		Sorte B		
B		Sorte C		
B		Sorte D		-1
A*B	100/150 kg PK	Sorte A		0.5
A*B	100/150 kg PK	Sorte B		
A*B	100/150 kg PK	Sorte C		
A*B	100/150 kg PK	Sorte D		-0.5
A*B	150/250 kg PK	Sorte A		0.5
A*B	150/250 kg PK	Sorte B		
A*B	150/250 kg PK	Sorte C		
A*B	150/250 kg PK	Sorte D		-0.5

Koeffizienten für B2+B4 vs B1+B3 in A2

Effekt	A	B	block	Zeile1
A	100/150 kg PK			
A	150/250 kg PK			
B		Sorte A		-0.5
B		Sorte B		0.5
B		Sorte C		-0.5
B		Sorte D		0.5
A*B	100/150 kg PK	Sorte A		
A*B	100/150 kg PK	Sorte B		
A*B	100/150 kg PK	Sorte C		
A*B	100/150 kg PK	Sorte D		
A*B	150/250 kg PK	Sorte A		-0.5
A*B	150/250 kg PK	Sorte B		0.5
A*B	150/250 kg PK	Sorte C		-0.5
A*B	150/250 kg PK	Sorte D		0.5

liste von *Differences* ... überprüfen. Für die „zusammengesetzten" Kontraste „B1+B2 vs B3+B4" und „B2+B4 vs B1+B3 in A2" gibt es diese Vergleichsmöglichkeit nicht; solche Kontraste können nur mit *ESTIMATE* gelöst werden. Mit anderen Worten: *PROC MIXED* liefert mit der Auflistung der *Differences of Least Squares Means* automatisch alle „einfachen Kontraste"; *ESTIMATE* ist nur zusätzlich erforderlich, wenn ein einzelner Mittelwert mit einer Gruppe von Mittelwerten oder zwei Mittelwertgruppen miteinander verglichen werden soll.

Tab. 52.2 Schätzer für drei Anlagemethoden mit *ESTIMATE*

Die Prozedur MIXED

Schätzer **bei Blockanlage**

Etikett	Schätzwert	Standardfehler	DF	t-Wert	Pr > ItI
B1 vs B4	133.08	13.7664	14	9.67	<.0001
B1+B2 vs B3+B4	1.7478	9.7343	14	0.18	0.8601
B1 vs B4 in A1	149.06	19.4686	14	7.66	<.0001
A1 vs A2 in B1	-19.7253	19.4686	14	-1.01	0.3282
B2+B4 vs B1+B3 in A2	-131.46	13.7664	14	-9.55	<.0001
B2+B4 vs B1+B3 in A2	-131.46	13.7664	14	-9.55	<.0001

Schätzer **bei Spaltanlage**

Etikett	Schätzwert	Standardfehler	DF	t-Wert	Pr > ItI
B1 vs B4	133.08	14.4373	12	9.22	<.0001
B1+B2 vs B3+B4	1.7478	10.2087	12	0.17	0.8669
B1 vs B4 in A1	149.06	20.4175	12	7.30	<.0001
A1 vs A2 in B1	-19.7253	18.7253	13.9	-1.05	0.3102
B2+B4 vs B1+B3 in A2	-131.46	14.4373	12	-9.11	<.0001
B2+B4 vs B1+B3 in A2	-131.46	14.4373	12	-9.11	<.0001

Schätzer **bei Streifenanlage**

Etikett	Schätzwert	Standardfehler	DF	t-Wert	Pr > ItI
B1 vs B4	133.08	16.5228	6	8.05	0.0002
B1+B2 vs B3+B4	1.7478	11.6834	6	0.15	0.8860
B1 vs B4 in A1	149.06	20.4175	10.9	7.30	<.0001
A1 vs A2 in B1	-19.7253	15.9307	7.59	-1.24	0.2526
B2+B4 vs B1+B3 in A2	-131.46	14.4373	10.9	-9.11	<.0001
B2+B4 vs B1+B3 in A2	-131.46	14.4373	10.9	-9.11	<.0001

Wie oben schon angekündigt, können alle Kontraste noch einfacher mit *LSMES-TIMATE* geschätzt werden. Die Ergebnisse können der Tab. 52.3 entnommen und mit Tab. 52.2 verglichen werden; Übereinstimmung liegt vor. Bei faktoriellen Versuchen ist also *LSMESTIMATE* die einfachere Methode, Kontraste zu bilden.

Weitere Hinweise

Es soll noch einmal herausgestellt werden, dass die Verwendung von *PROC MIXED* für alle Versuche mit mehr als einem Versuchsfehler (Spaltanlagen, Streifenanlagen!) zwingend ist, um zu korrekten (einfachen oder auch komplizierten) Kontrasten zu kommen. Deshalb fallen auch (einfaktorielle) Gitteranlagen unter diese Prämisse, weil auch hierfür eine *RANDOM*-Anweisung erforderlich ist (vgl. Kapitel 28).

Die Definition der *ESTIMATE*s und *LSMESTIMATE*s wird in diesem Beispiel nur am zweifaktoriellen Fall aufgezeigt. Kontraste können natürlich auch bei drei- und noch höher faktoriellen Versuchen berechnet werden. Soweit „einfache Kontraste" gefragt sind, ist man gut beraten, diese aus der automatischen Auflistung von *Differences of Least Squares*

Tab. 52.3 Schätzer für drei Anlagemethoden mit *LSMESTIMATE*

```
                                Die Prozedur MIXED

                            Schätzer bei Blockanlage
Etikett                   Schätzwert   Standardfehler    DF    t-Wert    Pr > |t|
B1 vs B4                     133.08        13.7664       14     9.67     <.0001
B1+B2 vs B3+B4                1.7478        9.7343       14     0.18      0.8601
B1 vs B4 in A1              149.06         19.4686       14     7.66     <.0001
A1 vs A2 in B1             -19.7253        19.4686       14    -1.01      0.3282
B2+B4 vs B1+B3 in A2       -131.46         13.7664       14    -9.55     <.0001
B2+B4 vs B1+B3 in A2       -131.46         13.7664       14    -9.55     <.0001

                            Schätzer bei Spaltanlage
Etikett                   Schätzwert   Standardfehler    DF    t-Wert    Pr > |t|
B1 vs B4                     133.08        14.4373       12     9.22     <.0001
B1+B2 vs B3+B4                1.7478       10.2087       12     0.17      0.8669
B1 vs B4 in A1              149.06         20.4175       12     7.30     <.0001
A1 vs A2 in B1             -19.7253        18.7253      13.9   -1.05      0.3102
B2+B4 vs B1+B3 in A2       -131.46         14.4373       12    -9.11     <.0001
B2+B4 vs B1+B3 in A2       -131.46         14.4373       12    -9.11     <.0001

                          Schätzer bei Streifenanlage
Etikett                   Schätzwert   Standardfehler    DF    t-Wert    Pr > |t|
B1 vs B4                     133.08        16.5228        6     8.05      0.0002
B1+B2 vs B3+B4                1.7478       11.6834        6     0.15      0.8860
B1 vs B4 in A1              149.06         20.4175      10.9    7.30     <.0001
A1 vs A2 in B1             -19.7253        15.9307      7.59   -1.24      0.2526
B2+B4 vs B1+B3 in A2       -131.46         14.4373      10.9   -9.11     <.0001
B2+B4 vs B1+B3 in A2       -131.46         14.4373      10.9   -9.11     <.0001
```

Means zu übernehmen. Komplizierte Kontraste (Vergleiche mit bzw. zwischen Gruppenmittelwerten) können dagegen auch hier nur mit *ESTIMATE* oder *LSMESTIMATE* gelöst werden; letztere Anweisung ist einfacher zu handhaben. Höher faktorielle Versuche sind nach dem gleichen Prinzip zu behandeln. Als Beispiel sei der Datensatz des dreifaktoriellen Versuchs im Kapitel 36, verrechnet als dreistufige Spaltanlage herangezogen:

```
ESTIMATE 'c1+c2 vs c3+c4 in a1' c 0.5 0.5 -0.5 -0.5 a*c 0.5 0.5 -0.5 -.5/E;
LSMESTIMATE a*c 'c1+c2 vs c3+c4 in a1' 0.5 0.5 -0.5 -0.5/E;

Methode      Schätzwert Standardfehler    DF      t-Wert     Pr > |t|
ESTIMATE       -0.2500       1.1187        36      -0.22      0.8244

LSMESTIMATE    -0.2500       1.1187        36      -0.22      0.8244
```

Die *ESTIMATE*- und *LSMESTIMATE*-Anweisungen stehen auch in den Prozeduren *GENMOD* und *GLIMMIX* zur Verfügung und sind dort auf gleiche Weise zu steuern. Im Übrigen können mit *GLIMMIX* auch hier ausgewählte Kontraste mit einer einzigen *ESTIMATE*-Anweisung und z. B. *ADJUST=SIM* gemeinsam bewertet werden, so dass das gewünschte Niveau α (Voreinstellung = 5%) gehalten werden kann (s. Kapitel 50 und 51).

Unter Kovarianzanalyse versteht man eine Kombination aus Varianz- und Regressions-/ Korrelationsanalyse. Folgende Fälle von Kovarianzen kommen im Versuchswesen vor:

- Berechnung einer Korrelation zwischen zwei Merkmalen nach dem Modell II. Es kann auch ein weiteres Merkmal als Kovariable (Kovariate) berücksichtigt werden, dessen Einfluss die Korrelation nicht stören soll (partielle Korrelation). Korrelation und partielle Korrelation wurden mit Kapitel 18 (Korrelation an einer Stichprobe) bereits behandelt.
- Regressionsanalysen bei faktoriellen Versuchen (Modell I). Hier geht es um die Berücksichtigung von qualitativen Versuchsfaktoren (z. B. Blöcke, Sorten) bei der Berechnung der Beziehung zwischen zwei Beobachtungsmerkmalen (bereinigte Regressionsanalyse). Die Vorgehensweise wurde ausführlich im Kapitel 33 (Regressionsanalysen zu faktoriellen Versuchen mit einem quantitativen Faktor) aufgezeigt.
- Ausschaltung störender Einflüsse auf die Versuchsergebnisse und Berechnung einer „bereinigten Varianzanalyse" mit anschließender Korrektur der Mittelwerte. Diese Mittelwerte sind eine Bestschätzung im Sinne von „störende(r) Einfluss/Einflüsse ausgeschaltet". Dieser Fall wird nachfolgend behandelt.

Ein klassischer Fall im pflanzenbaulichen Versuchswesen sind auftretende Fehlstellen im Versuch aufgrund technischer Mängel (z. B. Sägerät) oder unerwünschter äußerer Einflüsse (z. B. Vogelfraß). Bei Tierversuchen gelingt es oft nicht, Einzeltiere oder Tiergruppen mit gleichem Anfangsgewicht auszuwählen, was in Fütterungsversuchen die Gewichtszunahmen beeinflussen kann. In solchen Fällen ist eine Kovarianzanalyse mit der Kovariate „Anzahl Fehlstellen" bzw. „Anfangsgewicht" ein probates Mittel, diese störenden

Zusätzliche Information ist in der Online-Version dieses Kapitels (doi:10.1007/978-3-642-54506-1_53) enthalten.

© Springer-Verlag Berlin Heidelberg 2015
M. Munzert, *Landwirtschaftliche und gartenbauliche Versuche mit SAS*,
Springer-Lehrbuch, DOI 10.1007/978-3-642-54506-1_53

Versuchseinflüsse auszuschalten und entsprechende „bereinigte" (adjustierte) Mittelwerte zu berechnen. Es ist klar, dass die Kovarianzanalyse nur zulässig ist, wenn diese unerwünschten Effekte nicht von den geprüften Faktoren bzw. Faktorstufen zu verantworten sind. Zum Beispiel darf ein genetisch bedingtes unterschiedliches Auflaufverhalten der Sorten in einem Sortenversuch nicht mittels Kovarianz eliminiert werden.

Das hier verwendete Beispiel entstammt dem Lehrbuch von Bätz et al. (1982, S. 217 ff.). In einem einfaktoriellen Blockversuch mit Körnermaissorten wurden in den Parzellen fehlende Pflanzen festgestellt, die vermutlich die Kornerträge je Parzelle verzerren. Deshalb wurde die Anzahl von Fehlstellen als Kovariate erfasst, mit dem Ziel, fehlstellenbereinigte Erträge zu ermitteln. Das Versuchsproblem kann in diesem Fall (nur *ein* anlagebedingter Versuchsfehler!) mit *PROC GLM* sehr einfach gelöst werden. Es wird trotzdem **PROC MIXED** verwendet, weil diese Prozedur auch auf Versuche mit mehreren Zufallskomponenten (z. B. Spaltanlagen, Gitteranlagen) anwendbar ist.

Programm

Die Einfügung von *PROC SORT* ins Programm stellt sicher, dass die Daten in der aufsteigenden Reihenfolge von *sorte* in die Varianzanalyse von *PROC MIXED* eingehen. Dort wird mit der Option *ORDER = DATA* dieser Status nochmals festgehalten. Dies ist für die Sortenzuordnung beim Koeffizientenschema für *ESTIMATE* wichtig. Mit den beiden *MEANS*-Aufrufen werden die Mittelwerte je Sorte bzw. das Versuchsmittel berechnet.

Eine Kovarianzanalyse ist nur gültig bzw. zulässig, wenn keine Wechselwirkung zwischen Prüffaktor und Kovariate besteht. Dies wird im Programm mit *PROC GLM* überprüft (Modellkomponente *sorte*fehlst*). Da unter *CLASS* nur *block* und *sorte* als Prüffaktoren definiert sind, wird in der folgenden *MODEL*-Zeile *fehlst* als Kovariate verstanden.

```
TITLE1 'Kovarianzanalyse zur Mittelwertkorrektur';
TITLE2 'Einfakt. Blockversuch; Beispiel aus Bätz et al. 1982, S. 217 ff';
TITLE3 'Mais-Kornertrag in dt/ha, Anzahl Fehlstellen/Parzelle';
DATA a;
DO block = 1 TO 4; DO sorte = 1 TO 5;
INPUT fehlst ertrag @@; OUTPUT;
END; END;
DATALINES;
10 32 13 39 14 35 13 41 23 24  9 30 10 35  9 33 16 36  0 32
13 32 12 30 24 31 22 38 11 27  5 36  0 48  4 44  1 48  3 32
RUN;
PROC PRINT; /* Zur Eingabekontrolle */
RUN;
PROC SORT;
BY sorte;
RUN;
PROC MEANS; /*Unkorrigierte Mittelwerte */
VAR ertrag fehlst;
BY sorte;
RUN;
PROC MEANS; /* Versuchsmittel */
VAR ertrag fehlst;
RUN;
PROC GLM ORDER=DATA;
TITLE3 'Überprüfung der Modellvorausetzung "keine WW sorte*fehlst"';
CLASS block sorte;
MODEL ertrag = block sorte fehlst sorte*fehlst;
RUN;
PROC MIXED ORDER=DATA NOBOUND;
CLASS block sorte;
MODEL ertrag = block sorte fehlst/DDFM=KR SOLUTION;
LSMEANS sorte/AT fehlst=0 ADJUST=TUKEY; /* Mittelwerte auf Basis 0 Fehl-
stellen */
ESTIMATE 'S1+S2 vs S3 auf 0 Fehlst.' sorte 0.5 0.5 -1 0 0;
RUN;
QUIT;
```

Wenn sich herausstellt, dass die wichtigste Voraussetzung für eine Kovarianzanalyse – gleiche Reaktion der Sorten auf die Fehlstellen – erfüllt ist, kann mit der folgenden *MIXED* diese ausgeführt werden. Die Modellbildung entspricht jener von *GLM*, nur eben ohne *sorte*fehlst*. Wichtig für die Kontraste ist, dass in der *MODEL*-Zeile bei Versuchen mit mehreren Fehlern (Zufallskomponenten) die Option *DDFM = KR* (oder *DDFM = SAT-TERTH)* gesetzt wird; nur in diesem Falle werden stets korrekte Standardfehler und Freiheitsgrade für die Kontraste berechnet. Eine plankonforme Kovarianzanalyse ist also zu beachten. Die Option *SOLUTION* ist nicht zwingend, sie liefert nur zusätzlich die Schätzer für die Regression, insbesondere den nicht uninteressanten Regressionskoeffizienten für den Fehlstellenausgleich.

Das Programm ist auf eine einfaktorielle Blockanlage ausgerichtet. Es ist unschwer auf eine mehrfaktorielle Anlage anzupassen. Noch einfacher ist die Verwendung der Programme in Kapitel 32 bzw. 36, ergänzt um die Kovarianz-Syntax dieses Programms. Auch Versuche mit unvollständigen Blöcken (s. Beispiele in Kapitel 28 und 37) können mit Kovariaten verrechnet werden, indem in die *MODEL*-Zeile die Kovariate noch eingefügt wird.

LSMEANS erzeugt die fehlstellenkorrigierten Mittelwerte. Ohne die Option AT werden die Mittelwerte auf den Mittelwert der Kovariable (fehlst) korrigiert. Im Programm wurde aber AT fehlst = 0 gesetzt (was hier wohl sinnvoll ist); damit erfolgt eine Korrektur auf 0 Fehlstellen. Wie man besondere Kontraste bildet, wird mit der Zeile ESTIMATE gezeigt. Die Syntax wurde bereits in den Kapiteln 51 und 52 angewendet.

Ausgabe

Wie Tab. 53.1 zu entnehmen ist, liegt kein signifikanter Effekt für *fehlst*sorte* vor (*Pr > F = 0,5842*). Damit darf ein einheitliches Steigungsmaß (Regressionskoeffizient) für den Fehlstellenausgleich unterstellt und die Kovarianzanalyse kann fortgesetzt werden. Die unterschiedlichen F- und Pr-Werte von Typ I und Typ III SS sind trotz des balancierten Versuchs die Folge des Einflusses der Kovariate. Bei Typ I erfolgt eine Zerlegung von Gesamt-SS in die einzelnen „Quellen", wobei immer die nachfolgende Ursache (nur) um die Effekte der vorausgegangenen Ursachen bereinigt ist. Bei Typ III ist jeder Effekt von sämtlichen übrigen Effekten bereinigt (vgl. Kapitel. 4). Damit ist das gleiche Ergebnis für *fehlst*sorte* bei beiden Varianztypen schlüssig. Weitere Schlussfolgerungen sollten aus dieser Tabelle nicht gezogen werden, weil das Modell wegen *fehlst*sorte* noch überparametrisiert ist.

Die Resultate der endgültigen Kovarianzanalyse liefert *PROC MIXED*; sie sind in Tab. 53.2 zusammengefasst. Da nunmehr das um die Wechselwirkung reduzierte Modell gerechnet wurde, interessieren beim F-Test die Haupteffekte für *sorte* und *fehlst*. Wie der F-Test (Typ III) zeigt, ist der Fehlstelleneinfluss signifikant (Pr > F = 0,0206). Es können aber auch immer noch hoch signifikante Sorteneffekte festgestellt werden (Pr > F = 0,0002). Beide Befunde sind wichtig: Wäre *sorte* nicht signifikant, würde sich die weitere Sortenanalyse erübrigen. Aber auch bei nicht signifikantem Fehlstelleneinfluss können Korrekturen vorgenommen werden, denn je geringer der Einfluss der Kovariate ist, umso geringer fallen die Korrekturen aus.

Im Tabellenteil „Lösung für feste Effekte" interessiert nur der Regressionskoeffizient für Fehlstellen, hier −0,3946. Er bedeutet, dass mit 1 Fehlstelle in der Parzelle (Sollzahl

Tab. 53.1 Überprüfung der Modellvoraussetzung „keine Wechselwirkung sorte*fehlst"

Die Prozedur GLM

Quelle	DF	Typ I SS	Mittleres Quadrat	F-Statistik	Pr > F
block	3	294.5500000	98.1833333	12.93	0.0031
sorte	4	351.3000000	87.8250000	11.57	0.0033
fehlst	1	50.5533272	50.5533272	6.66	0.0364
fehlst*sorte	4	23.0051540	5.7512885	0.76	0.5842

Quelle	DF	Typ III SS	Mittleres Quadrat	F-Statistik	Pr > F
block	3	66.0353194	22.0117731	2.90	0.1112
sorte	4	140.7081269	35.1770317	4.63	0.0382
fehlst	1	11.5499839	11.5499839	1.52	0.2572
fehlst*sorte	4	23.0051540	5.7512885	0.76	0.5842

Tab. 53.2 Kovarianzanalyse und korrigierte Mittelwerte

Die Prozedur MIXED

Typ 3 Tests der festen Effekte

Effekt	Zähler Freiheitsgrade	Nenner Freiheitsgrade	F-Statistik	Pr > F
block	3	11	3.87	0.0410
sorte	4	11	14.36	0.0002
fehlst	1	11	7.30	0.0206

Lösung für feste Effekte

Effekt	block	sorte	Schätzwert	Standardfehler	DF	t-Wert	Pr > |t|
Intercept			35.6933	1.6740	11	21.32	<.0001
block	1		-2.6643	2.4166	11	-1.10	0.2938
block	2		-5.9532	1.8944	11	-3.14	0.0094
block	3		-4.5540	2.6135	11	-1.74	0.1093
block	4		0	.	.	.	.
sorte		1	3.7500	1.8604	11	2.02	0.0689
sorte		2	9.0527	1.8619	11	4.86	0.0005
sorte		3	8.3812	1.9294	11	4.34	0.0012
sorte		4	13.4799	1.9394	11	6.95	<.0001
sorte		5	0	.	.	.	.
fehlst			-0.3946	0.1460	11	-2.70	0.0206

Kleinste-Quadrate-Mittelwerte

Effekt	sorte	fehlst	Schätzwert	Standardfehler	DF	t-Wert	Pr > |t|
sorte	1	0.00	36.1504	1.8856	11	19.17	<.0001
sorte	2	0.00	41.4531	1.8340	11	22.60	<.0001
sorte	3	0.00	40.7817	2.2798	11	17.89	<.0001
sorte	4	0.00	45.8803	2.3097	11	19.86	<.0001
sorte	5	0.00	32.4004	1.8856	11	17.18	<.0001

Least Squares Means Estimate

Effect	Label	fehlst	Estimate	Standard Error	DF	t-Wert	Pr > |t|
sorte	S1+S2 vs S3 auf 0 Fehlst.	0.00	-1.9799	1.7017	11	-1.16	0.2693

laut Autorenangabe 100 Pflanzen) der Ertrag um 0,3946 dt/ha abnimmt. Damit lassen sich fehlstellenbereinigte Erträge nach folgender Formel berechnen:

$$y_{i*} = y_{i*} - b_{xy}(x_i - c)$$

(y_{i*} = korrigierter Mittelwert y von Faktorstufe i; y_i = unkorrigierter Mittelwert y von Faktorstufe i; b_{xy} = Regressionskoeffizient für x und y; x_i = Betrag der Kovariate x von Faktorstufe i; c = Korrekturniveau der Kovariate, z. B. Gesamtmittelwert von x oder Wert 0 für x).

Die unkorrigierten Mittelwerte für *ertrag* und die dazugehörigen Fehlstellenmittelwerte erhält man nach Anklicken der ersten *PROC MEANS* und die Gesamtmittelwerte mit der zweiten *PROC MEANS*. Setzt man die Werte für Sorte 1 ein, ergibt sich:

$$y_{Sorte\,1,ber.} = 32,50 - (-0,3946)(9,25 - 10,6) = 32,50 - (-0,3946)(-1,35)$$
$$= 32,50 - 0,3946*1,35 = 31,967.$$

Dieses Ergebnis erhielte man, wenn im Programm die Option *AT fehlst = 0* unterlassen worden wäre. In Tab. 53.2 sind dagegen die auf 0 Fehlstellen adjustierten Erträge aufgelistet. Das Ergebnis für Sorte 1 ergibt sich dann aus

Tab. 53.3 Mittlere Anzahl Fehlstellen und Kornerträge (dt/ha) im Maisversuch

Sorte	Fehlstellen pro Parzelle	dt/ha unbereinigt	dt/ha bei 10,6 Fehlst.	dt/ha bei 0 Fehlst.
1	9,25	32,50	31,97	36,15
2	8,75	38,00	37,27	41,45
3	12,75	35,75	36,60	40,75
4	13,00	40,75	41,70	45,88
5	9,25	28,75	28,22	32,40
Mittel	10,60	35,15	35,15	39,33

$$y_{\text{Sorte 1,ber.}} = 32,50 - (-0,3946 * 9,25) = 32,50 + 3,65 = 36,15.$$

Von *ESTIMATE* wird ein spezieller Kontrast berechnet, dessen Ergebnis am Ende der Tab. 53.2 aufgeführt ist. Die Differenz ($-1,98$) zwischen dem Mittelwert von Sorte 1 und 2 zum Mittelwert der Sorte 3 ist demnach nicht signifikant ($Pr > |t| = 0,2693$).

In Tab. 53.3 sind für alle 5 Sorten die unkorrigierten und korrigierten Erträge zusammengestellt.

Weitere Hinweise

Würde man den Versuch statt mit PROC MIXED mit PROC GLM auswerten, wäre das Programm wie folgt abzuändern:

```
......
PROC GLM ORDER=DATA;
CLASS block sorte;
MODEL ertrag = block sorte fehlst/SOLUTION;
......
```

Weitere Programmänderungen sind nicht erforderlich.

Man könnte auch auf den Gedanken kommen, den Fehlstellenausgleich über einen Dreisatz zu bewerkstelligen, also in unserem Falle nach dem Prinzip

$$dt/ha\_ber = (dt / ha\_unber / Istpflanzenzahl) * Sollpflanzenzahl.$$

Für Sorte 1 würde sich ergeben:

$$dt/ha\_ber. = (32,50 / 90,75) * 100 = 35,81.$$

Dieser Wert ist nicht korrekt, weil er nicht die Reaktion der zur Fehlstelle benachbarten Pflanzen berücksichtigt. Bei klassischen Reihenkulturen, wie Zuckerrüben und Kartoffeln, wird der Ertragsverlust einer Fehlstelle meistens durch die Nachbarpflanzen etwas, aber nicht vollständig, ausgeglichen. In diesem Maisbeispiel ergab die Kovarianzanalyse für die Sorte 1 bei 0 Fehlstellen einen noch etwas höheren Ertrag als 35,81, nämlich 36,15 dt/ha.

Die hier behandelte Kovarianzanalyse basiert auf dem Model I (=fix), d. h. es handelt sich um einen Feldversuch mit ausgewählten Faktorstufen, die somit auch die Kovariate (x) zu „fix" erklären. In diesem Zusammenhang sei auf die Voraussetzungen einer gültigen Kovarianzanalyse mit fixen x-Werten hingewiesen:

- Die Werte der fixen Kovariate sind *unabhängig* von den Faktorstufen y (z. B. Blöcke, Sorten).
- Die Regression zwischen y und x verläuft *unabhängig* von den Faktoreffekten (keine Wechselwirkung zwischen y und x).
- Alle Fehler der Regression sind *normal* und *unabhängig* verteilt mit dem Mittelwert 0 und einer *gemeinsamen* Varianz.

Damit ist auch klar, dass der störende Einfluss mit einem Merkmal gemessen werden muss, das diese Eigenschaften erfüllt. Boniturwerte (etwa von 1–9) erfüllen diese Bedingungen oft nicht. Mühleisen et al. (2013) haben allerdings am Beispiel einer Bonitur auf Stress gegen Trockenheit gezeigt, dass diese sehr wohl als Kovariate geeignet sein kann, wenn insbesondere deren Unabhängigkeit gegenüber dem Faktoreffekt gegeben ist.

Es können auch mehr als eine Kovariate ins Modell aufgenommen werden. Allerdings dürfte dieser Fall in der Praxis eher selten vorkommen.

Auch eine nichtlineare Kovarianzanalyse ist möglich (z. B. … *fehlst fehlst*fehlst*). In diesem Falle sollte man sich aber beim F-Test vergewissern, ob die quadratische Komponente signifikant ist.

Mit Kapitel 53 wurde ein multivariates lineares Modell vorgestellt, das aus einem y-Merkmal (Prüfmerkmal) und u. a. aus einem x-Merkmal als Kovariable besteht; mit der Kovariablen wurden Korrekturen am Ergebnis des Prüfmerkmals vorgenommen. Dieses Verfahren wird als Kovarianzanalyse bezeichnet. Auch die multiple Regressionsanalyse, wie sie in den Kapiteln 19 und 20 beschrieben wurde, ist ein multivariates Modell; hier wird der Einfluss mehrerer x-Merkmale (Regressoren) auf ein y-Merkmal (Regressand) untersucht. Die Varianzanalyse wird i.d.R. in Form eines univariaten Modells durchgeführt, indem der Einfluss von Prüffaktoren auf das y-Merkmal geklärt wird. Varianzanalysen können aber auch auf der Basis eines multivariaten Modells stattfinden. Hier wird geprüft, ob signifikante Unterschiede aufgrund von zwei oder mehreren y-Merkmalen festzustellen sind.

Eine multivariate Varianzanalyse macht natürlich nur Sinn, wenn ein sachlogischer Zusammenhang zwischen den y-Merkmalen besteht. Als Beispiele seien genannt:

- Die Unterscheidbarkeit von Sorten hinsichtlich ihrer Qualitätseinstufung aufgrund mehrerer Qualitätsmerkmale;
- Die Unterscheidbarkeit von Bodentypen oder Bodenarten aufgrund mehrerer physikalisch-chemischer Bodeneigenschaften;
- Kraftstoffverbrauch und Ernteverluste als Indikatoren für die optimale Bauweise einer Erntemaschine.

Selbstverständlich müssen alle Merkmale die Voraussetzungen für die parametrische Varianzanalyse erfüllen.

Zusätzliche Information ist in der Online-Version dieses Kapitels (doi:10.1007/978-3-642-54506-1_54) enthalten.

Die hier genannten multivariaten Verfahren sind längst nicht die einzigen. Weitere multivariate Techniken sind z. B. die Clusteranalyse und die Diskriminanzanalyse, auf die in dieser Programmsammlung nicht eingegangen wird.

Wie eine multivariate Varianzanalyse vorzunehmen ist, soll an einem Beispiel mit vier Weizensorten gezeigt werden, die aufgrund ihrer Merkmale Rohprotein, Sedimentationswert und Rapid-Mix-Test in verschiedene Backqualitätstypen (A6–A9) eingestuft wurden. Die Versuchsfrage lautet also: Ist die Einstufung dieser vier Sorten aus statistischer Sicht gerechtfertigt? Die Frage lässt sich mit **PROC GLM** unter Verwendung der Anweisung *MANOVA* und *CONTRAST* beantworten.

Programm

```
TITLE1 'Multivariate Varianzanalyse';
TITLE2 'Backqualitätsvergleich mit vier Weizensorten';
DATA a;
INPUT sorte$ wh rohpr sedi rmt @@;
DATALINES;
A9 1 14.1 61 730 A9 2 14.3 58 735 A9 3 13.8 62 725
A8 1 14.0 60 735 A8 2 13.9 63 728 A8 3 13.7 59 726
A7 1 13.9 56 705 A7 2 14.2 60 695 A7 3 14.0 57 710
A6 1 13.8 53 691 A6 2 13.6 58 678 A6 3 13.9 54 700
;
PROC GLM ORDER =DATA;
CLASS sorte;
MODEL rohpr sedi rmt = sorte; /* evtl. NOUNI als Option */
CONTRAST 'A9 vs A8' sorte 1 -1 0 0;
CONTRAST 'A8 vs A7' sorte 0 1 -1 0;
CONTRAST 'A7 vs A6' sorte 0 0 1 -0;
MANOVA H = _ALL_/ PRINTE PRINTH MSTAT=EXACT;
RUN;
QUIT;
```

Wie man den *INPUT*-Daten entnehmen kann, handelt es sich um einen einfaktoriellen Versuch. Die Daten wurden ohne Blockanordnung im Labor gewonnen. Bei Blockbildung würde nur in den *CLASS*- und *MODEL*-Zeilen noch *block* einzufügen sein.

In der *MODEL*-Zeile befinden sich die drei abhängigen (y-)Variablen vor dem Gleichheitszeichen und *sorte* ist die einzige erklärende Variable (Versuchsfaktor). Fügt man nach einem Schrägstrich noch *NOUNI* hinzu, werden die Einzelauswertungen der y-Variablen im Output unterdrückt. Anschließend werden drei Kontraste nach dem in Kapitel 51 beschriebenen Prinzip definiert. Die multivariate Auswertung wird vom Statement *MANOVA* aufgerufen. *H = _ALL_* spezifiziert die Hypothese, d. h. die Unterschiede zwischen den Sorten sollen geprüft werden. Man könnte in diesem Falle auch *H = sorte* schreiben. Die Optionen *PRINTH* und *PRINTE* verursachen den Ausdruck der sog. Hypothesen- bzw. Fehlermatrizen. *MSTAT=EXACT* sorgt für drei der vier multivariaten Teststatistiken für exakte p-Werte (Überschreitungswahrscheinlichkeiten, s. SAS-Dokumentation; die *PIL-LAI*-Statistik ist annähernd exakt).

Ausgabe

Zunächst findet für jede Zielvariable getrennt, also univariat, eine Varianzanalyse mit anschließender Prüfung der Kontraste „von Sorte zu Sorte" statt (Tab. 54.1). Beim Rohprotein liegt mit $Pr > F = 0,2250$ keine Signifikanz vor; Sedimentationswert und Rapid-Mix-Test weisen signifikante F-Werte auf. Bezogen auf die Kontraste erlauben die Rohproteinwerte keine Sortendifferenzierung. Dies gilt auch für den Sedimentationswert. Der Rapid-Mix-Test differenziert immerhin zwischen A8 und A7 hochsignifikant und zwischen A7 und A6 nahezu signifikant. Mit den einzelnen Qualitätsparametern sind also die deklarierten Qualitätsunterschiede der vier Sorten kaum zu begründen. Umso mehr Interesse besteht somit an der multivariaten Bewertung der Sorteneinstufung.

Von der multivariaten Varianzanalyse sind in Tab. 54.2 die partiellen Korrelationskoeffizienten und die MANOVA-Teststatik zusammengestellt. Erstere beschreibt die Korrelation zwischen den Qualitätsmerkmalen nach Ausschaltung der Sorteneffekte. Daraus folgt, dass nur zwischen *sedi* und *rmt* ein signifikanter Zusammenhang besteht ($r = -0,71$, $P = 0,0318$). Die Gesamt-Nullhypothese für *sorte* wird von allen vier Testmethoden abgelehnt; es gibt also signifikante Sortenunterschiede. Die folgenden Einzeltests können die Nullhypothese für den Vergleich A9 mit A8 nicht ablehnen ($P = 0,6277$). Dagegen müssen die Nullhypothesen für A8/A7 und A7/A6 abgelehnt werden ($P = 0,0013$ bzw. $0,0321$). Die multivariate Auswertung konnte also die Sorteneinstufung weitgehend bestätigen.

Tab. 54.1 Univariate F-Statistik

Die Prozedur GLM

Quelle	DF	Typ III SS	Mittleres Quadrat	F-Statistik	Pr > F
Abhängige Variable: rohpr					
sorte	3	0.18000000	0.06000000	1.80	0.2250
Abhängige Variable: sedi					
sorte	3	62.91666667	20.97222222	4.19	0.0466
Abhängige Variable: rmt					
sorte	3	3613.666667	1204.555556	21.13	0.0004

| Abhängige Variable: rohpr | | | Mittleres | | |
Kontrast	DF	Kontrast SS	Quadrat	F-Statistik	Pr > F
A9 vs A8	1	0.06000000	0.06000000	1.80	0.2165
A8 vs A7	1	0.04166667	0.04166667	1.25	0.2960
A7 vs A6	1	0.10666667	0.10666667	3.20	0.1114

| Abhängige Variable: sedi | | | Mittleres | | |
Kontrast	DF	Kontrast SS	Quadrat	F-Statistik	Pr > F
A9 vs A8	1	0.16666667	0.16666667	0.03	0.8597
A8 vs A7	1	13.50000000	13.50000000	2.70	0.1390
A7 vs A6	1	10.66666667	10.66666667	2.13	0.1823

| Abhängige Variable: rmt | | | Mittleres | | |
Kontrast	DF	Kontrast SS	Quadrat	F-Statistik	Pr > F
A9 vs A8	1	0.166667	0.166667	0.00	0.9582
A8 vs A7	1	1040.166667	1040.166667	18.25	0.0027
A7 vs A6	1	280.166667	280.166667	4.92	0.0574

Tab. 54.2 Multivariate Teststatistik

```
                         Die Prozedur GLM

Partial Correlation Coefficients from the Error SSCP Matrix / Prob > |r|
     DF = 8          rohpr            sedi              rmt
     rohpr         1.000000       -0.234743         0.480628
                                   0.5432            0.1903
     sedi         -0.234743        1.000000        -0.710819
                   0.5432                            0.0318
     rmt           0.480628       -0.710819         1.000000
                                   0.1903            0.0318


     MANOVA-Tests für Hypothese von keinem Gesamt-sorte-Effekt
              H = Typ III SSCP-Matrix für sorte
                 E = Fehler-SSCP-Matrix
               S=3     M=-0.5     N=2
          Statistik                    Wert      P-Wert
          Wilks' Lambda            0.01762807    0.0006
          Pillai's Trace           1.37868886    0.0285
          Hotelling-Lawley-Spur   33.57495981    0.0004
          Roy's Greatest Root     32.91218663    0.0004


    MANOVA-Tests für Hypothese von keinem Gesamt-A9 vs A8-Effekt
              H = Contrast SSCP-Matrix für A9 vs A8
                 E = Fehler-SSCP-Matrix
               S=1     M=0.5     N=2
          Statistik                    Wert      P-Wert
          Wilks' Lambda            0.76360020    0.6277
          Pillai's Trace           0.23639980    0.6277
          Hotelling-Lawley-Spur    0.30958583    0.6277
          Roy's Greatest Root      0.30958583    0.6277


    MANOVA-Tests für Hypothese von keinem Gesamt-A8 vs A7-Effekt
              H = Contrast SSCP-Matrix für A8 vs A7
                 E = Fehler-SSCP-Matrix
               S=1     M=0.5     N=2
          Statistik                    Wert      P-Wert
          Wilks' Lambda            0.08513935    0.0013
          Pillai's Trace           0.91486065    0.0013
          Hotelling-Lawley-Spur   10.74544974    0.0013
          Roy's Greatest Root     10.74544974    0.0013


    MANOVA-Tests für Hypothese von keinem Gesamt-A7 vs A6-Effekt
              H = Contrast SSCP-Matrix für A7 vs A6
                 E = Fehler-SSCP-Matrix
               S=1     M=0.5     N=2
          Statistik                    Wert      P-Wert
          Wilks' Lambda            0.25350098    0.0321
          Pillai's Trace           0.74649902    0.0321
          Hotelling-Lawley-Spur    2.94475798    0.0321
          Roy's Greatest Root      2.94475798    0.0321
```

Weitere Hinweise

Multivariate Varianzanalysen sind auch für den mehrfaktoriellen Fall durchführbar. Auch eine Kovarianzanalyse kann in eine multivariate (mehrfaktorielle) Varianzanalyse integriert werden. Einzelheiten können bei Freund and Littell (1981) nachgelesen werden.

Bei dieser multivariaten Varianzanalyse wird unterstellt, dass alle Zielvariablen (y-Merkmale) mit gleichem Gewicht in die Verrechnung eingehen. Man kann aber auch den Variablen unterschiedliche Gewichte zuweisen, indem man im *DATA*-Set mit einer *IF*-Bedingung jedem Einzelwert einen Gewichtungsfaktor zuordnet und in der Prozedur *GLM* das Statement *WEIGHT* mit dem Namen des Gewichtungsfaktors einfügt. Anregungen dazu kann man den Kapiteln 42 und 44 entnehmen.

Etwas komplizierter wird das Thema, wenn noch zufällige Effekte im Modell zu berücksichtigen sind, etwa bei einer Spaltanlage oder einer Serienauswertung. *MIXED* kann auch solche gemischte Modelle umsetzen. Dazu müssen die unstrukturierten Kovarianzstrukturen (Type = UN oder Type = UNR) verwendet werden. Hinweise dazu findet man bei Piepho und Möhring (2011).

Die im Kapitel 22 vorgestellte Prozedur *ROBUSTREG* kann auch zur Ausreißerüberprüfung von Datensätzen für vorgesehene Varianzanalysen verwendet werden. Extreme Werte verletzen die wichtigste Voraussetzung für eine Varianzanalyse: Normalverteilung der Versuchsfehler. Meistens sind sie auf Datenerfassungsfehler zurückzuführen, aber selbst wenn dies nicht der Fall sein sollte und man an der Normalverteilung der übrigen Daten nicht zweifelt, sollte man den/die fragwürdigen Wert/e besser streichen und mit einem unbalancierten Datensatz in die endgültige Varianzanalyse gehen.

Die Bedeutung von Ausreißern und wie man sie erkennt wird an zwei Datenbeispielen aufgezeigt, die jeweils bei einem Wert (Beobachtung) manipuliert wurden. Im ersten Fall handelt es sich um den Datensatz für das Beispiel in Kapitel 32 (Auswertung von zweifaktoriellen Block-, Spalt- und Streifenanlagen), im zweiten um das Dreisatzgitter (Kapitel 28).

Zusätzliche Information ist in der Online-Version dieses Kapitels (doi:10.1007/978-3-642-54506-1_55) enthalten.

Programm

```
TITLE1 'Ausreißererkennung in Varianzanalysen';
DATA a;
TITLE2    'Datensatz in Kapitel 32: Auswertung von zweifaktoriellen
Block-, Spalt- und Streifenanlagen';
TITLE3 'Wert Nr. 15 statt 142.3 durch 241.3 ersetzt';
INPUT block A B wert @@;
dtha=wert/13.35*100; /* Umrechnung von kg/Parzelle in dt/ha */
DATALINES;
1 1 1 138.2 2 1 1 130.5 3 1 1 133.9
1 2 1 140.4 2 2 1 138.0 3 2 1 132.1
1 1 2 129.3 2 1 2 131.6 3 1 2 133.0
1 2 2 131.8 2 2 2 128.7 3 2 2 134.6
1 1 3 147.8 2 1 3 149.2 3 1 3 241.3
1 2 3 153.2 2 2 3 151.9 3 2 3 148.4
1 1 4 113.3 2 1 4 119.1 3 1 4 110.5
1 2 4 123.6 2 2 4 120.8 3 2 4 119.2
;
*PROC PRINT; RUN; /* Aktivieren für Einlesekontrolle! */
PROC MIXED DATA=a NOBOUND;/* Achtung: Bei Spalt- und Streifenanlage
die zutreffende RANDOM-Anweisung aktivieren! */
CLASS a b block;
MODEL dtha = block a b a*b/DDFM=KR; /* Blockanlage, alle RANDOM-Zeilen
inaktivieren! */
*RANDOM block*a; /* Spaltanlage, a=Haupteinheit, b=Untereinheit */
*RANDOM block*a block*b; /* Streifenanlage */
RUN;
PROC ROBUSTREG DATA=a;
CLASS block a b;
MODEL dtha = block a b a*b / DIAGNOSTICS;
RUN;
DATA dreisatz;
TITLE2 'Datensatz von Beispiel 16: Gitteranlagen';
TITLE3 'Wert Nr. 6 statt 5.8 durch 8.5 ersetzt';
INPUT group block treatmnt ertrag @@;
DATALINES;
1 1 1 5.3 1 1 2 8.5 1 1 3 6.5 1 2 4 6.6 1 2 5 7.3 1 2 6 8.5
1 3 7 7.5 1 3 8 6.8 1 3 9 5.1 2 1 8 6.0 2 1 2 6.9 2 1 5 6.4
2 2 4 6.8 2 2 1 5.1 2 2 7 6.9 2 3 3 5.3 2 3 6 5.0 2 3 9 4.5
3 1 2 8.7 3 1 7 7.7 3 1 6 6.4 3 2 1 5.8 3 2 5 7.9 3 2 9 5.3
3 3 4 6.4 3 3 8 6.5 3 3 3 5.7
;
RUN;
PROC MIXED DATA=dreisatz; /* bzw. rechteck bzw. alpha eintragen */
CLASS group block treatmnt;
MODEL ertrag=group treatmnt/DDFM=KR;
RANDOM block(group);
LSMEANS treatmnt;
RUN;
PROC ROBUSTREG DATA=dreisatz;
CLASS group block treatmnt;
MODEL ertrag = group block treatmnt/DIAGNOSTICS;
RUN;
QUIT;
```

Im ersten Beispiel (*DATA a*) wurde die ursprüngliche 15. Beobachtung, 142.3, in 241.3 abgeändert, im zweiten Beispiel (*DATA dreisatz*) der 6. Wert von 5.8 in 8.5. Es folgt jeweils der Aufruf von *PROC MIXED*, wie er auch in den Originalbeispielen zur Anwendung kam. In dem dann anschließenden Aufruf von *PROC ROBUSTREG* sind die *CLASS*- und *MODEL*-Anweisungen analog zu *MIXED* definiert. Befindet sich eine *CLASS*-Variable bei *MIXED* nur in der *RANDOM*-Anweisung, wird sie bei *ROBUSTREG* als fixe Komponente auch unter *MODEL* aufgeführt. Dies ist beim Dreisatzgitter der Fall. In der *MODEL*-Anweisung von *ROBUSTREG* entfällt die Option *DDFM*, hinzukommt jedoch die Option *DIAGNOSTICS*.

Ausgabe

Die Ausreißerermittlung in *DATA a* erfolgt unabhängig von der unterstellten Anlagemethode. Hier wurde beispielhaft eine Spaltanlage unterstellt, die mit dem ausreißerfreien Datensatz – wie im Kapitel 32 aufgezeigt – folgende Überschreitungswahrscheinlichkeiten im F-Test ergaben: Block=0.1835; Faktor A=0.0468; Faktor B=<0.0001; A*B=0.4074.

Im Vergleich dazu ist in Tab. 55.1 zunächst das Ergebnis des F-Tests von *MIXED* mit dem geänderten Datensatz (Beobachtung Nr. 15) aufgeführt. Nunmehr ist Faktor A mit Pr>F=0.6362 nicht mehr signifikant – ein Ergebnis von erheblicher Bedeutung (auch für einen anschließenden Mittelwerttest)!

PROC ROBUSTREG identifiziert unter *Diagnose* zwei Ausreißer: einmal die Beobachtung Nr. 15 mit großer Eindeutigkeit (robustes Residuum 46,7122), dann auch Nr. 20 mit ganz knapper Überschreitung der gesetzten Grenze für Ausreißer (*CUTOFF*). Die *Diagnoseübersicht* fasst das Ausreißerergebnis zusammen, indem 8,33 % (2 von 24 Werten) als Ausreißer angesehen werden, wenn man den *CUTOFF* auf 3,0000 setzt (Voreinstellung). Würde man die Grenze z. B. auf 3,1 setzen, was man im Programm nach *DIAGNOSTICS*

Tab. 55.1 Ausreißerdiagnose an einem zweifaktoriellen Versuch

```
Datensatz von Beispiel 20: Beobachtung Nr. 15 statt 142.3 durch 241.3 ersetzt
                        Die Prozedur MIXED
                     Typ 3 Tests der festen Effekte
                     Zähler          Nenner
  Effekt      Freiheitsgrade    Freiheitsgrade    F-Statistik    Pr > F
  block            2                 2              0.64        0.6103
  A                1                 2              0.30        0.6362
  B                3                12              6.36        0.0079
  A*B              3                12              1.02        0.4191
                   Die Prozedur ROBUSTREG
                        Diagnose
                   Standardisiertes
                        robustes
        Beobachtung       Residuum       Ausreißer
            15            46.7122           *
            20             3.0029           *
                   Diagnoseübersicht
     Beobachtungstyp    Proportion      Cutoff
     Outlier             0.0833         3.0000
```

Tab. 55.2 Ausreißerdiagnose an einer Gitteranlage

```
Datensatz von Beispiel 16: Beobachtung Nr. 6 statt 5.8 durch 8.5 ersetzt
                         Die Prozedur MIXED
                    Kleinste-Quadrate-Mittelwerte
          Effekt      treatmnt    Schätzwert    Standardfehler
          treatmnt    1              5.3615         0.4069
          treatmnt    2              8.0448         0.4069
          treatmnt    3              5.8712         0.4069
          treatmnt    4              6.5770         0.4069
          treatmnt    5              7.1790         0.4069
          treatmnt    6              6.6313         0.4069
          treatmnt    7              7.3498         0.4069
          treatmnt    8              6.4739         0.4069
          treatmnt    9              4.9782         0.4069

                     Die Prozedur ROBUSTREG
                          Diagnose
                      Standardisiertes
                           robustes
          Beobachtung         Residuum      Ausreißer
               6               8.1368           *

                     Diagnoseübersicht
          Beobachtungstyp    Proportion      Cutoff
          Outlier              0.0370        3.0000
```

mit einer weiteren Option *CUTOFF = 3.1* erreichen kann, würde nur die Beobachtung Nr. 15 als Ausreißer angezeigt werden. In Anbetracht eines *CUTOFFs* von 3,0029 für Nr. 20 sollte man diesen zweiten „Ausreißer" ignorieren.

Beim zweiten Datensatz (*DATA dreisatz*) können die adjustierten Mittelwerte und ihr Standardfehler von *MIXED* besser als der F-Test den gravierenden Einfluss eines Ausreißers auf das Ergebnis aufzeigen. Im Fallbeispiel des Kapitels 28 (ohne Ausreißer) betrugen die *LSMEANS*-Werte: 1=5.11; 2=7.98; 3=5.99; 4=6.70; 5=7.31; 6=5.72; 7=7.11; 8=6.23; 9=4.92. Der gemeinsame Standardfehler lag bei 0.1838. Vergleicht man diese Ergebnisse mit den Ergebnissen in Tab. 55.2, die sich aufgrund des „Zahlendrehers" von 5.8 in 8.5 ergeben, stellt man insbesondere einen erheblich größeren Standardfehler (0.4069) fest. Hier sieht man, wie ein einziger falscher Wert die Statistik des Versuchs erheblich verfälschen kann.

PROC ROBUSTREG erkennt auch in diesem Beispiel den Ausreißer eindeutig.

Weitere Hinweise

Soweit Varianzanalysen mit *PROC GLM* gelöst werden, gilt auch hier die Regel: Die Angaben bei *CLASS* und *MODEL* gelten auch für *PROC ROBUSTREG* und zufällige Faktoren (die bei *GLM* ohnehin auch in der *MODEL*-Zeile stehen) erscheinen auch in der *MODEL*-Anweisung von *ROBUSTREG*.

Man kann natürlich *PROC ROBUSTREG* auch einer Varianzanalyse vorschalten, um zu klären, ob ein ausreißerfreier Datensatz vorliegt.

Die Anzahl der vorzusehenden Wiederholungen ist ein wichtiges Kriterium der Versuchs-planung. Einerseits weiß man, dass mit zunehmender Zahl der Wiederholungen auch die Versuchspräzision zunimmt, andererseits steigt aber auch der Versuchsaufwand. Selbst wenn im Feldversuchswesen aus besagten Kapazitätsgründen der Spielraum für Wieder-holungen i. A. mit etwa zwei bis sechs Wiederholungen ohnehin nur gering ist und oft so-gar nur drei oder vier Wiederholungen möglich sind, kann selbst eine Wiederholung mehr oder weniger für die Aussagekraft des Versuchsergebnisses von Bedeutung sein.

Man kann sich aber auch bei einem vorliegenden Versuchsergebnis im Nachhinein die Frage stellen, ob das Ergebnis unter einer ausreichenden Wiederholungszahl zustande kam, wenn man bestimmte Vorstellungen über dessen Genauigkeit hat. Daraus lassen sich dann zumindest Schlüsse für weitere Versuchsanstellungen zur Versuchsfrage ziehen.

Das Problem der Versuchsgenauigkeit ist eng verknüpft mit den Fehlern 1. (α) und 2. Art (β), der gewünschten kleinsten nachzuweisenden Differenz von zwei Mittelwerten, der Varianz oder Standardabweichung des Versuchs und der Anzahl der Wiederholungen. Eines dieser Kriterien kann man jeweils berechnen, wenn die übrigen vorgegeben werden. Meistens will man die notwendige Anzahl an Wiederholungen oder die Teststärke ($1-\beta$) wissen. Im einführenden Kapitel 5 (Hypothesentest, Fehlerarten und Teststärke) wurde schon näher darauf eingegangen. Hier soll nun gezeigt werden, wie man mit zwei SAS-Prozeduren, **PROC POWER** und **PROC GLMPOWER**, am konkreten Beispiel die not-wendige Anzahl von Wiederholungen oder die Teststärke ermitteln kann. Es werden da-bei u. a. die Beispiele in Kapitel 15 (Zweistichprobentest: unabhängige Stichproben) und Kapitel 32 (zweifaktorieller Düngungs- und Sortenversuch) verwendet.

Zusätzliche Information ist in der Online-Version dieses Kapitels (doi:10.1007/978-3-642-54506-1_56) enthalten.

Programm

```
TITLE1 'Anzahl Wiederholungen und Teststärke';
PROC POWER;
TITLE2 'Zweistichprobentest: unabhängige Stichproben, Programmbeispiel
Kapitel 15';
TITLE3 'Gleiche Varianzen beider Proben';
TWOSAMPLEMEANS TEST=diff MEANDIFF = 48.3 STDDEV = 46.9 NPERGROUP = 14
POWER = .;
*TWOSAMPLEMEANS TEST=diff MEANDIFF = 20 STDDEV = 40 NPERGROUP = . POWER
= 0.7;
RUN;
PROC POWER;
TITLE3 'Ungleiche Varianzen beider Proben';
TWOSAMPLEMEANS TEST=diff_satt MEANDIFF = 48.3 STDDEV = 38.09 54.29 NPER-
GROUP = 14 POWER = .;
RUN;


DATA a;
TITLE2 'Zweifakt. Versuch: 2 Düngungsstufen, 4 Sorten, 3 Wdh., Kap. 32';
INPUT A B ertr_dtha @@;
DATALINES;
1 1 1005.24  1 2 983.52  1 3 1096.88  1 4 856.18
2 1 1024.97  2 2 986.52  2 3 1132.33  2 4 907.87
;
PROC GLMPOWER DATA=a ORDER=DATA;
CLASS A B;
MODEL ertr_dtha = A B A*B;
CONTRAST 'A1 vs A2' A 1 -1; CONTRAST 'B1 vs B3 ' B 1 0 -1 0;
CONTRAST 'B1+B3 vs B4 in A1' B 0.5 0 0.5 -1 A*B 0.5 0 0.5 -1 0 0 0 0;
POWER STDDEV = 23.84 NTOTAL = 24 POWER = .;
PLOT X = N MIN = 16 MAX =40;
POWER STDDEV = 23.84 NTOTAL = . POWER = 0.8;
PLOT X=POWER MIN=0.2 MAX=0.9;
RUN;
QUIT;
```

Für den Ein- und Zweistichproben-Fall verwendet man *PROC POWER*. Für faktorielle Versuche steht *PROC GLMPOWER* zur Verfügung, wobei einfaktorielle Varianzanalysen für beide Prozeduren geeignet sind.

Für den Zweistichprobentest wird daher *POWER* im Programm aufgerufen. Bei der ersten Anweisung von *TWOSAMPLEMEANS* werden die von der Tab. 15.1 (Kapitel 15) bekannten Ergebnisse übernommen und es soll jetzt noch die Teststärke (Power) berechnet werden. Die Option *TEST=diff* impliziert, das von einer homogenen Varianz auszugehen ist (was der *TTEST* ergab). Es folgen die Kenngrößen für die Mittelwertdifferenz, deren Standardabweichung und die Stichprobengröße pro Gruppe. Lägen ungleiche Gruppengrößen vor, müsste *GROUPNS=(... ...)* gesetzt werden (die beiden Gruppengrößen einfügen). Mit *POWER=.* wird die zu berechnende Teststärke angefordert.

Bei der zweiten *TWOSAMPLEMEANS*-Anweisung des ersten *POWER*-Aufrufs wurden die (Mindest-)Mittelwertdifferenz, die Standardabweichung und die Power als Planungsgrößen vorgegeben, um die dafür notwendige Anzahl an Wiederholungen der Gruppe (*NPERGROUP* =.) zu erhalten. Es darf nur jeweils eine der beiden *TWOSAMPLEME-ANS*-Anweisungen aktiviert sein (* entfernen bzw. setzen).

Beim zweiten Aufruf von *PROC POWER* wird (hypothetisch) am selben Beispiel von Tab. 15.1 von ungleichen Varianzen ausgegangen, weshalb mit *TEST* = *diff_satt* die Satterthwaite-Approximation mit den entsprechenden Parametern aufgerufen wird.

Für das dritte Beispiel, im Programm beginnend mit *DATA a*, werden zunächst die Mittelwerte der Faktorkombinationen eingelesen. *PROC GLMPOWER* verwendet für die Modellbildung (*CLASS* und *MODEL*) und die *CONTRAST*-Anweisungen (s. Kapitel 51) die Syntax von *PROC GLM*. Anschließend folgen spezielle Anweisungen und Optionen, die mit den Daten des Programmbeispiels in Kapitel 32 besetzt sind:

- *POWER* erhält Angaben zur Standardabweichung (*STDDEV*), Gesamtzahl der Parzellen (*NTOTAL*; A=2, B=4, n=3, also 24) und den Platzhalter für die zu berechnende Power.
- Es folgt ein *PLOT*, mit dem die Teststärke im Bereich von *NTOTAL* = 16 bis *NTOTAL* = 40, also zwischen 2 und 5 Wiederholungen (Blöcken) bei gleicher Wiederholungszahl für alle Faktorkombinationen grafisch dargestellt werden soll.

POWER und *PLOT* werden dann nochmals aufgerufen, wobei jetzt eine Teststärke von 0.8 vorgegeben wird und aufgezeigt werden soll, welcher Gesamtstichprobenumfang (*NTOTAL*) im Bereich zwischen 0.2 und 0.9 Power erforderlich ist. In beiden *PLOT*-Anweisungen wurde die X-Achse der Grafik entsprechend definiert. Man kann aber auch die Grafik auf die Y-Achse ausrichten. Auch bei *GLMPOWER* ist *ALPHA*=0.05 die Voreinstellung und deshalb hier nicht explizit ausgewiesen. Will man mit ungleichen Wiederholungszahlen die Berechnungen vornehmen, muss noch mit *WEIGHT* eine Kovariate im Datensatz erfasst werden (s. Example 41.2 in der SAS-Dokumentation).

Ausgabe

Das Ergebnis für beide Zweistichprobentests des ersten Aufrufs von *PROC POWER* ist in Tab. 56.1 dargestellt. Im oberen Teil der Übersicht befindet sich das Ergebnis der Teststärke zum Programmbeispiel in Kapitel 15 (Tab. 15.1) Die Elemente des Szenarios sind aufgelistet und wurden bezüglich der Mittelwertdifferenz, Standardabweichung und Stichprobengröße von dort übernommen. Die Voreinstellungen „zweiseitiger Test" und „α" werden ebenfalls angegeben. Als Ergebnis steht unter „Berechnet Power" der Wert 0,746. Daraus ist zu schließen, dass mit 14 Wertepaaren und den weiteren Kennwerten eine akzeptable Teststärke vorliegt, die besagt, dass mit einer Wahrscheinlichkeit von 74,6% der Fehler 2. Art (die Nullhypothese wird unberechtigterweise angenommen) vermieden wird. Man könnte nun noch leicht ermitteln, wie viele Wertepaare notwendig gewesen wären, um eine Power (Teststärke, $1-\beta$) von z. B. 0.9 zu erreichen. Hierfür müsste man im Programm NPERGROUP=. und *POWER = 0.9* setzen (Ergebnis: 21 Wertepaare).

Tab. 56.1 Ergebnisse für zwei Zweistichprobentests mit gleichen Varianzen

```
                        The POWER Procedure

             Two - sample t Test for Mean Difference

                      Feste Szenarioelemente

        Distribution                      Normal
        Methode                           Exact
        Mean Difference                   48.3
        Standardabweichung                46.9
        Sample Size Per Group               14
        Number of Sides                      2
        Null Difference                      0
        Alpha                             0.05

                      Berechnet Power

                           Power
                           0.746

                   The POWER Procedure

             Two - sample t Test for Mean Difference

                      Feste Szenarioelemente

        Distribution                      Normal
        Methode                           Exact
        Mean Difference                     20
        Standardabweichung                  40
        Nominal Power                      0.7
        Number of Sides                      2
        Null Difference                      0
        Alpha                             0.05

                  Berechnet N Per Group
                   Actual     N Per
                   Power      Group
                   0.706        51
```

Im unteren Teil von Tab. 56.1 ist das Ergebnis der zweiten *TWOSAMPLE*-Anweisung aufgeführt. Es sind Planungsdaten unterstellt, die unter *Feste Scenarioelemente* aufgeführt sind. Unter *Berechnet N per Group* wird die erforderliche Zahl von 51 Wertepaaren ausgewiesen.

Beim zweiten Aufruf von *PROC POWER* müssen wegen der hier (hypothetisch) unterstellten ungleichen Varianzen beider Gruppen die beiden beobachteten Standardabwei-

Tab. 56.2 Ergebnis eines Zweistichprobentests mit ungleichen Varianzen

```
                The POWER Procedure

Two-sample t Test for Mean Difference with Unequal Variances
              Feste Szenarioelemente
        Distribution              Normal
        Methode                   Exact
        Mean Difference           48.3
        Sample Size Per Group     14
        Number of Sides           2
        Null Difference           0
        Nominal Alpha             0.05

              Berechnet Power
             Std      Actual
    Index    Dev      Alpha     Power
      1      38.1     0.0493    0.896
      2      54.3     0.0493    0.618
```

chungen angegeben werden (Tab. 56.2). Es ergeben sich dann die Teststärken 0.896 bzw. 0.618, wobei der Fehler 1. Art (α) nicht exakt auf dem 5 %-Niveau, aber mit 0.0493 ziemlich genau eingehalten werden kann.

In Tab. 56.3 befinden sich die Berechnungen für den zweifaktoriellen Blockversuch (Kapitel 32). Hier zeigt sich, dass mit den drei Versuchswiederholungen durchweg eine Power > 0,7 vorliegt; nur für die Wechselwirkung A * B (= Düngung * Sorte) ist sie sehr niedrig (0,252). Die geringe Power von A*B verwundert nicht, denn hier betrug die Überschreitungswahrscheinlichkeit $P = 0{,}363$; die Wechselwirkung ist also nicht signifikant. Nicht signifikante Effekte korrespondieren mit einem hohen β-Fehler bzw. einer geringen Power. Auch die Power für Faktor A mit 0,755 und für Faktor B mit > 0,999 erklären sich analog: Der P-Wert für A beträgt 0,014, für B < 0,0001.

Für die untersuchten Kontraste ergeben sich Power-Werte zwischen 0,755 und > 0,999, die sich ebenfalls aus den entsprechenden Mittelwertdifferenzen erklären.

Im zweiten Szenario für den gleichen Datensatz wurde eine Power von 0.8 vorgegeben und nach der erforderlichen NTOTAL gefragt. Bei der Interpretation von NTOTAL ist immer zu bedenken, wie viele Parzellen eine Wiederholung bedingen. In diesem Falle geht es um 2 Düngungsstufen * 4 Sorten = 8 Parzellen. Deshalb hätte der Versuch aus Sicht des Faktors A 32/8 = 4 Wiederholungen (Blöcke) benötigt, um eine Power von mindestens 0,8 zu erreichen. Dagegen hätten für B 16/8 = 2 Wiederholungen (die Mindestzahl eines Versuchs!) genügt. Hinsichtlich der Wechselwirkung hätten dagegen 80/8 = 10 Wiederholungen gewählt werden müssen, um eine Power von 0,8 sicherzustellen. Auch die Kontraste sind entsprechend einzuschätzen.

Die Ergebnisse der beiden *PLOT*-Anweisungen, die hier nicht wiedergegeben werden, zeigen die Veränderungen der Power im gewählten Bereich zwischen 16 und 40 NTOTAL und umgekehrt.

Tab. 56.3 Ergebnisse zum Programmbeispiel 20

```
                    Die Prozedur GLMPOWER

               Feste Szenarioelemente
        Abhängige Variable              ertr_dtha
        Error Standard Deviation            23.84
        Total Sample Size                      24
        Alpha                                0.05
        Freiheitsgrade des Fehlers             16

                   Berechnet Power
                              Test
         Index   Source        DF     Power
             1   A              1     0.755
             2   B              3     >.999
             3   A*B            3     0.252
             4   A1 vs A2       1     0.755
             5   B1 vs B3       1     >.999
             6   B1+B3 vs B4 in A1  1 >.999

               Feste Szenarioelemente
        Abhängige Variable              ertr_dtha
        Error Standard Deviation            23.84
        Nominal Power                         0.8
        Alpha                                0.05

                 Berechnet N Total
                        Test    Error   Actual       N
        Index  Source    DF      DF     Power     Total
            1  A          1      24     0.878        32
            2  B          3       8     >.999        16
            3  A*B        3      72     0.800        80
            4  A1 vs A2   1      24     0.878        32
            5  B1 vs B3   1       8     >.999        16
            6  B1+B3 vs B4 in A1  1  8  >.999        16
```

Weitere Hinweise

Beide vorgestellten Prozeduren verfügen über zahlreiche weitere Optionen. Wer sich intensiver mit dem Thema „Teststärke und Wiederholungen" beschäftigen möchte, sollte die Prozedurbeschreibungen beachten. Nachfolgend deshalb nur noch wenige Hinweise:

Bei den Beispielen wurde entweder nach der Power oder der Wiederholungszahl gefragt. Es sind auch andere Abfragen möglich. Man kann z. B. bei *PROC* POWER und homogener Fehlervarianz auch nach der kleinsten nachzuweisenden Mittelwertdifferenz fragen, wenn Vorgaben für die übrigen Scenarioelemente gemacht werden.

Bei Ein- und Zweistichprobentests mit *PROC POWER* ist Normalverteilung die Voreinstellung. Möglich sind auch Berechnungen für lognormalverteilte Daten (s. Kapitel 16), indem man noch die Option *DIST = LOGNORMAL* einfügt.

PROC GLMPOWER kann nur Varianzanalysemodelle ohne *RANDOM*-Anweisungen verrechnen, also auch keine Spalt- und Streifenanlagen. In solchen Fällen sollte man getrennte Berechnungen mit den Einzelfehlern (Standardabweichungen!) der Faktoren bzw. Faktorkombinationen vornehmen. Für unbalancierte Versuche wird zusätzlich die Variable *WEIGHT* benötigt (s. Prozedurbeschreibung).

Alle bisher besprochenen Fälle von Varianzanalysen setzen intervallskalierte Merkmale oder Merkmale der Verhältnisskala voraus und diese müssen normalverteilt sein. Kann Normalverteilung nicht bestätigt werden bzw. bestehen Zweifel an dieser, kann auf ein parameterfreies (oder nichtparametrisches) Verfahren ausgewichen werden. Hierbei werden anstelle der (stetigen) Daten die Rangfolgen verrechnet. Damit wird letztlich ein ordinalskaliertes Merkmal gebildet. Deshalb können auch von Haus aus ordinalskalierte Daten einer nichtparametrischen Varianzanalyse unterzogen werden. Es geht hier also um mindestens intervallskalierte nicht normalverteilte Daten oder um ordinalskalierte Daten. Unabhängigkeit der einzelnen Stichproben (Faktorstufen) ist aber auch hier Bedingung. Bezüglich Boniturdaten, die als Sonderfall aufzufassen sind, sei auf die Kapitel 48–50 verwiesen.

Im einfaktoriellen Fall liegen k Stufen eines Faktors (Stichproben) mit n Wiederholungen vor. Man spricht auch von *unabhängigen (unverbundenen)* Stichproben, denn die Einzelwerte der Stichproben sind nicht voneinander abhängig. Zwei Situationen sind für die nichtparametrische Auswertung von Bedeutung:

- Es sind nur zwei Stichproben zu vergleichen. In diesem Fall wird der *Wilcoxon-Rangsummen-Test* angewendet, der dem *U-Test* (nach Mann-Whitney) äquivalent ist. Er ist das Analogon zum parametrischen t-Test, der im Kapitel 15 (Zweistichprobentest: unabhängige Stichproben) behandelt wurde.
- Bei mehr als zwei unabhängigen Stichproben ist der *H-Test* oder *Kruskal-Wallis-Test* die Alternative zur parametrischen einfaktoriellen Varianzanalyse.

Zusätzliche Information ist in der Online-Version dieses Kapitels (doi:10.1007/978-3-642-54506-1_57) enthalten.

© Springer-Verlag Berlin Heidelberg 2015
M. Munzert, *Landwirtschaftliche und gartenbauliche Versuche mit SAS,*
Springer-Lehrbuch, DOI 10.1007/978-3-642-54506-1_57

SAS stellt für beide Fälle die Prozedur **NPAR1WAY** zur Verfügung. Außer den genannten Tests können mit dieser Prozedur bei bestimmten Dateneigenschaften noch weitere Tests angefordert werden, auf die wegen ihrer geringeren Bedeutung nur unter „Weitere Hinweise" kurz eingegangen wird.

Die Vorgehensweise bei beiden Stichprobenfällen wird nachfolgend jeweils an einem Beispiel gezeigt. Beim unabhängigen Zweistichprobentest wird auf das bei Steel und Torrie (1980, S. 106) behandelte Beispiel (Feinkiesgehalt von zwei Böden) mit normalverteilten Daten zur Demonstration des (parametrischen) t-Tests zurückgegriffen. Damit kann ein Vergleich zwischen parametrischer und nichtparametrischer Auswertung angestellt werden. Für den Kruskal-Wallis-Test wird das Weizen-Beispiel aus Köhler et al. (1996, S. 178) verwendet, das im folgenden Programm ergänzend mit *NPAR1WAY* auch auf Mittelwertvergleiche ausgewertet wird.

Programm

```
TITLE1 'Nichtparametrische Varianzanalyse';
TITLE2 'Zweistichprobentest, unabhängige Stichproben';
TITLE3 'Beispiel aus Steel und Torrie (1980)';
DATA steel;
INPUT boden gehalt @@;
DATALINES;
1 5.9 2 7.6 1 3.8 2 0.4 1 6.5 2 1.1 1 18.3 2 3.2 1 18.2 2 6.5 1 16.1 2
4.1 1 7.6 2 4.7
;
PROC NPAR1WAY DATA=steel WILCOXON;
CLASS boden;
VAR gehalt;/* Kann entfallen bei nur 1 Beobachtungsvariable */
EXACT;
RUN;
TITLE2 'Mehrere unabhängige Stichproben, Kruskal-Wallis-Test';
TITLE3 'Beispiel aus Köhler et al. (1996)';
DATA koehler;
Input sorte$ ertrag @@;
DATALINES;
A 53 A 53 A 57 A 66 B 42 B 50 B 53 B 48
C 56 C 62 C 59 C 56
;
PROC NPAR1WAY DATA=koehler WILCOXON;
CLASS sorte;
VAR ertrag;/* Kann entfallen bei nur 1 Beobachtungsvariable */
EXACT;
RUN;
TITLE2 'Einzelverleiche zum Kruskal-Wallis-Test';
TITLE3 '    ';
PROC NPAR1WAY DATA=koehler WILCOXON;
CLASS sorte;
WHERE sorte = 'A' OR sorte = 'B';
EXACT;
RUN;
PROC NPAR1WAY DATA=koehler WILCOXON;
CLASS sorte;
WHERE sorte = 'A' OR sorte = 'C';
EXACT;
RUN;
PROC NPAR1WAY DATA=koehler WILCOXON;
CLASS sorte;
WHERE sorte = 'B' OR sorte = 'C';
EXACT;
RUN;
QUIT;
```

```
QUIT;
/* Schranken für zweiseitigen Nemenyi-Test, Alpha = 0,05;
   Aus: Köhler et al. (1996);
   n  k = 3   k = 4   k = 5   k = 6   k = 7   k = 8   k = 9 k = 10
   1    3,3     4,7     6,1     7,5     9,0    10,5    12,0   13,5
   2    8,8    12,6    16,5    20,5    24,7    28,9    33,1   37,4
   3   15,7    22,7    29,9    37,3    44,8    52,5    60,3   68,2
   4   23,9    34,6    45,6    57,0    68,6    80,4    92,4  104,6
   5   33,1    48,1    63,5    79,3    95,5   112,0   128,8  145,8
   6   43,3    62,9    83,2   104,0   125,3   147,0   169,1  191,4
   7   54,4    79,1   104,6   130,8   157,6   184,9   212,8  240,9
   8   66,3    96,4   127,6   159,6   192,4   225,7   259,7  294,1
   9   78,9   114,8   152,0   190,2   229,3   269,1   309,6  350,6
  10   92,3   134,3   177,8   222,6   268,4   315,0   362,4  410,5
  11  106,3   154,8   205,0   256,6   309,4   363,2   417,9  473,3
  12  120,9   176,2   233,4   292,2   352,4   413,6   476,0  539,1
  13  136,2   198,5   263,0   329,3   397,1   466,2   536,5  607,7
  14  152,1   221,7   293,8   367,8   443,6   520,8   599,4  679,0
  15  168,6   245,7   325,7   407,8   491,9   577,4   664,6  752,8
  16  185,6   270,6   358,6   449,1   541,7   635,9   732,0  829,2
  17  203,1   296,2   392,6   491,7   593,1   696,3   801,5  907,9
  18  221,2   322,6   427,6   535,5   646,1   758,5   873,1  989,0
  19  239,8   349,7   463,6   580,6   700,5   822,4   946,7 1072,4
  20  258,8   377,6   500,5   626,9   756,4   888,1  1022,3 1158,1
  21  278,4   406,1   538,4   674,4   813,7   955,4  1099,6 1245,9
  22  298,4   435,3   577,2   723,0   872,3  1024,3 1179,1 1335,7
  23  318,9   465,2   616,9   772,7   932,4  1094,8 1260,3 1427,7
  24  339,8   495,8   657,4   823,5   993,7  1166,8 1343,2 1521,7
  25  361,1   527,0   698,8   875,4  1056,3 1240,4 1427,9 1617,6
*/
```

Die Steuerung von *NPAR1WAY* ist bei beiden Beispielen höchst einfach. Die Option *WILCOXON* ist für beide Auswertungsmethoden zuständig (weitere Optionen siehe unter „Weitere Hinweise"). Liegen nur zwei Stichproben vor, erkennt SAS automatisch den Zweistichproben-Fall. Es folgt die *CLASS*-Variable, die mit dem Versuchsfaktor besetzt werden muss. Die Beobachtungsvariable (*VAR*) ist nur zwingend, wenn sich im Datensatz mehrere davon befinden; ansonsten erkennt SAS diese automatisch. Die Anweisung *EXACT* ist bei Datensätzen mit wenigen Beobachtungswerten (Wiederholungen) sehr nützlich, denn sie liefert die exakte Überschreitungswahrscheinlichkeit. Bei größeren Datensätzen kann dies zu langen Rechenzeiten führen. Man ergänzt dann zu *EXACT/MC*, um die Überschreitungswahrscheinlichkeit mit einer Monte-Carlo-Simulation approximativ zu berechnen.

Die drei weiteren *NPAR1WAY*-Aufrufe betreffen das Weizen-Beispiel; sie liefern Einzelvergleiche zwischen jeweils zwei Sorten. Hierzu gibt es mit dem Nemenyi-Test eine bei SAS nicht implementierte Alternative mit tabellierten Signifikanzschranken (siehe Tabelle am Programmende), auf die im Ergebnisteil eingegangen wird.

Ausgabe

Zunächst wird in Tab. 57.1 das Ergebnis des unabhängigen Zweistichproben-Tests wiedergegeben. *Statistik (S) 69,0000* bedeutet, dass für die Formel Z die Zeile 1 aus der Tabelle verwendet wurde:

$$Z = \left(\text{Summe Scorewerte} - \text{Erwartet}_{H0} - 0,5\right)/\text{Std.abw.}_{H0}$$
$$= (69,0 - 52,50 - 0,5)/7,809018 = 2,0489$$

Tab. 57.1 Zweistichprobentest, unabhängige Stichproben

```
              Beispiel aus Steel und Torrie (1980)

                    Die Prozedur NPAR1WAY
        Wilcoxon-Scorewerte (Rangsummen) für Variable gehalt
               Klassifiziert nach Variable boden
                  Summe der      Erwartet      Std.abw.     Mittelwert-
 boden      N     Scorewerte    unter H0      unter H0          Score

 1          7         69.0         52.50      7.809018        9.857143
 2          7         36.0         52.50      7.809018        5.142857
   Für gleiche Werte wurden durchschnittliche Scorewerte verwendet.

                 Wilcoxon Zwei-Stichprobentest
          Statistik (S)                        69.0000

                   Normale Approximation
          Z                                     2.0489
          Einseitige Pr > Z                     0.0202
          Zweiseitige Pr > |Z|                  0.0405

                     t-Approximation
          Einseitige Pr > Z                     0.0306
          Zweiseitige Pr > |Z|                  0.0612

                       Exakter Test
          Einseitige Pr >= S                    0.0181
          Zweiseitige Pr >= |S - Mittelwert|    0.0361

          Z enthält Kontinuitätskorrektur von 0,5.
```

Das gleiche Ergebnis erhält man mit der Zeile von *boden 2*, nur dass in der Formel der Kontinuitätsfaktor mit $+0{,}5$ berücksichtigt werden muss, weil die Score-Summe unter dem Erwartungswert liegt. Der Z-Wert ist vergleichbar dem t-Wert des t-Tests bei normalverteilten Daten und hat hier bei zweiseitiger Fragestellung eine approximative Überschreitungswahrscheinlichkeit von 0,0405, also 4,05 %. Der exakte Pr-Wert beträgt allerdings 3,61 %. Vergleicht man beide Ergebnisse mit dem t-Test bei ungleichen Varianzen in Tab. 15.2 (Kapitel 15), ist festzustellen, dass dort die Satterthwaite-Korrektur zu einem Pr-Wert ($= P$-Wert) von 2,75 % führte; nur die Cochran-Korrektur bei ungleichen Varianzen ergab ebenfalls einen Pr-Wert von 3,61 %. Generell gilt, dass man bei normalverteilten Daten immer den t-Test gegenüber dem Wilcoxon-Rangsummen-Test vorziehen sollte; letzterer führt in solchen Fällen (auch bei ungleichen Varianzen) grundsätzlich zu ungenaueren Ergebnissen. Allerdings ist der „Exakte Test" bei nicht normalverteilten Daten eine gute Möglichkeit, die Präzision in die Nähe des t-Tests zu verbessern.

Wie in Tab. 57.1 zu sehen, erzeugt *NPAR1WAY* auch einen approximativen t-Test. Dufner et al. (2002) empfehlen, diesen Test nicht näher in Betracht zu ziehen. Außerdem ist darauf hinzuweisen, dass der auf diesen Zweistichproben-Test angewandte und ebenfalls ausgedruckte Kruskal-Wallis-Test (in Tab. 57.1 nicht dargestellt) ebenfalls übergangen werden sollte.

Die Ergebnisse des mit dem Datensatz von Köhler et al. (1996) ausgeführten Kruskal-Wallis-Tests sind in Tab. 57.2, obere Tabellenhälfte, dargestellt. Der Test führt hier zu einem χ^2-Wert von 6,85 mit einer Überschreitungswahrscheinlichkeit von 0,0325. Es gibt also signifikante Sortenunterschiede. χ^2 entspricht in seiner Bedeutung dem F-Wert einer Varianzanalyse bei Normalverteilung, liefert also eine Globalaussage zum Einflussfaktor *sorte*. Will man die Sortendifferenzen im Einzelnen bewerten, gibt es zwei Möglichkeiten:

Man führt anschließend einen Wilcoxon-Rangsummen-Test für jeweils zwei Versuchsglieder (Sorten) durch. Dies empfehlen Graf und Ortseifen (1995). Wie der Tab. 57.2, untere Hälfte, zu entnehmen ist, besteht unter Berücksichtigung des Exakten Tests und zweiseitiger Fragestellung nur zwischen Sorte B und C ein signifikanter Unterschied.

Eine weitere Möglichkeit ist die Anwendung des Nemenyi-Tests für multiple Vergleiche (vergleichbar mit dem Tukey-Test), der allerdings nicht in SAS implementiert ist. Köhler et al. (1996) und auch Sachs und Hedderich (2009) beschreiben diesen Test; Letztere auch für den unbalancierten Fall. Man bildet jeweils die Differenz der Rangsummen

Tab. 57.2 Mehrere unabhängige Stichproben

```
               Beispiel aus Köhler et al. (1996)

                     Die Prozedur NPAR1WAY
          Wilcoxon-Scorewerte (Rangsummen) für Variable ertrag
                  Klassifiziert nach Variable sorte
                  Summe der      Erwartet      Std.abw.     Mittelwert-
sorte      N     Scorewerte      unter H0      unter H0          Score
```

sorte	N	Summe der Scorewerte	Erwartet unter H0	Std.abw. unter H0	Mittelwert-Score
A	4	31.0	26.0	5.836147	7.750
B	4	11.0	26.0	5.836147	2.750
C	4	36.0	26.0	5.836147	9.000

```
Für gleiche Werte wurden durchschnittliche Scorewerte verwendet.

                      Kruskal-Wallis-Test
         Chi-Quadrat                        6.8505
         DF                                      2
         Asymptotische Pr > Chi-Quadrat     0.0325
         Exakte        Pr >= Chi-Quadrat    0.0189

        Einzelvergleiche mit Wilcoxon-Rangsummen-Test

           Exakter Test für Sorte A mit Sorte B
        Einseitige Pr >= S                  0.0429
        Zweiseitige Pr >= |S - Mittelwert|  0.0857

           Exakter Test für Sorte A mit Sorte C
        Einseitige Pr <= S                  0.3286
        Zweiseitige Pr >= |S - Mittelwert|  0.6571

           Exakter Test für Sorte B mit Sorte C
        Einseitige Pr <= S                  0.0143
        Zweiseitige Pr >= |S - Mittelwert|  0.0286
```

(Summe der Scorewerte) von zwei Versuchsgliedern und vergleicht diesen Wert mit der Tabelle „Schranken für Nemenyi", die im Programm ganz am Schluss dokumentiert ist. Auf dem Niveau von $\alpha = 5\%$ und zweiseitiger Test ergibt sich für unser Beispiel:

Vergleich A mit B: Score-Differenz = 20, Nemenyi-Schranke = 23,9. Befund: nicht signifikant.

Vergleich A mit C: Score-Differenz = 5, Nemenyi-Schranke = 23,9. Befund: nicht signifikant.

Vergleich B mit C: Score-Differenz = 25, Nemenyi-Schranke = 23,9. Befund: signifikant.

Beide Verfahren führen also zum gleichen Ergebnis (was nicht immer sein muss). Köhler et al. (1996) empfehlen den Nemenyi-Test für ungeplante (a posteriori) Vergleiche und den U-Test (Wilcoxon-Rangsummen-Test) für geplante (a priori) Vergleiche im maximalen Umfang von $0,5 * k$-Stufen (Versuchsgliedern). Ein guter Grundsatz für beide nichtparametrische Tests ist, den U-Test als vergleichsbezogenen Test (analog zum t-Test) und den Nemenyi-Test als versuchsbezogenen Test bei mehr als zwei Mittelwertvergleichen (analog zum Tukey-Test) anzuwenden.

Weitere Hinweise

Wie bereits eingangs erwähnt, stellt *NPAR1WAY* sowohl für den Zweistichproben-Test wie auch für den Kruskal-Wallis-Test außer der Option *WILCOXON* auch die Auswertungsverfahren *MEDIAN, VW* (Methode Van der Waerden), *SAVAGE* und *EDF* zur Verfügung. *MEDIAN* ist gut geeignet für doppelt exponential verteilte, *VW* für weitgehend normalverteilte und *SAVAGE* für exponential verteilte Daten. Die *EDF*-Option hat andere Ziele und kann hier übergangen werden. Einzelheiten entnehme man der SAS-Programmdokumentation oder auch den Ausführungen von Graf und Ortseifen (1995).

Die *WILCOXON*-Option ist für den Kruskal-Wallis-Test, stetige Daten und in Grenzen gestörte Normalverteilung („logistische Verteilung") immer erste Wahl. Verzichtet man auf die Angabe einer Option, rechnet SAS sämtliche Varianten. Im Falle des mehrfachen Stichproben-Tests wird zusätzlich eine einfaktorielle ANOVA zum Vergleich zur Verfügung gestellt.

Schließlich soll nicht unerwähnt bleiben, dass ein Kruskal-Wallis-Test auch mit *PROC FREQ* gerechnet werden kann. Für den Datensatz *koehler* lautet hier die Syntax:

```
PROC FREQ DATA=koehler;
TABLES sorte*ertrag/NOPRINT CMH2 SCORES=RANK;
RUN;
```

Man erhält den identischen χ^2-Wert (6,85) mit $P = 0,0325$. Da aber kein „Exakter Test" und auch keine Rangsummen für Einzelvergleiche ausgewiesen werden, wird diese Variante nicht empfohlen.

Der in Kapitel 57 dargestellte Fall einer einfaktoriellen nichtparametrischen Varianzanalyse (mit evtl. anschließenden Mittelwertvergleichen), lässt sich auch auf den zweifaktoriellen Fall übertragen. Während aber im einfaktoriellen Falle *unabhängige* Stichproben varianzanalytisch ausgewertet werden, führen zwei Faktoren zur Situation *verbundener* Stichproben. Denn jede Faktorkombination ist nur mit einem Wert vertreten (einfache Zellenbesetzung). Im Prinzip handelt es sich um eine zweifaktorielle Varianzanalyse ohne Wechselwirkung oder auch um eine einfaktorielle Blockanlage, bei der bekanntlich die Wechselwirkung Faktor*Block nicht interessiert (sondern den Versuchsfehler bildet).

Auch im zweifaktoriellen Fall wird keine Normalverteilung vorausgesetzt, und es können auch ordinalskalierte Daten verwendet werden. Sind die Daten intervallskaliert, werden von diesen, wie beim Kruskal-Wallis-Test, Ränge berechnet, allerdings nicht über den gesamten Versuch, sondern jeweils innerhalb der Stufen eines Faktors. Dieser Test ist als Friedman-Test in die Literatur eingegangen. Er ist äquivalent der Cochran-Mantel-Haenszel-Statistik (CMH), sofern für diese die Ränge zur Definition von Scores verwendet werden. SAS stellt dafür die Option *CMH2* in **PROC FREQ** zur Verfügung.

Wie im Rechenbeispiel gezeigt wird, können grundsätzlich beide Faktoren auf die Nullhypothese überprüft werden, soweit dies sachlogisch gerechtfertigt ist. Muss die Nullhypothese für einen Faktor abgelehnt werden, d. h. die k Stichproben entstammen nicht einer gemeinsamen Grundgesamtheit, rechtfertigt dies anschließende Mittelwertvergleiche. Köhler et al. (1996) und auch Sachs und Hedderich (2009) verweisen hierfür auf den Wilcoxon-Wilcox-Test, der wie der Nemenyi-Test multipel angewendet werden kann. Dieser Test ist in SAS nicht implementiert; es wird aber am Beispiel gezeigt, wie man sich diesen mit wenigen Programmierschritten und unter Zuhilfenahme einer Tabelle selbst erstellen kann.

Zusätzliche Information ist in der Online-Version dieses Kapitels (doi:10.1007/978-3-642-54506-1_58) enthalten.

© Springer-Verlag Berlin Heidelberg 2015
M. Munzert, *Landwirtschaftliche und gartenbauliche Versuche mit SAS,*
Springer-Lehrbuch, DOI 10.1007/978-3-642-54506-1_58

Es wird das bei Köhler et al. (1996) aufgeführte Beispiel eines Insektizidversuches mit drei Varianten (Kontrolle, DDT, Malathion) im ersten Faktor und sechs Feldern als zweiter Faktor verwendet. Auf jedem Feld wurden alle drei Insektizidstufen einmalig auf Befall mit Larven als Maßzahl für die Wirksamkeit der Insektizide untersucht. Da es hier um verbundene (nicht unabhängige) zweifaktoriell strukturierte Stichproben geht, bietet sich der Friedman-Test an.

Programm

```
TITLE1 'Zweifaktorielle nichtparametrische Varianzanalyse';
DATA a;
TITLE2 'Beispiel aus Köhler et al. (1996), S. 185-188';
INPUT insekt$ feld larven @@;
DATALINES;
kontr 1 10 kontr 2 14 kontr 3 17 kontr 4 8 kontr 5 9 kontr 6 31
ddt 1 4 ddt 2 2 ddt 3 0 ddt 4 3 ddt 5 2 ddt 6 11
mal 1 3 mal 2 6 mal 3 8 mal 4 0 mal 5 3 mal 6 16
RUN;
PROC PRINT;RUN;
PROC FREQ DATA=a;
TITLE3 'Auswertung des Faktors "Insektizide"';
TABLES feld*insekt*larven/NOPRINT CMH2 SCORES=RANK;
RUN;
PROC FREQ DATA=a;
TITLE3 'Auswertung des Faktors "Felder"';
TABLES insekt*feld*larven/NOPRINT CMH2 SCORES=RANK;
RUN;
PROC SORT DATA=a;
BY feld;
RUN;
PROC RANK DATA=a OUT=b;
VAR larven;
RANKS larvenrang;
BY feld;
RUN;
PROC SORT DATA=b;
BY insekt;
RUN;
PROC MEANS DATA=b SUM;
TITLE3 'Berechnung der Rangsummen für Wilcoxon-Wilcox-Test';
VAR larvenrang;
BY insekt;
RUN;
QUIT;
/* Schranken für zweiseitigen Wilcoxon-Wilcox-Test; Alpha=0,05.
   Aus Köhler et al. 1996.
   n     k=3   k=4   k=5   k=6   k=7   k=8   K=9   K=10
   1     3,3   4,7   6,1   7,5   9,0  10,5  12,5  13,5
   2     4,7   6.6   8,6  10,7  12,7  14,8  17,0  19,2
   3     5,7   8,1  10,6  13,1  15,6  18,2  20,8  23,5
   4     6,6   9,4  12,2  15,1  18,0  21,0  24,0  27,1
   5     7,4  10,5  13,6  16,9  20,1  23,5  26,9  30,3
   6     8,1  11,5  14,9  18,5  22,1  25,7  29,4  33,2
   7     8,8  12,4  16,1  19,9  23,9  27,8  31,8  35,8
   8     9,4  13,3  17,3  21,3  25,5  29,7  34,0  38,3
   9     9,9  14,1  18,3  22,6  27,0  31,5  36,0  40,6
  10    10,5  14,8  19,3  23,8  28,5  33,2  38,0  42,8
  11    11,0  15,6  20,2  25,0  29,9  34,8  39,8  44,9
  12    11,5  16,2  21,1  26,1  31,2  36,4  41,6  46,9
  13    11,9  16,9  22,0  27,2  32,5  37,9  43,3  48,8
  14    12,4  17,5  22,8  28,2  33,7  39,3  45,0  50,7
  15    12,8  18,2  23,6  29,2  34,9  40,7  46,5  52,5
  16    13,3  18,8  24,4  30,2  36,0  42,0  48,1  54,2
```

```
17   13,7  19,3  25,2  31,1  37,1  43,3  49,5  55,9
18   14,1  19,9  25,9  32,0  38,2  44,5  51,0  57,5
19   14,4  20,4  26,6  32,9  39,3  45,8  52,4  59,0
20   14,8  21,0  27,3  33,7  40,3  47,0  53,7  60,6
21   15,2  21,5  28,0  34,6  41,3  48,1  55,1  62,1
22   15,5  22,0  28,6  35,4  42,3  49,2  56,4  63,5
23   15,9  22,5  29,3  36,2  43,2  50,3  57,6  65,0
24   16,2  23,0  29,9  36,9  44,1  51,4  58,9  66,4
25   16,6  23,5  30,5  37,7  45,0  52,5  60,1  67,7
*/
```

Nach dem Einlesen der Daten und dem Kontrollausdruck erfolgt sofort der Aufruf von *PROC FREQ*. Mit *TABLES feld*insekt*larven* wird der Friedman-Test auf den Faktor „Insektizide" angewandt. Die Option *NOPRINT* unterdrückt eine Menge hier nicht benötigter Outputs, *CMH2* initiiert die Cochran-Mantel-Haenszel-Statistik (und damit auch den Friedman-Test) und *SCORES = RANK* stellt sicher, dass anstelle der erfassten Larvenzahl deren Rangfolgen herangezogen werden.

In einem weiteren Aufruf von *PROC FREQ* erfolgt die gleiche Auswertung für den Faktor „Felder", indem in der *TABLE*-Anweisung die Reihenfolge *insekt*feld*larven* steht.

Die anschließenden Programmschritte von *PROC SORT* bis einschließlich *PROC MEANS* berechnen die Rangsummen für den Faktor „Insektizide", die für den Wilcoxon-Wilcox-Test benötigt werden.

Ausgabe

In Tab. 58.1 sind die Ergebnisse des Friedman-Tests für beide Faktoren zusammengestellt. Es interessiert in der CMH2-Statistik nur die Zeile „2". Demnach beträgt der χ^2-Wert für Insektizide 9,33 mit einer Überschreitungswahrscheinlichkeit von 0,0094 und für die Felder von $\chi^2 = 8,64$ mit $P = 0,1243$. Der Insektizideinfluss ist also bei Maßgabe von $\alpha = 5\%$ signifikant, jener der Felder dagegen nicht. Dieser Befund ist nicht ganz unwichtig, denn wäre auch „Felder" signifikant, wäre davon auszugehen, dass die Insektizidergebnisse auf den 6 Feldern auch von insektizidspezifischen Feldbedingungen (Wechselwirkung!) abhängig sind, was in weiteren Experimenten zu klären wäre.

Die Ablehnung der Nullhypothese für „Insektizide" macht neugierig auf Stufenvergleiche. Köhler et al. (1996) empfehlen dafür den Wilcoxon-Wilcox-Test. Hierbei werden die Differenzen zwischen den Rangsummen mit den Schranken einer entsprechenden Tabelle verglichen; sie ist in diesem Programm ganz am Schluss für bis $k = 10$ und bis $n = 25$ dokumentiert.

Der Test ist auf die drei Rangsummen in Tab. 58.2 wie folgt anzuwenden (s. = signifikant; n. s. = nicht signifikant):

Differenz *kontr* zu *ddt* = 18 − 8 = |10|; Schranke in Tafel für k = 3 und *n* = 6: 8,1 → s.;
Differenz *kontr* zu *mal* = 18 − 10 = |8|; Schranke in Tafel für k = 3 und *n* = 6: 8,1 → n. s.;
Differenz *ddt* zu *mal* = 8 − 10 = |2|; Schranke in Tafel für k = 3 und *n* = 6: 8,1 → n. s.;

Tab. 58.1 Zweifaktorielle nichtparametrische Varianzanalyse (Friedman-Test)

Beispiel aus Köhler et al. (1996), S. 185-188

Die Prozedur FREQ
Auswertung des Faktors "Insektizide"

Beschreibende Statistiken für insekt nach larven
Kontrolliert für feld
Cochran-Mantel-Haenszel-Statistiken (RANK-Werte)

Statistik	Alternative Hypothesis	DF	Wert	Prob
1	Korrelation ungleich 0	1	0.3333	0.5637
2	Zeilenmittel ungleich	2	9.3333	0.0094

Gesamtstichprobengröße = 18

Auswertung des Faktors "Felder"
Die Prozedur FREQ
Beschreibende Statistiken für feld nach larven
Kontrolliert für insekt
Cochran-Mantel-Haenszel-Statistiken (RANK-Werte)

Statistik	Alternative Hypothesis	DF	Wert	Prob
1	Korrelation ungleich 0	1	0.6713	0.4126
2	Zeilenmittel ungleich	5	8.6408	0.1243

Gesamtstichprobengröße = 18

Tab. 58.2 Berechnung der Rangsummen für den Wilcoxon-Wilcox-Test (s. Text)

Beispiel aus Köhler et al. (1996), S. 185-188

Die Prozeduren RANK und MEANS

---------------------------- insekt=ddt ------------------------------

Analysis Variable : larvenrang Rangwert für Variable larven
Summe

8.0000000

---------------------------- insekt=kontr ------------------------------

Analysis Variable : larvenrang Rangwert für Variable larven
Summe

18.0000000

---------------------------- insekt=mal ------------------------------

Analysis Variable : larvenrang Rangwert für Variable larven
Summe

10.0000000

Kontrolle und DDT unterscheiden sich also signifikant, zwischen Kontrolle und Malathion wird die Signifikanz knapp verfehlt und zwischen DDT und Malathion besteht Gleichwertigkeit.

Weitere Hinweise

Als Alternative zum Wilcoxon-Wilcox-Test wären auch der Vorzeichen- (englisch: sign test) oder der Vorzeichen-Rangsummen-Test (englisch: signed rank test) denkbar. Beide Tests wurden in Kapitel 14 (Zweistichproben-Test: verbundene Stichproben) bei der Prozedur *UNIVARIATE* angesprochen. Diese Tests haben nur den Nachteil, dass sie einen anders definierten Datensatz benötigen, weil die Stufenergebnisse als Beobachtungsmerkmale eingelesen werden müssen. Man kann allerdings z. B den hier verwendeten Datensatz auf folgende Weise mit *PROC TRANSPOSE* ins benötigte Format bringen und die genannten zwei nichtparametrischen verbundenen Zweistichproben-Tests mit *UNIVARIATE* rechnen:

```
PROC TRANSPOSE DATA=a OUT=b PREFIX=insekt;
BY feld;
VAR larven;
RUN;
PROC PRINT DATA=b;
RUN;
DATA c;
SET b;
diff_kontr_ddt=insekt1 - insekt2;
diff_kontr_mal = insekt1 - insekt3;
diff_ddt_mal = insekt2 - insekt3;
RUN;
PROC PRINT DATA=c;
PROC UNIVARIATE DATA=c;
VAR diff_kontr_ddt diff_kontr_mal diff_ddt_mal;
RUN;
```

Beide Tests ergeben signifikante Differenzen zwischen Kontrolle und DDT bzw. Kontrolle und Malathion, nicht dagegen zwischen DDT und Malathion.

Für den Friedman-Test zitieren Dufner et al. (2002) einen Autor, der für $k \geq 5$ empfiehlt, andere nennen $n \geq 8$ als wünschenswert.

In der nichtparametrischen Statistik nehmen Häufigkeitsanalysen einen wichtigen Platz ein. Der große Vorteil von diesen ist, dass nur nominales Skalenniveau vorliegen muss. Grundsätzlich werden immer zwei Merkmale in Form einer Kreuztabelle (auch Kontingenztafel genannt) miteinander verglichen. Es mögen z. B. Daten von einem Radies-Sortenversuch vorliegen, die auf das qualitative Merkmal „Radies-Größe" untersucht wurden (Tab. 59.1). Erfasst wurde jeweils die Zahl der Radies, die einer Größenklasse zugeordnet werden können. Die Versuchsfrage lautet hier: Besteht ein Zusammenhang zwischen den Merkmalen „Sorte" und „Größenklasse"? Die Antwort liefert der sog. χ^2-Test, dessen Teststatistik als

$$\chi^2 = \Sigma\left[\left(B_{ij} - E_{ij}\right)^2 / E_{ij} \right] = \Sigma\left(B_{ij}^2 / E_{ij}\right) - N$$

definiert ist, wobei für B der Beobachtungs- und für E der Erwartungswert der Anzahlen steht; N ist der gesamte Stichprobenumfang, der sich aus der Summe aller beobachteten Häufigkeiten ergibt. Die Berechnung von E wird im Ergebnisteil gezeigt.

χ^2 (Chiquadrat) folgt der sog. χ^2-Verteilung, die folgende Eigenschaften hat: stetig unsymmetrisch; Variationsbereich von 0 bis ∞; mit wachsenden Freiheitsgraden (FG) nähert sie sich der Normalverteilung (je mehr FG umso flacher und symmetrischer die Verteilung); Additivität (zwei unabhängige Stichproben v_1 und v_2 haben zusammen eine Verteilung mit $v_1 + v_2$ Freiheitsgraden).

Die wichtigste Eigenschaft eines χ^2-Tests: Er setzt keine Normalverteilung voraus.

Zusätzliche Information ist in der Online-Version dieses Kapitels (doi:10.1007/978-3-642-54506-1_59) enthalten.

Tab. 59.1 Anzahl Radies von drei Sorten in vier Größenklassen

	<15 mm	15–25 mm	25–35 mm	>35 mm
Sorte 1	69	180	35	9
Sorte 2	81	135	54	15
Sorte 3	105	201	21	7

Die häufigste Anwendung von χ^2 ist der sog. Unabhängigkeitstest. Beide Merkmale sind in Klassen (Gruppen) eingeteilt und die Nullhypothese lautet: die Merkmale sind unabhängig. Je nach Konfiguration der Kontingenztafel liefert **PROC FREQ** zusätzlich zu χ^2 noch weitere Teststatistiken. Im Folgenden werden daher zwei verschiedene Datensätze ausgewertet:

- Mehrere Gruppen mit je zwei Klassen (Mudra 1958, S. 132)
- Mehrere Gruppen mit mehreren Klassen (Mudra 1958, S. 133)

Neben den Gruppen- bzw. Klassenvariablen benötigt *PROC FREQ* i.d.R. noch eine *WEIGHT*-Variable; sie erfasst die Zellhäufigkeiten (im obigen Beispiel z. B. 69, 180 usw.). Es ist zwar grundsätzlich ein Einlesen und Verrechnen auch ohne *WEIGHT* möglich, doch empfiehlt sich dies allenfalls bei kleinen Datensätzen (s. Prozedurbeschreibung).

Programm

Im Datensatz *methoden* werden drei Untersuchungsmethoden (Infektionsnachweis) an Pflanzen verglichen. Erfasst wurde jeweils die Anzahl gesunder und kranker Pflanzen. Nachdem sich herausgestellt hatte, dass sich die Methoden unterscheiden (also keine Unabhängigkeit zwischen *methoden* und *pflanzen* besteht, Nullhypothese abgelehnt), wurde mit drei weiteren *FREQ*-Aufrufen geklärt, welche Methoden sich voneinander unterscheiden. Beim ersten *FREQ*-Aufruf wurde als *MODEL*-Option noch zusätzlich *EXACT* angegeben, um auch *Fishers exakten Test* zu erhalten; dieser wird bei 2 × 2-Tabellen automatisch ausgedruckt, weshalb er bei den Einzelvergleichen weggelassen wurde. *EXPECTED* und *CHISQ* veranlassen den Ausdruck der Erwartungswerte bzw. der χ^2-Statistik. Mit *NOROW*, *NOCOL* und *NOPERCENT* werden nicht so wichtige Prozentangaben in den Zeilen und Spalten der Tabelle unterdrückt. Es gibt noch weitere Optionen, mit denen man die Häufigkeitstabellen reduzieren kann (s. Prozedurbeschreibung).

```
TITLE1 'Prüfung von Häufigkeiten: Unabhängigkeitstest';
DATA methoden;
TITLE2 'Mehrere Gruppen mit je zwei Klassen (Mudra, 1958), S. 132)';
INPUT methode$ pflanzen$ anzahl @@;
DATALINES;
A gesund 33 A krank 57 B gesund 16 B krank 70 C gesund 20 C krank 72
;
PROC FREQ DATA=methoden;
TITLE3 'Alle 3 Methoden';
WEIGHT anzahl;
TABLES methode*pflanzen/ NOROW NOCOL NOPERCENT EXPECTED CHISQ EXACT;
RUN;
PROC FREQ DATA=methoden;
TITLE3 'Methoden A und B im Vergleich';
WHERE methode = 'A' OR methode = 'B';
WEIGHT anzahl;
TABLES methode*pflanzen/ NOROW NOCOL EXPECTED CHISQ;
RUN;
PROC FREQ DATA=methoden;
TITLE3 'Methoden A und C im Vergleich';
WHERE methode = 'A' OR methode = 'C';
WEIGHT anzahl;
TABLES methode*pflanzen/ NOROW NOCOL EXPECTED CHISQ;
RUN;
PROC FREQ DATA=methoden;
TITLE3 'Methoden B und C im Vergleich';
WHERE methode = 'B' OR methode = 'C';
WEIGHT anzahl;
TABLES methode*pflanzen/ NOROW NOCOL EXPECTED CHISQ;
RUN;

DATA vlies;
TITLE2 'Mehrere Gruppen mit mehreren Klassen (Mudra, 1958), S. 133)';
INPUT farbgruppe$ feinheit anzahl @@;
DATALINES;
dunkel 1 230 dunkel 2 570 dunkel 3 820 dunkel 4 470 dunkel 5 360
mittel 1 210 mittel 2 610 mittel 3 910 mittel 4 550 mittel 5 380
hell 1 130 hell 2 350 hell 3 480 hell 4 300 hell 5 190
;
PROC FREQ DATA=vlies;
TITLE3'Alle 3 Farbgruppen';
WEIGHT anzahl;
TABLES farbgruppe*feinheit/ EXPECTED CELLCHI2 NOROW NOCOL NOPERCENT
CHISQ;
RUN;
PROC FREQ DATA=vlies;
TITLE3 'Gruppe "dunkel" mit "mittel" im Vergleich';
WHERE farbgruppe = 'dunkel' OR farbgruppe = 'mittel';
WEIGHT anzahl;
TABLES farbgruppe*feinheit/ EXPECTED CELLCHI2 NOROW NOCOL NOPERCENT
CHISQ;
RUN;
QUIT;
```

Am Datensatz *vlies* soll gezeigt werden, dass die gleiche Syntax auch auf Merkmale mit mehr als zwei Klassen bzw. Gruppen angewendet werden kann. Es sollte hier auf die Option *EXACT* verzichtet werden, weil in diesem Falle inakzeptabel lange Rechenzeiten entstehen können. Das Beispiel bezieht sich auf eine Vliesqualitätsuntersuchung, bei der geklärt werden soll, ob zwischen drei Vliesfarben und fünf Feinheitsgraden der Wolle ein Zusammenhang besteht.

Ausgabe

Die Häufigkeitstabelle zu *methoden* (Tab. 59.2) enthält zunächst die Grunddaten für die Statistik. Erklärungsbedürftig sind die Erwartungswerte in den Zellen der Tabelle. Jeder Wert errechnet sich aus der Zeilensumme*Spaltensumme dividiert durch die Gesamtsumme. Dieser Wert entspricht der erwarteten Häufigkeit in der betreffenden Zeile unter der Nullhypothese (Unabhängigkeit). Der Erwartungswert für A/gesund ergibt sich also aus $90*69/268 = 23{,}172$. Entscheidend ist die anschließende Statistik. Mit einem χ^2-Wert von 8,68 mit 2 FG, also FG (DF) = (3 Methoden − 1)*(2 Pflanzenarten − 1) = 2. Daraus ergibt sich ein P-Wert (*Prob*) von 0,0130; die Nullhypothese muss daher ablehnt werden. Die Methoden verhalten sich also im Infektionsnachweis nicht einheitlich. Dies bestätigt auch der *exakte Test* von Fisher, der die Nullhypothese mit Prob = 0,0154 ablehnt. Die Übersicht enthält noch weitere Statistiken, die in Anlehnung an Graf und Ortseifen (1995) Folgendes bedeuten:

- Likelihood-Ratio Chi-Quadrat: Hier wird das Verhältnis der beobachteten und erwarteten Zellhäufigkeiten logarithmiert, mit der beobachteten Häufigkeit multipliziert und über alle Zeilen aufaddiert. Dies ist eine alternative Teststatistik zur Prüfung der Unabhängigkeit.
- Mantel-Haenszel Chi-Quadrat: Es wird untersucht, ob ein linearer Zusammenhang zwischen beiden Variablen besteht. Der Test ist nur verwendbar, wenn beide Variablen ordinalskaliert sind (im Beispiel nicht der Fall).
- Phi-Koeffizient: Vergleichbar mit r in der parametrischen Statistik. Er nimmt bei 2×2-Tafeln Werte zwischen − 1 und + 1 an; bei größeren Tafeln zwischen 0 und ca. 1.
- Kontingenzkoeffizient: Wie Phi, liefert Werte zwischen 0 und ca. 1.
- Cramer's V: Ergibt Werte zwischen 0 und 1; bei 2×2-Tafeln identisch mit Phi.
- Bei 2×2-Tafeln wird auch das kontinuitätskorrigierte χ^2 ausgedruckt. Es ist für verbundene Stichproben mit quantitativen Daten gedacht und hier ohne Bedeutung (s. dazu Kapitel 57, Teststatistik Z).

Es sollte noch beachtet werden, dass beim χ^2-Test keine leeren Zellen vorhanden sind (notfalls Skalierung ändern!) und die Erwartungswerte in den Zellen ≥ 5 betragen. Im Übrigen ist darauf hinzuweisen, dass alle Aussagen nur dann für die Grundgesamtheit gelten, wenn diese durch die Stichproben auch tatsächlich repräsentiert wird, also eine echte Zufallsstichprobe aus der Grundgesamtheit vorliegt.

Tab. 59.2 Chiquadrat-Test an mehreren Gruppen mit je zwei Klassen

```
        Beispiel aus Mudra (1958), S. 132

                Die Prozedur FREQ
         Table of methode by pflanzen
       methode          pflanzen
       Häufigkeit
       Erwartet   gesund   krank      Summe

       A             33      57         90
                 23.172  66.828

       B             16      70         86
                 22.142  63.858

       C             20      72         92
                 23.687  68.313

       Summe         69     199        268
```

```
 Statistiken für Tabelle von methode nach pflanzen.
Statistik                    DF      Wert      Prob

Chi-Quadrat                   2    8.6813    0.0130
Likelihood-Ratio Chi-Quadrat  2    8.4632    0.0145
Mantel-Haenszel Chi-Quadrat   1    5.2304    0.0222
Phi-Koeffizient                    0.1800
Kontingenzkoeffizient              0.1771
Cramers V                          0.1800

          Exakter Test von Fisher

  Tabellenwahrscheinlichkeit (P)    2.507E-04
  Pr <= P                           0.0154
          Stichprobengröße = 268
```

Nachdem die drei überprüften Methoden (A, B, C) die Nullhypothese nicht bestätigen konnten, wurden mit *PROC FREQ* anschließend Einzelvergleiche vorgenommen. Auf die Wiedergabe dieser Tabellen wird verzichtet. Wie aber leicht festzustellen ist, unterscheiden sich A und B sowie A und C signifikant, nicht jedoch B und C.

Beim Datensatz *vlies* (Tab. 59.3) führt der χ^2-Test zur Erkenntnis: Farbgruppe und Reinheit der Wolle variieren unabhängig voneinander. Bei $(3-1)*(5-1)=8$ FG (*DF*) beträgt $\chi^2=7{,}797$, die Nullhypothese wird also angenommen (*P*-Wert$=0{,}4535$). Die Asso-

Tab. 59.3 Chiquadrat-Test an mehreren Gruppen mit mehreren Klassen

```
               Beispiel aus Mudra (1958), S. 133

                        Die Prozedur FREQ
               Table of farbgruppe by feinheit
farbgruppe       feinheit
Häufigkeit
Erwartet
Zelle Chi-Quadr        1        2        3        4        5   Summe

dunkel               230      570      820      470      360    2450
                  212.88   571.42   825.38   492.99   347.33
                  1.3766   0.0035   0.0351   1.0719    0.462

hell                 130      350      480      300      190    1450
                  125.99   338.19   488.49   291.77   205.56
                  0.1276   0.4127   0.1476   0.2322   1.1784

mittel               210      610      910      550      380    2660
                  231.13    620.4   896.13   535.24    377.1
                  1.9314   0.1742   0.2147   0.4068   0.0222

Summe                570     1530     2210     1320      930    6560

      Statistiken für Tabelle von farbgruppe nach feinheit.
      Statistik                      DF      Wert      Prob

      Chi-Quadrat                     8    7.7970    0.4535
      Likelihood-Ratio Chi-Quadrat    8    7.8546    0.4478
      Mantel-Haenszel Chi-Quadrat     1    1.5680    0.2105
      Phi-Koeffizient                       0.0345
      Kontingenzkoeffizient                 0.0345
      Cramers V                             0.0244
             Stichprobengröße = 6560
```

ziationsmaße (Phi, K, V) bestätigen dies zusätzlich mit sehr niedrigen Werten. Damit gilt die Untersuchung als abgeschlossen. Der Form halber wurde mit einem weiteren Aufruf von *PROC FREQ* ein Vergleich zwischen *dunkel* und *mittel* durchgeführt, auf dessen Darstellung hier verzichtet wird.

Weitere Hinweise

Bei ordinalskalierten Gruppen/Klassen kann man in der *TABLES*-Zeile auch die Option *MEASURES* setzen, um weitere Zusammenhangsmaße einschließlich ihrer Standardfehler zu erhalten. Dies wäre z. B. beim Vlies-Beispiel möglich gewesen, wenn man auch beim Merkmal „Farbgruppe" eine Qualitätsabstufung unterstellt (was hier nicht geschehen ist). Die Bedeutung dieser Maße ist bei Graf und Ortseifen (1995) gut beschrieben.

Erkennt man in einer k*2 Tafel eine mehr oder weniger regelmäßige Zu-/Abnahme der relativen Häufigkeiten, dann ist auch ein Test auf linearen Trend nach Cochran-Armitage angebracht. Er wird mit der Option *TREND* in der *TABLES*-Zeile aufgerufen. Ein entsprechendes Beispiel befindet sich in der SAS-Dokumentation zu *PROC FREQ* (Example 35.8).

Neben dem Unabhängigkeitstest (s. Kapitel 59) sind Anpassungs- und Homogenitätstests ein häufiges Anwendungsgebiet des χ^2-Tests. Sie unterscheiden sich vom Unabhängigkeitstest dadurch, dass von vorgegebenen Erwartungswerten ausgegangen wird. Ein typischer Fall sind Kreuzungsexperimente in der Pflanzen- und Tierzucht. Vermutet man z. B. bei einem Merkmal ein bestimmtes Aufspaltungsverhältnis an der F_2-Nachkommenschaft der Kreuzungseltern, dann liefert ein χ^2-Test eine Aussage, inwieweit die Nullhypothese zutrifft (nur zufällige Abweichungen) oder abgelehnt werden muss. Solche Tests kann man an den einzelnen Kreuzungen machen, um sicher zu gehen, dass alle Kreuzungseltern tatsächlich der angenommenen Vererbungsregel folgen. Diese Art der Überprüfung wird oft auch als Anpassungstest bezeichnet (Sachs und Hedderich 2009). Man kann aber auch über alle Populationen (Kreuzungen) hinweg prüfen, ob Homogenität insgesamt vorliegt („Homogenitätstest").

Das folgende Lehrbuchbeispiel aus Mudra (1958, S. 134) mag verdeutlichen, dass Anpassungs- und Homogenitätstests möglichst immer im Zusammenhang gesehen und angewendet werden sollten. Rechenmethodisch unterscheiden sich beide Tests nicht, wie auch der Unterschied zum Unabhängigkeitstest nur im Versuchsansatz und in der Interpretation besteht. **PROC FREQ** ist deshalb auch hier die zuständige Prozedur.

Zusätzliche Information ist in der Online-Version dieses Kapitels (doi:10.1007/978-3-642-54506-1_60) enthalten.

© Springer-Verlag Berlin Heidelberg 2015
M. Munzert, *Landwirtschaftliche und gartenbauliche Versuche mit SAS,*
Springer-Lehrbuch, DOI 10.1007/978-3-642-54506-1_60

Programm

```
TITLE1 'Prüfung von Häufigkeiten: Anpassungs- und Homogenitätstest';
TITLE2 'Beispiel aus Mudra (1958), S. 135';
DATA a;
INPUT kreuzung$ farbe$ anzahl @@;
DATALINES;
I blau 585 I weiß 179 II blau 625 II weiß 227
III blau 568 III weiß 152
;
PROC SORT DATA=a;
BY farbe;
PROC MEANS SUM;
VAR anzahl;
BY farbe;
OUTPUT OUT = a_gesamt SUM=anzahl;
RUN;
PROC FREQ DATA=a_gesamt;
TITLE3 'Homogenitätstest mit Gesamtmateriel';
WEIGHT anzahl;
TABLES farbe/CHISQ TESTP= (75 25);
RUN;
PROC SORT DATA=a;
BY kreuzung;
RUN;
PROC FREQ DATA=a;
TITLE3 'Anpassungstest bei jeder Kreuzung';
WEIGHT anzahl;
TABLES farbe/CHISQ TESTP= (75 25);
BY kreuzung;
RUN;
PROC FREQ DATA=a;
TITLE3 'Test auf spezielle Aufspaltung von Kreuzung III';
WHERE kreuzung='III';
WEIGHT anzahl;
TABLES farbe/CHISQ TESTP= (80 20);
RUN;
QUIT;
```

Es handelt sich um einen Leinversuch mit drei Kreuzungen, bei denen man eine Aufspaltung der Blütenfarbe (blau und weiß) von 3:1 vermutet. Eingelesen werden nur die Beobachtungswerte (*anzahl*) und ihre Zuordnung zur Kreuzung bzw. Blütenfarbe. Da zunächst (über die Kreuzungen hinweg) die Gesamtzahl der Beobachtungen auf ihr Spaltungsverhalten untersucht werden sollen (Homogenitätstest!), wurde mit Hilfe von *PROC SORT* und *MEANS* die Gesamtzahl der blauen und weißen Blüten ermittelt und in den neuen Datensatz *a_gesamt* geschrieben, der anschließend für die erste *PROC FREQ* verwendet wird. Im *TABLE*-Statement steht als Option *TESTP = (75 25)*; damit ist das erwartete Spaltungsverhältnis in Prozent definiert.

Anschließend wird der Anpassungstest für die einzelnen Kreuzungen durchgeführt. Dafür benötigt *PROC FREQ* die *BY*-Variable *kreuzung*; aus diesem Grund muss der Ausgangsdatensatz *a* nach *kreuzung* sortiert werden. Zum Schluss wird die Kreuzung III auf ein Spaltungsverhältnis von 4:1 (entsprechend *TESTP = 80 20*) getestet.

Ausgabe

Der mit der ersten *PROC FREQ* durchgeführte Homogenitätstest am Gesamtmaterial (drei Kreuzungen) weist relativ geringe Abweichungen von den Erwartungswerten aus (Tab. 60.1): 76,11 % blaue Blüten (statt 75 %) und 23,89 % weiße Blüten (statt 25 %). Deshalb ergibt sich ein χ^2-Wert von nur 1,54 mit einem *P*-Wert (*Pr > ChiSQ*) von 0,2141. Daraus kann man zunächst schließen, dass die drei Kreuzungen sich erwartungsgemäß verhalten. Doch Vorsicht ist geboten. Es könnte auch sein, dass ein abweichendes Verhalten einer Kreuzung gar nicht erkannt wird, weil die übrigen Kreuzungen die Abweichungen zum Teil ausgleichen und deshalb insgesamt Homogenität vorgetäuscht wird.

Wie schon oben angedeutet, sollten deshalb die einzelnen Kreuzungen auf Anpassung an die Erwartungswerte überprüft werden. Dies geschieht mit dem zweiten Aufruf von *PROC FREQ*, dessen Ergebnis in Tab. 60.2 zusammengestellt wurde. Wie leicht zu erkennen ist, kann die Nullhypothese für die Kreuzungen I und II nicht abgelehnt werden (*Pr > ChiSq = 0,3160* bzw. *0,2680*). Bei Kreuzung III ist dagegen keine gesicherte Übereinstimmung mit der 3:1-Aufspaltung festzustellen (*Pr > ChiSq = 0,0160*). Somit kann nicht von homogenen Verhältnissen bei den drei Kreuzungen ausgegangen und es können allenfalls die Kreuzungen I und II zusammengefasst werden, während Kreuzung III einer anderen Grundgesamtheit (mit einem anderen Spaltungsverhältnis) angehört.

Das abweichende Verhalten von Kreuzung III ist nach Angaben von Mudra (1958, S. 136) aufgrund genetischer Besonderheiten erklärbar, die letztlich ein Spaltungsverhältnis von 4:1 bedingen. Mit dem dritten Aufruf von *PROC FREQ* wurde dieser Sachverhalt überprüft, und wie sich herausstellt, kann er tatsächlich bestätigt werden (Tab. 60.3). Der

Tab. 60.1 Homogenitätstest am Gesamtmaterial
Beispiel aus Mudra (1958), S. 135

Die Prozedur FREQ

farbe	Häufigkeit	Test Prozent	Kumulative Prozent	Häufigkeit	Kumulativer Prozentwert
blau	1778	76.11	75.00	1778	76.11
weiß	558	23.89	25.00	2336	100.00

Chi-Quadrat-Test
auf spezifische Verteilung

Chi-Quadrat	1.5434
DF	1
Pr > ChiSq	0.2141

Stichprobengröße = 2336

Tab. 60.2 Anpassungstest bei jeder Kreuzung

Beispiel aus Mudra (1958), S. 135

Die Prozedur FREQ

```
-------------------------------------- kreuzung=I -----------------------------------------
                                             Test      Kumulative       Kumulativer
     farbe    Häufigkeit      Prozent      Prozent    Häufigkeit       Prozentwert

     blau        585          76.57        75.00         585              76.57
     weiß        179          23.43        25.00         764             100.00

                         Chi-Quadrat-Test
                      auf spezifische Verteilung
                    _____
                      Chi-Quadrat          1.0052
                      DF                        1
                      Pr > ChiSq          0.3160
                       Stichprobengröße = 764
```

```
-------------------------------------- kreuzung=II ----------------------------------------
                                             Test      Kumulative       Kumulativer
     farbe    Häufigkeit      Prozent      Prozent    Häufigkeit       Prozentwert

     blau        625          73.36        75.00         625              73.36
     weiß        227          26.64        25.00         852             100.00

                         Chi-Quadrat-Test
                      auf spezifische Verteilung
                    _____
                      Chi-Quadrat          1.2269
                      DF                        1
                      Pr > ChiSq          0.2680
                       Stichprobengröße = 852
```

```
-------------------------------------- kreuzung=III ---------------------------------------
                                             Test      Kumulative       Kumulativer
     farbe    Häufigkeit      Prozent      Prozent    Häufigkeit       Prozentwert

     blau        568          78.89        75.00         568              78.89
     weiß        152          21.11        25.00         720             100.00

                         Chi-Quadrat-Test
                      auf spezifische Verteilung
                    _____
                      Chi-Quadrat          5.8074
                      DF                        1
                      Pr > ChiSq          0.0160
                       Stichprobengröße = 720
```

Tab. 60.3 Test auf spezielle Aufspaltung von Kreuzung III

Die Prozedur FREQ

```
                          Test       Kumulative                    Kumulativer
     farbe   Häufigkeit  Prozent      Prozent     Häufigkeit       Prozentwert

     blau       568       78.89        80.00          568             78.89
     weiß       152       21.11        20.00          720            100.00

                         Chi-Quadrat-Test
                      auf spezifische Verteilung
                    _____
                      Chi-Quadrat          0.5556
                      DF                        1
                      Pr > ChiSq          0.4561
                       Stichprobengröße = 720
```

χ^2-Wert von 0,5556 entspricht einem Pr>ChiSq-Wert von 0,4561; die Nullhypothese kann jetzt nicht mehr abgelehnt werden.

Weitere Hinweise

Anpassungstests sind auch bei mehr als zwei Ausprägungen des Merkmals und unter Bezugnahme auf eine theoretische Verteilung, z. B. die Binomialverteilung, möglich. Einen solchen Fall beschreibt Rasch (1983). Hier wurden 123 Zwillingspaare auf die drei Ereignisse, nämlich „beide weiblich, Symbol ww", „ungleiches Geschlecht, Symbol wm" und „beide männlich, Symbol mm" überprüft. Bei Säugetieren ist die Wahrscheinlichkeit für weiblich p=0,485 und für männlich 1 − p=q=0,515. Daraus ergibt sich die Binomialverteilung

$$p^2(ww) : 2pq(wm) : q^2(mm) = 0,485^2 : 2*0,485*0,515 : 0,515^2 = 0,2352 : 0,4996 : 0,2652$$

Bei den 123 Zwillingspaaren wurde in 29 Fällen ww, in 71 Fällen wm und in 23 Fällen mm beobachtet. Die Nullhypothese (nur zufällige Abweichungen von der Binomialverteilung) kann man mit folgendem Programm überprüfen:

```
DATA zwillinge;
INPUT geschl$ anzahl @@;
DATALINES;
ww 29 wm 71 mm 23
;
PROC FREQ DATA=zwillinge ORDER=DATA;
WEIGHT anzahl;
TABLE geschl/CHISQ TESTP=(0.2352 0.4996 0.2652);
RUN;
```

Die Option *ORDER=DATA* ist wichtig, weil sonst das Merkmal *geschl* alphabetisch sortiert wird und eine falsche Zuordnung der erwarteten Wahrscheinlichkeiten erfolgt. Als Ergebnis erhält man einen χ^2-Wert von 4,32, mit 2 FG und einem *P*-Wert von 0,1153. Die beobachtete Geschlechterverteilung der Zwillingspaare ist sehr wohl mit der Binomialverteilung erklärbar.

Bei den Fallbeispielen in Kapitel 59 und 60 ging es um Häufigkeitsanalysen, denen Zwei-wege- (Kapitel 59) bzw. Einweg-Tabellen (Kapitel 60) zugrunde lagen. Es wurde mittels χ^2-Test geprüft, ob Unabhängigkeit zwischen zwei Klassenvariablen vorliegt bzw. die Be-obachtungswerte einer Klassenvariablen mit ihren Erwartungswerten zu erklären sind. Häufigkeitsanalysen können aber auch nach dem Prinzip einer Varianzanalyse durchge-führt werden, indem der Einfluss einer oder mehrerer unabhängiger kategorialer Variab-len auf eine (oder auch mehrere) abhängige (Response-Variable, Zielvariable) untersucht wird. Hier liegt dann ein kategoriales lineares Modell vor. Ziel ist, aufgrund der Zellhäu-figkeiten den Einfluss der Klassenvariablen auf die Zielvariable und u. U. anschließend die Differenzen (Kontraste) zwischen den Stufen auf Signifikanz zu prüfen.

Im Folgenden werden zwei Fälle behandelt, in denen die Zielvariable binär (z. B. ja/nein) strukturiert ist bzw. aus mehreren nominalskalierten Stufen besteht. Für solche Da-tenstrukturen ist **PROC CATMOD** besonders gut geeignet. Im ersten Fall kann auch die schon vorgestellte *PROC GLIMMIX* verwendet werden, wie am Schluss gezeigt wird. Beide Prozeduren bedienen sich einer Syntax, die man von *PROC GLM* bzw. *PROC MIXED* her kennt. Der große Unterschied besteht aber darin, dass Zellhäufigkeiten ver-wendet werden und die Voraussetzung der Normalverteilung entfällt.

Im ersten Beispiel wird der Vermehrungserfolg einer Kartoffelsorte von zwei Pflanz-gutkategorien in drei Anbauregionen überprüft. Region und Vermehrungsstufe sind die Klassenvariablen (x-Variablen), während das Ergebnis (Merkmal *norm*) als ja/nein gewer-tet wird. Die Anzahl der Vermehrungsbestände ist die Gewichtungsvariable. Im zweiten Beispiel wird ein zweifaktorieller Möhrenversuch mit drei Sorten und zwei N-Düngungs-stufen hinsichtlich vier Größenklassen (<15, 15–25, 25–35, >35 mm) untersucht. Die Größenklassen sind qualitativ zu verstehen, also ordinalskaliert von 1 bis 4.

Zusätzliche Information ist in der Online-Version dieses Kapitels (doi:10.1007/978-3-642-54506-1_61) enthalten.

© Springer-Verlag Berlin Heidelberg 2015
M. Munzert, *Landwirtschaftliche und gartenbauliche Versuche mit SAS,*
Springer-Lehrbuch, DOI 10.1007/978-3-642-54506-1_61

Programm

```
TITLE1 'Kategoriale lineare Modelle';
DATA virus;
TITLE2 'Erfolg der Kartoffelvermehrung im regionalen Vergleich';
INPUT norm$ region$ stufe$ anzahl @@;
DATALINES;
nein A Basis 10 nein A Z 22 nein B Basis 5 nein B Z 13
nein C Basis  5 nein C Z  6 ja A Basis 11 ja A Z 94
ja B Basis 17 ja B Z 123 ja C Basis 15 ja C Z 95
;
PROC CATMOD DATA=virus ORDER=DATA;
RESPONSE;/* Bei binärer abhängiger Variable kann RESPONSE entfallen */
WEIGHT anzahl;
MODEL norm = region stufe/PRED=FREQ;
CONTRAST 'region A - B' region 1 -1;
CONTRAST 'region A - C' region 2 1;
CONTRAST 'region B - C' region 1 2;
RUN;
DATA moehren;
TITLE2 'Möhrenqualität in Abhängigkeit von Sorte und Düngung';
DO sorte = 'A','B','C';
DO n_dg = '60 ','100';
DO klasse = '<15  ','15-25','25-35','>35  ';
INPUT anzahl @@; OUTPUT;
END;END;END;
DATALINES;
72 150 32 10 43 171 51 17 83 124 72 16 75 144
90 27 54 153 77 9 44 184 98 17
;
PROC PRINT DATA=moehren;
RUN;
PROC CATMOD DATA=moehren ORDER=DATA;
RESPONSE 1 2 3 4;
WEIGHT anzahl;
MODEL klasse = sorte n_dg/PRED=FREQ;
CONTRAST 'A mit B' sorte 1 -1;
CONTRAST 'A mit C' sorte 2 1;
CONTRAST 'B mit C' sorte 1 2;
RUN;
QUIT;
```

Beide Versuche werden mit *CATMOD* sehr ähnlich definiert. Mit *ORDER = DATA* wird verhindert, dass die Faktorstufen bei nicht alphabetischer oder bei nicht numerisch aufsteigender Reihenfolge sortiert werden. Dies ist bei der Berechnung von Kontrasten wichtig. Mit dem *RESPONSE*-Statement wird der Charakter der Zielvariablen beschrieben; die wichtigsten Optionen sind:

- RESPONSE (oder RESPONSE fehlt ganz): Die Response-Funktionen werden mit dem natürlichen Logarithmus des Quotienten von zwei Wahrscheinlichkeiten der k-Stufen berechnet ($\ln(p_1/p_k) \ldots \ln(p_{k-1}/p_k)$); man spricht auch von generalisierten Logits, die mit der ML-Schätzung berechnet werden. Dies gilt auch für sog. log-lineare Modelle (s. „Weitere Hinweise") und logistische Regressionen (s. Kapitel 62). Bei *binären* Variablen ist dies die Voreinstellung bei SAS.

- RESPONSE 1 2 3 (usw.): Ist die *ordinalskalierte* Zielvariable als Charaktervariable definiert, werden die Stufen zu Scores mit den Werten 1, 2, 3 usw. verstanden. Möglich ist z. B. auch *0 0,5 1* (für z. B. „leicht", „mittel", „schwer"). Es folgt dann eine gewichtete Kleinst-Quadrate-Schätzung (WLS-Methode), bei der – im Unterschied zur ML-Methode – die gewichteten Residuen des Modells minimiert werden.
- RESPONSE MARGINALS: Es sollen die relativen Zellhäufigkeiten (marginale Proportionen) zur Schätzung herangezogen werden; die WLS-Methode folgt.
- RESPONSE MEANS: Die *intervallskalierte* abhängige Variable soll mit dem Mittelwert jeder Stufe verrechnet werden. Damit wird das Modell analog zu *GLM* oder *MIXED* angepasst, allerdings ohne die Bedingung der Normalverteilung. Auch hier wird die WLS-Methode benutzt.

Im ersten Beispiel liegt eine binäre Zielvariable vor (Ergebnis nein/ja). Deshalb ist im Programm *RESPONSE* gesetzt; die Anweisung ist aber wegen Voreinstellung bei diesem Merkmalstyp entbehrlich. Mit *WEIGHT anzahl* wird die Variable mit den Zellhäufigkeiten aufgerufen. Die Formulierung der *MODEL*-Zeile entspricht ganz den Regeln der Prozeduren von *GLM* und *MIXED*: Links vom Gleichheitszeichen steht die abhängige Variable und rechts davon erscheinen die unabhängigen Variablen. Die Option *PRED=FREQ* veranlasst den Ausdruck der geschätzten im Vergleich zu den beobachteten Häufigkeiten samt Standardfehler. Mit den *CONTRAST*- Anweisungen erfolgen Stufenvergleiche.

Wie man sieht, werden diese Kontraste bei *CATMOD* anders als bei *GLM* oder *MIXED* gebildet (vgl. Kapitel 51 und 52). Die jeweils letzte Stufe eines Faktors – hier Region C – ist nämlich nicht unabhängig schätzbar. Das Problem ist aber lösbar, wie folgende Ableitung zeigt (α_k = Stufe des Faktors):

Will man die Hypothese $\alpha_A = \alpha_B$ oder: $\alpha_A - \alpha_B = 0$ testen (entsprechend *region A – B*), dann lautet der SAS-Code *1 -1* (denn α_A ist positiv und α_B negativ).
Für die Hypothese $\alpha_A = \alpha_C$ oder: $\alpha_A - \alpha_C = 0$ (entsprechend *region A–C*) entsteht nun das Problem, dass α_C nicht direkt schätzbar ist (keine Spalte im Koeffizientenschema). Da aber gilt: $\alpha_C = -\alpha_A - \alpha_B$, gilt auch: $\alpha_A - (-\alpha_A - \alpha_B) = 2\alpha_A + \alpha_B$. Deshalb der SAS-Code *2 1*.
Analog ergibt sich für $\alpha_B = \alpha_C$ oder: $\alpha_B - \alpha_C = 0$ (entsprechend *region B–C*): $\alpha_B - (-\alpha_A - \alpha_B) = \alpha_A + 2\alpha_B$. Daraus folgt der SAS-Code *1 2*.

Beim Möhrenversuch (*DATA moehren*) ist die Modellbildung adäquat. Geändert wurde aber die *RESPONSE*-Anweisung für die Variable *klasse*. Die Fraktion „< 15 mm" erhält den Wert 1, für „15–25 mm" steht 2 usw. Man kann auch von 4 nach 1 definieren; die Bewertung der Versuchsfaktoren ist die gleiche, es ändern sich nur die Schätzer. Im Unterschied zum Virusversuch erfolgt jetzt aber eine WLS-Schätzung. Für die Kontraste gelten die gleichen Regeln. Auch hier wird für den zweiten Faktor kein Kontrast angefordert, obwohl auch *n_dg* signifikant ist. Darauf kann man nämlich verzichten, weil bei zwei Stufen eines Faktors das Ergebnis der Varianzanalyse (χ^2-Statistik) bereits einschlägig ist.

Ausgabe

Ein wichtiges Ergebnis vom Kartoffel-Virusversuch ist zunächst die ML-Varianzanalyse (Tab. 61.1). Die Faktoren Region und Vermehrungsstufe differenzieren hoch signifikant; weitere Vergleiche innerhalb dieser Faktoren bieten sich an. *Likelihood-Ratio* betrifft den Versuchsfehler, der hier der Wechselwirkung *region*stufe* entspricht und mit Pr = 0,7668 bewertet wird, also den zufälligen Fehlerraum beschreibt. Die hoch signifikante *Konstante* ist eine Schätzung von μ (Mittelwert) und wird für die Schätzung der Responsefunktionen benötigt.

Im folgenden Tabellenteil *Analyse Maximum-Likelihood-Schätzer* werden die Schätzer für das nachfolgende Ergebnis von *Predicted Funktion* aufgeführt. Die letzte Stufe eines Faktors kann nicht unabhängig von den übrigen geschätzt werden und ist deshalb in der Tabelle nicht aufgeführt. Sie ergibt sich aber durch Differenzbildung:

$$\text{Region C}: A + B + C = 0; \ C = -A - B = -0,6908 - (-0,1910) = -0,4998$$
$$\text{Stufe Z}: \text{Basis} + Z = 0; \ Z = -\text{Basis} = -0,6611$$

Es ergeben sich dann die *Predicted*-Werte unter *Responsefunktionen* z. B. wie folgt:

$$\text{Region A, Basispflanzgut} = -1,4741 + 0,6908 + 0,6611 = -0,1222 \ [\text{exakt}: -0,12213].$$
$$\text{Region A, Z − Pflanzgut} = -1,4741 + 0,69080,6611 = -1,4444$$

Am Ende der Tab. 61.1 sind – als Ergebnis von *PRED=FREQ* – die beobachteten und geschätzten Häufigkeiten im Vergleich aufgeführt. Wie man sieht, fallen die Residuen nur gering aus – ein Zeichen für ein gutes Schätzergebnis. Setzt man im Programm statt *PRED=FREQ* nur *PRED*, dann erhält man die beobachteten und geschätzten Wahrscheinlichkeiten für die einzelnen Anerkennungsergebnisse.

Die Kontraste für die drei Anbauregionen ergeben hoch gesicherte Unterschiede zwischen Region A und B sowie A und C. Dagegen differenzieren B und C nur zufällig (Annahme der Nullhypothese).

Da dieses Ergebnis nur auf der Basis einer Sorte (mit einer bestimmten Virusresistenz) beruht, darf es nicht verallgemeinert werden. Aussagekräftiger wäre deshalb ein dreifaktorielles Modell mit Berücksichtigung des Sorteneinflusses. Womöglich ergäben sich dann auch Wechselwirkungen zwischen Region/Pflanzgutstufe und Sorte (unterschiedlicher Resistenz).

Beim Möhrenversuch (Tab. 61.2) wurde mit *RESPONSE 1 2 3 4* eine ordinalskalierte Zielvariable unterlegt. Damit erfolgt eine Schätzung nach der WLS-Methode, erkennbar am Output für die Varianzanalyse. Da die Zeile *Residuen* mit Pr > ChiSq = 0,4226 ein gut

Tab. 61.1 Modell mit binärer Zielvariable

```
            Beispiel: Erfolg der Kartoffelvermehrung im regionalen Vergleich

                              Die Prozedur CATMOD

                      Maximum-Likelihood-Varianzanalyse
                                Freiheits-
              Quelle            grade  Chi-Quadrat   Pr > ChiSq

              Konstante            1      76.16       <.0001
              region               2      12.48       0.0019
              stufe                1      16.32       <.0001

              Likelihood-Ratio     2       0.53       0.7668

                     Analyse Maximum-Likelihood-Schätzer
                                  Standard-      Chi-
           Parameter       Schätzwert    fehler   Quadrat   Pr > ChiSq

           Konstante         -1.4741    0.1689    76.16      <.0001
           region    A        0.6908    0.1958    12.45      0.0004
                     B       -0.1910    0.2128     0.81      0.3693
           stufe     Basis    0.6611    0.1636    16.32      <.0001

                     Kontraste Maximum-Likelihood-Schätzer
                     Kontrast     DF    Chi-Quadrat    Pr > ChiSq

                     region A - B   1       7.15        0.0075
                     region A - C   1       9.55        0.0020
                     region B - C   1       0.56        0.4530
```

```
        Maximum-Likelihood Vorhergesagte Werte für Responsefunktionen
                   -----Beobachtet-----   ------Predicted----
                   Fcn              Std                 Std
     region  stufe  Num   Funktion   Error    Funktion    Error    Residuum

     A       Basis   1   -0.09531  0.436931  -0.12213   0.327691   0.026817
     A       Z       1   -1.45225  0.236839  -1.4444    0.220627  -0.00785
     B       Basis   1   -1.22378  0.508747  -1.00396   0.347122  -0.21981
     B       Z       1   -2.24723  0.291639  -2.32623   0.271416   0.078997
     C       Basis   1   -1.09861  0.516398  -1.31268   0.386536   0.214064
     C       Z       1   -2.76212  0.420943  -2.63495   0.341301  -0.12717
```

```
        Maximum-Likelihood Vorhergesagte Werte für Häufigkeiten
                   ------Beobachtet-----   ------Predicted------
                                   Std                 Std
     region  stufe  norm    Freq    Error     Freq     Error     Residuum

     A       Basis  nein     10   2.288689   9.859626  1.713978   0.140374
                    ja       11   2.288689  11.14037   1.713978  -0.14037
     A       Z      nein     22   4.222273  22.14037   3.952435  -0.14037
                    ja       94   4.222273  93.85963   3.952435   0.140374
     B       Basis  nein      5   1.965613   5.899589  1.498713  -0.89959
                    ja       17   1.965613  16.10041   1.498713   0.899589
     B       Z      nein     13   3.4289    12.10041   2.992036   0.899589
                    ja      123   3.4289   123.8996    2.992036  -0.89959
     C       Basis  nein      5   1.936492   4.240786  1.291636   0.759214
                    ja       15   1.936492  15.75921   1.291636  -0.75921
     C       Z      nein      6   2.375619   6.759214  2.152538  -0.75921
                    ja       95   2.375619  94.24079   2.152538   0.759214
```

Tab. 61.2 Modell mit ordinalskalierter Zielvariable

```
           Beisapiel: Möhrenqualität in Abhängigkeit von Sorte und Düngung

                              Die Prozedur CATMOD

                             Varianzanalyse
                        Freiheits-
              Quelle          grade   Chi-Quadrat    Pr > ChiSq

              Konstante         1       13244.51       <.0001
              sorte             2          13.74       0.0010
              n_dg              1          18.57       <.0001
              Residuen          2           1.72       0.4226

              Analyse der gewichteten Kleinste-Quadrate-Schätzer
                                      Standard-        Chi-
      Parameter          Schätzwert     fehler       Quadrat     Pr > ChiSq

      Konstante            2.1239       0.0185       13244.51       <.0001
      sorte       A       -0.0866       0.0260          11.13       0.0009
                  B        0.0139       0.0272           0.26       0.6093
      n_dg       60       -0.0788       0.0183          18.57       <.0001

                               Kontrastanalyse
                     Kontrast    DF    Chi-Quadrat    Pr > ChiSq

                     A mit B     1         4.60         0.0321
                     A mit C     1        13.61         0.0002
                     B mit C     1         1.68         0.1950
```

```
                  Vorhergesagte Werte für Responsefunktionen
                      -----Beobachtet-----    ------Predicted-----
                 Fcn                    Std                  Std
  sorte   n_dg   Num   Funktion        Error   Funktion     Error    Residuum

  A       60      1    1.924242      0.045215   1.958461   0.036738   -0.03422
  A      100      1    2.148936      0.044255   2.116155   0.036344    0.032781
  B       60      1    2.071186      0.049993   2.058918   0.039499    0.012269
  B      100      1    2.205357      0.047882   2.216611   0.03876    -0.01125
  C       60      1    2.139932      0.043341   2.117711   0.035415    0.022221
  C      100      1    2.25656       0.039913   2.275405   0.033824   -0.01884
```

anpasstes („gefittetes") Modell ausweist, geht auch dieses Haupteffekte-Modell in Ordnung; Sorten- und Düngungseinfluss sind hoch signifikant.

Die Kontrastanalyse – definiert nach dem gleichen Prinzip wie beim Virusversuch – ergibt gesicherte Unterschiede zwischen den Sorten A und B bzw. C, nicht jedoch zwischen B und C.

Von den „vorhergesagten Werten für Responsefunktionen" sei nur der Fall Sorte C, 100 kg N, verifiziert:

Benötigt wird zunächst der Schätzwert für Sorte C:

$$A + B + C = 0; \quad C = -A - B = -(-0,0866) - 0,0139 = 0,0727.$$

Beim zweistufigen Faktor N-Düngung beträgt der Schätzwert für 100 N: $+0,0788$.

Daraus folgt der Funktionswert für Sorte C, 100 N:

$$\text{Konstante} + C + 100N = 2,1239 + 0,0727 + 0,0788 = 2,2755 \text{ [exakt: } 2,275405].$$

Auch bei diesem Beispiel ist – wie schon von der Varianzanalyse her zu erwarten – festzustellen, dass nur geringe Residuen (Differenz „beobachtet" zu „predicted") vorliegen.

Weitere Hinweise

In beiden Beispielen wurden nur „einfache" Kontraste gerechnet. Man kann aber auch mit *CATMOD* „kompliziertere" Kontraste – ähnlich wie mit *GLM* und *MIXED* – bilden. Wollte man z. B. im Virusbeispiel das Mittel der Regionen A und B mit der Region C vergleichen, müsste die Anweisung lauten:

```
CONTRAST ´Region (A + B)/2 mit C` region 3 3;
```

$$\text{Begründung: } (a + b)/2 = c; a + b = 2c; a + b - 2c = 0;$$
$$c = -a - b; a + b - 2\left(-a - b\right) = 0;$$
$$3a + 3b = 0; \text{SAS-Code: } region\ 3\ 3;$$

Das Virusbeispiel mit der binären Zielvariablen kann auch mit *PROC GLIMMIX* verrechnet werden. Mit folgender Syntax erhält man die gleiche χ^2-Statistik, zusätzlich auch eine F-Statistik:

```
PROC GLIMMIX DATA=virus ORDER=DATA;
CLASS region stufe;
WEIGHT anzahl;
MODEL norm = region stufe/INTERCEPT CHISQ;
CONTRAST 'region A vs B' region 1 -1/CHISQ;
CONTRAST 'region A vs C' region 1 0 -1/CHISQ;
CONTRAST 'region B vs C' region 0 1 -1/CHISQ;
RUN;
```

Die Kontraste werden hier nach der von *PROC GLM* und *PROC MIXED* bekannten Art gebildet.

In beiden Beispielen haben die Residuen-Statistiken gezeigt, dass mit einem Haupteffekte-Modell eine gute Modellanpassung möglich und von keiner Wechselwirkung zwischen beiden Faktoren auszugehen ist. Wäre bei *Likelihood-Ratio* (Virusbeispiel) bzw. *Residuen* (Möhrenbeispiel) Signifikanz aufgetreten (Pr>ChiSq<0,05) hätte man die Wechselwirkung mit ins Modell aufnehmen und somit ein saturiertes Modell akzeptieren müssen. Bei noch höher faktoriellen Modellen prüft man zunächst das saturierte Modell (Haupt- und alle Wechselwirkungen) und reduziert dann das Modell auf die signifikanten Terme im Modell.

Binäre logistische Regressionsanalyse

62

Unter „logistischer Regressionsanalyse" versteht man die Schätzung von *abhängigen diskreten (kategorialen)* Variablen mit *intervallskalierten (metrischen) und/oder kategorialen unabhängigen* Variablen. Sie unterscheidet sich also von der (parametrischen) linearen Regression dadurch, dass die (abhängige) Zielvariable (Response-Variable) nicht metrisch, sondern entweder nominal oder ordinal skaliert ist. Im Unterschied zur linearen Regression wird nicht der lineare Zusammenhang zwischen unabhängiger (x) und abhängiger Variable (y) mittels Regressionskoeffizienten im Sinne von „um wie viel ändert sich y, wenn sich x um 1 Einheit ändert?" untersucht, sondern es wird prognostiziert, wie Veränderungen der unabhängigen Variable(n) die *Wahrscheinlichkeit* der Zugehörigkeit zu den Gruppen der kategorialen Zielvariable beeinflussen.

Liegt bei der Response-Variablen ein nominales Merkmal mit zwei Ausprägungen vor (z. B. ja/nein oder krank/gesund), spricht man von einem binären (logistischen) Regressionsmodell. Nur dieser Fall soll hier behandelt werden.

Die unabhängige(n) (erklärende(n) Variable(n) sind häufig intervallskaliert (stetig). Befinden sich daneben auch noch Versuchsfaktoren im Modell, liegt – analog zur parametrischen faktoriellen Regression (s. Kapitel 33) – eine binäre logistische Regression mit zusätzlichem/n Prüffaktor/en vor. Binäre logistische Regressionen werden häufig in den Sozialwissenschaften und der Medizin eingesetzt, können aber auch in den Agrarwissenschaften nützliche Dienste leisten, auch wenn sie hier weniger bekannt sind.

Bei einem binären Modell werden sog. Logits als „Linkfunktionen" berechnet. Sie wurden schon im Kapitel 61 (Virusversuch) verwendet und sollen hier noch etwas näher

---

Zusätzliche Information ist in der Online-Version dieses Kapitels (doi:10.1007/978-3-642-54506-1_62) enthalten.

M. Munzert, *Landwirtschaftliche und gartenbauliche Versuche mit SAS,*
Springer-Lehrbuch, DOI 10.1007/978-3-642-54506-1_62

erläutert werden. Unter Logit versteht man den natürlichen[1] Logarithmus (ln) des Quotienten beider Wahrscheinlichkeiten, also

$$\text{Logitfunktion}(F) = \ln\left(p_1/p_2\right)$$

Da $p_2 = 1 - p_1$ gilt auch:

$$F_1 = \ln\left(p_1/1 - p_1\right) \text{ und}$$
$$F_2 = \ln\left(p_2/1 - p_2\right).$$

Beispiel: In 100 Fällen wurden 2 Nein- und 98 Ja-Ergebnisse erzielt. Die (beobachteten) Wahrscheinlichkeiten betragen daher für $p_1 = 0{,}02$ und für $p_2 = 0{,}98$. Daraus ergibt sich:

$$F_1 = \ln\left(0{,}02 / 0{,}98\right) = -3{,}89182 \quad \text{und} \quad F_2 = \ln\left(0{,}98 / 0{,}02\right) = 3{,}89182$$

Mit diesen Logits wird eine Regressionsgleichung mittels Maximum-Likelihood-Methode berechnet als Basis für die vorhergesagten Wahrscheinlichkeiten. Auf weitere Einzelheiten wird im Ergebnisteil eingegangen.

Mit zwei Beispielen (ohne und mit Versuchsfaktor) soll im Folgenden die Vorgehensweise erklärt werden. Beim ersten Beispiel geht es um einen Kartoffelbestand, von dem bekannt ist, dass das Pflanzgut mit einer Bakterienkrankheit (*Ralstonia solanacearum*) belastet ist. Die Bakterien der Mutterknollen befallen mit fortschreitender Vegetationsdauer die Tochterknollen und sind dann ab einer gewissen Konzentration nachweisbar. Die Versuchsfrage lautet: Wie verändert sich die Nachweissicherheit mit der Dauer der Vegetationsperiode? Hierzu wurden im Zeitraum 60–120 Tage nach der Pflanzung Stichproben (je 1 Knolle an ca. 100 Pflanzen) gezogen und auf Bakterienringfäule untersucht. Die erklärende (unabhängige) Variable ist demnach „Tage nach der Pflanzung", die (abhängige) Responsevariable „Nachweis ja/nein" (s. auch Kämmerer et al. 2007).

Das zweite Beispiel unterscheidet sich vom ersten nur dadurch, dass die Knollenproben nach zwei verschiedenen Methoden (A, B) untersucht wurden und zu klären war, ob es Methodenunterschiede, evtl. in Abhängigkeit von der Untersuchungszeit (Wechselwirkung!), gibt. Der Faktor „Methode" ist somit ein nominalskalierter Prüffaktor, im Gegensatz zu den intervallskalierten „Tagen".

Beide Beispiele werden mit **PROC CATMOD** bearbeitet. Auch die Prozeduren *LOGISTIC*, *GENMOD* und *GLIMMIX* können verwendet werden, wie am Schluss noch gezeigt wird.

---

[1] Für „ln" verwendet SAS den Code „log". Beispiel: F_ja =log(0.02/(1–0.02));.

Programm

```
TITLE1 'Binäre logistische Regressionsanalyse';
DATA a;
TITLE2 'Eine unabhängige metrische Variable';
INPUT tage nachweis$ anzahl @@;
DATALINES;
60 ja 2 60 nein 98 80 ja 11 80 nein 88
100 ja 53 100 nein 45 120 ja 89 120 nein 11
;
PROC CATMOD DATA=a ORDER=DATA;
WEIGHT anzahl;
DIRECT tage;
MODEL nachweis = tage/PRED=PROB;
RUN;

DATA b;
TITLE2 'Zwei unabhängige Variable (metrisch und nominal)';
INPUT tage methode$ nachweis$ anzahl @@;
DATALINES;
60 A ja 2 60 A nein 98 60 B ja 4 60 B nein 96
80 A ja 11 80 A nein 88 80 B ja 19 80 B nein 80
100 A ja 53 100 A nein 45 100 B ja 79 100 B nein 19
120 A ja 89 120 A nein 11 120 B ja 97 120 B nein 3
;
PROC CATMOD DATA=b ORDER=DATA;
WEIGHT anzahl;
DIRECT tage;
*MODEL nachweis = tage|methode/PRED=PROB;/* Saturiertes Modell */
MODEL nachweis = tage methode/PRED=PROB;/*Haupteffekte-Modell */
RUN;
QUIT;
```

Im ersten Beispiel (*DATA a*) liegen drei *INPUT*-Variable vor: *tage, nachweis* und *anzahl*. Das *DIRECT*-Statement von *PROC CATMOD* erklärt *tage* als kontinuierliche (intervallskalierte, metrische) Variable, die deshalb in der *MODEL*-Zeile nach dem =-Zeichen steht. Die *MODEL*-Option *PRED = PROB* liefert die entscheidende Antwort auf die Versuchsfrage. Da die Responsevariable *nachweis* zweistufig (binominal) aufgebaut ist, veranlasst *CATMOD* eine ML-Schätzung. Mit *WEIGHT* wird *anzahl* zum Frequenzmerkmal bestimmt.

Beim zweiten Beispiel (*DATA b*) wird mit *methode* noch die schon angekündigte Faktorvariable ins Modell aufgenommen. Die Nominalskalierung von *methode* impliziert eine Variable im Sinne eines Gruppierungsmerkmals des Datensatzes. Das Modell kann dann mit Wechselwirkungseffekten, aber auch nur mit Haupteffekten gerechnet werden; beide Lösungen sind im Programm vorgesehen, indem jeweils eine der beiden *MODEL*-Zeilen aktiviert wird.

Beide Beispiele unterscheiden sich in der Syntax vom Virusversuch im Kapitel 61 nur dadurch, dass mit *DIRECT* eine stetige Variable angekündigt wird und *CONTRAST*-Statements entfallen. Das nominale Merkmal *methode* erhält den Status einer Gruppenvariable.

Ausgabe

Die wesentlichen Ergebnisse des ersten Versuchs sind in Tab. 62.1 zusammengestellt. Eine erste wichtige Aussage liefert die „Maximum-Likelihood-Varianzanalyse". Das Merkmal *tage* ist hoch signifikant und *Likelihood-Ratio* ist mit $\chi^2 = 0{,}32$ und $Pr > ChiSq = 0{,}8525$ nicht signifikant, d. h. das Modell ist sehr gut angepasst. *Konstante* steht für den Mittelwert mit $Pr > ChiSq < 0{,}0001$.

Die ML-Schätzer sind die Grundlage für die beiden folgenden Tabellenteile. Zur Erklärung sei der Fall „60 Tage" herausgegriffen. Hier beträgt der beobachtete Logit-Wert $-3{,}89182$ für „Nachweis ja" und (selbstredend) $3{,}89182$ für „Nachweis nein". Der geschätzte Wert (*Predicted*) errechnet sich aus

Tab. 62.1 Eine unabhängige metrische Variable

```
         Beispiel: Bakteriennachweis in Abhängigkeit von der Vegetatiosdauer

                            Die Prozedur CATMOD

                       Maximum-Likelihood-Varianzanalyse
                                Freiheits-
                 Quelle           grade  Chi-Quadrat    Pr > ChiSq

                 Konstante           1      111.94        <.0001
                 tage                1      111.95        <.0001

                 Likelihood-Ratio    2       0.32         0.8525

                     Analyse Maximum-Likelihood-Schätzer
                                  Standard-       Chi-
                 Parameter  Schätzwert   fehler  Quadrat   Pr > ChiSq

                 Konstante    -10.2170   0.9657  111.94     <.0001
                 tage           0.1032   0.00975 111.95     <.0001

         Maximum-Likelihood Vorhergesagte Werte für Responsefunktionen
                     -----Beobachtet-----   ------Predicted-----
              Fcn                    Std                   Std
       tage   Num    Funktion       Error   Funktion      Error    Residuum

        60     1    -3.89182      0.714286  -4.02784    0.397712   0.136023
        80     1    -2.07944      0.319801  -1.96479    0.228314  -0.11465
       100     1     0.163629     0.202707   0.098268   0.14871    0.065361
       120     1     2.090741     0.319601   2.161324   0.261032  -0.07058

        Maximum-Likelihood Vorhergesagte Werte für Wahrscheinlichkeiten
                    ----Beobachtet------   -------Predicted-------
                                    Std                   Std
       tage  nachweis     Prob      Error      Prob       Error    Residuum

        60    ja          0.02     0.014      0.0175     0.0068    0.0025
              nein        0.98     0.014      0.9825     0.0068   -0.002

        80    ja          0.1111   0.0316     0.1229     0.0246   -0.012
              nein        0.8889   0.0316     0.8771     0.0246    0.0118

       100    ja          0.5408   0.0503     0.5245     0.0371    0.0163
              nein        0.4592   0.0503     0.4755     0.0371   -0.016

       120    ja          0.89     0.0313     0.8967     0.0242   -0.007
              nein        0.11     0.0313     0.1033     0.0242    0.0067
```

Tab. 62.2 Zwei unabhängige Variable (metrisch und nominal), Modell mit Interaktionen
Beispiel: Bakteriennachweis in Abhängigkeit von Methode und Vegetationsdauer

Die Prozedur CATMOD
Maximum-Likelihood-Varianzanalyse

Quelle	Freiheits-grade	Chi-Quadrat	Pr > ChiSq
Konstante	1	225.90	<.0001
tage	1	227.74	<.0001
methode	1	0.36	0.5461
tage*methode	1	1.79	0.1806
Likelihood-Ratio	4	2.59	0.6290

$$\text{Predicted} = -10,2170 + 0,1032 * 60 = -4,025 [\text{exakt} : -4,02784].$$

Die Rücktransformation dieses Logit-Wertes (negativ und positiv) in geschätzte vorhergesagten Wahrscheinlichkeiten für den Bakteriennachweis ergibt sich dann aus $\ln(p/(1-p))$. Somit gilt dann für „60 Tage"[2]:

$$\text{prob\_ja\_60} = \left(2,71828^{-4,02784}\right) / \left(1 + 2,71828^{-4,02784}\right) = 0,0175$$

$$\text{prob\_nein\_60} = \left(2,71828^{4,02784}\right) / \left(1 + 2,71828^{4,02784}\right) = 0,9825$$

(2,71828 ist die Eulersche Zahl e, die Basis des natürlichen Logarithmus). Also, 60 Tage nach der Pflanzung besteht die Wahrscheinlichkeit von nur 1,75 %, eine Bakterieninfektion nachzuweisen und mit einer Wahrscheinlichkeit von 98,25 % wird man keine Bakterien finden.

Insgesamt lässt sich aufgrund der vorhergesagten Wahrscheinlichkeiten feststellen, dass ein „relativ sicherer" Bakteriennachweis erst nach 120 Tagen möglich ist (90 % positive Proben). Man muss allerdings bedenken, dass womöglich nicht alle Mutterknollen mit dem Bakterium infiziert waren, insofern auch nicht alle Testknollen positiv reagieren müssen. Es ist deshalb eine Frage der Versuchsanstellung (100 % infizierte Mutterknollen?), wie man das Ergebnis zu interpretieren hat.

Beim zweiten Beispiel, zunächst gerechnet mit der *MODEL*-Zeile *nachweis = tage |methode* (oder: *tage methode tage*methode*) interessiert, ob dieses saturierte Modell auch hinsichtlich der Wechselwirkung *tage*methode* Signifikanz ausweist. Dies ist nicht der Fall, wie Tab. 62.2 zu entnehmen ist. Dagegen erfüllt das Haupteffekte-Modell, ausgeführt mit *MODEL nachweis = tage methode,* alle Anforderungen an eine gute Anpassung: *Liklihood-Ratio* ist nach wie vor nicht signifikant und *tage* und *methode* signalisieren einen hoch signifikanten Einfluss (Tab. 62.3).

---

[2] SAS-Code: `prob_ja_60 = EXP(-4.02784)/(1 + EXP(-4.02784));`
`prob_nein_60 = EXP(4.02784)/(1 + EXP(4.02784));`

Tab. 62.3 Zwei unabhängige Variable (metrisch und nominal), Modell ohne Interaktionen

Beispiel: Bakteriennachweis in Abhängigkeit von Methode und Vegetationsdauer

Die Prozedur CATMOD

Maximum-Likelihood-Varianzanalyse

Quelle	Freiheits- grade	Chi-Quadrat	Pr > ChiSq
Konstante	1	225.58	<.0001
tage	1	228.89	<.0001
methode	1	20.85	<.0001
Likelihood-Ratio	5	4.40	0.4934

Analyse Maximum-Likelihood-Schätzer

Parameter		Schätzwert	Standard- fehler	Chi- Quadrat	Pr > ChiSq
Konstante		-10.6303	0.7078	225.58	<.0001
tage		0.1126	0.00744	228.89	<.0001
methode	A	-0.5134	0.1124	20.85	<.0001

Maximum-Likelihood Vorhergesagte Werte für Responsefunktionen

			-----Beobachtet-----		------Predicted-----		
methode	tage	Fcn Num	Funktion	Std Error	Funktion	Std Error	Residuum
A	60	1	-3.89182	0.714286	-4.38733	0.322461	0.495513
A	80	1	-2.07944	0.319801	-2.1352	0.203973	0.055759
A	100	1	0.163629	0.202707	0.116933	0.15345	0.046697
A	120	1	2.090741	0.319601	2.369066	0.223175	-0.27832
B	60	1	-3.17805	0.51031	-3.36056	0.2694	0.182507
B	80	1	-1.43759	0.255209	-1.10843	0.169371	-0.32916
B	100	1	1.425009	0.255519	1.143706	0.170632	0.281303
B	120	1	3.476099	0.58621	3.395839	0.271776	0.08026

Maximum-Likelihood Vorhergesagte Werte für Wahrscheinlichkeiten

			-------Beobachtet------		-------Predicted-------		
methode	tage	nachweis	Prob	Std Error	Prob	Std Error	Residuum
A	60	ja	0.02	0.014	0.0123	0.0039	0.0077
		nein	0.98	0.014	0.9877	0.0039	-0.008
A	80	ja	0.1111	0.0316	0.1057	0.0193	0.0054
		nein	0.8889	0.0316	0.8943	0.0193	-0.005
A	100	ja	0.5408	0.0503	0.5292	0.0382	0.0116
		nein	0.4592	0.0503	0.4708	0.0382	-0.012
A	120	ja	0.89	0.0313	0.9144	0.0175	-0.024
		nein	0.11	0.0313	0.0856	0.0175	0.0244
B	60	ja	0.04	0.0196	0.0336	0.0087	0.0064
		nein	0.96	0.0196	0.9664	0.0087	-0.006
B	80	ja	0.1919	0.0396	0.2482	0.0316	-0.056
		nein	0.8081	0.0396	0.7518	0.0316	0.0562
B	100	ja	0.8061	0.0399	0.7584	0.0313	0.0478
		nein	0.1939	0.0399	0.2416	0.0313	-0.048
B	120	ja	0.97	0.0171	0.9676	0.0085	0.0024
		nein	0.03	0.0171	0.0324	0.0085	-0.002

Zum Verständnis der weiteren Ergebnisse in Tab. 62.3 seien folgende Fälle nachvollzogen:

- Responsefunktionen
  Methode A, 60 Tage, Predicted Funktion $= -10{,}6303 + 0{,}1126*60 - 0{,}5134 = -4{,}3877$
  [exakt: $-4{,}38733$]. Dieser Wert gilt für „Nachweis ja". Für „Nachweis nein" steht $+4{,}38733$.
- Wahrscheinlichkeiten

$$\text{Prob A, 60, ja} = 2{,}71828^{-4{,}38733} / \left(1 + 2{,}71828^{-4{,}38733}\right) = 0{,}0123$$

$$\text{Prob A, 60, nein} = 2{,}71828^{4{,}38733} / \left(1 + 2{,}71828^{4{,}38733}\right) = 0{,}9877$$

Insgesamt ist festzustellen, dass Methode B etwas sensitiver als Methode A ist. Man beachte auch die geringen Standardfehler der geschätzten Wahrscheinlichkeiten und die geringen Differenzen zwischen beobachteten und geschätzten Wahrscheinlichkeiten (s. „Residuum").

Weitere Hinweise

Selbstverständlich können binäre logistische Regressionen auch mit mehr als einer intervallskalierten unabhängigen Variablen modelliert werden. Beispielsweise lautet die SAS-Syntax bei zwei Variablen:

```
PROC CATMOD;
WEIGHT anzahl;
DIRECT var1 var2;
MODEL y = var1 var2/PRED=PROB;
RUN;
```

Auch können mehr als eine nominale unabhängige Variable ins Modell aufgenommen werden. Dann ist allerdings besonders darauf zu achten, dass nicht signifikante Wechselwirkungen aus dem Modell entfernt werden.

Wie eingangs schon erwähnt, können beide Versuche auch auf andere Weise verrechnet werden. Die Daten müssen dann aber in einem abgeänderten Format vorliegen. Adäquate Lösungen erhält man für den ersten Versuch mit folgender Syntax:

```
DATA c;
TITLE2 'Eine unabhängige metrische Variable';
INPUT tage ja nein @@;
n = ja + nein;
DATALINES;
60 2 98 80 11 88 100 53 45 120 89 11
;
RUN;
PROC LOGISTIC DATA=c ORDER=DATA;
MODEL ja/n = tage;
OUTPUT OUT = d PREDPROBS=I;
RUN;
PROC PRINT DATA=d; RUN;
PROC GENMOD DATA=c ORDER=DATA;
MODEL ja/n = tage/LINK=LOGIT DIST=BIN OBSTATS;
RUN;
PROC GLIMMIX DATA=c ORDER=DATA;
MODEL ja/n = tage/LINK=LOGIT DIST=BIN SOLUTION;
OUTPUT OUT = e PRED(ILINK)=p;
RUN;
PROC PRINT DATA=e; RUN;
```

Für den zweiten Versuch gilt dann auch:

```
DATA f;
TITLE2 'Zwei unabhängige Variable (metrisch und nominal)';
INPUT tage methode$ ja nein @@;
n = ja + nein;
DATALINES;
60 A 2 98 60 B 4 96 80 A 11 88 80 B 19 80
100 A 53 45 100 B 79 19 120 A 89 11 120 B 97 3
;
PROC LOGISTIC DATA=f ORDER=DATA;
CLASS methode;
MODEL ja/n = tage methode;
OUTPUT OUT = g PREDPROBS=I;
RUN;
PROC PRINT DATA=g; RUN;

PROC GENMOD DATA=f ORDER=DATA;
CLASS methode;
MODEL ja/n = tage methode/LINK=LOGIT DIST=BIN OBSTATS;
RUN;

PROC GLIMMIX DATA=f ORDER=DATA;
CLASS methode;
MODEL ja/n = tage methode/CHISQ LINK=LOGIT DIST=BIN SOLUTION;
OUTPUT OUT = h PRED(ILINK)=p;
RUN;
PROC PRINT DATA=h; RUN;
```

Gegenüber diesen drei Prozedur-Alternativen spricht für die hier favorisierte *PROC CATMOD* die gefälligere Darstellung. Allerdings bietet *PROC GLIMMIX* umfassendere Möglichkeiten. Mit dessen Ansatz können z. B. auch gemischte Modelle verrechnet werden (mit *RANDOM*-Anweisung).

Literatur

Bätz, G., H. Dörfel, A. Fuchs, und E. Thomas. 1982. *Einführung in die Methodik des Feldversuchs*. 1. Aufl. Berlin: VEB Deutscher Landwirtschaftsverlag.

Bätz, G., H. Dörfel, A. Fuchs, und E. Thomas. 1987. *Einführung in die Methodik des Feldversuchs*. 2. Aufl. Berlin: VEB Deutscher Landwirtschaftsverlag.

Bundessortenamt. 2000. *Richtlinien für die Durchführung von landwirtschaftlichen Wertprüfungen und Sortenversuchen*. http://www.bundessortenamt.de/internet30/fileadmin/Files/PDF/Richtlinie_LW2000.pdf.

Castelloe, J. M. 2000. Sample size computations and power analysis with the SAS system. Proceedings of the twenty-fifth annual users group international conferences. Paper 265-25. SAS Institute Inc, Cary, NC

Cochran, W. G., und G. M. Cox. 1957. *Experimental designs*. 2. Aufl. New York: Wiley.

Dufner, J., U. Jensen, und E. Schumacher. 2002. *Statistik mit SAS*. 2. Aufl. Stuttgart: B. G. Teubner.

Edwards, D., und J. J. Berry. 1987. The efficiency of simulation-based multiple comparisons. *Biometrics* 43:913–928.

Fahrmeir, L., R. Künstler, I. Pigeot, und G. Tutz. 2002. *Der Weg zur Datenanalyse*. 4. Aufl. Berlin: Springer.

Freund, R. J., und R. C. Littell. 1981. *SAS for linear models. A guide to the ANOVA and GLM procedures*. North Carolina: SAS Institute Inc.

Göttsche, T. 1990. *Einführung in das SAS-System für den PC*. Stuttgart: Gustav Fischer.

Gomez, K. A., und A. A. Gomez. 1984. *Statistical procedures for agricultural research*. 2. Aufl. New York: Wiley

Graf, A., und C. Ortseifen. 1995. *Statistische und grafische Datenanalyse mit SAS*. Heidelberg: Spektrum Akademischer Verlag.

Horn, M., und R. Vollandt. 1999. *Multiple Tests und Auswahlverfahren*. Heidelberg: Spektrum Akademischer Verlag.

John, J. A., und E. R. Williams. 1995. *Cyclic and computer generated designs*. 2. Aufl. London: Chapman & Hall.

Kämmerer, D., L. Seigner, G. Poschenrieder, M. Zellner, und M. Munzert. 2007. Epidemiology of bacterial ring rot of potato in plant and soil – consequences for disease management. *Journal of Plant Diseases and Protection* 114 (4): 159–166.

Kenward, M. G., und J. H. Roger. 1997. Small sample inference for fixed effects from restricted maximum likelihood. *Biometrics* 53:983–997.

Köhler, W., G. Schachtel, und P. Voleske. 1996. *Biostatistik*. 2. Aufl. Berlin: Springer.

© Springer-Verlag Berlin Heidelberg 2015
M. Munzert, *Landwirtschaftliche und gartenbauliche Versuche mit SAS*,
Springer-Lehrbuch, DOI 10.1007/978-3-642-54506-1

Krämer, W., O. Schoffer, und L. Tschiersch. 2008. *Datenanalyse mit SAS. Statistische Verfahren und ihre grafischen Aspekte*. Berlin: Springer.

Lenth, R. V. 2001. Some practical guidelines for effective sample size determination. *The American Statistician* 55:187–193. http://www.jstor.org/stable/2685797.

Möhring, J., und H.-P. Piepho. 2009. Comparison of weighting in two-stage analysis of plant breeding trials. *Crop Science* 49:1977–1988.

Mudra, A. 1958. *Statistische Methoden für landwirtschaftliche Versuche*. Berlin: Paul Parey.

Mühleisen, J., J. C. Reif, H. P. Maurer, J. Möhring und H.-P. Piepho. 2013. Visual scorings of drought stress intensity as covariates for improved variety trial analysis. Journal of Agronomy and Crop Science. doi:10.1111/jac.12025.

Munzert, M. 1992. *Einführung in das pflanzenbauliche Versuchswesen. Grundlagen und Praxis des Versuchswesens im landwirtschaftlichen, gärtnerischen und forstwirtschaftlichen Pflanzenbau.* Berlin: Paul Parey.

Munzert, M., A. Wurzinger, M. Wärmann, W. Sitte, C. Petosic, und K. Müller. 2006. Ringversuch 2006 zur Klärschlamm-Verordnung für die Parameter-Teilbereiche Schwermetalle, AOX und Nährstoffe/physikalische Parameter im Klärschlamm. Hrsg.: Bayerische Landesanstalt für Landwirtschaft Freising.

Nelder, J. A. 1994. The statistics of linear models: Back to basics. *Statistics and Computing* 4:221–234.

Nelder, J. A. 2000. Functional marginality and response-surface fitting. *Journal of Applied Statistics* 27 (1): 109–112.

Patterson, H. D. und E. R. Williams 1976. A new class of resolvable incomplete block designs. *Biometrika* 63, 83–92.

Piepho, H.-P. 1998. Auswertung von Bonituren des Typs „Prozent Befall" mit SAS-Prozeduren für Generalisierte Lineare Modelle. *Zeitschrift für Agrarinformatik* 2:26–37.

Piepho, H.-P. 1997. Schwellenwertmodelle mit festen und zufälligen Effekten für Boniturdaten aus landwirtschaftlichen Versuchen. *Informatik, Biometrie und Epidemiologie in Medizin und Biologie* 28 (3): 183–195.

Piepho, H.-P. 1998. Ein SAS-Makro zur Auswertung von geordneten kategorialen Daten nach dem Schwellenwertmodell mit festen und zufälligen Effekten. de.saswiki.org/images/0/09/2.KSFE-1998-Piepho-Ein-SAS-Makro-zur-Auswertung-von-geordneten-kategorialen-Daten-nach-dem-Schwellenwertmodell-mit-festen-und-zufälligen-Effekten.pdf.

Piepho, H.-P. 1999. Stability analysis using the SAS system. *Agronomy Journal* 91:154–160.

Piepho, H.-P. 2000. Zur Durchführung multipler Vergleiche in Nicht-Standardsituationen. *Zeitschrift für Agrarinformatik* 1:16–20.

Piepho, H.-P. 2002. Auswertung von Bonituren mit der SAS-Prozedur NLMIXED. *Zeitschrift für Agrarinformatik* 3:30–41.

Piepho, H.-P. 2009. Data transformation in statistical analysis of field trials with changing treatment variance. *Agronomy Journal* 101 (4): 865–869.

Piepho, H.-P. 2012. A SAS macro for generating letter displays of pairwise mean comparisons. *Communications in Biometry and Crop Science* 7 (1): 4–13. http://www.uni-hohenheim.de/bioinformatik/beratung/toolsmacros/sasmacros/mult.sas.

Piepho, H.-P., und T. Eckl. 2013. Analysis of series of variety trials with perennial crops. Grass and Forage Science. doi:10.1111/gfs.12054.

Piepho, H.-P., und V. Michel. 2001. Überlegungen zur regionalen Auswertung von Landessortenversuchen. *Informatik, Biometrie und Epidemiologie in Medizin und Biologie* 31 (4): 123–139.

Piepho, H.-P., und J. Möhring. 2011. On estimation of genotypic correlations and their standard errors by multivariate REML using the MIXED procedure oft he SAS System. *Crop Science* 51:2449–2454.

Piepho, H.-P., und J. Spilke. 1999. Anmerkungen zur Analyse balancierter gemischter Modelle mit der SAS-Prozedur MIXED. *Zeitschrift für Agrarinformatik* 2:39–48.

Piepho, H.-P., A. Büchse, und K. Emrich. 2003. A hitchhiker's guide to mixed models for randomized experiments. *Journal of Agronomy and Crop Science* 189:310–322.

Piepho, H.-P., A. Büchse, und C. Richter. 2004. A mixed modelling approach for randomized experiments with repeated measures. *Journal of Agronomy and Crop Science* 190:230–247.

Rasch, D. 1983. *Einführung in die Biostatistik*. 1. Aufl. Berlin: VEB Deutscher Landwirtschaftsverlag.

Renner, E. 1981. *Mathematisch-statistische Methoden in der praktischen Anwendung*. 2. Aufl. Berlin: Paul Parey.

Richter, C, V. Guiard, und F. Krüger. 1999. Auswertung von Versuchsserien mit zwei Prüffaktoren in Anlagen mit vollständigen Blocks. *Zeitschrift für Agrarinformatik* 1:10–22.

Richter, C, H.-P. Piepho, und H. Thöni. 2009. Das „Lateinische Rechteck" – seine Planung, Randomisation und Auswertung verbunden mit einer Begriffsrevision. Pflanzenbauwissenschaften 1:1–14.

Rousseeuw, P. J., und C. Croux. 1993. Alternatives to the median absolute deviation. *Journal of the American Statistical Association* 88:1273–1283.

Sachs, L. 1978. *Angewandte Statistik. Statistische Methoden und ihre Anwendungen*. 5. Aufl. Berlin: Springer.

Sachs, L., und J. Hedderich. 2009. *Angewandte Statistik. Methodensammlung mit R*. Berlin: Springer.

SAS® User's Guide. 1985a. *Basics, Version 5 Edition*. 1290 pp. Cary: SAS Institute Inc.

SAS® User's Guide. 1985b. *Statistics, Version 5 Edition*. 956 pp. Cary: SAS Institute Inc.

Scott, R. A., und G. A. Milliken. 1993. A SAS program for analyzing augmented randomized complete block designs. *Crop Science* 33:865–867.

Schuster, W. H., und J. von Lochow. 1979. *Anlage und Auswertung von Feldversuchen*. Frankfurt a. M.: DLG-Verlag.

Searle, S. R. 1987. *Linear models for unbalanced data*. New York: Wiley.

Steel, R. G. D., und J. H. Torrie. 1980. *Principles and procedures of statistics. A biometrical approach*. New York: McGraw-Hill.

Steel, R. G. D., J. H. Torrie, und D. A. Dickey. 1997. *Principles and procedures of statistics. A biometrical approach*. 3. Aufl. New York: McGraw-Hill.

Thomas, E. 2006. *Feldversuchswesen*. Stuttgart: Eugen Ulmer.

Utz, H. F. 1971. Die zusammenfassende Analyse einer Serie von Spaltanalgen. *EDV in Medizin und Biologie* 2:50–55.

Williams, E., H.-P. Piepho, und D. Whitaker. 2011. Augmented p-rep designs. *Biometrical Journal* 1:19–27.

Wolfinger, R. D., W. T. Federer, und O. Cordero-Brana. 1997. Recovering information in augmented designs, using SAS PROC GLM and PROC MIXED. *Agronomy Journal* 89:856–859.

Yan, W., und M. S. Kang. 2003. *GGE biplot analysis: A graphical tool for breeders, geneticists and agronomist*. 271 pp. Boca Raton: CRS Press.

Yates, F. 1934. The analysis of multiple classifications with unequal numbers in the different classes. *Journal of the American Statistical Association* 29:51–66.

Sachverzeichnis

Printed in the United States
By Bookmasters